网络空间安全专业规划教材

总主编　杨义先　　执行主编　李小勇

无线通信安全

主编　李　晖

北京邮电大学出版社
www.buptpress.com

内 容 简 介

本教材全面深入地介绍了无线通信安全的相关基础理论，重点讨论了第二代到第四代移动通信系统及无线局域网中的各项关键安全技术。全书共分为 3 个部分：第 1 部分是入门篇，介绍了无线通信及无线通信安全的历史和基本概念；第 2 部分是理论篇，介绍了无线通信安全的理论基础，包括密码学概述、序列密码、分组密码、公钥密码、数字签名、认证理论基础和密钥管理等；第 3 部分是实例篇，介绍了各种无线通信网络（如 GSM、GPRS、窄带 CDMA、WCDMA、LTE、TETRA、WLAN、WiMax 和蓝牙等）的安全技术，包括认证、加密和密钥管理等。每章最后给出了习题，便于读者巩固、总结和运用书中的知识。

本教材适合作为高校网络空间安全相关专业的本科及研究生教材，也可以作为对无线通信安全、密码学应用、信息安全等内容感兴趣的技术人员或科研人员的参考读物。

图书在版编目（CIP）数据

无线通信安全 / 李晖主编. -- 北京：北京邮电大学出版社，2018.10（2024.2 重印）
ISBN 978-7-5635-5500-0

Ⅰ．①无… Ⅱ．①李… Ⅲ．①无线电通信－安全技术 Ⅳ．①TN92

中国版本图书馆 CIP 数据核字（2018）第 159119 号

书　　　名：无线通信安全	
作　　　者：李　晖	
责任编辑：刘　颖	
出版发行：北京邮电大学出版社	
社　　　址：北京市海淀区西土城路 10 号（邮编：100876）	
发 行 部：电话：010-62282185　传真：010-62283578	
E-mail：publish@bupt.edu.cn	
经　　　销：各地新华书店	
印　　　刷：北京虎彩文化传播有限公司	
开　　　本：787 mm×1 092 mm　1/16	
印　　　张：21.75	
字　　　数：560 千字	
版　　　次：2018 年 10 月第 1 版　2024 年 2 月第 2 次印刷	

ISBN 978-7-5635-5500-0　　　　　　　　　　　　　　　　　　定　价：52.00 元

序
Prologue

作为最新的国家一级学科，由于其罕见的特殊性，网络空间安全真可谓是典型的"在游泳中学游泳"。一方面，蜂拥而至的现实人才需求和紧迫的技术挑战，促使我们必须以超常规手段，来启动并建设好该一级学科；另一方面，由于缺乏国内外可资借鉴的经验，也没有足够的时间纠结于众多细节，所以，作为当初"教育部网络空间安全一级学科研究论证工作组"的八位专家之一，我有义务借此机会，向大家介绍一下2014年规划该学科的相关情况，并结合现状，坦诚一些不足，以及改进和完善计划，以使大家有一个宏观了解。

我们所指的网络空间，也就是媒体常说的赛博空间，意指通过全球互联网和计算系统进行通信、控制和信息共享的动态虚拟空间。它已成为继陆、海、空、太空之后的第五空间。网络空间里不仅包括通过网络互联而成的各种计算系统（各种智能终端）、连接端系统的网络、连接网络的互联网和受控系统，也包括其中的硬件、软件乃至产生、处理、传输、存储的各种数据或信息。与其他四个空间不同，网络空间没有明确的、固定的边界，也没有集中的控制权威。

网络空间安全，研究网络空间中的安全威胁和防护问题，即在有敌手对抗的环境下，研究信息在产生、传输、存储、处理的各个环节中所面临的威胁和防御措施，以及网络和系统本身的威胁和防护机制。网络空间安全不仅包括传统信息安全所涉及的信息保密性、完整性和可用性，同时还包括构成网络空间基础设施的安全和可信。

网络空间安全一级学科，下设五个研究方向：网络空间安全基础、密码学及应用、系统安全、网络安全、应用安全。

方向1，网络空间安全基础，为其他方向的研究提供理论、架构和方法学指导；它主要研究网络空间安全数学理论、网络空间安全体系结构、网络空间安全数据分析、网络空间博弈理论、网络空间安全治理与策略、网络空间安全标准与评测等内容。

方向 2，密码学及应用，为后三个方向（系统安全、网络安全和应用安全）提供密码机制；它主要研究对称密码设计与分析、公钥密码设计与分析、安全协议设计与分析、侧信道分析与防护、量子密码与新型密码等内容。

方向 3，系统安全，保证网络空间中单元计算系统的安全；它主要研究芯片安全、系统软件安全、可信计算、虚拟化计算平台安全、恶意代码分析与防护、系统硬件和物理环境安全等内容。

方向 4，网络安全，保证连接计算机的中间网络自身的安全以及在网络上所传输的信息的安全；它主要研究通信基础设施及物理环境安全、互联网基础设施安全、网络安全管理、网络安全防护与主动防御（攻防与对抗）、端到端的安全通信等内容。

方向 5，应用安全，保证网络空间中大型应用系统的安全，也是安全机制在互联网应用或服务领域中的综合应用；它主要研究关键应用系统安全、社会网络安全（包括内容安全）、隐私保护、工控系统与物联网安全、先进计算安全等内容。

从基础知识体系角度看，网络空间安全一级学科主要由五个模块组成：网络空间安全基础、密码学基础、系统安全技术、网络安全技术和应用安全技术。

模块 1，网络空间安全基础知识模块，包括：数论、信息论、计算复杂性、操作系统、数据库、计算机组成、计算机网络、程序设计语言、网络空间安全导论、网络空间安全法律法规、网络空间安全管理基础。

模块 2，密码学基础理论知识模块，包括：对称密码、公钥密码、量子密码、密码分析技术、安全协议。

模块 3，系统安全理论与技术知识模块，包括：芯片安全、物理安全、可靠性技术、访问控制技术、操作系统安全、数据库安全、代码安全与软件漏洞挖掘、恶意代码分析与防御。

模块 4，网络安全理论与技术知识模块，包括：通信网络安全、无线通信安全、IPv6 安全、防火墙技术、入侵检测与防御、VPN、网络安全协议、网络漏洞检测与防护、网络攻击与防护。

模块 5，应用安全理论与技术知识模块，包括：Web 安全、数据存储与恢复、垃圾信息识别与过滤、舆情分析及预警、计算机数字取证、信息隐藏、电子政务安全、电子商务安全、云计算安全、物联网安全、大数据安全、隐私保护技术、数字版权保护技术。

其实，从纯学术角度看，网络空间安全一级学科的支撑专业，至少应该平等地包含信息安全专业、信息对抗专业、保密管理专业、网络空间安全专业、网络安全与执法专业等本科专业。但是，由于管理渠道等诸多原因，我们当初只重点考虑了信息安全专业，所以，就留下了一些遗憾，甚至空白，比如，信息安全心理学、安全控制论、安全系统论等。不过值得庆幸的是，学界现在已经开始着手，填补这些空白。

北京邮电大学在网络空间安全相关学科和专业等方面，在全国高校中一直处于领先水平，从 20 世纪 80 年代初至今，已有 30 余年的全方位积累，而且，一直就特别重视教学规范、课程建设、教材出版、实验培训等基本功。本套系列教材主要是由北京邮电大学的骨干教师们，结合自身特长和教学科研方面的成果，撰写而成。本系列教材暂由《信息安全数学基础》《网络安全》《汇编语言与逆向工程》《软件安全》《网络空间安全导论》《可信计算理论与技术》《网络空间安全治理》《大数据服务与安全隐私技术》《数字内容安全》《量子计算与后量子密码》《无线通信安全》《移动终端安全》《漏洞分析技术实验教程》《网络安全实验》《网络空间安全基础》《信息安全管理（第 3 版）》《网络安全法学》《信息隐藏与数字水印》等 20 余本本科生教材组成。这些教材主要涵盖信息安全专业和网络空间安全专业，今后，一旦时机成熟，我们将组织国内外更多的专家，针对信息对抗专业、保密管理专业、网络安全与执法专业等，出版更多、更好的教材，为网络空间安全一级学科提供更有力的支撑。

杨义先

教授、长江学者
国家杰出青年科学基金获得者
北京邮电大学信息安全中心主任
灾备技术国家工程实验室主任
公共大数据国家重点实验室主任
2017 年 4 月，于花溪

Foreword 前言

Foreword

自 20 世纪 70 年代末第一代通信系统问世以来，移动通信技术发展迅速，特别是与有线因特网连接起来后，移动通信网络为用户提供"永远在线"、高速率的网络服务，用户不仅可以使用移动终端随时、随地与人交流，还可以使用移动终端浏览新闻、查询信息、网上购物、导航及进行移动支付等。

与此同时，移动通信系统普遍采用的无线通信技术本身固有的开放性使得它更容易受到监听、滥用等安全威胁，导致手机用户的通信记录（语音、短信、通话人、通话时间等信息）以及存储的机密信息（如银行账号、密码等重要资料）等的泄露，虚假基站也使得用户容易收到垃圾短信等。这些由于使用无线设备或技术带来的安全问题使用户的隐私和通信安全受到了极大的威胁，不仅破坏了社会的和谐与稳定，而且还威胁到了国家安全。因此，研究无线通信安全技术的理论、设计和完善无线通信网络安全是无线通信技术飞速发展的前提，是保障通信安全的关键，是国家信息安全建设的重点。

本教材深入地介绍了无线通信安全的相关基础理论与各项关键技术，主要围绕无线通信网络安全展开讨论。我们将从认识无线通信技术开始，逐步介绍无线通信网络所面临的安全威胁、要达到的安全要求和采取的安全措施。正如密码学理论是信息安全的基础一样，大部分的无线通信网络的安全措施依赖于密码学的基本理论，如加解密理论和认证理论。因此，本教材将密码学的基本理论作为无线通信安全的理论基础，进行较为详细的介绍，并在此基础上介绍目前主要的无线通信网络（包括第二代移动通信系统、第三代移动通信系统、LTE 系统、无线集群通信系统、无线局域网、无线城域网等）采用的安全技术。

本教材共分为 3 个部分：第 1 部分是入门篇，由第 1 章和第 2 章组成，分别介绍无线通信和无线通信安全的历史、分类和基本概念；第 2 部分是理论篇，由第 3～11 章组成，主要介绍无线通信安全的理论基础——密码学的基础知识，包括密码学概述、序列密码、分组密码、公钥密码、数字签名、认证理论基础和密钥管理等；第 3 部分是实例篇，由第 12～21 章组成，包括 GSM、GPRS、窄带 CDMA、WCDMA、LTE、TETRA、WLAN、WiMax 和蓝牙等的安全技术，主要介绍这些实际通信系统如何进行认证及管理密钥，如何保证传输的信息不被非法破译和篡改等。

　　本教材较完整地描述了无线通信系统中的信息安全基本理论与技术，读者既可以按顺序阅读本教材，也可以先跳过理论篇，直接阅读实例篇，而在理解某类无线通信系统安全技术遇到困难时再翻看前面的理论知识。本教材可以作为本科高年级学生和研究生的专业教材，参考学时为 68 学时。此外，本教材也可以供从事相关领域研究的科研人员阅读参考。相信本教材的深度和广度，可以方便不同层次的读者从书中的理论及技术论述中找到感兴趣的知识或答案。

　　本教材的策划以及主要章节的撰写、统稿和修改工作由李晖负责，特别要说明的是，本教材的完成是在作者 2010 年编写的《无线通信安全理论与技术》一书的基础上进行的，相关章节的内容保留了该书的部分内容，因此对参加编写该书的相关人员的辛勤工作表示感谢！另外，潘雪松、陈泽、马倩华、王鑫泺、范立岩、陈泽伦、冯皓楠和韩明哲参与了全书的校对工作，北京邮电大学出版社的马晓仟为本教材的出版付出了辛勤而有效的劳动，在此一并表示感谢。

　　本教材在编写过程中还参阅了国内外同行的大量文献，在此向这些文献的作者表示由衷的感谢！

　　鉴于无线通信及信息安全的理论与技术处在不断发展和完善之中，加之作者水平所限，本教材难免出现疏漏，甚至错误，恳请各位专家、学者和热心读者指正，并提出宝贵意见。我的电子邮箱是 lihuill@bupt.edu.cn。

李　晖

2018 年 6 月于北京邮电大学

目录

Contents

第 1 部分　入门篇

第 3 部分 实例篇

第 1 部分　入门篇

　　飞速发展的移动通信技术、功能多样的卫星服务、不断完善的无线局域网技术正使电信和网络发生巨大的改变,使人们的生活越来越多地依赖于手机、PAD 等无线移动终端。这些通信技术的核心是无线技术,无线技术已经成为电信和网络界最激动人心的领域。无线代表着无拘无束,人们可以不受时间、地点的限制与其他人沟通或者进行信息交换,这种无拘无束同时也给信息安全带来了难题。本书将带领大家认识无线通信网络,了解无线通信网络中存在的安全问题,探讨保护无线通信安全的基本理论和主要技术。

　　作为本书的第 1 部分,我们先来认识一下什么是无线通信,它面临着哪些安全问题,提出了哪些安全要求。

第 1 章

无线通信入门

本章将介绍无线通信的基本知识。本章的目标是了解无线通信的基本概念,对移动通信网的体制和组成有一个总体认识。首先我们来学习无线通信的基本概念,对于那些在无线领域或相关行业工作或学习过的人士,可以直接跳过本章内容。

1.1 无线通信的历史

无线通信(wireless communication)是通信技术的一个分支,是指不使用电介质或电缆进行一定距离的信息传输。传输距离可能很短(例如,电视遥控器的使用范围只有几米),也可以很长(例如,无线电波的传输可以达到数千公里以上)。

按照此无线通信定义,无线通信的出现可以追溯到古代印第安人时期或中国古代。古代印第安人通过篝火来传递信息;中国古代通过长城烽火台传递信息,烽火台又称烽燧,俗称烽堠、烟墩、墩台,是古时以点燃烟火来传递重要消息的高台,为防止敌人入侵而建,遇有敌情发生,则白天施烟,夜间点火,台台相连,传递消息,这确实是一种最古老但行之有效的消息传递方式。

严格地讲,无线通信的发展只有一百多年的历史。1896 年,古列尔默·马可尼发明了无线电报,他在 1901 年把长波无线电信号从康沃尔(Cornwall,位于英国的西南部)跨过大西洋传送到 3 200 km 之外的圣约翰(St. John,位于加拿大)的纽芬兰岛(Newfoundland Island)。这个发明使双方可以通过彼此发送用模拟信号编码的字母和数字符号来进行通信。尽管马可尼的技术无法传送语音波形,但是这个发明展示了无线技术的潜能,使得后来的许多个人和公司竞相发展在空中传送语音波形的技术及产业,并很快形成了最早的真正意义上的无线产业(广播),调幅广播飞速发展,并带动了一系列相关产业。这个时期的无线通信技术主要采用短波频的传送方法和电子管技术,在应用范围上主要是军用以及海洋船舰上的通信运用。

20 世纪 70 年代在美国出现了最早的无线电话系统,该系统是以 AT&T Bell Lab 发明的技术为基础,在有限的频率范围内工作,并且只能处理低容量的同时呼叫,开始时只是在执法机构和公共安全部门使用。这些系统的关键限制在于它们无法支持小区间移动时的连续通话。首次安装此类系统的是美国 AT&T 公司,该公司 1979 年部署了高级移动电话系统(AMPS),后来欧洲一些国家和日本也安装了类似的系统,这些系统现在被称为第一代无线移动网络。

20 世纪 80 年代进入了无线通信技术的扩展阶段。无线通信技术广泛地应用于电话系统、电报系统,其构造已经开始向半导体过渡,经过几十年的发展,无线通信技术的频段不断扩大,数字化的无线移动通信开始发展并逐渐壮大,取代了以往的固定电话无线通信系统。在使用范围上,出现了内容复杂、系统庞大、结合领域多样的服务项目和业务内容。

从 20 世纪 90 年代到今天,无线通信技术进入了现代化发展阶段,发展速度不断加快,发展规模不断扩大,而且越来越广泛地向其他行业进行渗入。随着计算机网络技术的发展,无线通信技术积极地利用信息技术来促进自身的发展壮大,并利用现代化信息技术来提升无线通信技术的科技含量和技术水平,使无线通信技术能够与更多领域相结合,进入社会功能多元化、网络一体化、服务综合化的发展阶段。

现在,几乎所有类型的信息都可以发送到世界的各个角落。在目前出现的无线通信技术中,蜂窝技术、无线网络和卫星通信尤其重要。

蜂窝技术(或称蜂窝移动通信技术)是马可尼无线电报的现代对等技术,这种技术把一个地理区域分成若干个小区,这些小区被称作"蜂窝"(即 cell),蜂窝技术因此而得名,它提供了双方的、双向的通信。手机(或移动电话)均采用这项技术,因此常常被称作蜂窝电话(cellular phone)。

无线网络技术与移动通信技术不同,它源于计算机网,利用射频(RF,radio frequency)的技术,提供计算机网络终端之间的无线互联功能,而无须电缆设备,从而摆脱传统的双绞线或同轴电缆等有线连接方式。无线网络主要包括无线广域网、无线城域网和无线局域网(WLAN)三种形式。其中无线局域网的发展,为移动终端提供了一种便宜、快捷的无线入网方式。

通信卫星首次发射于 20 世纪 60 年代,那时它们仅能处理 240 路话音话路。今天的通信卫星承载了大约所有话音流量的 1/3,以及国家之间的所有电视信号。通信卫星对所处理的信号一般都会有 1/4s 的传播延迟。新型的卫星是运行在低地球轨道上的,因而其固有的信号延迟会较小,这类卫星用于提供诸如因特网接入这样的数据服务。

图 1.1.1 展现了主要无线通信技术的发展,可以看出这两种技术的发展历程和未来的趋势。首先看看蜂窝移动通信系统的发展过程。

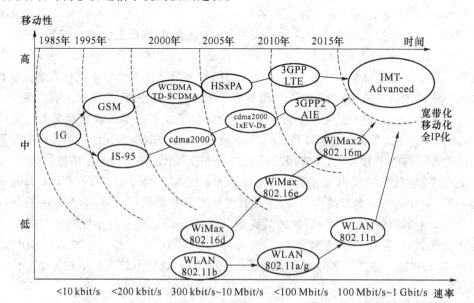

图 1.1.1　主要无线通信技术的发展

蜂窝移动通信系统的第一代(1G,1st generation)使用的是模拟技术,这种技术的终端设备笨重且覆盖范围是不规则的,然而它们成功地向人们展示了移动通信的便捷性,1G 的典型代表是美国的 AMPS(advanced mobile phone system,先进的移动电话系统)、英国的 TACS(total access communications system,全入网通信系统)和北欧的 NMT(nordic mobile telephone,北欧移动电话)等。

第二代(2G,2nd generation)蜂窝移动通信系统以传输话音和低速数据业务为目的,因此又称为窄带数字通信系统,其代表为 GSM(global system for mobile communications,全球移动通信系统)和 IS-95(第一个基于码分多址,即 CDMA 数字蜂窝标准)。2G 的标志是开始采用了数字通信技术,与模拟网络相比,数字通信技术可以承载更高的信息量并提供更好的接收和安全性,此外,还能带来一些附加服务,如来电显示。

第三代(3G,3rd generation)蜂窝移动通信则支持无线网络中的宽带话音、数据和多媒体通信技术,其代表主要有 W-CDMA(wideband-code division multiple access,宽频-码分多址)、TD-SCDMA(time division-synchronous code division multiple access,时分-同步码分多址)和cdma2000。

3G 技术的出现推动了移动通信网数据类业务的发展,在更大程度上满足了个人通信和娱乐的需求,已经被广泛推广和应用。为了进一步发展 3G 技术,3GPP(3rd generation partnership project,第三代合作伙伴计划)和 3GPP2 分别在 2004 年年底和 2005 年年初开始了 3G 演进技术 E3G 的标准化工作,并相继出现了 HSDPA(high-speed downlink packet access,高速下行链路分组接入)技术和 HSUPA(high-speed uplink packet access,高速上行链路分组接入)技术,以及可对数据业务提供增强支持的 cdma2000 1x EV 技术,它们被看作是 3.5G 技术。

2009 年起,符合 LTE(long term evolution,长期演进)和 AIE(air interface evolution,空中接口演进)技术标准的移动通信系统陆续开始提供数据连接服务,它们均引入了 OFDM(orthogonal frequency division multiplexing,正交频分复用)和 MIMO(multi-input & multi-output,多输入多输出)等关键技术,显著增加了频谱效率和数据传输速率。

在蜂窝通信系统飞速发展的同时,无线局域网技术也开始成熟起来。1997 年第一个无线网络标准 IEEE 802.11b 问世,尽管其数据传输速率已达到 11 Mbit/s,但还不能满足用户对多媒体音频视频数据的传输需要,因此,很快 IEEE 802.11a 和 IEEE 802.11g 标准相继出现。IEEE 802.11a 采用了独特的正交频分复用(OFDM)调制补充和扩展,但它无法与 IEEE 802.11b 兼容,而 IEEE 802.11g 采用 DSSS(direct sequence spread spectrum,直接序列扩频)及 CCK(complementary code keying,补码键控)技术和 OFDM 调制技术,工作频段为 2.4 GHz,数据传输速率为 54 Mbit/s,并可兼容 IEEE 802.11b 标准,至此,无线网络技术全面普及,开始进入企业和家庭。IEEE 802.11n 标准将无线局域网的传输速率增加至 108 Mbit/s 以上,最高速率可达 320 Mbit/s,并采用双频工作模式(包含 2.4 GHz 和 5 GHz 两个工作频段),更是推动了无线局域网的发展。

与广泛使用的其他无线网络技术相比,全球微波互联接入(WiMax,worldwide interoperability for microwave access)技术有着自己独特的优势。无线局域网技术可以提供高达54 Mbit/s 的无线接入速度,但是它的传输距离十分有限,仅限于半径 100 m 左右的范围。移动通信系统可以提供非常广阔的传输范围,但是它的接入速度却十分缓慢。WiMax 技术介于移动通信技术和无线局域网技术之间,是一项新兴的宽带无线接入技术,能提供面向互联网的高速连接,数据传输距离最远可达 50 km。其 IEEE 802.16d(IEEE 802.16-2004)属于固定无线接入标准;IEEE 802.16e 属于移动宽带无线接入标准;IEEE 802.16m 则采用了 MIMO 技术,以多个发送、接收单元进行数据的同步传送,使得在网络环境较好的区域,IEEE 802.16m 的下行数据传输速度可达到 1 Gbit/s,此外这项标准也有"高移动"模式,其在高速移动状态下也可保持在 100 Mbit/s 左右。2007 年在日内瓦举行的无线通信全体会议上,WiMax 则正式被国际电信联盟批准成为继 WCDMA、cdma2000 和 TD-SCDMA 之后的第四个全球 3G 标准。

综上所述,WiMax 的提出和推进、E3G 的标准化的启动和加速,使得无线移动通信领域呈现明显的宽带化和移动化发展趋势,即宽带无线接入向着增加移动性方向发展,而移动通信则向着宽带化方向发展。未来的移动通信技术将融合各种网络技术,向着高智能化的方向发展。

1.2　无线通信基本技术

1.2.1　射频基础

在无线通信技术当中,出现最为频繁的一个词就是射频。这个词可以用作名词,如射频,也可以用作形容词,如射频信号。当作为名词出现时,也表示辐射到空间的电磁频率,频率范围为 300 kHz～30 GHz。

更一般地,射频就是射频电流,它是一种高频交流变化电磁波的简称。每秒变化小于 1 000 次的交流电称为低频电流,大于 10 000 次的交流电称为高频电流,而射频就是这样一种高频电流。很多系统(如有线电视系统)就是采用射频传输方式。

进一步来说,在电子学理论中,电流流过导体,导体周围会形成磁场;交变电流通过导体,导体周围会形成交变的电磁场,称为电磁波。在电磁波频率低于 100 kHz 时,电磁波会被地表吸收,不能形成有效的传输,但电磁波频率高于 100 kHz 时,电磁波可以在空气中传播,并经大气层外缘的电离层反射,形成远距离传输能力,我们把具有远距离传输能力的高频电磁波称为射频。

电能量的传输可以采用两种方式:一种像电流一样沿着导体流动(电子束沿着金属线移动),另一种在空气中以不可见波传播。在一个典型的无线系统里,电能量开始时为电流沿导线流动,接着转为空气中传输的波,然后又转回电流沿导体流动,如图 1.2.1 所示。

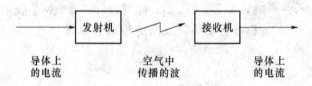

图 1.2.1　通用无线传输示意图

如图 1.2.1 所示,电信号随电子电流在导体中移动,进入发射机,它将电子电流转换成空气中的波,波以光速传播,再到达接收机,由接收机将波转换成电子电流。将电信息源(模拟的或数字的)用高频电流进行调制(调幅或调频),形成射频信号,经过天线发射到空中;远距离将射频信号接收后进行反调制,还原成电信息源,这一过程称为无线传输。

电信号分为两类:模拟信号和数字信号。模拟信号是在信号的高点和低点之间逐渐改变,数字信号是在两个值之间瞬间变化。数字信号一般用来表示信息,而不用来承载空气中传播的信息。只有模拟信号(如正弦波)可以用来承载信息。模拟载波信号可以承载模拟信号或数字信号。将带有信息的信号承载到载波信号上的过程称为调制。信息信号和载波信号结合的结果就是无线通信,做承载工作的模拟信号称为射频或载波。在图 1.2.1 中,发射机把调制后的信息转换成可以在空中传播的电磁波,这个过程被称为射频发射;而接收机接收空中传播的电磁波的过程被称为射频接收。

第二代移动电话、第三代移动电话,都是数字无线通信的应用,第一代移动电话是模拟无线通信的应用,它们都使用射频来承载不同格式的信息。

1.2.2　无线传输介质

传输介质是连接通信设备,为通信设备之间提供信息传输的物理通道,是信息传输的实际载体。从本质上讲,无线通信和有线通信中的信号传输,实际上都是电磁波在不同介质中的传输过程。无线传输介质指的是大气和外层空间,它们只提供了传输电磁波信号的手段,但不引导电磁波的传播方向,这种传输形式通常称为无线传播(wireless transmission)。无线传输介质也被称为**非导向媒体**。与非导向媒体对应的是**导向媒体**,导向媒体是指电磁波被引导沿某一固定媒体进行,如铜双绞线、同轴电缆和光纤。

无线传输有两种基本的构造类型:定向的和全向的。在定向的结构中,发送天线将电磁波聚集成波束后发射出去,因此,发送和接收天线必须精心校准。在全向的结构中,发送信号沿所有方向传播,并能够被多数天线接收到。

表 1.2.1 给出了不同通信技术对电磁波频谱的使用以及不同电磁波频谱所对应的传输介质和典型应用。

表 1.2.1　各种通信技术对电磁频谱的使用

频率范围	波长	表示符号	传输介质	典型应用
3 Hz～30 kHz	1×10^8～1×10^4 m	VLF	普通有线电缆、长波无线电	长波电台
30～300 kHz	1×10^4～1×10^3 m	LF	普通有线电缆、长波无线电	电话通信网中的用户线路、长波电台
300 kHz～3 MHz	1×10^3～1×10^2 m	MF	同轴电缆、中波无线电	调幅广播电台
3～300 MHz	1×10^2～10 m	HF	同轴电缆、短波无线电	有线电视网中的用户线路
30～300 MHz	10～1 m	VHF	同轴电缆、米波无线电	调频广播电台
300 MHz～3 GHz	100～10 cm	UHF	分米波无线电	公共移动通信 AMPS、GSM、CDMA
3～30 GHz	10～1 cm	SHF	厘米波无线电	无线局域网 801.11a/g、微彼中继通信、卫星通信
30～300 GHz	10～1 mm	EHF	毫米波无线电	卫星通信、超宽带通信
1×10^5～1×10^7 GHz	3×10^{-4}～3×10^{-6} m		光纤、可见光、红外光	光纤通信、短距红外通信

在本书中,我们感兴趣的频率范围主要有 3 个。频率范围 300 MHz～3 GHz(1 GHz=1×10^9 Hz),常被移动通信系统所使用;频率范围 3～30 GHz,常被无线局域网和微波通信所使用;频率范围 30～300 GHz,常被卫星通信和超宽带(UWB)通信所使用。传输介质只有被相应的传输技术使用,才能够体现为可供上层业务使用的信道。

无线通信技术中常常涉及以下基本概念:

➤ **数据速率**(data rate)。数据速率是指数据能够进行通信的速率,用"位每秒(bit/s)"表示。

➤ **带宽**(bandwidth)。带宽用来描述频率范围,传输信号的带宽受发送设备和传输介质的特性限制,它等于器件或应用中最高频率和最低频率的差,用"周数每秒或赫兹(Hz)"来表示。带宽和数据速率有直接关系,无线系统的带宽越高(即频率范围越大),在一定时间内所承载的数据就越多,所以数据速率就越高。

➤ **误码率**(error rate)。误码率即差错发生率。这里的差错是指发送的是 0 而接收的却是 1,或者发送的是 1 而接收的却是 0。

1.2.3 传统无线技术

在无线通信技术出现后,广播、雷达、卫星通信等技术就快速地发展起来,本小节对这几种无线技术进行简单介绍。

1. 广播

广播技术是唯一一种点到多点无线传输信息的射频应用,发射方并不关心目的接收机的响应,也不提供与接收方的直接通信。3 种被广泛接受的广播应用是 AM 无线电广播、FM 无线电广播和电视。

2. 雷达

雷达的英文是 radar,即 radio detecting and ranging 的缩写。从中可以看出,雷达的主要用途是用无线电波来探测物体。雷达技术发展到今天,不仅能够探测物体是否存在,还能够探测物体有多远、物体的位置及物体的移动速度。

雷达的出现:第二次世界大战期间英国和德国交战,英国急需一种能探测空中金属物体的技术,此技术能在反空袭战中帮助搜寻德国飞机,雷达应运而生。现在雷达在很多地方得到应用,包括警戒雷达、引导雷达、制导雷达、炮瞄雷达、机载火控雷达、测高雷达、盲目着陆雷达、地形回避雷达、地形跟踪雷达、成像雷达、气象雷达等。在日常生活中,我们接触得最多的是安装在汽车上的倒车雷达,它能够让我们在倒车时避免撞到车后的物体。

雷达的工作原理:雷达发射机产生足够的电磁能量,经过收发转换开关传送给天线。天线将这些电磁能量辐射至大气中,集中在某一个很窄的方向上形成波束,向前传播。电磁波遇到波束内的目标后,将沿着各个方向产生反射,其中的一部分电磁能量反射回雷达,被雷达天线(如图 1.2.2 所示,来自维基百科)获取。天线获取的能量经过收发转换开关送到接收机,形成雷达的回波信号。由于在传播过程中电磁波会随着传播距离而衰减,雷达回波信号非常微弱,几乎被噪声淹没。接收机放大微弱的回波信号,经过信号处理机处理,提取出包含在回波中的信息,送到显示器,显示出目标的距离、方向、速度等。

图 1.2.2 雷达天线

3. 卫星通信

当 RF 信号需要长距离传输时,会出现接收机由于地球存在曲率而被遮挡的情况,如图 1.2.3(a)所示。如图 1.2.3(b)所示,使用了卫星后 RF 系统可克服地球曲率,其接收机可以接收到与它距离较远的发送机发送的信号。

可见,卫星通信是以卫星作为中继站转发微波信号,在多个地面站之间进行通信。由于卫星工作于几百、几千甚至上万千米的轨道上,因此覆盖范围远大于一般的移动通信系统,可以说,卫星通信可以实现对地面的"无缝隙"覆盖。卫星通信的特点是:通信范围大;只要在卫星发射的电波所覆盖的范围内,任何两点之间都可进行通信;不易受陆地灾害的影响(可靠性高);只要设置地球站电路即可开通(开通电路迅速);同时可在多处接收,能经济地实现广播、多址通信(多址特点);电路设置非常灵活,可随时分散过于集中的话务量;同一信道可用于不同方向或不同区间(多址连接)。但卫星通信要求地面设备具有较大的发射功率,因此不易普及使用。

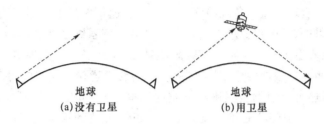

图 1.2.3　卫星解决方案

卫星通信系统一般由卫星星体、地面站两部分组成。卫星在空中起中继站的作用,即把地面站发上来的电磁波放大后再返送回另一地面站。地面站则是卫星系统与地面公众网的接口,地面用户也可以通过地面站出入卫星系统形成链路,地面站还包括地面卫星控制中心,及其跟踪、遥测和指令站。卫星通信系统的结构如图 1.2.4 所示。

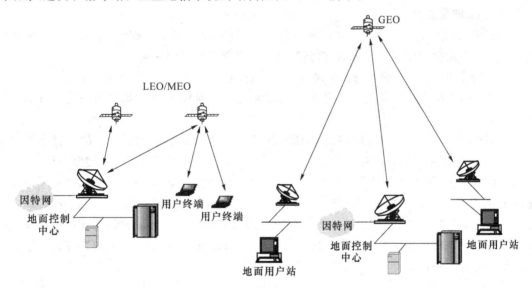

图 1.2.4　卫星通信系统结构

按照工作轨道区分,卫星通信系统一般分为以下 3 类:

1) 低轨道卫星通信系统(LEO)。距地面 500～2 000 km,传输时延和功耗都比较小,但每颗卫星的覆盖范围也比较小,典型系统有 Motorola 的铱星系统。低轨道卫星通信系统由于卫星轨道低,信号传播时延短,所以可支持多跳通信;其链路损耗小,可以降低对卫星和用户终端的要求,可以采用微型/小型卫星和手持用户终端。但是低轨道卫星系统由于轨道低,每颗卫星所能覆盖的范围比较小,要构成全球系统需要数十颗卫星,如铱星系统有 66 颗卫星、

Globalstar 有 48 颗卫星、Teledisc 有 288 颗卫星。同时,由于低轨道卫星的运动速度快,对于单一用户来说,卫星从地平线升起到再次落到地平线以下的时间较短,所以卫星间或载波间切换频繁。因此,低轨系统的系统构成和控制复杂、技术风险大、建设成本也相对较高。

2) 中轨道卫星通信系统(MEO)。距地面 2 000~20 000 km,传输时延大于低轨道卫星,但覆盖范围也更大,典型系统是国际海事卫星系统。中轨道卫星通信系统可以说是同步卫星系统和低轨道卫星系统的折中,中轨道卫星系统兼有这两种方案的优点,同时又在一定程度上克服了这两种方案的不足之处。

3) 高轨道卫星通信系统(GEO)。距地面 35 800 km,即同步静止轨道。理论上,用 3 颗高轨道卫星即可以实现全球覆盖。传统的同步轨道卫星通信系统的技术最为成熟,自从同步卫星被用于通信业务以来,用同步卫星来建立全球卫星通信系统已经成为建立卫星通信系统的传统模式。但是,同步卫星有一个不可克服的障碍,就是较长的传播时延和较大的链路损耗,严重影响到它在某些通信领域的应用,特别是在卫星移动通信方面的应用。

此外,卫星通信还可以根据卫星服务方式的不同,分为固定服务卫星(FSS,fixed service satellite)、广播服务卫星(BSS,broadcast service satellite)和移动服务卫星(MSS,mobile service satellite);或者,按照覆盖区域的不同,分为全球性、区域性或国家性卫星。

卫星通信系统的特点如下:

1) 下行广播,覆盖范围广。对地面的情况(如高山海洋等)不敏感,适用于在业务量比较稀少的地区提供大范围的覆盖,在覆盖区内的任意点均可以进行通信,而且成本与距离无关。

2) 工作频带宽。可用频段为 150 MHz~30 GHz。目前已经开始开发 Q、V 波段(40~50 GHz)。ka 波段甚至可以支持 155Mbit/s 的数据业务。

3) 通信质量好。卫星通信中电磁波主要在大气层以外传播,电波传播非常稳定。虽然在大气层内的传播会受到天气的影响,但仍然是一种可靠性很高的通信系统。

4) 网络建设速度快、成本低。除建地面站外,无须地面施工。运行维护费用低。

5) 信号传输时延大。高轨道卫星的双向传输时延达到秒级,用于话音业务时会有非常明显的中断。

6) 控制复杂。由于卫星通信系统中所有的链路均是无线链路,而且卫星的位置还可能处于不断变化中,因此控制系统也较为复杂。控制方式有星间协商和地面集中控制两种。

到目前为止,我国共发射了三代通信卫星。第一代通信卫星是 1984 年发射的两颗通信卫星和 1986 年 2 月 1 日发射的东方红二号实用型通信广播卫星。第二代通信卫星是 1988 年 3 月 7 日、1988 年 12 月 22 日、1990 年 2 月 4 日和 1991 年 11 月 28 日发射的载有 4 台 C 波段转发器的东方红二号甲通信卫星。第三代通信卫星是 1997 年 5 月 12 日发射的东方红三号地球静止轨道通信卫星。

1.3　无线通信网络分类

依据 1.2 节介绍的传统无线技术建立起的无线通信网络分别是广播通信系统、雷达通信系统和卫星通信系统。近年来无线通信技术发展很快,我们了解或熟悉的无线通信网络还有蜂窝移动通信网、无绳电话网、寻呼通信网、集群通信系统、无线局域网和无线城域网等。

蜂窝移动通信网,可以是模拟的或数字的。它主要通过由高速主干线连接起来的基站组成固定的(或者在特殊情况下是移动的)基础设施给用户提供服务。这里的用户是指移动终端设备,即手机。基站支持切换,一般用户能从一个小区(由一个给定的基站支持)移动到另一个小区。

无绳电话网,使用无绳电话的用户只有在一个基站下才能够进行通信,用户不能在通话过程中从一个基站移动到另一个基站。

寻呼通信网,寻呼通信是一种单向的移动通信系统,它以广大的程控电话网为依托,采用单向的无线电呼叫方式将主叫用户的信息传送给持机用户。

集群通信系统,是指"专用移动通信系统",数字集群通信是 20 世纪末兴起的新型移动通信系统,它除了具备公众移动通信网(GSM、CDMA)所能提供的个人移动通信服务外,还能实现个人与群体间的任意通信,并具有调度、优先呼、虚拟专用网、漫游等功能。利用信道共用和动态分配等技术可构建集群通信共网,为多个部门、单位等集团用户提供专用指挥调度等通信业务。

无线局域网(WLAN,wireless local area network),是使用无线连接的局域网,即利用无线连接取代旧式的双绞铜线构成的局域网络。它使用无线电波作为数据传送的媒介,传送距离一般为几十米。它支持较高的数据传输速率(2~11 Mbit/s),是采用微蜂窝、微微蜂窝结构的自主管理的计算机局域网络,提供传统有线局域网的所有功能。无线局域网的主干网路通常使用电缆,无线局域网用户通过一个或多个无线接入器(WAP,wireless access points)接入无线局域网。无线局域网现在已经广泛地应用在商务区、大学、机场以及其他公共区域。无线局域网最通用的标准是 IEEE 定义的 802.11 系列标准。

无线城域网(WMAN,wireless metropolitan area network),是以无线方式构成的城域网,提供面向互联网的高速连接。IEEE 对于 WMAN 的标准主要是 IEEE 802.16。

无线通信的分类可按不同的要求、内容、特点、服务对象、性质和使用场合等进行。

➢ 按照工作方式可分为:单工制、半双工制和全双工制。

➢ 按照业务种类和性质可分为:移动电话系统、指挥调度系统、无线数据网络等,目前的发展趋势是各种网络可以提供电话和数据兼有的通信,甚至还包括图像传输。

➢ 按照网络覆盖的范围可分为:无线广域网、无线城域网和无线局域网。我国常见的无线广域通信网络主要指各种移动通信网络。而移动通信网络又可以按照使用性质分为:公用移动通信、专用移动通信和特种移动通信系统(也可分为:民用移动通信和军用移动通信)。前面提到的蜂窝通信系统、寻呼通信系统和卫星通信系统一般是为广大公众提供话音和数据业务服务的,因此属于公用移动通信系统;而集群移动通信系统则是一种典型的专用移动通信系统;特种移动通信系统是根据不同部门特殊要求而组成的,它们既不同于公用移动通信系统,也不同于专用移动通信系统(但有些技术又是相同的),如铁路移动通信系统、军用移动通信系统等。

➢ 按照网络所支持的基础设施的特性又可分为:带有固定基础设施的无线通信网、可移动的无线通信网和无基础设施的无线通信网。

大多数的无线网络都属于带有固定基础设施的无线通信网,移动用户连接到一个基站、接入点或卫星网关,其余的通信路径都经由有线网络。例如,蜂窝移动电话需要一个固定的基础设施,该设施包括基站和使基站彼此之间以及到公共电话交换网络(PSTN)之间相连接的通信线缆。可移动的无线通信网是指网络基础设施具有可移动性,例如,移动交通工具上的蜂窝基站。无基础设施的无线通信网是指该系统中只有移动节点,没有网络基础设施,这种完全移动的网络也被称为移动的对等(peer-to-peer)网络。

1.4　无线通信的研究机构和组织

说到无线通信,十分必要的是介绍一些国家级或世界级的组织,他们负责制定各种通信标准,促进各种电信业务的研发和合理使用,甚至是协调各国相关组织的工作,从而保证全球范围内的无线通信系统的互联和互通。

1.4.1　国际电信联盟

国际电信联盟成立于1865年,原名国际电报联盟(ITU,International Telegraph Union),顾名思义,是为了顺利实现国际电报通信而成立。1934年1月1日起正式改称为"国际电信联盟"(ITU,International Telecommunication Union)。经联合国同意,1947年10月15日国际电信联盟成为联合国的一个专门机构,其总部由瑞士伯尔尼迁至日内瓦。

目前ITU由电信标准化部门(ITU-T)、无线通信部门(ITU-R)和电信发展部门(ITU-D)3个部门组成。秘书长是ITU的法定代表人,ITU不同的活动分由3个部门承担,行政权力由各个部门的负责人分享。

ITU的宗旨,按其"基本法",可定义如下:①保持和发展国际合作,促进各种电信业务的研发和合理使用;②促使电信设施的更新和最有效的利用,提高电信服务的效率,增加利用率和尽可能达到大众化、普遍化;③协调各国工作,达到共同目的,这些工作可分为电信标准化、无线电通信规范和电信发展3个部分,每个部分的常设职能部门是"局",其中包括电信标准局(TSB)、无线通信局(RB)和电信发展局(BDT)。

ITU每年召开1次理事会;每4年召开1次全权代表大会、世界电信标准大会和世界电信发展大会;每2年召开1次世界无线电通信大会。

1. 电信标准化部门

电信标准化部门(TSS,或称ITU-T)由原来的国际电报电话咨询委员会(CCITT)和国际无线电咨询委员会(CCIR)从事标准化工作的部门合并而成。其主要职责是完成ITU有关电信标准方面的目标,即研究电信技术、操作和资费等问题,出版建议书,目的是在世界范围内实现电信标准化,包括在公共电信网上无线电系统互联和为实现互联所应具备的性能,还包括原CCITT和CCIR从事的标准工作。

ITU-T制定的标准被称为"建议书",意思是非强制性的、自愿的协议。因为它保证了各国电信网的互联和运转,所以越来越广泛地被全世界各国所采用。

2. 无线通信部门

无线通信部门(RS,或称ITU-R)研究无线通信技术和操作,出版建议书,还行使世界无线电行政大会(WARC)、CCIR和频率登记委员会的职能,包括:

➤ 无线电频谱在陆地和空间无线电通信中的应用;
➤ 无线电通信系统的特性和性能;
➤ 无线电台站的操作;
➤ 遇险和安全方面的无线电通信。

3. 电信发展部门

电信发展部门(TDS,或称ITU-D)由原来的电信发展局(BDT)和电信发展中心(CDT)合并而成。其职责是鼓励发展中国家参与 ITU 的研究工作,组织召开技术研讨会,使发展中国家了解 ITU 的工作,尽快应用 ITU 的研究成果;鼓励国际合作,向发展中国家提供技术援助,在发展中国家建设和完善通信网。电信发展部门(ITU-D)主要由 3 个部分组成:世界电信发展大会和区域性的发展大会、电信发展研究组、电信发展局。电信发展局负责 ITU-D 的组织和协调工作;电信发展研究组主要研究发展中国家普遍感兴趣的具体电信问题;而世界电信发展大会在 ITU-D 中是最具权威性的机构,每隔 4 年举行一次。

1.4.2　美国联邦通信委员会

美国联邦通信委员会(FCC,Federal Communications Commission)于 1934 年建立,是美国政府的一个独立机构,直接对国会负责。FCC 通过控制无线电广播、电视、电信、卫星和电缆来协调国内和国际的通信。涉及美国 50 多个州、哥伦比亚以及美国所属地区,为确保与生命财产有关的无线电和电线通信产品的安全性,FCC 的工程技术部负责委员会的技术支持,同时负责设备认可方面的事务。许多无线电应用产品、通信产品和数字产品要进入美国市场,都要求 FCC 的认可。FCC 委员会调查和研究产品安全性的各个阶段以找出解决问题的最好方法,同时 FCC 也包括无线电装置、航空器的检测等。

根据美国联邦通信法规相关部分(CFR47 部分)的规定,凡进入美国的电子类产品都需要进行电磁兼容认证(有关条款特别规定的产品除外),其中比较常见的认证方式有 3 种:Certification、DoC、Verification。这 3 种产品的认证方式和程序有较大的差异,不同的产品可选择的认证方式在 FCC 中有相关的规定。其认证的严格程度递减。针对这 3 种认证,FCC 委员会对各实验室也有相关的要求。

目前,美国已连续几年成为我国第二大贸易伙伴,中美贸易额呈逐年上升趋势,因此对美出口不容小觑。美国的产品技术标准、进口法规的严谨堪称世界第一,了解美国市场准入规则有助于我国产品进一步打开美国市场。联邦通信委员会管理进口和使用无线电频率装置,包括计算机、传真机、电子装置、无线电接收和传输设备、无线电遥控玩具、电话、个人计算机以及其他可能伤害人身安全的产品。这些产品如果想出口到美国,必须通过由政府授权的实验室根据 FCC 技术标准来进行的检测和批准。进口商和海关代理人要申报每个无线电频率装置符合 FCC 标准,即 FCC 许可证。

1.4.3　欧洲邮电通信管理协会

欧洲邮电通信管理协会(CEPT,Conference of European Post and Telecommunication Administrations)于 1959 年成立。CEPT 着重商业合作、法规制定和技术标准颁布。

1988 年 CEPT 决定成立欧洲电信标准协会(ETSI,European Telecommunications Standards Institute),该协会是一个非营利性的欧洲地区性电信标准化组织,总部设在法国南部的尼斯。其宗旨是为贯彻欧洲邮电管理协会和欧盟委员会(CEC)确定的电信政策,满足市场各方面及管制部门的标准化需求,实现开放、统一、竞争的欧洲电信市场而及时制定高质量的电信标准,以促进欧洲电信基础设施的融合;确保欧洲各电信网间互通;确保未来电信业务的统一;实现终端设备的相互兼容;实现电信产品的竞争和自由流通;为开放和建立新的泛欧电信网络和业务提供技术基础;为世界电信标准的制定做出贡献。

ETSI 的标准化领域主要是电信业,并涉及与其他组织合作的信息及广播技术领域,具体包括:无线电领域的电磁兼容;私人用远距离通信系统;整体宽频带网络(包括有线电视)。

ETSI 作为一个被 CEN（欧洲标准化协会）和 CEPT 认可的电信标准协会,其制定的推荐性标准常被欧盟作为欧洲法规的技术基础而采用并被要求执行。

ETSI 目前有来自 47 个国家的 457 名成员,涉及电信行政管理机构、国家标准化组织、网络运营商、设备制造商、专用网业务提供者、用户研究机构等。

1.4.4 电气和电子工程师协会

电气和电子工程师协会(IEEE)于 1963 年 1 月 1 日由 AIEE(美国电气工程师学会)和 IRE(美国无线电工程师学会)合并而成,是美国规模最大的专业学会。IEEE 是一个非营利性科技学会,拥有全球近 175 个国家 36 万多名会员。由于其多元化的会员,该组织在太空、计算机、电信、生物医学、电力及消费性电子产品等领域中都很有权威。在电气及电子工程、计算机及控制技术领域中,IEEE 发表的文献占了全球该领域文献的 30％。IEEE 每年也会主办或协办三百多项技术会议。

自成立以来,IEEE 一直致力于推动电工技术在理论方面的发展和应用方面的进步。作为科技革新的催化剂,IEEE 通过在广泛领域的活动规划和服务支持其成员的需要,促进从计算机工程、生物医学、通信到电力、航天、用户电子学等技术领域的科技和信息交流,开展教育培训,制定和推荐电气、电子技术标准,奖励有科技成就的会员等。

IEEE 组织结构如图 1.4.1 所示。

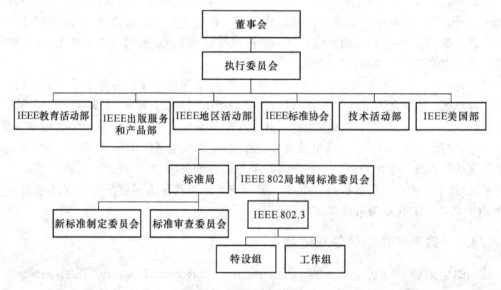

图 1.4.1　IEEE 组织结构

学会由主席和执行委员会共同领导。学会的重大事项由理事会和代表大会进行决策,日常事务由执行委员会负责完成。学会还按 10 个地区划分,共有 300 多个地方分部。代表大会由来自 10 个地区学会和 10 个技术分部的代表构成。IEEE 北京分部于 1985 年成立。

IEEE 会员可享受以下优惠待遇:会员可以相互沟通信息共享;独享的特殊成本节省和增值益处;对会员的技术和专业成就给予认可并颁奖;参与、领导或志愿协助 IEEE 各种活动的机会;通过网络服务和 IEEE 之间进行电子商务。

IEEE 的标准制定内容:电气与电子设备、试验方法、元器件、符号、定义以及测试方法等。

出版物有:《IEEE 学报》(月刊)、《IEEE 杂志》(月刊)、《IEEE 综论》(月刊)、《IEEE 指南》

（每年出版一次）；还有 800 多种已经颁发或正在制定的各种标准；各专业分学会还出版各种期刊和会议论文集。

1.4.5　Wi-Fi 联盟

Wi-Fi 联盟成立于 1999 年 8 月，总部设在得克萨斯州奥斯汀市，联盟一直致力于推动无线局域网的发展，希望通过不断改进这种普遍而可靠的技术，充分发掘其发展潜能。其会员涵盖了无线局域网的整个产业链，包括：计算机和网络设备制造商、半导体制造商、系统集成商、软件公司、电信运营商和服务供应商、消费产品制造商等。

Wi-Fi 联盟旨在通过对基于 IEEE 802.11 标准的产品进行互操作性测试，将 Wi-Fi 功能推广给家庭、SOHO、企业和管理接入市场上的消费者和用户，从而促进 Wi-Fi 行业的发展。

1.4.6　中国通信标准化协会

中国通信标准化协会（CCSA，China Communications Standards Association）于 2002 年 12 月 18 日在北京正式成立。该协会是国内企事业单位自愿联合组织起来，经业务主管部门批准，国家社团登记管理机关登记，开展通信技术领域标准化活动的非营利性法人社会团体。

协会的主要任务是更好地开展通信标准研究工作，把通信运营企业、制造企业、研究单位、大学等关心标准的企事业单位组织起来，按照公平、公正、公开的原则制定标准，进行标准的协调、把关，把高技术、高水平、高质量的标准推荐给政府，把具有我国自主知识产权的标准推向世界，支撑我国的通信产业，为世界通信做出贡献。

协会采用单位会员制，广泛吸收科研、技术开发、设计单位、产品制造企业、通信运营企业、高等院校、社团组织等参加。

协会由会员大会、理事会、技术专家咨询委员会、技术管理委员会、若干技术工作委员会（TC，technical committee）和分会、秘书处构成。其中 TC5 是无线通信技术工作委员会，TC8 是网络与信息安全工作委员会。

TC5 是由原无线通信标准研究组过渡而来。它的研究领域包括：移动通信（包括无线接口及核心网中与移动性相关的部分）、微波、卫星通信、无线接入、无线局域网、3G 网络安全与加密、B3G、移动业务与应用，各类无线电业务的频率需求特性等标准研究工作。相关工作主要由无线通信技术工作委员会下设的 7 个工作组（WG，workgroup）、1 个任务组和 1 个特设组来完成，具体分工如表 1.4.1 所示。

表 1.4.1　无线通信技术工作委员会分工表

工作组	职责及研究范围	与国际组织对应关系
WG3（WLAN 和无线接入）	负责无线局域网和无线接入的标准化研究工作	IEEE、WiMax
WG4（cdmaOne 和 cdma2000）	负责 cdmaOne 和 cdma2000 无线及网络的标准化研究工作	TIA 的 TR45、3GPP2
WG5（3G 安全与加密）	第三代移动通信加密与网络安全研究	3GPP、3GPP2、OMA 等与安全相关的组
WG6（B3G）	负责超 3G 标准的研究和制定	ITU-R 的 8F 工作组、CJK-B3G 及国际上有关 B3G 研究的相关组
WG7（移动业务与应用）	负责移动业务和应用方面标准的研究和制定	OMA、3GPP、3GPP2 的相关组

续 表

工作组	职责及研究范围	与国际组织对应关系
WG8（频率）	超前研究各类无线电业务的频率需求特性；研究无线电业务系统内的电磁兼容；研究无线电业务系统间的电磁兼容；对口研究 ITU-R WRC 大会和 ITU-R 与无线电业务频率相关的问题	ITU-R
WG9（TD-SCDMA/WCDMA，原 WG1、WG2 合并）	负责 GSM/GPRS 的标准研究；负责 WCDMA 和 TD-SCDMA 无线及网络相关标准；负责全 IP 核心网有关标准研究	3GPP、ITU-T 的 SG19
AH2	负责跟踪和研究国际有关 IOT 进展，提出我国进行 IOT 测试相关的建议及为其他组制定相应的技术规范提出意见和建议	NV IOT 论坛

TC8 成立于 2002 年 11 月 21 日，其前身为“通信安全标准研究组”。其研究领域包括：面向公众服务的互联网的网络与信息安全标准、电信网与互联网结合中的网络与信息安全标准、特殊通信领域中的网络与信息安全标准。

TC8 下设 4 个工作组，即有线网络安全工作组（WG1）、无线网络安全工作组（WG2）、安全管理工作组（WG3）、安全基础设施工作组（WG4）。具体分工如表 1.4.2 所示。

表 1.4.2 网络与信息安全技术工作委员会分工表

工作组	职责及研究范围	与国际组织对应关系
WG1（有线网络安全工作组）	负责涉及网间互联产品安全和终端安全标准及其检验规范；信息系统和数据网络相关安全标准	ITU-T SG17 安全部分
WG2（无线网络安全工作组）	负责 GSM、CDMA 和 3G 等无线电通信安全标准；无线电通信产品安全标准	ITU-T SG17 安全部分
WG3（安全管理工作组）	负责信息安全和网络安全管理标准；应急处理相关标准；服务资质评定标准；信息安全工程标准；垃圾邮件管理规范	ITU-T SG17 安全部分
WG4（安全基础设施工作组）	主要负责 PKI/PMI/WPKI 的技术标准、PKI/WPKI/PMI 通信数字证书的格式标准和通信设备证书申请协议标准	ITU-T SG17 安全部分

1.5 本章小结

本章主要讨论了无线通信的基本概念、主要的无线通信技术、无线通信技术的历史和发展过程，以及无线通信网络的分类。

鉴于有众多的组织和机构参与无线通信的研究,特别是无线通信标准的制定及维护,我们在本章的最后给出了无线通信的研究机构和组织,便于读者对这些机构的工作内容有初步了解。

1.6　习　　题

(1) 什么是无线通信技术?

(2) 第三代移动通信系统主要有哪些标准?

(3) 什么是蜂窝移动通信网?

(4) 什么是集群移动通信?

(5) 什么是无线局域网?

(6) 请说明蜂窝移动通信的发展过程。

第 2 章

无线通信安全入门

据报道,截至 2016 年年底,全球手机用户达到 48 亿人,移动互联网用户总数达到 20 亿人。这表明无线通信技术正在飞速发展,而在多数关于无线通信需要克服的问题的列表中,都会发现安全问题。尽管大多数的消费者不会因为无线通信缺乏安全性而不使用自己的无线设备,但是,正如互联网由于缺乏安全性而带来大量的网络安全事件,无线通信的安全问题也将是限制无线应用发展的一大问题。

本章将概括地介绍无线通信安全技术发展的过程,系统地分析无线通信网络面临的安全威胁,给出无线通信系统的安全要求和安全体系。

2.1　无线通信安全历史

如前所述,无线通信技术经历了从无到有、到充分发展的过程。例如,移动通信技术从基于模拟蜂窝系统的第一代发展到第四代移动通信系统,无线局域网技术也从最初的 IEEE 802.11 标准,发展到 IEEE 802.11i。伴随着无线通信技术的发展,无线通信的安全技术也在不断地发展和完善,但从总体上来看,无线安全的发展滞后于无线通信技术的发展。

1. 移动通信方面

第一代移动通信系统几乎没有采取安全措施,移动台把其电子序列号(ESN)和网络分配的移动台识别号(MIN)以明文方式传送至网络,若二者相符,即可实现用户的接入。这时,用户面临的最大威胁是自己的手机有可能被克隆,而手机克隆也给运营商造成了巨大的经济损失。

第二代数字蜂窝移动通信系统采用了基于私钥密码体制的安全机制,通过系统对用户进行鉴权来防止非法用户使用网络,通过加密技术防止对无线信道进行窃听,但在身份认证及加密算法等方面存在着许多安全隐患。以 GSM 为例,首先,在用户 SIM 卡和鉴权中心中共享的安全密钥可在很短的时间内被破译,从而导致对可物理接触到的 SIM 卡进行克隆;此外,GSM 系统只对空中接口部分(即移动终端和基站之间)进行加密,在固网中信息以明文方式进行传输,这给攻击者提供了机会;同时,GSM 网络没有考虑数据完整性保护的问题,难以发现数据在传输的过程被篡改。而且,GSM 系统的安全机制还存在算法安全性不够、不支持由用户认证的网络等其他安全缺陷,由用户无法认证网络引发的伪基站攻击直接导致用户无法正常使用运营商提供的服务、垃圾短信泛滥,不仅扰乱社会公共秩序,而且严重危害国家通信安全。

针对这些问题,在第三代移动通信标准的制定过程中,加强了安全方面的设计,提出了一个完整的移动通信安全体系,从三个层面、五个安全域上提供安全措施,有效地增强了移动通信系统安全。与第二代移动通信系统相比,主要改进的方面有:重新设计了相关安全算法,提高了算法的安全性,同时把密钥长度增加到 128 bit;提供了双向认证机制,即移动网络不仅要认证手机端的合法性,手机也会对移动网络进行认证,避免接入虚假网络;把 3GPP 接入链路数据加密延伸至无线接入控制器;提供了接入链路信令数据的完整性保护;提出了固网中的信息安全措施;向用户提供了可随时查看自己所用的安全模式及安全级别的安全可视性操作。

尽管 3G 安全机制较为完善,但为满足对高速率通信的要求,LTE 技术在接入网结构上有巨大变化,这也带来了新的安全问题。由于全 IP 化网络以及系统架构的变化,LTE 无法直接应用传统的移动通信安全机制。因此,在 LTE 标准中提出了新的密钥管理层次,以满足 LTE对信息安全传输的新要求。

2. 无线局域网方面

在无线局域网标准中,最著名的是 IEEE 802.11 系列标准,从最早的 IEEE 802.11 到 IEEE 802.11a、IEEE 802.11b……一直到 IEEE 802.11i,构成了一系列标准。

最早出现的 WLAN 的标准是 IEEE 802.11 标准,该标准中规定了数据加密和用户认证的有关措施,但研究表明,这些措施存在很大的缺陷,使得用户对 WLAN 的安全性缺乏信心,使得一些国家政府出台政策,规定在 WLAN 的安全问题没有解决之前,不允许在政府办公网中使用 WLAN 技术,这在某种程度上妨碍了 WLAN 的普及和应用。

后来出现的 IEEE 802.1x 标准对原标准进行了改进,主要的改进是增强了身份认证机制,并且设计了动态密钥管理机制。随后 IEEE 802.11i 任务组受到 IEEE 的委托制定新的标准,来加强 WLAN 的安全性。IEEE 802.11i 工作组从 2001 年成立,一直到 2004 年,才使其制定的 IEEE 802.11i 规范得到 IEEE 的批准。IEEE 802.11i 最主要的内容是采用 AES 算法代替了前面版本所用的 RC4 算法。

在 IEEE 802.11i 批准之前,市场对于 WLAN 的安全要求十分急迫,急需一个临时方案,使 WLAN 的安全问题不至于成为制约 WLAN 市场发展的瓶颈。Wi-Fi(Wi-Fi 是个非营利性的国际组织,全称是 Wireless-Fidelity)联合 IEEE 802.11i 专家组共同提出了 WPA 标准。WPA 相当于 IEEE 802.11i 的一部分。WPA 标准成为 IEEE 802.11i 标准发布以前采用的WLAN 安全过渡方案。它兼容已有的 WEP 和 IEEE 802.11i 标准。

我国针对 WLAN 的安全问题,参考 WLAN 的国家标准,提出了自己的安全解决方案WAPI,WAPI 主要给出了技术解决方案和规范要求。

可以看出,在无线通信的最初阶段,无线安全并没有受到足够的重视,研究人员更关心的是通信的性能的提高,系统容量的增大,终端处理能力的提高和价格的降低等。换句话说,在无线通信的初始阶段,人们更关注无线通信这种方式能否被公众接受。人们在推动无线通信技术的同时,有意无意地在淡化无线通信中存在的安全隐患。因此,即使在美国,对于无线业务的早期宣传也声称"无线业务和办公室电话一样安全"。

现在,各种各样的无线通信技术得到了充分发展,无线通信安全也将引起更多的关注:

1) 保护移动终端设备上的数据会变得越来越困难

随着移动设备(如手机和 PDA)的广泛使用,企业正试图通过登录时的密码和其他保护措施防范其对企业内部网造成的安全问题。然而,这样做会使很多企业漏掉真正的威胁。他们忽视了企业网以外的东西,例如,保存在移动设备中的数据,这些数据对其所有者来说非常重要,而这些数据正日益成为犯罪分子进行身份欺诈和盗用的目标。

2) 随着更多客户使用移动设备进行交易,银行在保护客户的数据和金融资产方面将面临重大的挑战近年来，国内外手机银行业务增长很快，随着这一趋势的继续，国内外无线通信安全风险进一步提高。

嵌入了无线射频识别技术（RFID）和近场芯片的手机尤其如此。其中，后者的交易类似于加油站的快速支付。由于近场技术的设计和消费者使用它的方式，这种设备很容易受到攻击，如"网络钓鱼"（即以假冒电子邮件消息诱骗账户持有人透露个人数据）。另外一种威胁是恶意代码，它旨在绕过安全技术，使未经授权的用户能够盗取他人的身份证明。

这种电子银行攻击使银行和金融部门的消费者业已动摇的信心再次遭受到重创，同时由于银行需要承担更多与安全有关的风险，因此银行需要付出更多的保费。Unisys 安全信心指数显示，40％的美国人极其或非常担心网银或在线购物的安全性。

随着金融机构继续发展电子银行的受众，他们必须更好地集成业务流程和解决方案，防止这些欺诈活动并考虑新的业务模式。银行必须与电信公司构建更好的联盟，共享安全知识，以使消费者从中受益。

3）更多人对移动环境发起攻击

随着智能手机的普及，越来越多的人习惯用手机进行转账、支付的同时，手机也越来越成了攻击者的目标。据腾讯安全发布《2016 年度互联网安全报告》显示，腾讯手机管家全年共检出病毒 6 682 万次，感染用户数多达 5 亿人，创历年新高；而且，手机病毒的增长速度非常快，仅 12 月就有 5 692 万安卓用户被感染，比 1 月份增长 81％。

这些病毒类型多样，多数病毒属于资费消耗类，通常表现为占用手机内存、自启动、自联网或发送短信等，更严重的是一部分病毒会导向支付，瞄准用户钱包。

无线通信技术的发展，为无线安全提出了更高的要求，反过来，只有在无线通信系统中提供完善的安全服务，才能更好地促进无线通信技术的使用。

2.2　无线通信网的主要安全威胁

在 1.3 节无线通信网络分类中，我们曾提到按照网络所支持的基础设施的特性，无线通信网络可分为带有固定基础设施的无线通信网、可移动的无线通信网和无基础设施的无线通信网。本节主要针对带有固定基础设施的无线通信网，如移动通信网络，讨论这类网络所面临的主要安全威胁。

带有固定基础设施的无线通信网的网络如图 2.2.1 所示。

首先我们来明确几个概念：

➤ 无线终端。也称为移动台或移动终端，可以是手机、PDA 等可移动的终端设备，也可以是利用无线方式进行通信的笔记本式计算机或台式计算机等设备。

➤ 无线接入点。在移动通信系统中主要指基站，在无线局域网中主要指无线路由器，这些设备负责接收和发送无线信号。

➤ 网络基础设施。网络基础设施是指满足通信基本要求的各种硬件与服务的总称。在移动通信系统中主要是指包括基站、交换机在内的基本通信设备及其软件。

➤ 空中接口。是指无线终端和无线接入点之间的接口，它是任何一种移动通信系统的关键模块之一，也是其"移动性"的集中体现。

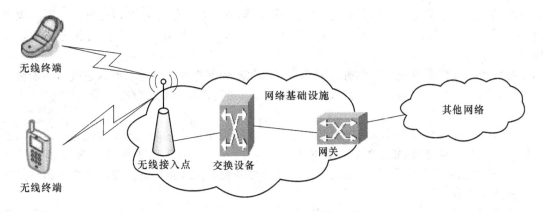

图 2.2.1　无线通信网示意图

根据攻击的位置,无线通信系统的安全威胁可分为:无线链路威胁、服务网络威胁和终端威胁等。根据攻击破坏安全服务的种类,无线通信系统的安全威胁可分为:与鉴权和访问控制相关的威胁、与机密性相关的威胁及与完整性相关的威胁等。根据威胁的对象可将移动通信系统面临的威胁分为以下三类:

> **对传递信息的威胁。**这类威胁直接针对在系统中传输的个人消息。例如,系统中两个用户之间、网络运营商之间、用户和服务提供商之间的消息等。

> **对用户的威胁。**这类威胁直接针对系统中用户的一般行为。例如,试图找出用户在什么时间、什么地点、在做什么等。

> **对通信系统的威胁。**这类威胁直接破坏整个系统的完整或为得到系统的访问权而破坏局部系统或损坏系统的功能等。

下面从产生威胁的攻击类型、攻击点、可能的攻击者、攻击的动机和可能的利益、攻击的复杂程度、阻止攻击的机制等几方面来具体分析这三类安全威胁。

2.2.1　对传递信息的威胁

这类威胁包括那些直接针对通信消息的威胁,主要包括侦听、篡改、抵赖等。

1. 侦听

侦听是指非授权方可能获悉传输或存储在系统中的信息,空中接口和固定网络的信息都存在被非法侦听的威胁。

无线通信系统的无线特性,导致在空中接口中对信息进行侦听相对简单。任何人都可以使用数字无线接口的扫描设备在空中监视用户的数据,或者伪装成无线接口某一侧的一个实体来获得敏感数据。攻击者可以通过重放的数据伪装成另一个用户(或终端)来接收发给该用户的信息;攻击者也可能伪装成一个基站吸引从移动台来的呼叫。考虑到成本和所需掌握的知识,后一种攻击非常昂贵,所以这种攻击只有在非常大的利益的驱动下才会实施,攻击者可能是犯罪组织或恐怖组织等。

为侦听在固定网络内传输的信息,需要和移动通信系统或相连网络的实体或线缆进行物理连接,如 PSTN 等。攻击者可能从任意系统的接口处引出一段线,然后采用普通的协议分析仪来分析传送的信息,这种攻击只需要很少的知识。攻击者可能就是系统内部的维护或运行人员,可能截获系统的某个实体内部的所有的处理信息或存储信息。在固定网络伪装成一个固定的实体比在无线接口中伪装成假基站要复杂,而且这类攻击需要切断已有的连接。

一般地,攻击者所截取的信息类型包括语音或用户数据、控制数据、管理数据。攻击者所获得的利益取决于他所截取的信息,攻击者还可以利用截获的信息实施其他攻击。因为大部分的管理数据都是在网络的有线连接上进行传输,所以,在固定网络可以截获更多的管理数据。

尽管系统无法通过使用安全机制来检测和避免对数据进行侦听。但可以通过使用加密机制使截获的信息只能够被合法的接收者所理解,可以通过使用鉴权机制防止伪装攻击。

2. 篡改

篡改是指非授权方更改系统中的各种信息。主要是指信息的非法修改和重放,其中信息非法修改包括简单更改(如数据位的颠倒)、删除或插入部分消息或文件、删除整个消息或文件、插入新数据或语音信号、调整信息顺序。同样在系统的无线接口和固定网络中的信息都存在被篡改的威胁。

由于移动通信的无线特性,在无线接口产生这种威胁的攻击相对简单。攻击者需要配备能够与某个移动台使用同一信道发送数据的发射器,但是要具有更大的发送功率,以便压制原移动台。然而,不是上面提到的所有的修改都能够在无线接口被随意使用,在无线接口上,消息不能被重新排序;数据或语音信号只能被间接删除;消息可以被修改,从而使接收者(例如语音编码器)由于有太多的错误而丢弃该数据;同时,只能在传送间隔实现插入。为了插入新的或事先记录好的数据和语音信号,同侦听的情况一样需要伪装成一个用户或基站。由于无线特性重放攻击易于实现,攻击者甚至不需要理解某个信息,就可以简单地重放它们。

同在无线接口中不同,在网络的固定部分的所有类型的篡改都可能发生;数据的删除、重新排序和插入均可能出现。这种攻击需要能够物理访问某个网络节点,如基站等,并了解系统的内部工作过程。攻击者很可能就是内部人员,如维护或运行人员。篡改的方式主要有:

> 使用一些辅助工具来进入系统的任何接口,篡改在该处传输的数据和语音信号;
> 采用诸如切断线缆等物理方式或使数据改变路径(篡改数据头信息)等方式来删除数据;
> 获取系统的某个实体的访问权限,如基站等,篡改在该实体中处理/存储的数据或语音信号。

攻击者在接口处伪装成系统的有线实体比在无线接口伪装成基站复杂,而且需要切断现有的连接,因此可能被发现。攻击者可通过重放消息来帮助实现伪装。

大多数的篡改通常是为了获得更大的利益,同侦听类似,篡改所获得的利益依赖于所篡改的数据类型(语音或用户数据、控制数据、管理数据)。这些篡改攻击不能通过使用安全机制来防止,但可以采用某种机制使信号的接收者以更大的概率监测到篡改。

3. 抵赖

抵赖是指参与通信的一方否认或部分否认他的行为,分为接收抵赖和源发抵赖。其中接收抵赖是指接收到信息的用户否认他接收到了信息;源发抵赖是指发送信息的用户否认发送了信息。潜在的攻击者是系统中发送或接收消息的正常用户。在公共网络和私有网络,如果用户之间无法相互信任,则存在这种威胁。

这种攻击可以采用密码安全机制来防止。发送者具有不可否认的证据,证明接收者接收到了数据,或者接收者具有不可否认的证据,证明发送者发送了数据。这种证据能够被用来向第三方证明。在大多数情况下,也可以采用由一个可信中心全面记录所有的通信情况(可与用户的可信鉴权联合在一起使用)的非密码学机制。

2.2.2 对用户的威胁

对用户的威胁不是针对某个单独的消息,而是直接对系统中的用户造成的威胁。对用户的威胁可分为：流量分析和监视。

流量分析是指分析网络中的通信流量，包括信息速率、消息长度、接收者和发送者的标识等，进行这种攻击的方法通常与侦听的方法相同，这种攻击的实施者一般是系统外人员。防止流量分析的方法是对消息内容和可能的控制信息进行加密。然而如果采用低级别（链路之间）加密通信，也可以采用其他模式进行统计分析，因此可以采用类似消息填充和插入虚假消息等作为加密措施的补充。

监视是指监视一个特殊用户的行为。攻击者可能要了解这个用户在何时在何地使用哪个呼叫、属于哪个组织或具有哪些优先权等，也可能对计费信息进行分析。对于外部的攻击者，这种威胁只是流量分析的一种特殊情况。监视还包括系统的用户或运行人员收集其他用户的信息，而这超出了他们的权力范围。防止监视的主要措施是使用假名来实现匿名发送、接收和计费。但是如果假名被系统用来标识用户，只要这个用户的假名不变，这个用户的不同的呼叫就可以被互相连接。如果攻击者能够连接这个特殊用户的一个呼叫，则攻击者就能够连接这个用户的所有呼叫。

2.2.3 对通信系统的威胁

对通信系统的威胁包括直接针对整个系统或系统的一部分威胁，而不是针对某个用户或单个消息。对通信系统的威胁可分为拒绝服务和资源的非授权访问。

拒绝服务是指系统内部或外部的非法攻击者故意削弱系统的服务能力，或使系统无法提供服务。攻击者可能通过删除经过某个特殊接口的所有消息、使某个方向或双向的消息产生延迟、发送大量的消息导致系统溢出、篡改系统配置或物理破坏（如切断线缆）使某个节点无法与系统连接、在无线信道上造成拥塞、滥用增值服务等导致系统拒绝对正常用户的服务。

防止系统遭遇导致拒绝服务的攻击非常困难。有效保护系统防止有意损害的方法同系统在意外故障时保证它的普遍可用性相同。另外全面的审计可有效阻止某些潜在的攻击。

资源的非授权访问是指使用禁用资源或越权使用无线信道、设备、服务或系统数据库等系统资源。

禁用资源是指用户根本不允许使用的资源。例如，攻击者伪装成其他用户，执行该用户的访问权力，企图访问禁止使用的资源；攻击者使用偷来的或未被认可的设备；攻击者了解系统的内部工作，可能获得附加的访问权限或绕开访问控制机制等。防止这类威胁的主要手段是对用户和操作员进行身份鉴别、合理设计管理员的访问权限和实施强制的访问控制技术等。

越权使用资源是指该用户允许使用一些资源，但是该用户所访问的资源超过了其权限范围。可能的攻击手段包括：攻击者滥用某些信息，例如，网络运行人员或服务提供商可能滥用用户的个人信息；攻击者越权使用借用的设备，如基站等；攻击者企图独占系统资源，例如，总是首先强占信道等。除了鉴权和访问控制措施外，系统对关键事件的全面审计也能有效防止这种威胁。

2.3 移动通信系统的安全要求

目前，包括 3G 在内的现代移动通信系统一般包括如下的安全需求：

1）应能唯一地标识用户。

2）冒充合法用户是困难的。

3）信令、传输数据和身份等信息应是保密的。

4）双向认证。不仅需要提供网络对用户的认证,确保只有合法的用户能够使用网络;而且需要提供用户对网络的认证,因为用户希望确保与所信任的网络和服务提供商建立连接。

5）机密性。商业上可以获得的无线探测器很容易拦截窃听空中接口的无线电信号,为避免这一问题,用户和网络服务器之间需协商会话密钥用于消息加密。密钥协商通常是认证过程的最后部分,为了增强安全性,每次通信的会话密钥必须不同。

6）用户身份的匿名性。在传统通信中,为了对用户认证,一旦呼叫建立,用户的身份就会自动暴露给归属网络的服务器,甚至是访问网络的服务器。随着用户对通信隐秘性要求的提高,用户可能不希望向第三方暴露自己的身份。用户身份的匿名性包括用户移动终端、SIM卡和增值业务系统中所用的唯一标识号的保密性。

7）不可否认性。防止发送方或接收方抵赖传输的消息,对已接受的服务引起的收费,用户应无法否认。

8）完整性。完整性保证消息在传输过程中不会被篡改、插入数据、增加冗余、重排序或销毁。在移动增值业务系统中,还包括业务的完整性机制。

9）新鲜性。消息新鲜性是防止重传攻击的重要手段,可以采用时戳服务来保证消息的新鲜性,也可以采用随机数或者计数器来防止重传攻击。

10）公平性。公平交换主要指交换双方处于公平的地位,不会因为任何一方的欺骗行为,使另一方处于不利的地位。

11）端到端保密。除了在空中接口中传输的消息需要保密外,一些应用场合需要传输保密的语音,某些更高安全级别的用户要求支持端到端加密的语音和数据的传输,从而保证只有通信的发起方和接收方了解通信的内容,而移动通信系统只是一个透明的传输平台。

12）合法的监视。包括网络的组织管理者、调度台(专业通信系统中的设备)和授权的用户能够对网络中的流量和通信进行监视。

13）在专业通信系统中,一般需要通信系统含有调度功能,一般要求调度台具有如下功能。

➢ 认证。对调度台用户身份、组成员身份和连接链路的认证。
➢ 通信的机密性。应该确保组成员无法绕过安全模块,从而保证本组通信的机密性,同时需要确保调度控制信息的机密性。
➢ 通信的完整性。应该确保组成员无法绕过安全模块,从而保证本组通信的完整性。

随着新技术的发展,移动通信系统将面临更多的安全威胁,其安全要求也更加苛刻。

2.4 移动通信系统的安全体系

开放系统互联参考模型中提出的概念性安全体系结构框架(OSI/RM)定义了 5 组安全服务:认证服务、保密服务、数据完整性服务、访问控制服务、抗抵赖服务。基于 OSI 参考模型的七层协议之上的信息安全体系结构由安全属性、OSI 协议层和系统部件组成的三维矩阵,它对具体网络环境的信息安全体系结构有重要的指导意义。本节根据移动通信系统的特点,参考 3G 安全域结构和 OSI 的安全体系结构给出了移动通信系统安全体系的三维框架结构,如图 2.4.1 所示。

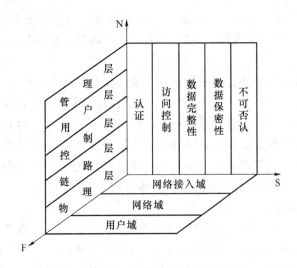

图 2.4.1　移动通信系统安全体系结构

安全服务轴(S)包括认证(鉴权)、访问控制、数据完整性、数据保密性和不可否认 5 个元素,各元素之间的关系是层次关系。安全需求轴(N)参照接口协议栈的分层和 OSI 参考模型的分层模型,包括物理层安全、链路层安全、控制层安全、用户层安全和管理层安全。安全域轴(F)由不同的安全域组成,安全域的划分由具体的安全策略确定。整个 TETRA 系统的安全域可以初步划分为网络接入域、网络域和用户域。

系统的任何一个安全措施都可以映射成这个三维空间的一个点,可以解释为每个安全措施都是在某个安全域内,为满足某个层次上的安全需求而提供的某种安全服务。

下面从安全服务、安全需求以及安全域三个方面详细讨论移动通信安全体系所涉及的要素和逻辑关系以及相关的安全技术。

2.4.1　安全服务

移动通信安全体系的安全服务包括认证和密钥管理服务、访问控制服务、数据完整性服务、数据保密性服务以及不可否认性服务等方面。各种安全服务之间存在相互依赖的关系,单独采用其中的一种安全服务无法满足移动通信系统的安全需求。这些安全服务之间的关系可以看成是一种层次关系,如图 2.4.2 所示。

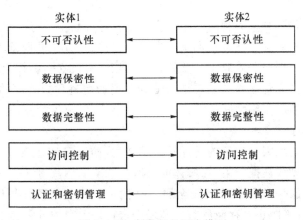

图 2.4.2　安全服务层次模型

其中实体 1 或实体 2 可以根据不同的安全域代表移动通信系统中不同的构件。例如,在用户域内可能分别代表安全模块和移动终端,在接入域内代表移动终端和网络基础设施,在网络域内则可以代表两个交换机或交换机和基站。所有的移动通信系统的安全服务都依赖主体与客体的身份标识和认证,主要实现的技术有系统和移动终端之间的鉴权协议、公钥基础设施和智能卡技术等;访问控制是整个安全系统的核心,其目标是防止对任何资源进行非授权的访问,它对数据保密性和完整性所起的作用是十分明显的;数据的完整性和保密性确保数据在流通中不被篡改和窃取,它们是认证和访问控制有效性的重要保证,可以采用的技术包括空中接口加密和端到端加密等;不可否认服务是数字集群通信系统一个必不可少的安全服务,一般采用合法的监听来防止用户否认自己的通话。具体讨论如下。

1. 认证服务和密钥管理

对一个实体进行鉴权就是接收到该实体的标识后证明该标识是真实的。在移动通信系统的接入域中,根据实际需要,鉴权可以是双向的,也可以是单向的。一般在移动终端接入网络或一次通话开始时需要鉴权,由系统的安全策略来决定鉴权的频度。密钥管理是产生、分发、选择、删除和管理在鉴权和加/解密的过程中使用的密钥的过程。没有发送和接收密钥的双方的双向鉴权就无法安全分发密钥。因此密钥管理和鉴权的关系非常紧密。

移动通信系统中的认证服务包括用户和网络之间鉴权、网络实体之间的认证以及在终端内安全服务模块和终端的认证等。密钥管理包括空中接口鉴权密钥的密钥管理、空中接口机密性和完整性服务的密钥管理、端到端保密通信的密钥管理等部分。

2. 访问控制

访问控制的目标是防止对任何资源(这里主要是通信资源和信息资源)进行非授权访问。非授权访问包括未经授权的使用、泄露、修改、销毁以及颁发指令等。访问控制直接支持数据保密性、数据完整性、数据可用性以及合法使用的安全目标。在移动通信系统中访问控制的需求广泛存在,例如,为了保护系统基础设施,网络运营商需要:

➢ 防止对无线资源的非授权使用;

➢ 防止对服务的非授权使用;

➢ 对数据库需要进行访问控制;

➢ 对配置和网络管理需要进行访问控制;

➢ 终端的使能/禁用。

3. 完整性服务

数据完整性是指接收方接收到的数据和发送方发送的数据保持一致。数据源鉴别用来检查数据源标识的真实性和发送该级别数据的资格。显然,只有在进行通信的双方进行鉴权后,数据完整性和数据源鉴别服务才有用。鉴权过程可用来提供安全参数和所需的密钥。

移动通信系统中的完整性服务主要是指信令数据的完整和数据源的鉴别功能,该服务可以确保和检查终端与核心网络之间的控制信息的完整性,并提供检查信息源的方法。

4. 数据保密性服务

移动通信系统保密性服务的目的是保护敏感数据,防止存储在系统内和传输过程中的敏感数据被某个无权得到该数据的用户、实体或过程故意或偶然获得。一般采用加/解密来实现保密性服务。保密性服务需要和其他安全服务共同配合才能达到保护敏感数据的目的。例如,采用访问控制机制来防止对存储的数据和用来进行加解密的过程的非授权访问,在终端进行通信前需要进行鉴权,一般鉴权协议执行过程会产生进行空中接口加密的会话密钥。

移动通信系统的保密性服务不仅包括移动终端和核心网络之间(即空中接口)的语音、信令和数据保密,还包括端到端的语音和数据保密通信,以及用户标识和组标识的保密性服务等。其中用户标识的保密性服务是指,保证移动通信的个人用户标识或个人用户短标识不被非授权的个人、实体和过程获取;组标识的保密性服务特指在集群移动通信系统中,组用户标识不被非授权的个人、实体和过程获得,而且保证从个人用户标识无法得到组用户标识,反之亦然,当然,组标识的保密可以通过部分信令的保密性服务来实现。

5. 不可否认性服务

不可否认性服务的主要目的是保护通信用户免遭来自系统其他合法用户的威胁,而不是来自未知攻击者的威胁。具体是指,防止参与某次通信交换的一方事后否认曾经发生过本次交换。

在专有网络中经常采用合法的监听来防止用户否认自己的通话。一般某个组织管理者需要监听其组织内部的流量和通信,调度台用户需要监听其所管理的各个组的流量和通信,某个授权用户需要监听他所在的组或其他组的流量和通信情况。在某种程度上监听与机密性等安全服务有些对立,这需要系统的规划者、管理者和使用者合理设计、实施和使用这些安全服务。

2.4.2　安全需求

如图 2.4.1 所示,移动通信系统安全体系结构的 N 轴从下到上分别对应物理层、链路层、控制层、用户层和管理层。

相应的安全需求定义如下:

1) 管理层。管理层位于安全需求的最上层,包括对安全威胁的管理和制定合理的管理标准。管理层对所有信息的安全负责,确定移动通信系统与其他系统连接时可能会暴露的漏洞,确定被保护的资源和使用的安全技术。

2) 用户层。用户层安全提供事务处理的端到端安全。如果安全业务是应用层特有的,或者需要经过应用中继,则其安全性需要在本层上进行设置。移动通信系统中的端到端保密通信需求一般处在这个层面上。如果对通话内容进行端到端的保护,只有通信的端用户知道所用的密钥,则尽管信息经过了基站、交换机等中继系统,但因为这些中继系统对所用的密钥一无所知,因此也无法了解通信的内容。在其他基于用户层的应用中,如数据检索等需要保护特定服务的信息和处理,可能的安全服务包括验证、加密、数字签名、日志以及恢复机制等。有些安全服务,如不可抵赖只能在用户层实现。

3) 控制层。负责网络过程。其中鉴权和用户管理等安全服务需要在该层的子网络接入功能中实现。

4) 链路层。链路层主要保证数据在无线电线路上传输的正确性和安全性,一般采用 TDMA 帧同步、交织/去交织、信道编码、差错保护、空中接口加密等技术来实现。

5) 物理层。移动通信系统的物理层由定时结构、无线电射频发射和接收等部分组成,其安全主要是防止物理通路的损坏、对物理通路的窃听和攻击干扰等。防止机房、电源、监控等场地设施和 UPS 周围环境的破坏,同时应具备对系统关键设备的备份手段。

2.4.3　安全域

1. 网络接入域安全

网络接入域安全主要提供安全接入服务,包括用户身份保密性、用户认证、在网络接入信道和设备间传输数据的保密性和完整性、移动设备的鉴定。主要是通过临时身份号码来保证用户身份号码的保密性；采用基于对称密钥算法的双向认证协议来进行用户接入的认证和加密密钥与完整性密钥的协商。利用国际移动设备号来鉴别移动设备。

2. 网络域安全

主要提供网络实体间（如交换机和基站之间，交换机和交换机之间）的认证、数据传输保密性和完整性、攻击信息的监视等安全机制。

3. 用户域安全

主要提供终端安全服务模块（可能是终端内的模块或智能卡）与用户间的认证以及终端安全服务模块与移动终端间的认证。用户与终端安全服务模块间认证通常采用 PIN（个人识别码），而终端安全服务模块与移动终端间的认证通常采用共享秘密信息的方法。

2.5　本　章　小　结

本章简要介绍了无线通信安全的发展，从威胁对象角度进行分析，总结了无线通信系统中的传递信息、用户及通信系统面临的安全威胁，并给出了移动通信系统的基本安全要求和安全体系。

可以看出，无线通信安全的发展经历了从无到有，从弱到强的过程。无线通信安全的设计和建设对无线通信本身的发展起着重要的保障作用，在无线通信系统的设计阶段就需要考虑未来的无线通信安全需求，无线通信安全也将随着无线通信系统的发展而不断完善。

2.6　习　　题

(1) 简述移动通信系统安全的发展状况。

(2) 简述无线局域网安全的发展状况。

(3) 请列举无线通信系统中面临的安全威胁。

(4) 什么是安全域？请给出一种移动通信系统安全域的划分方法。

(5) 请上网查找最新无线通信系统发生的安全事件，分析其产生的原因。

第 2 部分　理论篇

　　无线通信安全是信息安全领域的一个分支,密码学作为信息安全的理论基础,也是无线通信安全的理论基础。

　　这部分将从密码学的基本概念讲起,在介绍对称密码体制和非对称密码体制的基础上,讲解认证理论、数字签名和安全协议。其中对称密码算法、非对称密码算法以及哈希算法等构成了密码学的理论核心,通过合理使用这些核心算法,并设计安全的协议,实现通信信息的保密传输、对信息和用户的认证以及防止对信息的否认等各种安全需求。

第 3 章

密码学概述

3.1 密码学的基本概念

在密码学中,没有加密的信息称为明文(plaintext);加密后的信息称为密文(ciphertext);从明文到密文的变换称为加密(encryption);从密文到明文的变换称为解密(decryption);加密和解密都是在密钥(key)的控制下进行的。给定一个密钥,就可确定一对具体的加密变换和解密变换。

密码技术的基本功能是保密通信的信息。经典的加密通信模型如图 3.1.1 所示。

图 3.1.1 经典保密通信模型

我们将消息的发送者称为信源,消息的接收者称为信宿,用来传输消息的通道称为信道。通信过程中,信源为了和信宿通信,首先要选择适当的密钥 k,并把它通过安全的信道送给信宿;通信时,把明文 m 通过加密方法 E_k 加密成密文 $c = E_k(m)$,通过普通信道发送给信宿;信宿应用信源从安全信道送来的密钥 k,通过解密变换 D_k 解密密文 c,恢复出明文 $m = D_k(c)$。

通过这个模型,可以给出密码体制的基本概念,一个密码体制可分为如下几个部分:

➢ 所有可能的明文的集合 P,称为明文空间;

➢ 所有可能的密文的集合 C,称为密文空间;

➢ 所有可能的密钥的集合 K,称为密钥空间;

➢ 加密算法:

$$E: P \times K \to C, (m, k) \mapsto E_k(m)$$

➢ 解密算法:

$$D: C \times K \to P, (c, k) \mapsto D_k(c)$$

对 $\forall m \in P, k \in K$,有 $D_k(E_k(m)) = m$。

五元组 (P, C, K, E, D) 称为一个密码体制。

一个完整的保密通信系统由一个密码体制、一个信源、一个信宿和一个攻击者或破译者构成。一般来说,一个密码体制具有如下两个假定条件:首先,对所有密钥,加解密算法迅速有效,常常需要实时使用;其次,体制的安全性不依赖于算法的保密,只依赖于密钥的保密,即,除密钥以外,破译者掌握密码算法的所有内容和细节,系统的安全性完全依赖于密钥的保密(这是由荷兰密码学家奥古斯特·柯克霍夫(Augusts Kerckhoffs)提出的密码学基本假设,也称为 Kerckhoffs 准则)。

因此,如果在这个前提下,一个攻击模型将与攻击者进行攻击时可以得到的信息有很大关系。根据密码分析者对明、密文掌握的程度,攻击主要可分为 4 种:

1)唯密文攻击。指密码分析者仅根据截获的密文进行的密码攻击。

2)已知明文攻击。指密码分析者已经掌握了一些相应的明、密文对,根据这些明、密文对对密码体制进行的攻击。

3)选择明文攻击。密码分析者暂时获得对加密机的访问权限,可以选择一些明文,并可取得相应的密文。

4)选择密文攻击。密码分析者暂时获得对解密机的访问权限,可以选择一些密文,并可取得相应的明文。

在以上任何一种情况下,攻击者的目标都是确定正在使用的密钥。显然,这四种攻击的强度是渐增的。如果一个密码系统能够抵抗选择密文攻击,那么它就能抵抗其余三种攻击。

对于完整密码体制中的攻击者或破译者,又可以根据其攻击方式,分为主动攻击者和被动攻击者。

主动攻击包括对数据流的篡改或产生某些假的数据流。主动攻击又可分为以下三类:

1)中断。它是对系统的可用性进行攻击。例如,破坏计算机硬件、网络或文件管理系统等。

2)篡改。它是对系统的完整性进行攻击。例如,修改数据文件中的数据、替换某一程序使其执行不同的功能、修改网络中传送的消息内容等。

3)伪造。它是对系统的真实性进行攻击。例如,在网络中插入伪造的消息或在文件中插入伪造的记录。

防御主动攻击是十分困难的,因为需要随时随地对通信设备和通信线路进行物理保护,抗击主动攻击的主要途径是检测,以及对此攻击造成的破坏进行修复。

被动攻击即窃听,是对系统的保密性进行攻击,如搭线窃听、对文件或程序的非法复制等,以获取他人的信息。被动攻击又分为两类:一类是获取消息的内容;另一类是进行业务流分析〔例如,通过某种手段(如加密),使得攻击者无法从截获的消息得到消息的真实内容,然而攻击者却有可能获得消息的格式、确定通信双方的位置和身份以及通信的次数和消息的长度,这些信息对通信双方来说可能是敏感的〕。被动攻击不对消息进行任何修改,因而难以检测,所以抗击这种攻击的重点在于预防而非检测。

综上所述,一个完整的保密通信系统如图 3.1.2 所示。

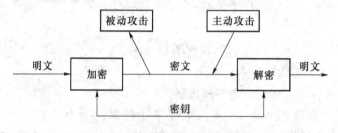

图 3.1.2　完整的保密通信系统

3.2　密码体制的分类

密码体制的分类方法很多。例如,按照密码算法对明文信息的加密方式,分为序列密码体制和分组密码体制;按照加密过程中是否注入了客观随机因素,分为确定型密码体制和概率密码体制;按照是否能进行可逆的加密变换,分为单向函数密码体制和双向函数密码体制。但最常用的是按照密码算法所使用的加密密钥与解密密钥是否相同,能否由加密过程推导出解密过程(或由解密过程推导出加密过程)而将密码体制分为对称密码体制和非对称密码体制。

对称密码体制是一种传统密码体制,也称为私钥密码体制。在对称加密系统中,加密和解密采用相同的密钥,即使二者不同,也能够由其中的一个很容易地推导出另一个,因此,在这种密码体制中,有加密能力就意味着有解密能力。对称密码算法的优点是计算开销小,加密速度快,可以达到很高的保密强度,是目前用于信息加密的主要算法。

按加密方式可将对称密码体制分为序列密码和分组密码两种。分组密码(block cipher)是将明文消息编码表示后的数字序列,划分成固定大小的组,各组分别在密钥的控制下变换成等长的输出数字。与之相反,序列密码(stream cipher)则是一次只对明文消息的单个字符(经常是二进制位)进行加密变换的密码体制,通过明文序列和密钥序列的某种运算得到性能良好的输出序列。

典型的分组密码算法有 DES(data encryption standard,数据加密标准)算法及其变形 Triple DES(三重 DES)、GDES(广义 DES)、RC5、欧洲的 IDEA、日本的 FEAL 等。典型的序列密码算法则有 A5、RC4、PKZIP、Snow 等。

W. Diffie 和 M. Hellman 于 1976 年在 *IEEE Trans. on Information* 刊物上发表了名为 *New Direction in Cryptography* 的文章,提出了"非对称密码体制即公开密钥密码体制"的概念,继香农之后,开创了密码学研究的新方向。非对称密码体制的目的是简化密钥分配和管理。因为对称密码体制中的加解密密钥相同,需要通信的双方必须选择和保存他们共同的密钥,各方必须信任对方不会将密钥泄露出去,从而实现数据的保密性和完整性。对于具有 n 个用户的网络,需要 $n(n-1)/2$ 个密钥,注意,这些密钥的分发需要通过安全信道来进行,在用户数不是很大的情况下,对称加密系统是有效的。但是对于大型网络,当用户数很大,用户分布很广时,密钥的分配和保存就成了问题,即,密钥管理成为影响系统安全的关键性因素。而在非对称密码中,加密和解密使用不同密钥的加密算法,也称为公私钥加密。假设两个用户要加密交换数据,双方交换公钥,使用时一方用对方的公钥加密,另一方即可用自己的私钥解密。因此,同样是具有 n 个用户的网络,只需要生成 n 对密钥($2n$ 个密钥),并分发 n 个公钥。由于公钥是可以公开的,用户只要保管好自己的私钥即可,因此加密密钥的分发将变得十分简单。

可见,非对称密码体制比对称密码体制需要安全保护的部分少了,重要的是不需要有安全信道来分发密钥。此外,非对称密码体制也是解决信息的不可否认性的常用方法。因此,非对称密码体制在密钥分配和管理、鉴别认证、不可否认性等方面均有广泛应用。

大多数的非对称密码体制都是分组密码,包括典型的非对称密码体制,如 RSA、ECC、Elgamal 和 NTRU 等,极少数的非对称密码体制是流密码,如 Goldwasser-Micali 概率公钥密码和 Blum-Goldwasser 概率公钥密码等。

非对称密码体制的缺点是:与对称密码体制相比,其加密解密的算法比较复杂,加解密速度较慢;同等安全强度下,非对称密码体制要求的密钥位数要多一些。因此,实际网络系统中的加密普遍采用非对称和对称密码相结合的混合加密体制,即加解密时采用对称密码,密钥传送则采用非对称密码。这样既解决了密钥管理的困难,又解决了加解密速度的问题。

3.3 古典密码简介

古典密码分为代替密码(substitution ciphers)和换位密码(transposition ciphers)两种。

代替密码也称为替换密码,就是明文中每一个字符被替换成密文中的另外一个字符。接收者对密文进行逆替换就恢复了明文。代替密码主要有 4 种类型:简单代替密码,就是明文的一个字符用相应的一个密文字符代替;多码代替密码,它与简单代替密码系统相似,唯一的不同是单个字符明文可以映射成密文的几个字符之一;多字母代替密码,字符块被成组地进行替换;多表代替密码,由多个简单的代替密码构成,单独的一个字符用来改变明文的每个字符的位置。

在换位密码中,明文的字母保持相同,但顺序被打乱。换位密码也称为置换密码。简单的纵行换位密码的明文以固定的宽度水平地写在一张图表纸上,密文按垂直方向读出。解密就是将密文按相同的宽度垂直地写在图表纸上,然后水平地读出明文。

3.3.1 单码加密法

单码加密法是一种代替密码,其中的每个明文只能被唯一的一个密文字母所替换。例如,在给定的加密法中,明文的字母"a"在密文中可能总是显示为"n"。

1. 移位密码(shift cipher)

令 $P=C=K=Z_{26}$。对 $0 \leqslant k \leqslant 25$,任意 $x, y \in Z_{26}$,定义

$$E_k(x)=(x+k) \bmod 26$$

以及

$$D_k(y)=(y-k) \bmod 26$$

如果 $k=3$,则此密码体制通常叫作凯撒密码,因为它首先为凯撒(Julius Caesar)所使用。

这是一种简易的单码加密法,即将明文字母改成在它后第 k 个的字母。例如,凯撒密码就是将明文字母改在它后第 3 个字母,若为 x、y、z,则换为 a、b、c,成为密文字母。而解密程序就是把密文字母改成在它之前三位的字母,若为 a、b、c,则换为 x、y、z。

2. 仿射密码(affine cipher)

与凯撒移位密码一样,仿射密码也是一种单码加密法,以拉丁字母 26 个字母为例,将字母转化为数字代码 $a=0, b=1, \cdots, z=25$,其加密函数为

$$E(x)=\alpha x+\beta(\bmod 26)$$

其中,α、β 为整数且 α 必须与 26 互质。为何 α 一定要与 26 互质?假设 $\gcd(\alpha, 26)=g>1$,此时 $E(\cdot)$ 将不能用 $E(x)=\alpha x+\beta(\bmod 26)$ 表示,不同明文字母 x_1、x_2 将会对应到相同值;以 $\gcd(\alpha, 26)=g>1$ 而言,g 值可能有 $g=2$ 或 $g=13$,以 $g=2$ 时为例,只需 $x_1=x_2(\bmod 13)$,而当 $g=13$ 时,只需 $x_1=x_2(\bmod 2)$,在这两种情况下都会有

$$\alpha x_1+\beta=\alpha x_2+\beta(\bmod 26)$$

当加密函数不能用 $E(x)=\alpha x+\beta(\bmod 26)$ 表示时,不存在反函数,这样的情况必须排除,

以集合

$$Z_{26} = \{0,1,2,3,\cdots,25\}$$

而言,可以在该集合上进行模加法、模减法以及模乘法,但是模除法就不是每个元素都能做,此时要考虑对于 $x \in Z_{26}$,如何判别 x 有"乘法逆元素",即是否存在 $y \in Z_{26}$,使得

$$xy \equiv 1 (\mathrm{mod}\ 26)$$

以及如何求解 y。要判断 x 是否有"乘法逆元素",只需观察 x 是否与模数 n 互质,而求解 y,较为普遍的方式是使用广义辗转相除法。

3.3.2　多码加密法

多码加密法也是一种代替密码,其中的每个明文字母可以用密文中的多个字母来替代,而每个密文字母也可以表示多个明文字母。例如,明文"e"可能在密文中有时出现为"f",有时又出现为"m";密文字母"s"有时可以表示明文"g",有时又可以表示明文"c"。

1. Vigenere 加密法

Vigenere 是法国的密码专家,Vigenere 密码是以他的名字命名的。该密码体制有一个参数 n。加解密同样是把英文字母用数字代替进行运算,并按 n 个字母一组进行变换。明、密文空间及密钥空间都是 n 个字母的英文字母串的集合,因此可表示为 $P = C = K = (Z_{26})^n$。加密变换如下:

设密钥 $k = (k_1, k_2, \cdots, k_n)$,明文 $p = (m_1, m_2, \cdots, m_n)$,加密函数 $E_k(p) = (c_1, c_2, \cdots, c_n)$,其中,$c_i = (m_i + k_i)(\mathrm{mod}\ 26)$,$i = 1, 2, \cdots, n$。

对密文 $c = (c_1, c_2, \cdots, c_n)$,密钥 $k = (k_1, k_2, \cdots, k_n)$,解密变换为

$$D_k(c) = (m_1, m_2, \cdots, m_n)$$

其中,$m_i = (c_i - k_i)(\mathrm{mod}\ 26)$,$i = 1, 2, \cdots, n$。

2. Nihilist 加密法

Nihilist 加密法起源于沙皇时期俄罗斯地下党使用过的一种加密方法,它用于囚犯之间的通信。那时候,大多数俄罗斯囚犯被单独监禁,禁止与其他囚犯通信联系。最初,囚犯们是敲打墙壁,敲打的次数表示棋盘上的字母位置。他们使用这种加密法非常熟练,能以每分钟 $10 \sim 15$ 个单词进行通信。

这种以棋盘加密的方法最终发展成 Nihilist 加密法的核心。Nihilist 加密法的第一步是选取一个关键词以构成 Polybius 方格,也就是说,在 5×5 的矩阵中填写该关键词(去除重复的字母),然后继续在其中按顺序填写字母表中的其余字母(删去字母"j",这样方格中就只有 25 个字母)。用数字 $1 \sim 5$ 给方格的行和列加编号。假设关键词为"example",那么,Polybius 方格如表 3.3.1 所示。

表 3.3.1　Nihilist 编码示例

	列 1	列 2	列 3	列 4	列 5
行 1	e	x	a	m	p
行 2	l	b	c	d	f
行 3	g	h	i	k	n
行 4	o	q	r	s	t
行 5	u	v	w	y	z

第二步是选取另一个关键词,利用以上的 Polybius 方格将其转换成数字。例如,如果第二个关键词为"next",利用前面的 Polybius 方格,则该关键词转变成数字系列 35 11 12 45。接着,利用同一个 Polybius 方格将明文转换成数字。如果明文为"stop that",那么,转换后的数字系列为 44 45 41 15 45 32 13 45。从这点来看,Nihilist 加密法可以像 Vigenere 加密法一样使用,也就是说,在明文数字系列下重复写出关键词数字系列。要生成密文,只要将相应的关键词——明文数字对相加即可。如果其和大于 100,则将其减去 100。要解密,用密文数字减去相应的关键词数字,然后在 Polybius 方格中查找结果。如果密文数字小于 12,则在减去关键词数字之前先加上 100。

3.3.3　经典多图加密法

在单码加密法中,每个字符是由另一个字符所替代;而在多码加密法中,每个明文字符可以用多个密文字符来替代。但是,单码和多码加密都是作用于单个字符。凡是一次加密一个字母的加密法都称为单图加密法。多图加密法则是作用于字符组。明文的 n 个字符组被密文的 n 个字符组替代。最简单的例子是双图替换加密法,该加密法一次加密两个字符。例如,字符对"at"在密文中可能被"ui"替换,而字符对"an"可能被"wq"替代,等等。双图加密法比单图加密法更安全,因为双图比单个字母要多。标准英语字母表只有 26 个字母,但有 676 种双图(26×26)。因此,通过其特征来确定双图更困难。这几乎可以使简单频率分析法失效。多图加密法就是决定如何将明文字母组映射到密文字母组。

多图加密法的例子有 Playfair 密码,Playfair 密码将明文中的双字母作为一个单元对待,并将这些单元转换为密文字母组合。替换是基于一个 5×5 的字母矩阵。字母矩阵的构造方法如下:采用一个关键词(密钥)依次从左到右,从上到下填入矩阵中,去除重复字母,然后再将字母表中剩下的字母按顺序填入,字母 I,J 占同一个位置。约定:表中第一列看作最后一列的右边一列,表中第一行看作最后一行的下一行。

对一对明文字母 P、Q 加密是根据它们在 5×5 字母矩阵中的位置分别处理如下:

1) 若 P、Q 在同一行,则对应密文分别是紧靠 P、Q 右端的字母。

2) 若 P、Q 在同一列,则对应密文分别是紧靠 P、Q 下方的字母。

3) 若 P、Q 不再同一行,也不再同一列,则对应密文以 P、Q 为对角顶点确定的矩形的另两个顶点,按同行的原则对应。

4) 若 P＝Q,则插入一个字母(事先约定某一个字母)于重复字母之间,并用上述方法处理。

5) 明文字母为奇数,则在明文的末尾增加某个事先约定的字母作为补充。

3.3.4　经典换位加密法

对明文字符按某种规律进行位置的置换,形成密文的过程称为置换加密。最常用的置换密码有两种:一种称为列置换密码,另一种称为周期置换密码。

1. 列置换密码

置换密码是把明文中各字符的位置次序重新排列来得到密文的一种密码体制。实现的方法多种多样。其中,列置换密码的加密方法如下:把明文字符以固定的宽度 m(分组长度)水平的(按行)写在一张纸上,按 $1,2,\cdots,m$ 的一个置换 π 交换列的位置次序,再按垂直方向(按列)读出即得密文。解密就是将密文按相同的宽度 m 垂直写在纸上,按置换 π 的逆置换交换列的位置次序,然后水平地读出得到的明文。置换 π 就是密钥。

2. 周期置换密码

周期置换密码是将明文字符按一定长度 m 分组,把每组中的字符按 $1,2,\cdots,m$ 的一个置换 π 重排位置次序来得到密文的一种加密方法。其中的密钥就是置换 π,在 π 的描述中包含了分组长度的信息。解密时,对密文字符按长度 m 分组,并按 π 的逆置换 π^{-1} 把每组字符重排位置次序来得到明文。

3.4　密码体制安全性

所有的密码体制,其安全性都是最高的评价准则。这里所说的"安全性",是指该密码系统对于破译攻击的抵抗力强度,显然,一个密码系统的安全性很难用理论证明,但是针对一个有缺陷的系统,证明其不安全则很容易。在密码学发展的历史中,有无数的密码系统在被提出之后不久就被证明为"不安全"的。究竟怎样才能断定一个密码体制是安全的? 这一问题成为阻碍理论密码学发展的头号难题。

1949 年,克劳德·艾尔伍德·香农首先讨论了密码系统的安全性,并同时定义了理论安全与实际安全两个概念。在 3.3 节给出的密码体制中,五元组 $(P,C,K,E_k(),D_k())$ 是一个密码系统模型,其中 P、C 和 K 分别代表明文空间、密文空间和密钥空间,$E_k()$、$D_k()$ 代表密码函数。

针对这一系统,**理论安全性**(或者称该密码体制具有**完善保密性或无条件安全性**)意味着明文随机变量 P 和密文随机变量 C 相互独立。它的直观含义是:当攻击者不知道密钥时,知道对应的密文对于估计明文没有任何帮助。这是最强的安全概念。这表明,即使攻击者计算量没有限制,或者说攻击者具有无穷的计算资源,这种密码体制也是无法破解的,是无条件安全的。

为了用数学语言描述密码体制的完善保密性,以下假定明文 P、密文 C、密钥 K 都是随机变量;$H(\cdot)$ 表示香农熵;$H(\cdot\mid\cdot)$ 表示香农条件熵;$I(\cdot;\cdot)$ 表示互信息。由于 $C=E_k(P)$;$P=D_k(C)$。因此,(P,K) 唯一确定了 C,而 (C,K) 也唯一确定了 P。用信息论的语言就是

$$H(P\mid CK)=0$$
$$H(C\mid PK)=0$$

如果式 $I(P;C)=0$ 成立,即 P 与 C 相互独立,此时称密码体制是理论安全的,根据信息论的理论,可以推导出对于完善保密的密码体制必然有

$$H(K)\geqslant H(P)$$

这一结论表明,完善保密的密码体制其密钥的不确定性要不小于明文消息的不确定性。比如,当明文 P 是 n 比特长的均匀分布随机变量,为了达到完善保密,密钥 K 的长度必须至少是 n 比特长;而且为了用 n 比特长的密钥达到完善保密,密钥也必须是均匀分布的随机变量。这意味着完善保密的密码体制需要消耗大量的密钥。

香农证明了理论安全的密码体制是存在的。比如,当明文 P 与密钥 K 是同长度同分布的随机变量,加密算法为 $C=P\oplus K$,其中 $\oplus$ 为逐比特异或运算。由于 $\oplus$ 是群运算,故容易看出密文 C 也同样长度同样分布的随机变量,且 P 和 C 相互独立,这就构成了一种理论安全的密

码体制。由 Gillbert Vernam 发明的"一次一密"密码是最早被人们认识的理论安全的密码体制。但是,为了实现这样的保密性,通信双方必须保证在每一次传递秘密消息时,所用的密钥对于攻击者来说都是完全未知的。这就是说,要传递一个新的消息,必须首先更换密钥。这种理论安全的加密体制被称为"一次一密"体制。这种密码体制如果被正确使用,它就是理论上不可破的。出于这个原因,世界上一些极端敏感信息的保密都是用一次一密密码,比如一个国家对发射核武器的代码的保密等。尽管一次一密密码是完善保密的,但其密钥生成比较困难,密钥不能重复使用,密钥分配成为一个非常艰难的问题,这些特征限制了它的商用价值。

若一个密码系统在理论上虽然可以破译,但是,由截获的密文以及某些已知的明文-密文对来确定所截获的密文对应的明文或密钥,却需要付出巨大的代价,因而不能在希望的时间内或实际可能的条件下求出准确的答案,这种密码系统就具有**实际的不可破译性**,或者称该密码体制为**实际安全**的。这里的"代价"通常指计算的复杂度,有时也可以包括经济代价。计算复杂度原本分为时间复杂度和空间复杂度,但由于并行计算技术的发展,在许多情况下可以进行时空转变,故一般不再分为时空,而统称为计算复杂度。计算安全性已经有了多种定义,在这些定义中分别使用了概率图灵机、多项式时间确定性等概念。可以看出,实际安全性的安全强度要弱于理论安全性,但是由于理论安全的密码体制实现困难,在各种应用中,人们仍以满足实际安全性作为评判一个密码体制的标准。

密码体制是安全体系的基础,一种密码体制是否科学、是否有缺陷将直接关系到运用这种体制的系统的安全性。一个密码体制的安全性涉及两个方面的因素:

1) 所使用的密码算法的保密强度。密码算法的保密强度取决于密码设计水平、破译技术等。密码系统所使用的密码算法的保密强度是该系统安全性的技术保证。

2) 密码算法之外的不安全因素。即使密码算法能够达到实际不可破译,攻击者仍有可能通过其他非技术手段(如攻破不完善的密钥管理协议)攻破一个密码系统。这些不安全元素来自于管理或使用中的漏洞。

从前面的介绍可知,上述两点中"所使用的密码算法的保密强度"是密码体制的基本要素,用于衡量一个加密系统的不可破译性的尺度。某系统的保密强度能达到理论上的不可破译是最好的,否则也要求能达到实际的不可破译性,即破译该系统所付出的代价大于破译该系统后得到的利益。根据 Kerckhoff 准则,现代密码学总是假定密码算法是公开的,真正需保密的只是密钥。所以现代密码学中,密钥管理是极为重要的一方面,如果一个系统没有有效的密钥管理方案而容易导致密钥泄露,则该系统便不具备任何的保密性。但即使一个系统具有良好的密钥管理方案,其安全性仍然受密码算法本身保密强度的制约。

需要说明的是,密码体制安全性理论是数论、信息论等学科综合研究的成果,本书限于篇幅和定位,不对这些学科的内容进行更为详细的介绍,但是,数论、信息论、近世代数等学科是密码学必不可少的研究工具,有兴趣的读者可以查阅相关的教材和论文集。

3.5 本章小结

密码学是信息安全的基础和核心,是防范各种安全威胁的最重要的手段。密码学产生的原因是保护通信安全,因此,密码学在无线通信安全中扮演了非常重要的角色。

本章首先概要描述了密码学的基本概念,密码体制分为对称密码体制和非对称密码体制,并给出了单码加密法、多码加密法、多图加密法和换位加密法等几种古典密码算法,这些古典密码算法都是对称密码算法,第 4～7 章将描述现代的对称密码算法。对称密码算法也是本书的重点,原因就是对称密码算法相比非对称密码算法来说具有速度快,易于实现等优点,而被高速的无线通信系统广泛采用。

3.6　习　　题

(1) 请借助经典保密通信的模型描述什么是密码体制。

(2) 根据密码分析者对明、密文掌握的程度,攻击一般分为几种形式?

(3) 请给出两种密码学的分类方式。

(4) 什么是对称密码体制?

(5) 什么是公钥密码体制?

(6) 请给出对称密码体制和公钥密码体制的优缺点。

(7) 什么是密码体制的理论安全性?

(8) 什么是密码体制的实际安全性?

第 4 章

序列密码概述

序列密码因其简洁快速的生成算法、没有或有限错误传播等优势,在实时通信领域中具有得天独厚的优势,常被用来对通信的机密性实施保护,特别是在无线通信、外交通信等诸多领域得到了广泛的应用,成为这些领域中的主流加密算法。

序列密码体制得以迅速发展的一个原因是香农证明的结论:"一次一密"密码体制在理论上是不可破译的。如果序列密码所使用的密钥流是真正随机产生的,并且与消息流具有相同的长度,序列加密体制就是"一次一密"加密体制。这使得序列密码备受青睐,人们企图通过设计序列密码来达到信息安全的最高境界"完善保密性"。

本章将从序列密码的起源说起,给出序列密码的概念和分类方式,最后简要地介绍密钥流发生器的结构与功能。

4.1 序列密码的基本概念

4.1.1 序列密码的起源

序列密码的起源可以追溯到 Vernam 密码算法,它是美国电报电话公司 G. W. Vernam 在 1917 年发明的。它将英文字母编成 5 bit 二元数字,这些二元数字通常被称为五单元波多电码(baudot code)。选择随机二元数字流作为密钥,以

$$k = k_1, k_2, k_3, \cdots, k_i, \cdots \quad k_i \in \{0, 1\}$$

表示。明文字母变换成二元码后也可表示成二元数字流

$$m = m_1, m_2, m_3, \cdots, m_i, \cdots \quad m_i \in \{0, 1\}$$

加密运算就是将明文流和密钥流的相应位逐位异或,即

$$c_i = m_i \oplus k_i \bmod 2 \quad i = 1, 2, 3, \cdots$$

译码时,可用同样的密钥纸带对密文数字同步地逐位模 2 相加,便可恢复出明文的二元码序列,即

$$m_i = c_i \oplus k_i \bmod 2 \quad i = 1, 2, 3, \cdots$$

在这种加密方式下,如果密钥流能够被独立地随机产生,则 Vernam 密码被称为一次一密带(one-time pad),由 3.4 节可知,无论明文的统计分布如何,这种密码对于唯密文攻击都是无条件安全的,并且它使用的密钥量在所有无条件安全的密码体制中是最小的,从这个意义上来讲,一次一密带无疑是最优的密码。

one-time pad 密码的一个明显缺陷就是密钥必须和明文一样长,这使得密钥的分发和管理都非常困难。实际应用中,生成器都只具有有限个状态,这样,密钥流生成器不可避免地要

40

回到其初始状态而呈现出一定的周期,这就使得"一次一密"体制在现实中不可能实现。因此序列密码设计的一个思路就是以一个较短的密钥为基础产生一个符合随机性特征的密钥流,对于计算能力有限的攻击者来说,这个密钥流可以看作是完全随机的,也就是攻击者无法从已知的密钥流中获得产生密钥流的任何有用的信息,这样设计的序列密码就具有可靠的安全性。从序列密码诞生伊始,密码设计者为了找到一种统计性能良好的伪随机序列而殚精竭虑,目前提出的密钥流构造方法主要有:线性移位寄存器(LFSR)、非线性移位寄存器(NLFSR)、有限自动机、线性同余以及混沌密码等技术,限于篇幅,本书主要介绍 LFSR 和 NLFSR 的原理和特性。

4.1.2　序列密码的概念

序列密码,是指明文消息按字符(如二元数字)逐位地、对应地加密的一类密码算法。

根据通信双方使用的密钥是否相同,序列密码可以是对称密钥体制下的,也可以是公钥密码体制下的,Blum-Goldwasser 的概率公钥加密体制是公钥序列密码的一个例子,本书重点介绍对称密钥密码体制,因此,如果没有特殊说明,下面讨论的序列密码都是对称密钥序列密码。

序列密码加/解密如图 4.1.1 所示。

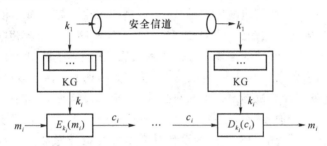

图 4.1.1　序列密码加/解密示意图

图 4.1.1 中,KG 表示密钥流生成器,在数据通信时,密钥需要被安全传输,由于长时间通过安全信道传递密钥流在实际应用中很难实现,大多数序列密码算法都采用了"种子密钥"的方式来构造伪随机序列,此时,密钥流生成器的工作是根据较短的"种子密钥"来构造统计性能良好的伪随机序列。这种情形下,密钥序列元素 k_i 的产生是由第 i 时刻密钥流发生器中记忆元件(存储器)的内部状态 σ_i 和种子密钥 k 共同决定的,一般可以写作:$k_i = f(k, \sigma_i)$。这样的构造机制是序列密码记忆性的来源。

设待加密消息流(明文流)为

$$m = m_1 m_2 \cdots m_i \cdots \qquad m_i \in M$$

密钥流为

$$k = k_1 k_2 \cdots k_i \cdots \qquad k_i \in K$$

加密后的密文流为

$$c = c_1 c_2 \cdots c_i \cdots \qquad c_i \in C$$

则加密算法表示为

$$c = c_1 c_2 \cdots c_i \cdots = E_{k_1}(m_1) E_{k_2}(m_2) \cdots E_{k_i}(m_i) \cdots$$

解密算法表示为

$$m = m_1 m_2 \cdots m_i \cdots = D_{k_1}(c_1) D_{k_2}(c_2) \cdots D_{k_i}(c_i) \cdots$$

若 $c_i = E_{k_i}(m_i) = m_i \oplus k_i$,则称这类序列密码为加法序列密码。

4.1.3　序列密码与分组密码

序列密码与分组密码作为对称密码学的两个重要分支,两者之间有着明显的不同,这些不同决定了它们不同的特性和应用领域。

分组密码是把明文分成相对比较大的块,对每块使用相同的加密函数进行处理,序列密码则是以一个元素(如一个字母或一个比特)作为基本的处理单元。

由于分组密码采用的处理方式是按块分别处理,对于每一块的处理方式都完全相同,因此,分组密码是无记忆的。相反,序列密码处理的明文长度可以小到 1 bit,加密函数可以在明文处理过程中有所变化,而且在有些加密机制下,序列密码的加密不仅和密钥及明文有关,而且还和当前状态有关,这体现了序列密码的记忆性。但是这种序列密码和分组密码的区别并不是绝对的,如果把分组密码增加少量的记忆模块(如分组密码的 CFB 模式)就形成了一种序列密码。

序列密码使用一个随时间变化的加密变换,具有转换速度快、低错误传播的优点,硬件实现电路也更简单。但是不可避免地具有密文统计混乱程度不足、插入及修改不敏感等缺点。而分组密码使用的是一个不随时间变化的固定变换,具有统计特性优良、插入敏感等优点,但是与之相对,分组密码的加解密速度比较慢,错误传播现象也比较严重。相对而言,序列密码似乎比分组密码更加安全。这是由于在分组密码中,相同的明文组对应相同的密文组;而序列密码却没有这种现象,因为明文的重复部分是使用密钥流的不同部分进行加密的。

序列密码和分组密码之间更为主要的区别体现在其实现上。由于分组密码可以避免耗时的位操作,并且易于处理计算机界定大小的数据分组,所以很容易用软件实现。而序列密码每次只能对一个数据位进行加/解密,故序列密码并不适合用软件实现,而是更适合用硬件实现。

这些区别对于实际系统的加密方式的设计具有重要的指导意义。例如,在数字通信信道上硬件设备是在按位处理数据。因此,在数据通信信道上比较适合使用经过一位就加密一位的序列密码算法。当然,在一个计算机系统中,有时也需要逐位、逐字节进行加密。例如,对键盘和 CPU 之间的连接进行加密,但一般来说加密分组至少是数据总线的宽度。

4.2　序列密码的分类

根据密钥流生成器中记忆元件的存储状态是否依赖于输入的明文字符,序列密码通常可以被划分为同步序列密码和自同步序列密码两大类。

4.2.1　同步序列密码

如果密钥流的产生独立于明文消息和密文消息,则此类序列密码为同步序列密码。

同步序列密码的加密过程可以用下列公式来描述:

$$\sigma_{i+1} = f(\sigma_i, k)$$
$$z_i = g(\sigma_i, k)$$
$$c_i = h(z_i, m_i)$$

其中,σ_0 是初始状态,可由种子密钥 k 确定,f 是状态转移函数,g 是产生密钥流 z_i 的函数,h 是根据密钥流 z_i 和明文 m_i 产生密文 c_i 的加密函数。从上式可以明显地看出,密钥流发生器的下一状态仅仅与前一个状态有关,而与输入无关,从而,状态序列与所收到的明文流无关。其加密和解密的过程如图 4.2.1 所示。

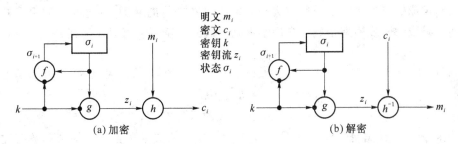

图 4.2.1　同步序列密码的通用模型

在同步序列密码中,为了保证通信双方能够正常工作,加/解密必须在相同的条件(状态)下采用相同的密钥流运算,这就要求发送方和接收方必须同步。如果由于密文被插入或删除的原因,使得接收方和发送方之间产生了失步,则解密失败,而且只能通过采用其他技术进行再存储,以便重新同步。重新同步技术包括重新初始化,在密文中有规律地加入特殊标记,或者,如果明文有足够的冗余度,则可以尝试使用所有可能的密钥流偏移量。

同步序列密码的一个重要的优点是:传输过程的一个密文位被修改(不是被删除)不影响其他密文位的解密。当同步序列密码遭到第三方主动攻击时,主动攻击的插入、删除和密文位重放都会造成失步,这种失步应该能够被解密方检测出来。攻击者还可能有选择地窜改密文位,并且清楚地知道这些改动会造成明文的哪些变化。这说明,必须采用一些辅助工具来提高数据源认证和数据完整性保护。

目前,已有的同步序列密码,大多数是所谓的二元加法序列密码。在这种密码体制下,密钥流、明文和密文都编码为 $\{0,1\}$ 序列,种子密钥用来控制密钥流发生器,使密钥发生器输出密钥流 z_i,加密变换 $E(z_i, m_i)$ 是 GF(2) 上的异或运算,即

$$c_i = z_i \oplus m_i$$

在解密时,解密方将利用通过安全信道传送来的、同样的种子密钥控制与加密方相同的密钥发生器,使密钥流生成器输出与加密端同步的密钥,并使用与加密变换相逆的解密变换,则解密变换可以表示为

$$c_i \oplus z_i = z_i \oplus m_i \oplus z_i = m_i$$

这样,就完成了二元加法序列密码的加/解密。可见,这种机制实际上是更加通用的 Vernam 算法,其原理如图 4.2.2 所示。

图 4.2.2　二元加法序列密码的通用模型

4.2.2 自同步序列密码

如果密钥流的产生是密钥及固定大小的以往的密文位的函数,则这种序列密码被称为自同步序列密码或非同步序列密码。自同步序列密码的加密过程可以用下列公式来描述:

$$\sigma_i = (c_{i-t}, c_{i-t+1}, \cdots, c_{i-1})$$
$$z_i = g(\sigma_i, k)$$
$$c_i = h(z_i, m_i)$$

其中,$\sigma_0 = (c_{-t}, c_{-t+1}, \cdots, c_{-1})$ 被称为初始状态,k 是种子密钥,f 是状态转移函数,g 是产生密钥流 z_i 的函数,h 是根据密钥流 z_i 和明文 m_i 产生密文 c_i 的加密函数。该加密和解密过程如图4.2.3 所示。

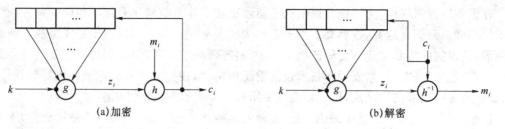

(a)加密   (b)解密

图 4.2.3   自同步序列密码的通用模型

在自同步序列密码中,由于解密映射仅仅与固定长度的密文字符有关,因此在密文位被删除或插入时可以进行自同步。这种加密方法可以在失去同步后,自动重新进行正确解密,只是一些固定长度的密文字符无法恢复成明文。假设自同步序列密码的状态由 t 个以前的密文位决定,如果一个密文位在传输过程中被修改了(或是被删除或插入),则最多随后的 t 位密文的解密是错误的,随后,就又能够进行正确地解密了。

在遭到第三方主动攻击的情况下,主动攻击者对密文的任何修改都会造成若干密文位无法正确解密,与同步序列密码相比,被接收方检测出来的可能性大大增加。但是,由于自同步序列密码具有自同步的特点,因此,与同步序列密码相比较,在自同步序列密码中对密文位的插入、删除或重放的检测更加困难。这说明,必须采用一些辅助工具来提高数据源认证和数据完整性保护。

自同序列密码的另一个优点是,由于自同步序列密码的每个明文位将影响随后的所有密文,明文的统计特征被扩散到了密文中。因此,自同步序列密码可比同步序列密码更好地抵抗基于明文冗余的攻击。

4.3   密钥流生成器的结构

密钥流生成器是序列密码加/解密系统的“心脏”,扮演着至关重要的角色。序列密码的安全强度取决于密钥流生成器输出的密钥流的周期、复杂度、伪随机特性等,即一个序列密码是否具有很高的密码强度主要取决于密钥流生成器的设计。密钥流发生器的基本要求如下:

1) 种子密钥 K 的长度足够大,一般应在 128 位以上。

2) KG 生成的密钥序列 $\{k_i\}$ 具有极大周期。

3）$\{k_i\}$ 具有均匀的 n 元分布,即在一个周期环上,某特定形式的 n 长比特串与其求反,两者出现的频数大抵相当(例如,均匀的游程分布)。

4）利用统计方法由 $\{k_i\}$ 提取关于 KG 结构或 K 的信息在计算上不可行。

5）混淆性。即 $\{k_i\}$ 的每一比特均与 K 的大多数 bit 有关。

6）扩散性。即 K 任一比特的改变要引起 $\{k_i\}$ 在全貌上的变化。

7）密钥流 $\{k_i\}$ 是不可预测的。密文及相应明文的部分信息,不能确定整个 $\{k_i\}$。

为了设计安全的密钥流生成器,必须在生成器中使用非线性变换,这就给生成器的理论分析工作带来很大困难。例如,在 4.2 节所述的同步序列密码或自同步序列密码体制中,状态转移函数和加密函数都应为非线性变换才能保证安全性。

为了从理论上分析密钥流生成器,R. A. Rueppel 对密钥流生成器的内部框图进行了深入研究,并将它分为驱动部分和组合部分两个主要组成部分(如图 4.3.1 所示);驱动部分产生控制生成器的状态序列,并控制生成器的周期和统计特性;组合部分对驱动部分的各个输出序列进行非线性组合,控制和提高生成器输出序列的统计特性、线性复杂度和不可预测性等,从而保证输出密钥流的密码强度。

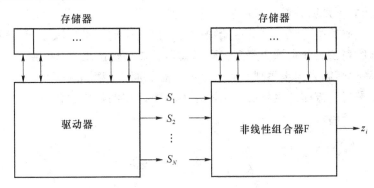

图 4.3.1　密钥流生成器的结构

为了保证输出密钥流的密码强度,对组合函数 F 有下述要求:

1）F 将驱动序列变换为滚动密钥序列,当输入为二元随机序列时,输出也为二元随机序列。

2）对给定周期的输入序列,构造的 F 使输出序列的周期尽可能大。

3）对给定复杂度的输入序列,应构造 F 使输出序列的复杂度尽可能大。根据所观察到的密钥序列的任何部分,采用线性方法可靠地预测后续的密钥序列是不可能的。

4）F 的信漏极小化,指从输出难以提取有关密钥流生成器的结构信息。

5）F 应易于工程实现。

6）在需要时,F 易于在密钥控制下工作。

在目前的应用中,负责产生密钥流生成器状态序列的驱动器一般利用线性反馈移位寄存器(LFSR,linear feedback shift register),特别是利用最长或 m 序列产生器实现。非线性反馈移位寄存器(NLFSR,non-linear feedback shift register)输出序列的密码特性较 LFSR 输出序列的要好得多,但由于数学上进行分析的困难性,从而限制了它的应用。

4.4 本章小结

序列密码(又称流密码),是指一次只对明文消息的单个字符(经常是二进制位)进行加密变换的密码体制。最早的实现可以追溯到 1917 年提出的 Vernam 算法。采用硬件实现的序列密码算法通常会比分组密码算法更加简单,速度也更快,在数据传输过程中,用序列密码算法加密的数据具有有限错误传播甚至无错误传播的特点,目前已经在无线通信、外交通信等诸多领域得到了广泛的应用。

序列密码体制的理论基础是香农证明的结论:"一次一密"密码体制在理论上是不可破译的。"一次一密"加密体制的一个明显缺陷就是密钥必须和明文一样长,这使得密钥的分发和管理都非常困难。实际应用中,密钥流生成器都只具有有限个状态,这样,密钥流生成器不可避免地呈现出一定的周期。因此序列密码设计的一个思路就是以一个较短的密钥为基础产生一个符合随机性特征的密钥流,对于计算能力有限的攻击者来说,这个密钥流可以看作是完全随机的,这样设计的序列密码就具有可靠的安全性。

根据密钥流生成器中记忆元件的存储状态是否依赖于输入的明文字符,序列密码通常可以被划分为同步序列密码和自同步序列密码两大类。如果密钥流的产生独立于明文消息和密文消息,则此类序列密码为同步序列密码。目前已有的同步序列密码,大多数是所谓的二元加法序列密码。如果密钥流的产生是密钥及固定大小的以往的密文位的函数,则这种序列密码被称为自同步序列密码。

4.5 习 题

(1) 流密码与分组密码有什么区别?

(2) 请画出使用流密码的保密通信模型,并简单描述保密通信过程。

(3) 哪种流密码算法属于公钥密码体制?

(4) 根据密钥流生成器中记忆元件的存储状态是否依赖于输入的明文字符,序列密码通常可以分为哪两类? 各有什么特点?

(5) 请画出密钥流生成器的内部结构,指出每部分的主要功能。

第 5 章

序列密码的设计与分析

加法序列密码需要一个随机的二进制序列作为密钥,通过将明文与密钥序列进行异或运算而生成密文,同样地,将密文与相同的密钥序列进行异或运算来还原明文。由于在电子计算机中实现异或运算很简单,所以当这种机制作用在比特级别上时,其加解密方法快速而高效。

但是,要想获得性能优良的序列密码,关键问题是如何获得特征趋近于随机的密钥序列。进一步来说,无论是加法序列密码还是一般的序列密码体制,无限长的随机密钥序列是保证系统安全性的关键。因此序列密码中必须解决的问题是:

(1) 密钥流的质量(随机性)如何刻画? 如何保证?

(2) 无限长密钥流如何产生?

(3) 合法用户如何很容易地获得或再生该密钥流? 加密、解密如何同步?

这些问题构成了序列密码理论研究的主要内容,在本章中我们首先讨论第一个问题,然后讨论普遍使用的构造同步密钥流生成器的方法,即利用线性反馈移位寄存器和非线性反馈移位寄存器构造密钥流生成器的方法,并简要介绍常用序列密码的分析方法。

5.1　序列的随机性概念

本节将讨论如何刻画序列的随机性。为方便起见,我们只考虑 0-1 序列,即密钥序列和明文序列是由 0 和 1 构成的比特流。这种序列的随机性直观上就是(0,1)分布的随机性,具有易于分析的特点,通过分析这种序列而得到的结论也可以比较容易地推广到更加复杂的密钥序列中。

数学上,(0,1)分布的随机比特序列可以描述为:随机变量序列 $\xi_1\xi_2\cdots\xi_i\cdots$,其中 $\xi_i(i=1,2,\cdots)$是相互独立的、等概率取值 0,1 的随机变量。

显然,这种随机性只具有理论意义,密码应用中不可能产生这种绝对的随机序列。事实上,我们不但不可能产生真正的随机序列,也不可能产生无限长序列,也就是说,实际使用中的序列都是周期性的,但是,只要序列的周期足够大,比特的随机性足够好,就已经可以满足密码技术应用的要求。所以人们转而讨论一种所谓的伪随机序列,下面逐步给出其定义。

【定义 5.1.1】　设序列$\{k_i \mid i=1,2,\cdots\}$的周期为 p,在它的一个周期 $k_{l+1},k_{l+2},\cdots,k_{l+p}$ 中,如果 $k_m\neq k_{m+1}=k_{m+2}=\cdots=k_{m+r}\neq k_{m+r+1},l+1\leqslant m+1<m+r\leqslant l+p$,则$(k_{m+1},k_{m+2},\cdots,k_{m+r})$称为序列的一个 r-游程(run)。

简言之,游程是指序列中同一符号的连续段,其前后为异种符号。例如:0010111 0010111 0010111 0010111…中,"00"是序列的一个 0 的 2-游程,紧接着的"1"是一个 1 的 1-游程,再接着的"111"是一个 1 的 3-游程。

【定义 5.1.2】 设序列 $\{k_i | i=1,2,\cdots\}$ 的周期为 p，令 $n_\tau = \#\{i | 1 \leqslant i \leqslant p, k_i = k_{i+\tau}\}$，$d_\tau = \#\{i | 1 \leqslant i \leqslant p, k_i \neq k_{i+\tau}\}$，则 $R(\tau) = \dfrac{n_\tau - d_\tau}{p}$，$\tau = 0, 1, 2, \cdots$ 称为序列 $\{k_i | i=1,2,\cdots\}$ 的自相关函数。

显然，$R(np) = 1$，$n = 0, 1, 2, \cdots$，这称为同相自相关函数，其他情形称为异相自相关函数。

易见，$d_\tau = p - n_\tau$，所以，$R(\tau) = \dfrac{n_\tau - (p - n_\tau)}{p} = \dfrac{2n_\tau}{p} - 1$，$n_\tau$ 就是延迟时间 τ 后的序列与原序列在一个周期内相同比特的个数，反映了序列比特的均匀分布特性。如果 n_τ 是一个常数，则说明分布完全均匀，也就是说，通过这种平移比较得不到任何其他信息。这正是伪随机性的条件之一。

1955 年，Golomb 提出序列的伪随机性的三条假设，即 Golomb 随机性公设：

【定义 5.1.3】 设序列 $\{k_i | i=1,2,\cdots\}$ 的周期为 p，考虑序列的一个周期，

(1) 若 p 为偶数，则 0,1 的个数相等；若 p 是奇数，则 0,1 的个数相差 1；

(2) r 游程占总游程数的 $\dfrac{1}{2^r}$，$r=1,2,\cdots$；1 的 r-游程个数和 0 的 r-游程个数至多相差 1；

(3) 异相自相关函数 $R(\tau)$ 是一个常数。

满足以上三个条件的序列称为伪随机序列（pseudo random sequence），也称为拟噪声序列（PN 序列，pseudo noise sequence）。

应用于密码技术中的伪随机序列除满足 Golomb 随机性公设外，还需要满足一些其他的条件。例如，不可预测性，即根据部分比特不能够推测其他比特；周期要足够大，常常需要根据具体的序列生成器和应用来确定。

【例 5.1.1】 讨论序列：1010 1110 1100 0111 1100 1101 0010 000 1010 1110 1100 0111 1100 1101 0010 000… 的随机性。

解：此序列的周期为 31,0 的个数为 15,1 的个数为 16。

0 和 1 的 1-游程个数都为 4，

0 和 1 的 2-游程个数都为 2，

0 和 1 的 3-游程个数都为 1，

0 的 4-游程个数为 1,1 的 4-游程个数为 0，

0 的 5-游程个数为 0,1 的 5-游程个数为 1，

$r > 5$ 时，r-游程个数都为 0，游程总数为 16。

1-游程数占总游程的 $\dfrac{8}{16} = \dfrac{1}{2}$，

2-游程数占总游程的 $\dfrac{4}{16} = \dfrac{1}{2^2}$，

3-游程数占总游程的 $\dfrac{2}{16} = \dfrac{1}{2^3}$，

4-游程数和 5-游程数分别占总游程的 $\dfrac{1}{16} = \dfrac{1}{2^4}$，

$r > 5$ 时，r-游程总数占总游程的比例都是 0。

由此可以看出，Golomb 第二条公设不可能绝对满足，特别地，当 r 比较大时，r-游程占总游程的比例一般都为 0。所以 Golomb 第二条公设应该修改为：

$2^r \le$ 游程总数时, r-游程占总游程数的 $\dfrac{1}{2^r}$。

进一步,容易验证: $\tau \ne 0$ 时, $R(\tau) = -\dfrac{1}{31}$。

因此,序列密码技术和理论研究的重要工作就是寻找生成一个具有良好随机特性密码序列的方法。目前常用的方法有:线性移位寄存器(LFSR)、非线性移位寄存器(NLFSR)、有限自动机、线性同余等方法和新近提出的混沌密码序列技术。这些方法都是通过一个种子(有限长)产生具有足够长周期的、良好随机性的序列,在传递、存储序列时,只需传递、存储生成器的方法和种子。

我们首先来介绍移位寄存器及其相关理论。

5.2　线性移位寄存器的结构与设计

5.2.1　移位寄存器与移位寄存器序列

移位寄存器是序列密码产生密钥流的一个主要组成部分。移位寄存器是一种逻辑设备,该设备首先是一个寄存器,它可以保存一个二进制位集,使其呈现出一定的取值,其次它具有可移位的特征。这些位可以以两种方法加载到寄存器中:一种是并行加载,即,如果寄存器可保存 8 位,则 8 位同时加载;另一种是使用移位来加载,使要加载的比特逐渐移入寄存器中。典型的 8 位寄存器一次加载所有的位,如图 5.2.1 所示。

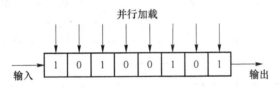

图 5.2.1　一个 8 位移位寄存器

在移位时,每个位往右移,最右边的位被丢弃,而最左边的位被输入位替代。对于如图 5.2.1 所示的移位寄存器,如果移入位为 0,移位操作后寄存器的内容如图 5.2.2 所示。只要移入端移入一位,移位寄存器就会在移出端移出一位,随着移入端不停地移入,移出端会形成一串比特流。

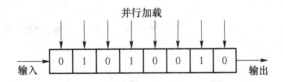

图 5.2.2　移入一个 0 以后的寄存器内容

移位寄存器本身并不能生成一个长的作为密钥的随机位流。毕竟,它只是在移出端输出所移入的内容。因此,如何生成一个随机的移入位序列呢?这就需要用到密钥生成器的反馈部分。常用的方法是选取移位寄存器的一些单元,将它们进行异或运算后,再将结果作为输入,这就是说,将当前寄存器中的内容进行逻辑运算,再反馈给输入。

【例 5.2.1】 假设我们有如图 5.2.3 所示的反馈移位寄存器,其中,单元 2 和单元 4 的内容进行异或运算后作为移入内容,寄存器的初值为 0101。请给出其运行结果。

解:其运行结果如表 5.2.1 所示。可见,该反馈移位寄存器将循环输出 101000。

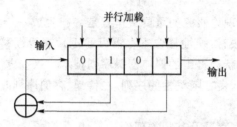

图 5.2.3 带反馈的移位寄存器

表 5.2.1 例 5.2.1 的运行示例

移入	单元 1	单元 2	单元 3	单元 4	输出
0	0	1	0	1	1
0	0	0	1	0	0
1	0	0	0	1	1
0	1	0	0	0	0
1	0	1	0	0	0
0	1	0	1	0	0
0	0	1	0	1	1
0	0	0	1	0	0
1	0	0	0	1	1
0	1	0	0	0	0
1	0	1	0	0	0
0	1	0	1	0	0

通过反馈,移位寄存器具备了源源不断地产生输出序列的能力,这样的移位寄存器称为反馈移位寄存器。当然,实际应用中的反馈移位寄存器远比例 5.2.1 所示的寄存器复杂,也不会仅仅使用异或这样的线性运算,但是,如果合理选择一些参数,就可以得到满足不同要求、具有不同统计特性的输出序列。这些输出序列被称为移位寄存器序列。

5.2.2 n 阶反馈移位寄存器

一般地,一个 q 元域 GF(q) 上的 n 阶反馈移位寄存器由两部分组成:n 阶移位寄存器和反馈函数(feedback function),如图 5.2.4 所示。

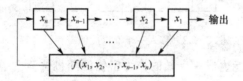

图 5.2.4 反馈移位寄存器

移位寄存器可视为由位组成的序列,其长度用位数表示,如果它是 n 位长,则称其为 n 阶移位寄存器。图中标有 x_i 的小方框表示第 i 级寄存器，$1 \leqslant i \leqslant n$。最右端的寄存器为第 1 级，最左端的寄存器为第 n 级。当一个时钟脉冲到来时，n 阶移位寄存器中所有位右移一位，即第 i 级寄存器的内容传送给第 $i-1$ 级寄存器，$i = 2, 3, \cdots, n$。第 1 级寄存器的内容为反馈移位寄存器的输出。新的最左端的位根据寄存器中某些位计算得到，由寄存器某些位计算最左端的位的部分被称为反馈函数。反馈函数 $f(x_1, x_2, \cdots, x_{n-1}, x_n)$ 是一个 $GF(q)^n$ 到 $GF(q)$ 的函数，这里 $GF(q)^n$ 表示 q 元域 $GF(q)$ 上的 n 维向量空间，反馈函数 $f(x_1, x_2, \cdots, x_{n-1}, x_n)$ 的自变量取值为相应寄存器中的内容。

下面定义几个术语。

(1) **反馈移位寄存器的状态**：在任意时刻 t，第 1 级寄存器至第 n 级寄存器的内容所形成的 $GF(q)^n$ 中的向量 $(x_1, x_2, \cdots, x_{n-1}, x_n)$。

显然，$GF(q)$ 上的 n 阶反馈移位寄存器共有 q^n 个可能的不同状态。

(2) **初始状态**：反馈移位寄存器在时刻 0 的状态。

(3) **反馈移位寄存器序列**：设反馈移位寄存器在时刻 $t \geqslant 0$ 时的状态为 $S_t = (a_t, a_{t+1}, \cdots, a_{t+n-1})$，则在时刻 $t+1$ 时，状态为 $S_{t+1} = (a_{t+1}, a_{t+2}, \cdots, a_{t+n})$，其中 $a_{t+n} = f(a_t, a_{t+1}, \cdots, a_{t+n-1})$。

此时，反馈移位寄存器输出为 a_{t+1}，反馈移位寄存器的输出序列 $a_0, a_1, a_2, \cdots, a_t, \cdots$ 称为反馈移位寄存器序列。

(4) **状态序列**：$s_0, s_1, s_2, \cdots, s_t, \cdots$ 称为反馈移位寄存器的状态序列，其中 $s_0 = (a_0, a_1, a_2, \cdots, a_t)$ 为反馈移位寄存器的初始状态。

【定义 5.2.1】　如果一个 $GF(q)$ 上的 n 阶反馈移位寄存器的反馈函数形如：

$$f(x_1, x_2, \cdots, x_{n-1}, x_n) = c_n x_1 + c_{n-1} x_2 + \cdots + c_1 x_n$$

其中，$c_i \in GF(q)$，$1 \leqslant i \leqslant n$，则称其为线性反馈移位寄存器(LFSR, linear feedback shift register)；否则，称其为非线性反馈移位寄存器(NLFSR, nonlinear feedback shift register)。

显然，一个 n 阶线性反馈移位寄存器序列

$$a_0, a_1, a_2, \cdots, a_n, \cdots$$

满足递推关系式

$$a_{n+t} = c_1 a_{n+t-1} + c_2 a_{n+t-2} + \cdots + c_n a_t, \quad t \geqslant 0$$

其中，$c_1, c_2, \cdots, c_n$ 称为反馈系数，也叫抽头系数。

在 n 阶反馈移位寄存器中，如果反馈函数恒为 0，则不论初始状态如何，在 n 个时钟脉冲之后，反馈移位寄存器的状态必然为 0 状态，即每个寄存器的内容都为 0。此后，反馈移位寄存器将一直维持 0 状态，输出也将全部为 0，因此，在 n 阶线性反馈移位寄存器中，我们总假定反馈函数中的系数 $c_n, c_{n-1}, \cdots, c_2, c_1$ 不全为 0。另外，如果 $c_n = 0$，则在 n 阶线性反馈移位寄存器中，第 1 级寄存器只对输出起一个时间的延迟作用。因此，我们也总假定 $c_n \neq 0$。当 $c_n = 0$ 时，我们称相应的线性反馈移位寄存器是退化的；否则称其为非退化的。

【例 5.2.2】　写出例 5.2.1 的反馈函数，当初始状态为 1010 时，求输出序列的周期。

解：由图 5.2.3 可知反馈移位寄存器的阶数是 4，其反馈函数是：

$$f(x_1, x_2, x_3, x_4) = x_1 + x_3$$

从表 5.2.1 可知其输出序列为 101000 101000$\cdots$，周期为 6。

【例 5.2.3】　设 $n = 4$，$s_0 = (1, 0, 1, 1)$，$f(x_1, x_2, x_3, x_4) = x_1 + x_2$，计算输出序列。

解：输出序列为 101111000100110 101111000100110$\cdots$。

可见该序列周期为 15，是否序列都是周期的呢？

【定理 5.2.1】 n 级线性反馈移位寄存器的输出序列是周期的，周期最大为 2^n-1。

证明：记状态序列为 $s_1,s_2,\cdots,s_i,\cdots$。

设 LFSR 的反馈系数为 $c_1,c_2,\cdots,c_n$，输出序列为 $a_0,a_1,a_2,\cdots,a_i,\cdots$，则

$$a_{i+n}=c_1a_{i+n-1}+c_2a_{i+n-2}+\cdots+c_na_i,\quad i=1,2,3,\cdots$$

考虑 3 个连续状态：

$$s_{i-1}=(a_{i-1},a_i,\cdots,a_{i+n-2})$$
$$s_i\ \ =(a_i,a_{i+1},\cdots,a_{i+n-1})$$
$$s_{i+1}=(a_{i+1},a_{i+2},\cdots,a_{i+n})$$

由于 $a_{i+n-1}=c_1a_{i+n-2}+c_2a_{i+n-3}+\cdots+c_na_{i-1},c_n=1$，所以

$$a_{i-1}=a_{i+n-1}-(c_1a_{i+n-2}+c_2a_{i+n-3}+\cdots+c_{n-1}a_i)$$

可见已知 s_i 就能求得 s_{i-1}，再由于

$$a_{i+n}=c_1a_{i+n-1}+c_2a_{i+n-2}+\cdots+c_na_i$$

所以已知 s_i 就能求得 s_{i+1}，即：LFSR 的前一状态和后一状态都由当前状态完全确定。

由于 $s_1,s_2,\cdots,s_i,\cdots$ 都是 $0,1$ 的 n 元数组，所以最多有 2^n 个不同的情况，即必存在 $t\leqslant 2^n$，$s_1=s_{t+1}$。由于 s_1 完全确定 s_2，s_{t+1} 完全确定 s_{t+2}，所以必有 $s_2=s_{t+2}$，$s_3=s_{t+3}$，$\cdots$，$s_t=s_{2t}$，$\cdots$，从而有 $s_i=s_{i+t}$，所以状态序列是周期的，周期不大于 2^n。

进一步，如果状态序列有一个是 $(0,0,\cdots,0)$，那么其前、后所有的状态也都是 $(0,0,\cdots,0)$，所以此时的序列是一个全 0 序列，周期为 1。

从而，周期大于 1 的输出状态序列中，不同的状态最多有 2^n-1，即 LFSR 状态序列的周期最多为 2^n-1。

另一方面易见，输出序列的周期与输出状态序列一致，所以 LFSR 的输出序列的周期最多为 2^n-1。

证毕。

密码设计者喜欢用线性移位寄存器构造序列密码，因为这容易通过数字硬件实现。为了生成足够长的密钥的二进制位以匹配明文的二进制位，密码设计者对输出序列的周期的最长为 (2^n-1) 的 LFSR（m 序列）更感兴趣。下面我们就讨论这类 LFSR。

5.2.3　m 序列及其随机性

【定义 5.2.2】 周期为 2^n-1 的 LFSR 序列称为 m 序列。

例如，例 5.2.3 中所示的序列 $n=4$，周期为 15，所以该序列是一个 m 序列。

m 序列的长周期是我们希望的，后面将证明 m 序列是一种伪随机序列。m 序列必循环地遍历所有 2^n-1 个状态，不同的 m 序列只能是这些状态的不同排列。由此可见，如果 LFSR 的一个输出序列是 m 序列，那么它的所有非 0 输出序列都是同一个 m 序列（可能前 2^n-2 个输出不同）。那么什么样的 LFSR 可以生成一个 m 序列呢？

【定义 5.2.3】 设 LFSR 的反馈系数为 $c_1,c_2,\cdots,c_n$，即

$$a_{i+n+1}=c_1a_{i+n}+c_2a_{i+n-1}+\cdots+c_na_{i+1},i=0,1,2,\cdots$$

则 $P_n(x)=1+c_1x+c_2x^2+\cdots+c_nx^n$ 称为 LFSR$\{a_i\mid i=0,1,2,\cdots\}$ 的特征多项式。

易见，LFSR 由 $P_n(x)$ 完全确定。用 $G(P_n)$ 表示 $P_n(x)$ 的所有输出序列的集合，即

$$G(P_n)=\{(a_1,a_2,\cdots,a_i,\cdots)\mid a_{i+n+1}=c_1a_{i+n}+c_2a_{i+n-1}+\cdots+c_na_{i+1},i=0,1,2,\cdots\}$$

则有如下定理。

【定理 5.2.2】 $G(P_n)$ 是一个 n 维线性空间。

证明略。

【定义 5.2.4】 设 $P_n(x)$ 为 n 次多项式,则 $l=\min\{k: P_n(x)|(x^k-1)\}$ 称为多项式 $P_n(x)$ 的阶。阶为 2^n-1 的不可约多项式称为本原多项式。

其中,不可约多项式是指那些不能表示成 $f(x)g(x)$ 的形式的多项式。这与素数的概念有些类似,即如果一个多项式不能分解成为两个多项式相乘,则这个多项式就是不可约多项式。例如,$P_4(x)=x^4+x^3+x^2+x+1$,经验证,多项式 $x,x+1,x^2+x+1$ 不能整除 $P_4(x)=x^4+x^3+x^2+x+1$,所以 $P_4(x)$ 是不可约多项式。但它的输出序列为 $000110001100011\cdots$,周期为 5,不是 m 序列。这个例子说明了如果线性移位寄存器的特征多项式为不可约多项式,则其输出序列不一定是 m 序列。

【例 5.2.4】 证明 $P_4(x)=x^4+x+1$ 是本原多项式,求以它为特征多项式的线性移位寄存器的输出序列和周期,该序列是 m 序列吗?

解:由 $P_4(x)|x^{15}-1$,但不存在 $k<15$,使得 $P_4(x)|x^k-1$,所以 $P_4(x)$ 的阶为 15。

$P_4(x)$ 的不可约性由多项式 $x,x+1,x^2+x+1$ 不能整除 $P_4(x)$ 即得,于是 $P_4(x)=x^4+x+1$ 是本原多项式。

$P_4(x)$ 为特征多项式的输出序列满足递推关系。假设其初始状态为 1001,对任何 $k\geqslant5$,用 $a_k=a_{k-1}\oplus a_{k-4}$ 就可得出其输出序列,其输出序列为 100100011110101 10010001110101$\cdots$,它的周期是 $15=2^4-1$,故该序列是 m 序列。

那么,是否 m 序列和本原多项式之间有某些联系呢?请看定理 5.2.3。

【定理 5.2.3】 $\{a_i\}\in G(P_n)$ 是 m 序列的充要条件是:$P_n(x)$ 是本原多项式。

证明略。

可见,生成 m 序列的 n 阶 LFSR 的个数与 n 次本原多项式个数一致。于是,由多项式理论可得定理 5.2.4。

【定理 5.2.4】 生成 m 序列的 n 阶 LFSR 的个数是 $\dfrac{\varphi(2^n-1)}{n}$,其中 φ 为欧拉函数。

例如,对于 4 阶 LFSR,由于 $\dfrac{\varphi(2^4-1)}{4}=\dfrac{\varphi(15)}{4}=2$,因此其中有 2 个 LFSR 可以生成 m 序列。

以上讨论了 LFSR 的一般性质,下面考虑 m 序列的伪随机性。

【定理 5.2.5】 m 序列是伪随机序列。

证明:设寄存器是 n 级的。

(1) Golomb 第一公设

m 序列的输出状态必遍历 2^n-1 个状态:

$$\overbrace{100\cdots000}^{n}, 100\cdots001,\cdots\cdots,111\cdots101,111\cdots110,111\cdots111,$$
$$000\cdots001,\cdots\cdots,011\cdots101,011\cdots110,011\cdots111;$$

即:除了全 0 状态以外的、n 个元的所有可能排列。

这些状态的首位恰恰是一个输出周期。而首位为 1 的排列共有 2^{n-1} 个,所以 m 序列的一个周期中有 2^{n-1} 个 1;首位为 0 的排列也有 2^{n-1} 个,但其中有一个全 0 状态,而除去后,得到 $2^{n-1}-1$ 个,所以 m 序列的一个周期中有 $2^{n-1}-1$ 个 0。

（2）Golomb 第二公设

a）由于寄存器不经过全 0 状态，所以 0 的 n-游程的个数为 0；而寄存器必出现一个全 1 状态，所以 1 的 n-游程的个数为 1。

b）1 的大于 n 的游程的个数是 0，否则，会出现两个以上的全 1 状态，而这是不可能的。0 的大于 n 的游程的个数是 0，否则，会出现全 0 状态。

c）1 的 n-游程必为如下状态：$0\underbrace{11\cdots11}0$，由此可产生三个状态：$0\underbrace{1\cdots1}$，$\underbrace{1\cdots1}$，$\underbrace{1\cdots1}0$，如果有一个 1 的 $(n-1)$-游程，则必有 $0\underbrace{1\cdots1}0$，出现状态 $0\underbrace{1\cdots1}$，$\underbrace{1\cdots1}0$，这是不可能的，因为每一个状态只能出现一次。所以 1 的 $(n-1)$-游程个数为 0。

因为没有全 0 状态，所以不会出现 $1\underbrace{0\cdots0}0$ 状态。于是得到一个 0 的 $(n-1)$-游程 $1\underbrace{0\cdots0}1$。由此产生两个状态：$1\underbrace{0\cdots0}$，$\underbrace{0\cdots0}1$，如果再有其他 0 的 $(n-1)$-游程 $1\underbrace{0\cdots0}1$，也会产生这两个状态：$1\underbrace{0\cdots0}$，$\underbrace{0\cdots0}1$，由状态的唯一性可知，这是不可能的，所以这个游程是唯一的，因此 0 的 $(n-1)$-游程个数为 1。

d）如果 $n=2$，则 $n-1=1$，游程情况都已讨论。

于是设 $n>2$，$1\leqslant r<n-1$。1 的 r-游程为 $0\underbrace{1\cdots1}0$，它所在的状态为 $\underbrace{*\cdots*}0\underbrace{1\cdots1}0\underbrace{*\cdots*}$，其中 $s+t=n-r-2$，所以 1 的 r-游程个数为 2^{n-r-2}。类似地，0 的 r-游程个数也为 2^{n-r-2}，r-游程数共为 2^{n-r-1}。

e）0 与 1 的游程总数都为 $1+\sum\limits_{r=1}^{n-2}2^{n-r-2}=2^{n-2}$，所以总游程数为 2^{n-1}。

一个周期中，0 的个数为 $2^{n-1}-1$ 个，1 的个数为 2^{n-1} 个。

r-游程总数占总游程的 $\dfrac{2^{n-r-1}}{2^{n-1}}=\dfrac{1}{2^r}$，$1\leqslant r\leqslant n-1$，$n$-游程总数占总游程的 $\dfrac{1}{2^{n-1}}$，$r>n$ 时，r-游程总数为 0。

m 序列的游程如表 5.2.2 所示。

表 5.2.2　m 序列的游程

r-游程	0 的游程	1 的游程	游程	占总游程比
$1\leqslant r\leqslant n-2$	2^{n-r-2}	2^{n-r-2}	2^{n-r-1}	$1/2^r$
$r=n-1$	1	0	1	$1/2^r$
$r=n$	0	1	1	$1/2^{n-1}$
$r>n$	0	0	0	0

所以，m 序列满足第二公设。

（3）Golomb 第三公设

（换行定理）设 $\{a_i\}\in G(p_n)$ 是所讨论的 m 序列，$0<t<2^n-1$，令 $b_i=a_i+a_{i+t}$，可以验证，$\{b_i\}\in G(p_n)$，即 $\{b_i\}$ 也是 m 序列，从而 $\{b_i\}$ 的一个周期中 0 的个数为 $2^{n-1}-1$，此即 $\{a_i\}$，$\{a_{i+t}\}$ 一个周期中相同位的个数，从而 $R(t)=\dfrac{2^{n-1}-1-2^{n-1}}{2^n-1}=\dfrac{1}{1-2^n}$。所以 m 序列满足第三公设。

5.2.4 LFSR 的软件实现

从上面的讨论我们知道,可以通过寻找本原多项式来设计 LFSR,从而产生 m 序列。通常,产生一个给定阶数的本原多项式并不容易。最简单的方法是选择一个随机的多项式,然后测试它是否本原。这是很困难的,就像测试一个随机数是否素数一样——但是很多数学软件包可以做这件事。在 Bruce Schneier 的《应用密码学——协议、算法与 C 源程序》一书中给出了一些本原多项式,利用这些本原多项式,我们就可以很容易地构造具有最大周期的 LFSR。本原多项式的最高次数就是 LFSR 的长度,除了 $x^0 = 1$ 以外的其他项的次数指明了抽头序列,这些抽头从移位寄存器的左边开始计数。

假设我们已经知道下式是本原多项式:
$$x^{32} + x^7 + x^5 + x^3 + x^2 + x + 1$$
则可以使用 32 位移位寄存器,且通过对第 32,7,5,3,2 和 1 位从左边数进行异或产生一个新的位作为反馈输入位(如图 5.2.5 所示),得到的 LFSR 将是最大长度 LFSR,它的周期是 $2^{32} - 1$。有时把这种简单地将反馈抽头进行异或形成的 LFSR,叫作 Fibonacci 配置(fibonacci configuration)。

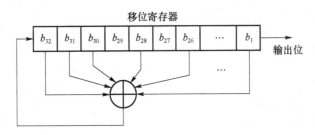

图 5.2.5 32 位最大长度 LFSR

这个 LFSR 的 C 语言代码如下:

```
int LFSR () {
    static unsigned long ShiftRegister = 1;
    /* Anything but 0. */
    ShiftRegister = (((((ShiftRegister >> 31)
        ^ (ShiftRegister >> 30)
        ^ (ShiftRegister >> 29)
        ^ (ShiftRegister >> 27)
        ^ (ShiftRegister >> 25)
        ^ ShiftRegister))
        & 0 × 00000001)
        << 31)
        | (ShiftRegister >> 1);
    return ShiftRegister & 0 × 00000001;
}
```

采用上述代码实现的 LFSR 比较慢,如果能够采用汇编语言实现则要比 C 语言的实现快一些,另外一种解决方法是并行运行 LFSR(16 个或 32 个,可根据计算机字长决定),即采用字的数组,数组的长度是 LFSR 的长度,字中的每个位表示不同 LFSR 中的相应位。假定所有的反馈多项式相同,则运行速度将非常快。

也可以改变 LFSR 的反馈形式,如图 5.2.6 所示,采用抽头序列中的每一位和发生器的输出相异或,并用异或结果取代抽头序列的那一位,同时发生器的输出作为新的最左端位。这种构造方式又称为 Galois 配置(galois configuration)。

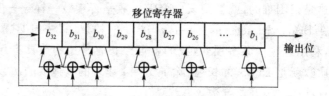

图 5.2.6 Galois 配置的 LFSR

其 C 语言代码如下:

```
♯define mask 0 × ea000001
static unsigned long ShiftRegister = 1;
void seed_LFSR (unsigned long seed)
{
    if (seed == 0) / *  avoid calamity * /
    seed = 1;
    ShiftRegister = seed;
}
int modified_LFSR (void)
{
    if (ShiftRegister & 0 × 00000001) {
        ShiftRegister = ((ShiftRegister ^ mask >> 1) |
        0 × 8000000;
        return 1;
    } else {
        ShiftRegister >> = 1;
        return 0;
    }
}
```

Galois 配置的优势在于把所有异或作为一个操作来进行。Galois 配置用硬件实现更快,尤其是用自制的 VLSI 实现。一般而言,如果用有利于移位的硬件,那么用 Fibonacci 配置;如果使用并行运算,那么用 Galois 配置。

5.3 线性反馈移位寄存器的分析方法

由 5.2 节给出的性质我们知道了如何利用 LFSR 构造长周期的序列,大多数实际的序列密码都围绕着 LFSR 而设计,大多数设计都是保密的,但是,令人吃惊的是大量看上去很复杂的基于移位寄存器的发生器均被破译了,本节将简要介绍一种基本的序列密码分析技术:基于序列线性复杂度的分析方法。

5.3.1　m 序列密码的破译

虽然 n 级线性移位寄存器产生的 m 序列具有良好的伪随机特性,但是直接用它来构造密钥流序列是极不安全的。原因在于,对长度为 n 的 LFSR,发生器的前 n 个输出位就是它的内部状态,甚至在反馈形式未知的情况下,也仅需发生器的 $2n$ 个输出位就可以完全确定出反馈多项式的系数。具体说明如下。

如果我们用 $c_i(i=1,\cdots,n)$ 表示反馈多项式的系数,而且我们已知 $2n$ 个输出位,如用 k_1,k_2,$\cdots$,k_{2n} 表示,则可以得出下面 n 个式子:

$$\begin{cases} k_{n+1}=k_1 c_n+k_2 c_{n-1}+\cdots+k_n c_1 \\ k_{n+2}=k_2 c_n+k_3 c_{n-1}+\cdots+k_{n+1} c_1 \\ \quad\quad\vdots \\ k_{2n}=k_n c_n+k_{n+1} c_{n-1}+\cdots+k_{2n-1} c_1 \end{cases}$$

上式中的加为模二加,下同。现将上述 n 个式子写作矩阵的形式,可得

$$\begin{bmatrix} k_{n+1} \\ k_{n+2} \\ \vdots \\ k_{2n} \end{bmatrix} = \begin{bmatrix} k_1 & k_2 & \cdots & k_n \\ k_2 & k_3 & \cdots & k_{n+1} \\ \vdots & \vdots & & \vdots \\ k_n & k_{n+1} & \cdots & k_{2n-1} \end{bmatrix} \begin{bmatrix} c_n \\ c_{n-1} \\ \vdots \\ c_1 \end{bmatrix} = K \begin{bmatrix} c_n \\ c_{n-1} \\ \vdots \\ c_1 \end{bmatrix}$$

上面 n 个式子相当于 n 个线性方程,并且只有 n 个未知数:$c_1,c_2,\cdots,c_n$,可以证明(具体证明可以参看杨波编写的《现代密码学》一书)矩阵 $\boldsymbol{K}$ 是可逆的,所以可唯一解出 $c_i(i=0,1,\cdots,n)$:

$$\begin{bmatrix} c_n \\ c_{n-1} \\ \vdots \\ c_1 \end{bmatrix} = \boldsymbol{K}^{-1} \begin{bmatrix} k_{n+1} \\ k_{n+2} \\ \vdots \\ k_{2n} \end{bmatrix} = \begin{bmatrix} k_1 & k_2 & \cdots & k_n \\ k_2 & k_3 & \cdots & k_{n+1} \\ \vdots & \vdots & & \vdots \\ k_n & k_{n+1} & \cdots & k_{2n-1} \end{bmatrix}^{-1} \begin{bmatrix} k_{n+1} \\ k_{n+2} \\ \vdots \\ k_{2n} \end{bmatrix}$$

【例 5.3.1】　设明文串 011001111111001 对应的密文串为 101101011110011,由此可得相应的密钥流为 110100100001010。若还知道密钥流是使用 5 级线性反馈移位寄存器产生的,则可以利用得到的密钥流的前 10 个比特建立如下方程:

$$\begin{bmatrix} k_6 \\ k_7 \\ k_8 \\ k_9 \\ k_{10} \end{bmatrix} = \begin{bmatrix} k_1 & k_2 & k_3 & k_4 & k_5 \\ k_2 & k_3 & k_4 & k_5 & k_6 \\ k_3 & k_4 & k_5 & k_6 & k_7 \\ k_4 & k_5 & k_6 & k_7 & k_8 \\ k_5 & k_6 & k_7 & k_8 & k_9 \end{bmatrix} \begin{bmatrix} c_5 \\ c_4 \\ c_3 \\ c_2 \\ c_1 \end{bmatrix} \Leftrightarrow \begin{bmatrix} 0 \\ 1 \\ 0 \\ 0 \\ 0 \end{bmatrix} = \begin{bmatrix} 1 & 1 & 0 & 1 & 0 \\ 1 & 0 & 1 & 0 & 0 \\ 0 & 1 & 0 & 0 & 1 \\ 1 & 0 & 0 & 1 & 0 \\ 0 & 0 & 1 & 0 & 0 \end{bmatrix} \begin{bmatrix} c_5 \\ c_4 \\ c_3 \\ c_2 \\ c_1 \end{bmatrix}$$

$$\Rightarrow \begin{bmatrix} c_5 \\ c_4 \\ c_3 \\ c_2 \\ c_1 \end{bmatrix} = \begin{bmatrix} 1 & 1 & 0 & 1 & 0 \\ 1 & 0 & 1 & 0 & 0 \\ 0 & 1 & 0 & 0 & 1 \\ 1 & 0 & 0 & 1 & 0 \\ 0 & 0 & 1 & 0 & 0 \end{bmatrix}^{-1} \begin{bmatrix} 0 \\ 1 \\ 0 \\ 0 \\ 0 \end{bmatrix} = \begin{bmatrix} 0 & 1 & 0 & 0 & 1 \\ 1 & 0 & 0 & 1 & 0 \\ 0 & 0 & 0 & 1 & 1 \\ 0 & 0 & 1 & 0 & 1 \\ 1 & 0 & 1 & 1 & 0 \end{bmatrix} \begin{bmatrix} 0 \\ 1 \\ 0 \\ 0 \\ 0 \end{bmatrix} = \begin{bmatrix} 1 \\ 0 \\ 0 \\ 0 \\ 0 \end{bmatrix} \Leftrightarrow \begin{bmatrix} c_5 \\ c_4 \\ c_3 \\ c_2 \\ c_1 \end{bmatrix} = \begin{bmatrix} 1 \\ 0 \\ 0 \\ 1 \\ 0 \end{bmatrix}$$

由此可得,密钥流的递推关系为:$k_{i+5}=c_5 k_i+c_2 a_{i+3}=k_i+k_{i+3}$。下面验证递推关系公式的正确性:

$$k_{11}=k_{6+5}=k_6+k_9=0+0=0$$
$$k_{12}=k_{7+5}=k_7+k_{10}=1+0=1$$
$$k_{13}=k_{8+5}=k_8+k_{11}=0+0=0$$
$$k_{14}=k_{9+5}=k_9+k_{12}=0+1=1$$
$$k_{15}=k_{10+5}=k_{10}+k_{13}=0+0=0$$

5.3.2　序列的线性复杂度

一个分析基于 LFSR 的重要的公认的指标是由 Lempel 和 Ziv 建议的线性复杂度,它规定用产生该序列的最短的 LFSR 的长度来度量序列的线性不可预测性。

为了叙述方便,我们仅限制在二元域 F_2 上讨论。

【定义 5.3.1】　一个序列 $s=\{a_i\}\ i\geqslant0$ 的线性复杂度(linear complexity)是能产生该序列的 LFSR 的最小级数,常用 $L(s)$ 表示。

下面给出关于线性复杂度的基本结果。

1. 序列的线性复杂度的基本性质

设 s 和 t 是 F_2 上的两个序列。

1) 对任何 $n\geqslant1$,子序列 $s^n=a_0a_1\cdots a_{n-1}$ 的线性复杂度 $L(s^n)$ 满足 $0\leqslant L(s^n)\leqslant n$;

2) $L(s^n)=0$,当且仅当 s^n 是长为 n 的零序列;

3) $L(s^n)=n$,当且仅当 $s^n=0,0,\cdots,0,1$;

4) 如果 s 是周期为 N 的序列,则 $L(s)\leqslant N$;

5) $L(s\oplus t)\leqslant L(s)+L(t)$,这里 $s\oplus t$ 表示 s 和 t 的逐比特异或。

显然,n 级 m 序列的线性复杂度 L 为 n。一个伪随机序列若其线性复杂度低,就易于由部分序列综合出生成它的 LFSR。一般移存器序列的线性复杂度 $n<L<2n$。L 大不一定就安全;但 L 小肯定是不安全的。一个明显的例子就是周期序列 $s=\underbrace{00\cdots0100}_{p\,长}\cdots$。$s$ 的线性复杂度 $L(s)=p$,但 s 显然不能用作密钥流。出现这种情况的主要原因是线性复杂度的定义将预测的方式严格局限于线性方式。然而,对有限长或周期序列 s,$L(s)$ 是目前能明确计算出的一个不可多得的指标,它仍然是度量密钥流序列的随机性的一个重要指标。

2. 随机序列线性复杂度的期望

在长度为 n 的所有二元序列集合中随机地均匀选取序列 s^n,设 $L(s^n)$ 为其线性复杂度,则 s^n 的期望线性复杂度为

$$E[L(s^n)]=\frac{n}{2}+\frac{4+n(\mathrm{mod}\ 2)}{18}-\frac{1}{2^n}\left(\frac{n}{3}+\frac{2}{9}\right)$$

因此,对于适当大的 n 来说,若 n 为偶数,则 $E[L(s^n)]\approx\frac{n}{2}+\frac{2}{9}$,若 n 为奇数,则 $E[L(s^n)]\approx\frac{n}{2}+\frac{5}{18}$。

3. 随机周期序列线性复杂度的期望

在长度为 n 的所有二元序列集合中,随机地均匀选取序列 s^n,其中 $n=2^t$,对于某个固定的 $t\geqslant1$,设 s 为不断重复序列 s^n 而得到的周期为 n 的无穷序列。那么序列 s 的期望线性复杂度为 $E[L(s^n)]=n-1+2^{-n}$。

4. 随机序列线性复杂度的方差

在长度为 N 的所有二元序列集合中随机地均匀选取序列 a^N，设 $L(a^N)$ 为其线性复杂度，则 a^N 的线性复杂度的方差为

$$\mathrm{Var}[L(s^n)] = \frac{86}{81} - \frac{1}{2^n}\left(\frac{14 - n(\bmod 2)}{27}n + \frac{82 - 2(n(\bmod 2))}{81}\right) - \frac{1}{2^{2n}}\left(\frac{n^2}{9} + \frac{4n}{27} + \frac{4}{81}\right)$$

因此，对于适当大的 n 来说，$\mathrm{Var}(L(s^n)) \approx \dfrac{86}{81}$。

5.3.3　B-M 算法

Berlekamp-Massey 算法（简称 B-M 算法）用来构造一个尽可能短的 LFSR 来产生一个有限二元序列 s^N，同时，该算法也给出了 s^N 的线性复杂度。该算法是一个多项式时间的迭代算法，以 N 长二元序列 $a_0, a_1, \cdots, a_{N-1}$ 为输入，输出产生该序列式的最短 LFSR 的特征多项式 $f_N(x)$ 及该 LFSR 的线性复杂度 $L(s^N)$。在算法中采用二元组 $\langle f_n(x), L_n\rangle$ 的形式表示输出序列为 $a_0, a_1, \cdots, a_{n-1}$ 的特征多项式和该序列的线性复杂度。这里约定，0 级 LFSR 是以 $f(x) = 1$ 为特征多项式的 LFSR，并且 n 长（$n = 1, 2, \cdots, N$）零序列：$00\cdots0$ 由且只由 0 级 LFSR 产生。

【定义 5.3.2】　考虑有限二元序列 $s^{N+1} = a_0, a_1, \cdots, a_{N-1}, a_N$。对于 $f(x) = 1 + c_1 x + \cdots + c_L x^L$，设 $\langle f(x), L\rangle$ 为一个可以生成子序列 $s^N = a_0, a_1, \cdots, a_{N-1}$ 的 LFSR。下一步离差 d_N 是 a_N 与上述 LFSR 所生成序列的第 $(N+1)$ 项之间的差：$d_N = \left(a_N + \sum_{i=1}^{L} c_i a_{N-i}\right)\bmod 2$。

【算法 5.3.1】　B-M 算法

输入：$N; a_0, a_1, a_2, \cdots, a_{N-1}$。

步骤 1（初始化）：$n \leftarrow 0, \langle f_0(x), L_0\rangle \leftarrow \langle 1, 0\rangle$。

步骤 2：计算下一步离差 d_n，$d_n \leftarrow \left(a_n + \sum_{i=1}^{L} c_i a_{n-i}\right)\bmod 2$。

（1）当 $d_n = 0$ 时，

$\langle f_{n+1}(x), L_{n+1}\rangle \leftarrow \langle f_n(x), L_n\rangle$，转步骤 3

（2）当 $d_n = 1$，且 $L_0 = L_1 = \cdots = L_n = 0$ 时，

$\langle f_{n+1}(x), L_{n+1}\rangle \leftarrow \langle 1 + x^{n+1}, n+1\rangle$，转步骤 3

（3）当 $d_n = 1$，且 $L_m < L_{m+1} = L_{m+2} = \cdots = L_n (m < n)$ 时，

$\langle f_{n+1}(x), L_{n+1}\rangle \leftarrow \langle f_n(x) + x^{n-m} f_m(x), \max\{L_n, n+1-L_n\}\rangle$

步骤 3：若 $n < N-1, n \leftarrow n+1$ 转步骤 2。

输出：$\langle f_N(x), L_N\rangle$。

易知，B-M 算法的时间复杂性为 $O(N^2)$，空间复杂性为 $O(N)$。

关于 B-M 算法的正确性，感兴趣的读者请参阅万哲先的《代数与编码》一书。在此仅给出下面的结论。

【定理 5.3.1】　使用 B-M 算法，以 N 长二元序列式 $a_0, a_1, \cdots, a_{N-1}$ 为输入，得到输出 $\langle f_N(x), L_N\rangle$。则：

（1）以 $f_N(x)$ 为生成多项式，长为 L_N 的 LFSR 是产生二元序列 $a_0, a_1, \cdots, a_{N-1}$ 的最短 LFSR。

（2）当且仅当 $L_N \leqslant N/2$ 时，产生该 N 长二元序列式的最短 LFSR 是唯一的。

（3）当 $L_N > N/2$ 时，迭代至 $2L_N$ 步已有 $\langle f_{2L_N}(x), L_{2L_N}\rangle = \langle f_N(x), L_N\rangle$。也就是说，产生一个序列的最短线性反馈移位寄存器一般不唯一。（参考沈鲁生的《现代密码学》）

【**例 5.3.2**】 设 F_2 上的一个长为 7 的序列 s 为 $a_0 = 0, a_1 = 0, a_2 = 1, a_3 = 1, a_4 = 1,$ $a_5 = 0, a_6 = 1$,求产生该序列的一个最短的 LFSR。

解:由 B-M 算法,如表 5.3.1 所示。

表 5.3.1 例 5.3.2 的运行示例

n	d_n	f_n	L_n	m
0	0	1	0	
1	0	1	0	
2	1	1	0	
3	1	$1 + x^3$	3	
4	0	$1 + x + x^3$	3	2
5	0	$1 + x + x^3$	3	
6	0	$1 + x + x^3$	3	
7		$1 + x + x^3$	3	

这表明,$\langle 1 + x + x^3, 3 \rangle$ 为产生所给序列的一个最短 LFSR,如图 5.3.1 所示。

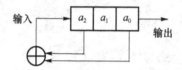

图 5.3.1 产生序列 s 的 LFSR

从理论上讲,任一确定的序列 a 的线性复杂度 $L(a)$ 都可以用 B-M 算法求得,特别地,对周期为 2^n 的二元序列有个更有效的算法,习惯上人们称之为 G-C 算法。可见,仅仅使用 LFSR 生成序列不具有较强的安全性。

LFSR 虽然不能直接用于生成密钥流,但可作为驱动源以其输出推动一个非线性组合函数所决定的电路来产生非线性序列。这样的序列密码体制已经被证明具有良好的安全性。其典型的实现如图 5.3.2 所示。

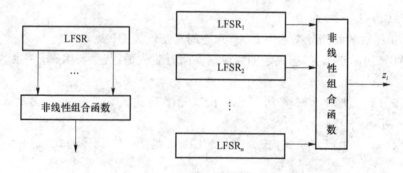

图 5.3.2 两种常见的密钥流产生器

5.4　非线性序列

通过前面的学习可知,线性序列不能用作密钥流,在密码中忌用线性,因此需要研究非线性序列。

5.4.1　非线性反馈移位寄存器序列

不同于 5.2 节介绍的线性反馈移位寄存器,如果反馈逻辑中的运算含有乘法运算或其他逻辑运算,则称作非线性反馈逻辑。由非线性反馈逻辑和移位寄存器构成的序列发生器所能产生的最大长度序列,就叫作最大长度非线性移位寄存器序列,或叫作 m 序列,m 序列的最大长度是 2^n。图 5.4.1 给出一个七级的 m 序列发生器的框图。可以看出,与线性反馈逻辑不同之处在于增加了"与门"运算,与门具有乘法性质。

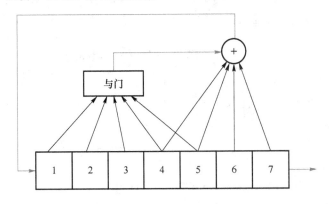

图 5.4.1　七级 m 序列发生器

换言之,如果反馈布尔函数 $f(x_1, x_2, \cdots, x_n)$ 不可以表示成几个变元 $x_1, x_2, \cdots, x_n$ 的线性齐次函数时,以 $f(x_1, x_2, \cdots, x_n)$ 为反馈的移位寄存器便叫作非线性反馈移位寄存器,简称非线性移位寄存器。

在进一步介绍之前,首先给出序列非线性复杂度的概念。设给定序列:$a = (a_1, a_2, a_3, \cdots, a_N)$ 是一个长为 N 的二元序列,则序列 a 的非线性复杂度定义为 $\mathrm{CN}(a) = \min\{n : 存在 n 级非线性移位寄存器生成 a\}$。一般非线性复杂度远小于线性复杂度。

非线性反馈移位寄存器序列可能存在如下问题:

1) 在输出序列中可能有些偏差,比如 1 比 0 多,或游程数比预期的要少;

2) 序列的最长周期可能比预期的要短;

3) 序列的周期可能因初始值的不同而不同;

4) 序列可能出现随机性仅一段时间,然后"死锁"成一个单一的值(可用最右端位同非线性函数异或的方法来解决)。

下面介绍两种不同结构的非线性反馈移位寄存器,二者有着不同的应用领域。

5.4.2　利用进位的反馈移位寄存器

带进位的反馈移位寄存器,也称作 FCSR(feedback with carry shift register),同 LFSR 类

似,都有一个移位寄存器和一个反馈函数,不同之处在于 FCSR 有一个进位寄存器(如图 5.4.2 所示)。它不是把抽头序列中所有的位异或,而是把所有的位相加,并与进位寄存器的值相加。将结果模二得到的值作为反馈值,将结果除 2 就得到进位寄存器新的值。

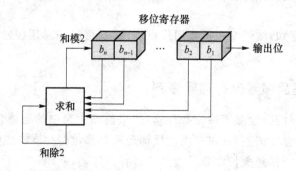

图 5.4.2　带进位的反馈移位寄存器

图 5.4.3 是一个在第一和第二位抽头的 3-位 FCSR 的例子。它的初始值是 001,进位寄存器初始值是 0。输出位是移位寄存器最右端的一位。

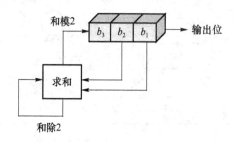

图 5.4.3　3-位 FCSR

图 5.4.3 所示寄存器的状态如表 5.4.1 所示。

表 5.4.1　寄存器状态表

移位寄存器	进位寄存器	移位寄存器	进位寄存器
001	0	011	1
100	0	101	1
010	0	010	1
101	0	001	1
110	0	000	1
111	0	100	0

注意到最后的内部状态(包括进位寄存器的值)同第二个内部状态是一样的。这说明在这一点序列将循环,且它的周期为 10。

通过对图 5.4.3 所示的寄存器的分析,可以得到以下结论:

第一,进位寄存器的位数不总为 1,它的最小值由抽头的个数决定。进位寄存器最小位数必须为 $\log_2 t$,其中 t 是抽头的个数。图 5.4.3 中的寄存器只有两个抽头,因此进位寄存器只有一位。如果有四个抽头,进位寄存器就有两位,其值可以是 0,1,2,3。

第二,在 FCSR 稳定到它的重复周期之前,有一个初始瞬态值。在图 5.4.3 中的寄存器中,只有一个状态永远不会重复。对于更大更复杂的 FCSR,就可能有更多的状态不会重复。

第三,FCSR 的最大周期不是 2^n-1,其中 n 是移位寄存器的长度。事实上,FCSR 的最大周期是 $q-1$,其中 q 是连接整数(connection integer)。这个数的定义为

$$q = 2q_1 + 2^2 q_2 + 2^3 q_3 + \cdots + 2^n q_n - 1$$

在图 5.4.3 的寄存器中,

$$q = 2 \times 0 + 4 \times 1 + 8 \times 1 - 1 = 11$$

因此,最大周期是 10。

需要注意的是,并不是所有的初值都给出最大周期。例如,表 5.4.2 展示了当初始值为 101 并且进位寄存器置为 4 时的情况。

表 5.4.2 图 5.4.3 寄存器状态表

移位寄存器	进位寄存器	移位寄存器	进位寄存器
101	4	111	1
110	2	111	1

由表 5.4.2 可以看出,在这点上,寄存器不停地产生一个为常数 1 的序列。

经过分析,任何初始值将产生以下四种情况中的一种:第一,它是最长周期的一部分;第二,它在初始值后达到最大周期;第三,它在初始值后变为一个全 0 序列;第四,它在初始值后变为全 1 序列。

有一个数学公式确定在给出初始值后哪种情况将发生,但实际应用中并不需要,因为测试它太简单了。运行 FCSR 数步(如果 m 是初始存储空间,t 是抽头数,则需运行 $\log_2 t + \log_2 m + 1$ 步),如果它在 n 位内退化成一个全 0 或全 1 序列,其中 n 指 FCSR 的长度,那么说明这个移位寄存器会发生退化,没有任何实用价值;如果没有,则说明它会产生最大周期的输出序列。因为 FCSR 的初始值对应着序列密码的密钥,这就意味着基于 FCSR 的发生器将有弱密钥。

5.4.3 非线性前馈序列

由 5.2 节得到的结论:线性反馈移位寄存器虽然不能直接作为密钥流用,但是可作为驱动源来输出推动一个非线性组合函数所决定的电路来产生非线性序列,这就是所谓的非线性前馈序列生成器。LFSR 用来保证密钥流的周期长度、平衡性等,非线性组合函数用来保证密钥流的各种密码性质,以抗击各种可能的攻击。许多专用序列密码算法用这种方法构成,其中不少是安全的。

E. J. Groth 在 1971 年就提出了一种非线性序列发生器,是以一个 LFSR 的多个不同相输出作为驱动序列去控制一个非线性组合函数的电路,得到非线性输出序列,这其中,称 F 为前馈函数或组合函数,输出的序列为前馈序列。

下面介绍一些非线性前馈组合方式,有些有实用价值,有些可能只有理论意义。

1. Geffe 发生器

这个密钥序列发生器使用了三个 LFSR,它们以非线性方式组合而成(如图 5.4.4 所示),两个 LFSR 作为复合器的输入,第三个 LFSR 控制复合器的输出,如果 a_1,a_2 和 a_3 是三个 LFSR 的输出,则 Geffe 发生器的输出表示为

$$b = (a_1 \wedge a_2) \oplus ((\neg a_1) \wedge a_3)$$

如果三个 LFSR 的长度分别为 n_1,n_2 和 n_3,那么这个发生器的线性复杂性即为 $(n_2 + n_3)n_1 + n_3$

这个发生器的周期是三个 LFSR 的周期的最小公倍数。假设三个本原反馈多项式的阶数互素,那么这个发生器的周期是三个 LFSR 的周期之积。

虽然这个发生器从理论上看起来很好,但实质上很弱,并不能抵抗相关攻击。发生器的输出与 LFSR-2 的输出有 75% 的时间是相同的。因此,如果已知反馈抽头,便能猜出 LFSR-2 的初值和寄存器所产生的输出序列。然后能计算出 LFSR-2 的输出中与这个发生器的输出相同的次数。如果猜错了,两个序列相同的概率为 50%;如果猜对了,两个序列相同的概率为 75%。

类似的,发生器的输出与 LFSR-3 的输出相等的概率为 75%。有了这种相关性,密钥序列发生器很容易被破译。例如,如果三个本原多项式都是三项式,其中最大长度为 n,那么仅需要 $37n$ 位的一段输出序列就可重构这三个 LFSR 的内部状态。

2. 推广的 Geffe 发生器

这种方法不在两个而在 k 个 LFSR 中进行选择,k 是 2 的幂。总共有 $k+1$ 个 LFSR(如图 5.4.5 所示)。LFSR-1 必须比其他 k 个 LFSR 运行快 $\log_2 k$ 倍。

这种方法比 Geffe 发生器复杂,而且同样可能受到相关攻击。

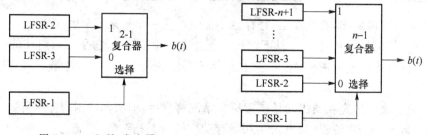

图 5.4.4 Geffe 发生器　　　　图 5.4.5 推广的 Geffe 发生器

3. Jennings 发生器

这个发生器用了一个复合器来组合两个 LFSR,由 LFSR-1 控制的复合器为每一输出位选择 LFSR-2 的一位。用一个函数将 LFSR-2 的输出映射到复合器的输入,如图 5.4.6 所示。

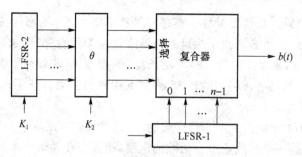

图 5.4.6 Jennings 发生器

密钥是两个 LFSR 和映射函数的初始状态,虽然这个发生器有好的统计特性,但它不能抗 Ross Anderson 的中间相遇一致性攻击和线性一致性攻击,一般不使用这个发生器。

4. Beth-Piper 停走式发生器

这个发生器用一个 LFSR 的输出来控制另一个 LFSR 的时钟,如图 5.4.7 所示。LFSR-1 的输出控制 LFSR-2 的时钟输入,使得 LFSR-2 仅当 LFSR-1 在时间 $t-1$ 的输出是 1 时,能在时间 t 改变它的状态。

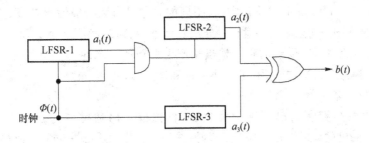

图 5.4.7　Beth-Piper 停走式发生器

没人能够证明这种发生器在通常状况下的线性复杂性。然而,它不能抗相关攻击。

5. 交错停走式发生器

这个发生器用了三个不同长度的 LFSR,当 LFSR-1 的输出是 1 时,LFSR-2 被时钟驱动;当 LFSR-1 的输出是 0 时,LFSR-3 被时钟驱动。这个发生器的输出是 LFSR-2 和 LFSR-3 输出的异或,如图 5.4.8 所示。

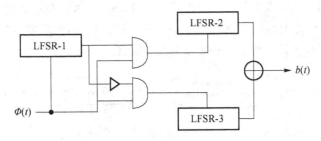

图 5.4.8　交错停走式发生器

这个发生器具有长的周期和大的线性复杂性,设计者找到了针对 LFSR-1 的相关攻击,但本质上它并没有削弱这个发生器。沿着这种基本思想,还有其他一些密钥序列发生器。

6. 门限发生器

这个发生器试图通过使用可变数量的 LFSR 来避免前面发生器的安全性问题,理论根据是,如果使用了很多 LFSR,将更难破译这种密码。

这个发生器如图 5.4.9 所示,考虑一个大数目的 LFSR 的输出(使 LFSR 的数目是奇数),确信所有的 LFSR 的长度互素,且所有的反馈多项式都是本原的,这样可达到最大周期。如果过半的 LFSR 的输出是 1;那么发生器输出是 1,如果过半的 LFSR 的输出是 0,那么发生器的输出是 0。

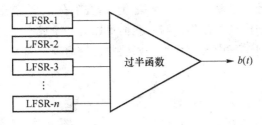

图 5.4.9　门限发生器

三个 LFSR 的发生器的输出可表示为

$$b = (a_1 \wedge a_2) \oplus (a_1 \wedge a_3) \oplus (a_2 \wedge a_3)$$

这个发生器与 Geffe 发生器非常类似,不同的是它具有大的线性复杂度,它的线性复杂度为 $n_1 n_2 + n_1 n_3 + n_2 n_3$,这里 n_1,n_2 和 n_3 分别表示第一、第二和第三个 LFSR 的长度。

这个发生器并不好,发生器的每一输出位产生 LFSR 状态的一些信息——刚好是 0.189 位——并且它不能抗相关攻击。不建议使用这种发生器。

7. 自采样发生器

自采样发生器是控制自己时钟的发生器,已提出了两种类型的自采样发生器,一种是 Rainer Rueppel 提出的(如图 5.4.10 所示),另一种是 Bill Chamber 和 Dieter Gollmann 提出的(如图 5.4.11 所示)。

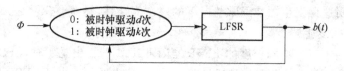

图 5.4.10 Rueppel 自采样发生器

在 Rueppel 发生器中,当 LFSR 的输出是 0 时,LFSR 被时钟驱动 d 次;当 LFSR 的输出是 1 时,它被时钟驱动 k 次。Chamber 和 Gollmann 发生器更复杂,但思想是相同的。不幸的是,这两个发生器都不安全,尽管提出了一些更改意见来更正那些缺点。

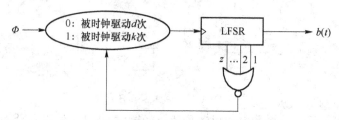

图 5.4.11 Chamber 和 Gollmann 自采样发生器

5.5 本 章 小 结

一个理想的序列密码算法,其设计上的关键在于密钥流发生器的安全性,也即其线性复杂度越高越好,其周期越长越好等等。如果直接用线性移位寄存器序列作为密钥序列,则在已知明文攻击的情况下,相应的序列密码体制是很不安全的。因此,尽管线性移位寄存器序列(特别是 m 序列)具有容易设计并且随机性能良好等优点,我们仍然不能直接把线性移位寄存器序列作为序列密码中的密钥序列来使用。但是,我们可以对一个或多个线性移位寄存器序列进行非线性组合来获得在序列密码中安全性能良好的非线性序列。

5.6 习 题

(1) 3 级线性反馈移位寄存器在 $c_3 = 1$ 时可有 4 种线性反馈函数,设其初始状态为 $(a_1, a_2, a_3) = (1, 0, 1)$,求各线性反馈函数的输出序列及周期。

(2) 设 n 级线性反馈移位寄存器的特征多项式为 $p(x)$,初始状态为 $(a_1, a_2, \cdots, a_{n-1}, a_n) =$

(00…01)，证明输出序列的周期等于 $p(x)$ 的阶。

（3）如果破译者知道加密系统使用的是 3 级 LFSR，并且获得了一组明密文序列，明文 m 为 $(0,1,1,0,1,0)$，密文 c 为 $(1,1,0,0,1,1)$。那么破译者能知道加密系统的 LFSR 的抽头序列吗？

（4）设 $n = 4$，$f(a_1, a_2, a_3, a_4) = a_1 \oplus a_4 \oplus 1 \oplus a_2 a_3$，初始状态为 $(a_1, a_2, a_3, a_4) = (1,1,0,1)$，求此非线性反馈移位寄存器的输出序列及周期。

（5）设 Beth-Piper 停走式发生器中，LFSR1 可产生 $101,101,\cdots$，LFSR2 可产生 1001110，$1001110,\cdots$，LFSR3 可产生 $1001011,1001011,\cdots$。求输出序列 $b(t)$ 及周期。

（6）有一序列为 $(1,0,1,0,0,1,1)$，判断其线性复杂度。

（7）给定一个长度为 $n = 9$ 的二元序列：$S^n = 001101110$，采用 B-M 算法求产生该序列的最短 LFSR 及其线性复杂度。

第 6 章

典型序列密码

近年来,关于序列密码的理论和技术已经取得了长足的发展,理论难题逐步得到解决的同时,密码学家也提出了大量的序列密码算法,其中有些算法已经被广泛地应用于移动通信、军事外交等领域。本章将结合前面所述的序列密码原理与技术,介绍几个有代表性的序列密码算法。

6.1 A5 算法

A5 算法是 GSM 系统中主要使用的序列密码加密算法之一,主要用于加密手机终端与基站之间传输的信息。该算法可以描述成由一个 22 bit 长的参数(帧号码,F_n) 和 64 bit 长的参数(会话密钥,K_c) 生成两个 114 bit 长的序列(密钥流)的黑盒子。这样设计的原因是 GSM 会话每帧含 228 bit,通过与 A5 算法产生的 228 bit 密钥流进行异或进行保密。主要使用的 A5 算法有三种版本:A5/1 算法限制出口,保密性较强;A5/2 算法没有出口限制,但保密性较弱;A5/3 算法则是更新的版本,它基于 KASUMI 算法,但尚未被 GSM 标准采用。如无特殊标记,下面介绍的 A5 算法都是指 A5/1 算法。

A5 算法是一种典型的基于线性反馈移位寄存器的序列密码算法,构成 A5 加密器主体的 LFSR 有三个,组成了一个集互控和停走于一体的钟控模型。其主体部分由三个长度不同的线性移位寄存器(A、B、C)组成,其中 A 有 19 位,B 有 22 位,C 有 23 位,它们的移位方式都是由低位移向高位。每次移位后,最低位就要补充一位,补充的值由寄存器中的某些抽头位进行异或运算的结果决定,如运算的结果为"1",则补充"1",否则补充"0"。在三个 LFSR 中,A 的抽头系数是 18、17、16、13;B 的抽头系数为 21、20、16、12;C 的抽头系数为 22、21、18、17。三个 LFSR 输出的异或值作为 A5 算法的输出。A5 加密器的主体部分如图 6.1.1 所示。

图 6.1.1 中,A 的生成多项式为

$$f_A(x) = x^{19} + x^{18} + x^{17} + x^{14} + 1$$

B 的生成多项式为

$$f_B(x) = x^{22} + x^{21} + x^{17} + x^{13} + 1$$

C 的生成多项式为

$$f_C(x) = x^{23} + x^{22} + x^{19} + x^{18} + 1$$

可见,三个线性反馈移位寄存器的生成多项式均为本原多项式。

这三个加密器的移位是由时钟控制的,且遵循"服从多数"的原则。即从每个寄存器中取出一个中间位(图 6.1.1 中的 x、y、z,位置分别为 A、B、C 的第 9、11、11 位)并进行判断,若在取出的三个中间位中至少有两个为"1",则为"1"的寄存器进行一次移位,而为"0"的不移。反过

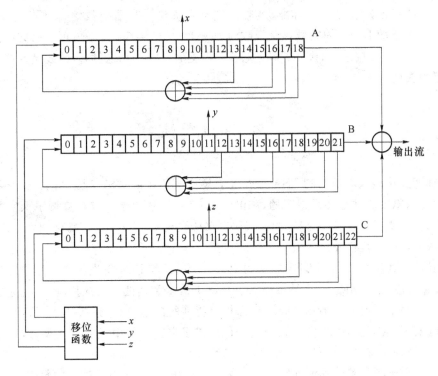

图 6.1.1　A5 算法加密器示意图

来,若三个中间位中至少有两个为"0",则为"0"的寄存器进行一次移位,而为"1"的不移。显然,这种机制保证了每次至少有两个 LFSR 被驱动移位。

　　A5 算法已经被应用于 GSM 通信系统中,用于从用户手机至基站的连接加密。GSM 一帧数据含 228 bit,每帧用 A5 算法每次执行一轮产生的 228 bit 密钥进行加密,如图 6.1.2 所示。

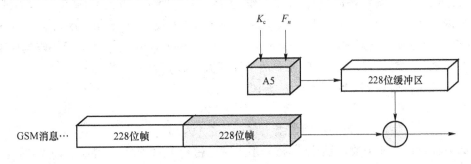

图 6.1.2　GSM 中使用 A5 加密算法

　　A5 算法在运算开始时,先将 A、B、C 清零,并把 64 bit 的会话密钥 K_c 注入 LFSR 作为其初始值,再将 22 bit 帧数 F_n 与 LFSR 的反馈值做模二加注入 LFSR,之后开启 LFSR 的"服从多数"停走钟控功能,对寄存器进行移位,使密钥和帧号进行充分混合,这样便可以产生密钥流。需要说明的是,并非所有的输出流都可以作为密钥流,在每获得 114 bit 的密钥流之前,要舍去产生的 100 bit 输出。

　　A5 算法的初始密钥长度为 64 bit。为了对该算法进行攻击,已知明文攻击法只需要确定其中两个寄存器的初始值就可以计算出另一个寄存器的初始值,这说明攻击 A5 一般要用 2^{40} 次尝试来确定两个寄存器的结构,而后从密钥流来决定第三个 LFSR。A5 的设计思想优秀,效率高,可以通过所有已知统计检验标准。其唯一缺点是移位寄存器级数短,其最短循环长度为 $4/3 * 2^k$(k 是最长的 LFSR 的级数),总级数为 $19 + 22 + 23 = 64$,这样就可以用穷尽搜索法破译,目前 A5 算法已被攻破。如果 A5 算法能够采用更加长的、抽头更加多的线性反馈移位寄存器,则会更为安全。

6.2 RC4 算法

RC4 加密算法是大名鼎鼎的 RSA 三人组中 Ron Rivest 在 1987 年设计的密钥长度可变的序列加密算法。RC4 算法最初是保密的,并申请了专利,算法的细节仅在签署了保密协议后才能得到。直到 1994 年 9 月,有人把它的源代码匿名张贴到 Cypherpunks 邮件列表中。该代码迅速通过互联网传遍了全世界。

RC4 算法的速度可以达到 DES 加密的 10 倍左右。目前 RC4 是世界上使用最广泛的序列加密算法。它已应用于 Microsoft Windows、Lotus Notes 和其他软件应用程序中。它使用于安全套接字层(SSL,secure sockets layer)以保护因特网的信息流。它还应用于无线系统以保护无线链路的安全。事实上,RC4 算法最重要的优点在于它在软件中很容易实现,这一特点使它获得了更加广阔的生存空间。

RC4 是一个典型的基于非线性数组变换的序列密码。它以一个足够大的数组为基础,对其进行非线性变换,产生非线性的密钥流,一般把这个大数组称为 S-盒。RC4 的 S-盒的大小根据参数 n 的值变化,理论上,RC4 算法可以生成总数为 $N = 2^n$ 个元素的 S-盒。例如,参数为 $n = 8$ 的 RC4 算法可以生成并使用拥有 $256(= 2^8)$ 个元素的 S-盒。RC4 的每个次输出都是 S-盒中的一个随机元素作为密钥序列中的一项,并且 RC4 在每次产生随机元素的同时还会修改 S-盒。可以认为 RC4 算法是以 OFB 方式工作:密钥序列与明文相互独立。要实现这种机制,需要两个处理过程:一个是密钥调度算法(KSA,key-scheduling algorithm),用来设置 S 的初始排列;一个是伪随机生成算法(PRGA,pseudo random-generation algorithm),用来选取随机元素并修改 S 的排列顺序。过程中同时需要两个计算器:i 和 j,其初值均为 0。

RC4 算法工作时,KSA 首先初始化 S,即

$$S(i) = i \quad i \in [0, 255]$$

选取一系列数字,并加载到密钥数组 $K(i)$ $i \in [0, 255]$ 中。

不必去选取这 256 个数,只要不断重复填入种子密钥直到数组 K 被填满即可,可见,无论种子密钥的长度如何,它的全部任务就是填满密钥数组 K,这体现了 RC4 的密钥长度可变性。其后,数组 S 可以利用以下程序来实现随机化:

```
j = 0;
    for (i = 0; i < 255; i ++)
    {
        j = j + S(i) + K(i) (mod 256);
        swap(S(i), S(j));
    }
```

一旦 KSA 完成了 S 的初始随机化,PRGA 就将接手工作,它为密钥流选取字节,即从 S 中选取随机元素,并修改 S 以便下一次选取。选取过程取决于计数器的值 i 和 j,这两个值都是从

0 开始的。下面程序就是选取密钥流的每个字节：

```
i = j = 0;
i = i + 1 (mod 256);
j = j + S(i) (mod 256);
swap(S(i), S(j));
t = S(i) + S(j) (mod 256);
k = S(t);
```

我们以 3 位 RC4 为例来说明它的工作过程。显然，3 位 RC4 的所有操作是对 8 取模（而不是对 256 取模）。S 数组只有 8 个元素，初始化为如图 6.2.1 所示的值。

图 6.2.1 S 数组的初始化

接着选取一个密钥，该密钥是由 0 ~ 7 的数以任意顺序组成的。例如，选取 5,6,7 作为密钥。该密钥填入如图 6.2.2 所示密钥数组中。

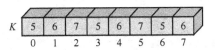

图 6.2.2 密钥数组的初始化

然后利用如下的循环构建实际的 S 数组：

```
j = 0;
        for (i = 0; i < 7; i++)
        {
            j = j + S(i) + K(i) (mod 8);
            swap(S(i), S(j));
        }
```

该循环以 $j = 0$ 和 $i = 0$ 开始。使用更新公式后 j 为

$$j = [0 + S(0) + K(0)] \bmod 8 = (0 + 0 + 5) \bmod 8 = 5$$

因此，S 数组的第一个操作是将 $S(0)$ 与 $S(5)$ 互换，如图 6.2.3 所示。

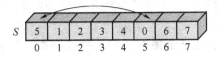

图 6.2.3 S 数组的操作 1

索引 i 加 1 后，j 的下一个值为

$$j = [5 + S(1) + K(1)] \bmod 8 = (5 + 1 + 6) \bmod 8 = 4$$

即将 S 数组的 $S(1)$ 与 $S(4)$ 互换，如图 6.2.4 所示。

当该循环执行完后，数组 S 就被随机化为如图 6.2.5 所示的值。

这样，数组 S 就可以用来生成随机数序列了。从 $j = 0$ 和 $i = 0$ 开始，RC4 如下计算第一个随机数：

$$i = (i + 1) \bmod 8 = (0 + 1) \bmod 8 = 1$$

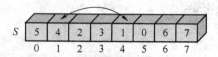

图 6.2.4 S 数组的操作 2

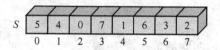

图 6.2.5 S 数组的随机化结果

$$j = [j + S(i)] \bmod 8 = [0 + S(1)] \bmod 8 = [0 + 4] \bmod 8 = 4$$

之后还要更新 S 数组，执行 Swap[S(1),S(4)]，将 S 数组的 S(1) 与 S(4) 互换，如图 6.2.6 所示。

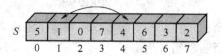

图 6.2.6 S 数组的更新

然后如下计算 t 和 k：

$$t = [S(i) + S(j)] \bmod 8 = [S(1) + S(4)] \bmod 8 = (4 + 1) \bmod 8 = 5$$
$$k = S(t) = S(5) = 6$$

第一个随机数为 6，其二进制表示为 110。反复进行该过程，直到生成的二进制位数量等于明文位的数量。

由于 RC4 算法加密采用的是异或运算，所以，一旦密钥序列出现了重复，密文就有可能被破解。经证实，RC4 存在部分弱密钥，使得密钥序列在不到 1×10^6 B 内就发生了完全的重复，如果是部分重复，则可能在不到 1×10^5 B 内就能发生重复，因此，推荐在使用 RC4 算法时，必须对加密密钥进行测试，判断其是否为弱密钥。

在 2001 年，以色列魏茨曼研究所和美国思科公司的研究者发现，在使用"有线等效保密"（WEP）协议的无线网络中，在特定情况下，人们可以逆转 RC4 算法的加密过程，获取密钥，从而将已加密的信息解密。实现这一过程并不复杂，只需要使用一台个人计算机对加密的数据进行分析，经过几个小时的时间就可以破译出信息的全部内容，这意味着 RC4 已经不具有较强的安全性。

目前，密码学界普遍认为，在特定条件下 RC4 的破解并不表示所有使用 RC4 算法的软件都容易泄密，但它意味着 RC4 算法并不像人们原先认为的那样安全。这一发现促使人们重新设计无线通信网络安全，并且使用新的加密算法。

6.3 PKZIP 算法

PKZIP 算法广泛应用于计算机文档数据压缩程序，该算法允许使用者用可变长度的密钥乱序压缩文档。在 PKZIP 算法中嵌入了 R. Schlafly 设计的加密算法，这是一种按字节加密的序列密码。本书将基于其 2.04g 版本简要描述该算法。

PKZIP 处理的是压缩文件，一个压缩文件中可以包含很多不同类型的文件，压缩文件将为其中的每个文件创建包含文件名称、压缩方式、是否加密、CRC32 校验值、文档原始大小等诸多参数在内的头信息。在压缩包中的每一个文件都被进行压缩处理，使其占据最小的存储空间。如果需要对文件进行加密，需要设置 12 B 大小的加密头信息用来使数据随机化和进行相关校验工作，在 2.04g 版本的 PKZIP 算法中，这 12 B 的加密头信息的最后两个字节直接来自于文件的 CRC32 校验值，解密时可以根据这些字节判断是否正确解密。

PKZIP 算法是按字节加密的可变密钥长度的算法。它拥有三个 32 bit 变量，即 96 bit 的空间存储，由密钥初始化存储器为 $K_0 = 305\,419\,896$，$K_1 = 591\,751\,049$，$K_2 = 878\,082\,192$，并从 K_2 计算出一个 8 bit 密钥 K_3，明文字节在加密过程中不断更新存储器存数。

PKZIP 算法最重要的部分称为密钥更新，即根据输入的文本，通过计算更新 96 bit 的内部存储器，并由此重新计算变量 K_3。假设输入的明文字符为 P_1，一次密钥更新过程如下所示（使用 C 语言中的符号）：

$$K_0 = \text{CRC32}(K_0, P_1)$$
$$K_1 = K_1 + (K_0 \& 0x000000\text{ff})$$
$$K_1 = K_1 * 134775813 + 1 \bmod 2^{32}$$
$$K_2 = \text{CRC32}(K_2, K_1 \gg 24)$$
$$K_3 = [(K_2 | 3) * ((K_2 | 3) \oplus 1)] \gg 8 \& 0x000000\text{ff}$$

通过以上的密钥更新算法，PKZIP 的 96 bit 内部存储器的值均得到更新，K_3 的值也被重新计算。在进行加密之前，加密密钥同样需要被处理，用来初始化内部存储器，这一过程称为密钥处理，借用 C 语言符号可以描述如下：

```
K₀ = 0x12345678;
    K₁ = 0x23456789;
    K₂ = 0x34567890;
    for (i = 1; i < l; i++)
    {
        UpdateKeyᵢ₋₁(Kᵢ);
    }
```

上面的程序中，l 是密钥的字节长度，函数 $\text{UpdateKey}_i(K_i)$ 表示以 K_i 作为输入字符进行第 i 轮密钥更新过程。通过执行这一步骤，算法的 96 bit 内部存储器已经被初始化完毕，此时存储器内的值即为 K_0、K_1、K_2 的初始值。

在进行加密计算时，首先选定 12 B 的头信息，将明文信息附在头信息之后作为输入字节流，随后将每一个输入字节与当前计算出的 K_3 进行异或，同时根据输入的字节执行密钥更新过程，计算出新的 K_3 用于下一字节的加密。在解密时，只需要用密文字节流依次与计算出的 K_3 进行异或，随后用异或结果（即明文字节）作为输入重新计算新的 K_3，这就构成了简单的序列密码模型。可以看出，PKZIP 算法的密钥流是通过一步步计算 K_3 的值获得的，只是加密时直接使用明文字节进行密钥更新，解密时需要使用解密的结果（即明文字节）作为下一步密钥更新的参数。

需要说明的是，此处的函数 CRC32() 与标准的函数相比有所变化，它取前一个 32 bit 值并与一个字节异或，利用 0xedb88320 表示的 CRC 多项式计算下一个 32 bit 取值。实现中可以把 256 个输入预先计算存入表中，这样 CRC32() 计算变为

$$CRC32(a,b) = (a \gg 8) \hat{\ } table[(a \& 0xff) \oplus b]$$

表中元素按标准的 CRC32() 的定义进行预计算：

$$table[i] = CRC32(i,0)$$

Biham 和 Kocher 对 1.10 版本和 2.04g 版本的 PKZIP 序列密码进行了攻击,利用 40 个(压缩的)已知明文字节或未压缩的明文的前 200 个字节进行破译,复杂度为 2^{34};用 10 000 个已知明文字节破译的计算复杂度为 2^{27}。使用他们的方法在普通的 PC 上,只需要数小时就可以破译 PKZIP 算法。因此,建议不要在 PKZIP 中使用这种内置的加密方式。

6.4　SNOW 2.0 算法

SNOW 序列密码算法最早是由 Patrik Ekdahl 和 Thomas Johansson 于 2000 年提出的,当时提出的版本为 SNOW 1.0。后来,作者针对该算法最新研究成果提出了 SNOW 算法的升级版本 SNOW 2.0,与之前的版本相比,SNOW 2.0 算法具有安全性更强,实现速度更快等优点。

SNOW 2.0 算法是基于线性反馈移存器和有限状态机的序列密码算法,其密钥流发生器由 $GF(2^{32})$ 上的一个长度为 16 的 LFSR 和一个如图 6.4.1 所示的有限状态机构成。有限状态机的输出与线性反馈移存器的输出经过异或即得到密钥流。

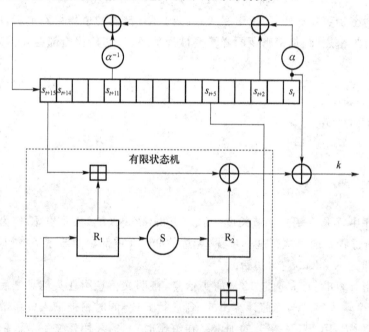

图 6.4.1　SNOW 2.0 算法密钥流发生器

图 6.4.1 中,有限状态机的输入是 LFSR 第 5、15 级中的字。有限状态机包含两个 32 位的寄存器(R_1、R_2),这两个寄存器之间以一个 S-盒 $S(w)$ 相连接。$S(w)$ 是 $GF(2^{32})$ 上的基于 Rijndael 分组密码算法的一个置换,这个 S-盒的作用是将输入的 4 个字节通过行列变换进行整理,整理的方法如下〔设 w_i 是输入的字节,r_i 是输出字节,$S_R()$ 是 Rijndael 算法 S-盒对某一字节的变换结果〕:

$$\begin{bmatrix} r_0 \\ r_1 \\ r_2 \\ r_3 \end{bmatrix} = \begin{bmatrix} 02 & 03 & 01 & 01 \\ 01 & 02 & 03 & 01 \\ 01 & 01 & 02 & 03 \\ 03 & 01 & 01 & 02 \end{bmatrix} \begin{bmatrix} S_R(w_0) \\ S_R(w_1) \\ S_R(w_2) \\ S_R(w_3) \end{bmatrix}$$

分别记 R_1，R_2 的值为 R_{1t}，R_{2t}，根据上面的图示，容易写出有限状态机的输出

$$F_t = (s_{t+15} \boxplus R_{1t}) \oplus R_{2t}, \quad t \geqslant 0$$

此处"田"符号表示整数模 2^{32} 相加。寄存器 R_1 和 R_2 根据下面的公式来更新自己的状态值：

$$R_{1t+1} = S_{t+5} \boxplus R_{2t}$$
$$R_{2t+1} = S(R_{1t})$$

对于密钥流发生器中的线性反馈移存器，其设计方式有所不同。由图 6.4.1 可以清楚地看到，反馈循环中加入了两个不同的元素 α 与 α^{-1}，这与 A5 算法中的 LFSR 设计方式不同，此处的 α 是 F_{2^8} 上的 4 阶本原多项式的根。该线性反馈移存器的反馈多项式为

$$\pi(x) = \alpha x^{16} + x^{14} + \alpha^{-1} x^5 + 1 \in \mathrm{GF}(2^{32})[x]$$

其中，α 为下面多项式的根：

$$x^4 + \beta^{23} x^3 + \beta^{245} x^2 + \beta^{48} x + \beta^{239} \in \mathrm{GF}(2^8)[x]$$

β 为下面多项式的根：

$$x^8 + x^7 + x^5 + x^3 + 1 \in \mathrm{GF}(2)[x]$$

由图 6.4.1 可见，线性反馈移存器的输出是最右边的元素，其输出序列可以用 s_t 表示，这样 SNOW 2.0 算法输出的密钥流就可以表示为

$$k_t = F_t \oplus s_t, \quad t \geqslant 1$$

在使用这种方式生成密钥流之前，首先要对密钥进行初始化。SNOW 2.0 算法根据一个长度为 128 bit 或 256 bit 的密钥，和一个 128 bit 的公开初始向量 $\boldsymbol{IV}$ 对密钥进行初始化。其中，$\boldsymbol{IV}$ 可以被切割成 4 个 32 bit 的字，按照从最高字节到最低字节排列，可表示为如下的形式：

$$\boldsymbol{IV} = (\mathrm{IV}_3, \mathrm{IV}_2, \mathrm{IV}_1, \mathrm{IV}_0)$$

使用 128 bit 的密钥时，密钥 $\boldsymbol{K}$ 可以按照同样的切割方式表示成如下形式：

$$\boldsymbol{K} = (k_3, k_2, k_1, k_0)$$

这样，就可以按照如下的公式来初始化移位寄存器（$\boldsymbol{I}$ 表示 32 bit 的全 1 向量）：

$$s_{15} = k_3 \oplus \mathrm{IV}_0, \quad s_{14} = k_2, \quad s_{13} = k_1, \quad s_{12} = k_0 \oplus \mathrm{IV}_1,$$
$$s_{11} = k_3 \oplus 1, \quad s_{10} = k_2 \oplus 1 \oplus \mathrm{IV}_2, \quad s_9 = k_1 \oplus 1 \oplus \mathrm{IV}_3, \quad s_8 = k_0 \oplus 1,$$
$$s_7 = k_3, \quad s_6 = k_2, \quad s_5 = k_1, \quad s_4 = k_0,$$
$$s_3 = k_3 \oplus 1, \quad s_2 = k_2 \oplus 1, \quad s_1 = k_1 \oplus 1, \quad s_0 = k_0 \oplus 1.$$

对于 256 bit 的情形，密钥 $\boldsymbol{K}$ 的切割表示形式如下所示：

$$\boldsymbol{K} = (k_7, k_6, k_5, k_4, k_3, k_2, k_1, k_0)$$

这时，移位寄存器的初始化公式为

$$s_{15} = k_7 \oplus \mathrm{IV}_0, \quad s_{14} = k_6, \quad s_{13} = k_5, \quad s_{12} = k_4 \oplus \mathrm{IV}_1,$$
$$s_{11} = k_3, \quad s_{10} = k_2 \oplus \mathrm{IV}_2, \quad s_9 = k_1 \oplus \mathrm{IV}_3, \quad s_8 = k_0,$$
$$s_7 = k_7 \oplus 1, \quad s_6 = k_6 \oplus 1, \quad \cdots \quad s_0 = k_0 \oplus 1.$$

在线性移位寄存器初始化完成后，将寄存器 R_1，R_2 清零。现在密码被触发 32 次，而没有产生任何的输出。此时有限状态机的输出被反馈循环合并（如图 6.4.2 所示）。在第 32 次时

钟触发时,下一个元素依据下面的公式被移入线性移位寄存器:

$$s_{t+16} = \alpha^{-1}s_{t+11} \oplus s_{t+2} \oplus \alpha s_t \oplus F_t$$

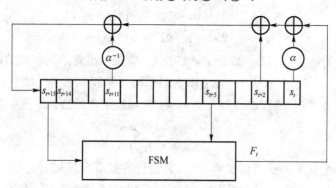

图 6.4.2　密钥初始化期间的操作

在 32 次触发之后,密钥流生成器将开始正常输出密钥流序列。

6.5　WAKE 算法

WAKE 算法是 David Wheeler 发明的字自动密钥加密算法(WAKE,word auto key encryption algorithm)。它产生一个 32 位字串与明文序列进行异或形成密文,或者同密文序列异或而形成明文,是一种具有较高加密速度的序列密码算法。

WAKE 工作在 CFB 模式下,前一个密文字(word)用来产生下一个密钥字。它也使用了一个包含 256 个 32 位数据的 S-盒。这个 S-盒具有如下特性:所有项的高字节是所有可能字节的置换,且低 3 字节是随机的。

首先,从密钥中产生 S-盒的项 S_i。然后用密钥(或者另一个密钥)初始化四个寄存器:a_0,b_0,c_0 和 d_0。产生一个 32 位密钥序列字 K_i:

$$K_i = d_i$$

密文 C_i 是明文 P_i 与 K_i 异或的结果。

加密完成之后,更新四个寄存器:

$$a_{i+1} = M(a_i, C_i)$$
$$b_{i+1} = M(b_i, a_{i+1})$$
$$c_{i+1} = M(c_i, b_{i+1})$$
$$d_{i+1} = M(d_i, c_{i+1})$$

函数 M 的定义是:

$$M(x,y) = (x + y) \gg 8 \cdot S_{(x+y) \wedge 255}$$

这个过程表示在图 6.5.1 中。操作符 $\gg$ 表示右移,不循环。$x+y$ 的低 8 位是 S-盒的输入。Wheeler 给出了产生 S-盒的过程,但实际上任何一个产生随机字节和随机置换的算法都可用来产生 S-盒。

WAKE 的最大优点是它的速度快。然而,对某些选择明文和选择密文攻击来说它不安全。目前它已经被用在一些防病毒软件中。

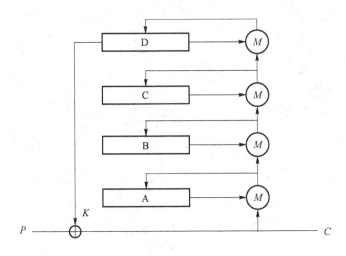

图 6.5.1　WAKE 算法

6.6　SEAL 算法

　　SEAL(software encryption algorithm,最优软件加密算法)是 IBM 公司的 Phil Rogaway 和 Don Coppersmith 于 1993 年设计并提出的一种对软件有效的序列密码算法。它是专门被设计用来提高软件实现效率的序列密码算法,这也是该算法受到广泛关注的原因之一。该算法是为 32 位处理器设计的,正因为如此,它被设计成需要 8 个 32 位寄存器和数 KB 的缓存才能很好地运行。经过这样的优化,SEAL 算法每生成 1 B 的密钥流仅需要 5 条机器指令,比分组密码算法 DES 要快上一个数量级,具有相当强的性能。

　　SEAL 并不是传统意义上的序列密码:它是一个伪随机函数族(preudo-random function family)。给定一个 160 位密钥 k 和一个 32 位的 n 值,SEAL 算法会根据密钥 k 将 n 扩展到一个 L 位的串 $k(n)$ 中,而 L 可以被赋值为小于 64 KB 的任何值。SEAL 预先采用相对较慢的速度将密钥放入一组表,这些表用来加快加密和解密的速度。

　　SEAL 的内部循环如图 6.6.1 所示。通过密钥预处理生成的表 R,S,T 用来驱动算法。需要特别说明的是,2 KB 的表 T 在算法中扮演重要角色,它是一个 9×32 位 S-盒,将影响每一轮状态下各内部寄存器的取值。

　　图 6.6.1 中,密钥 k 首先进入制表阶段,这一阶段将 160 位的密钥扩展到一些更大的表中(如图 6.6.1 所示的 T、S、R),三张生成密钥表具有不同的长度:T 和 S 的大小分别为 2 KB 和 1 KB,R 的大小随输出密钥流的比特数 L 的增大而增大——1 KB 的密钥流需要 R 的大小为 16 B。制表过程中所使用的表生成函数 $G()$ 是基于安全杂凑算法 SHA-1,具有良好的安全性和扩展性。

　　制表过程完毕后 S-盒 T 的部分字节连同密钥表 R、预先输入整数值 l(首次初始化设置为 0)以及 32 位比特字 n 进入算法初始化过程。初始化过程根据 n 和 l,通过一系列索引、移位、异或及相加运算,获得 8 个 32 位比特字,分别记为 A,B,C,D,n_1,n_2,n_3,n_4。这其中,A,B,C,D(并未显示在图 8.6.1 中)是 SEAL 算法使用的四个内部寄存器,在制表阶段这些寄存器就被用来存储临时输出,而它们在算法中使用的初始值则在初始化过程中获得,这些寄存器的值

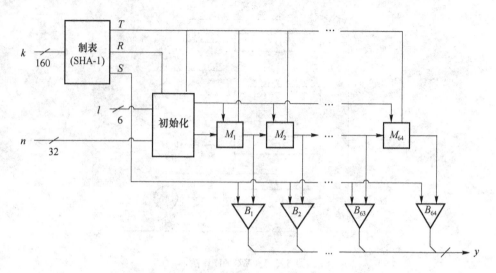

图 6.6.1   SEAL 的内部循环

将随着算法的进行而改变,最终形成输出的密钥流。初始化过程输出的另外 4 个 32 位比特字 n_1,n_2,n_3,n_4 是算法的附加值,它们将在每一轮次迭代即将结束时对输出进行最后的调整,以保持算法的完整性。

　　SEAL 算法本身通过 64 次迭代(见图 6.6.1 的 $M_1 \sim M_{64}$)来改变内部寄存器 A,B,C,D 的值,每个迭代包括 8 轮。在每轮中,首先取出第一个寄存器(A,B,C 或 D)的 9 位作为 S-盒 T 的索引,将根据该索引从 T 中获取的值与下一个寄存器(B,C,D 或 A)的内容相加或者异或,然后第一个寄存器循环移动 9 位。反复执行这样的过程 8 轮后,A,B,C,D 已经具有可以用于输出的值,此时再将 A,B,C,D 的值与密钥表 S 的某些比特位(这些比特位的位置由迭代轮次 1~64 决定,见图 6.6.1 的 $B_1 \sim B_{64}$)相加或异或,再与原有的输出级联,就生成了输出的密钥序列。输出密钥序列的公式为(符号 $\oplus$ 表示异或,+ 表示相加,‖ 表示级联,y 表示输出序列,i 表示迭代轮次 1~64):

$$y = y \| (B + S[4i-4]) \| (C \oplus S[4i-3]) \| (D + S[4i-2]) \| (A \oplus S[4i-1])$$

　　算法的每一次迭代都根据上面的公式获得一定比特的输出序列,如果在某一次迭代中输出序列 y 的长度已经大于预先设定的输出长度 L,则算法到此停止并返回。否则,根据迭代轮次将由 n_1,n_2,n_3,n_4 所决定的附加值加到 A 和 C 上,这样就完成一次迭代,如果迭代轮次 i 为奇数,则令

$$A = A + n_1 \quad C = C + n_2$$

若迭代轮次 i 为偶数,则令

$$A = A + n_3 \quad C = C + n_4$$

完成附加值调整后进入下一次迭代。如果 64 次迭代之后仍然没有达到预期的输出长度,则令算法初始化输入参数 l 自加 1,重新执行初始化和 64 次迭代过程,直到输出密钥流的长度达到要求为止。

　　根据上面的描述,SEAL 算法在设计中最重要的思想是:

　　(1) 使用一个大的、秘密的、密钥派生的 S-盒(T)。

　　(2) 交替使用不交换的算法运算(相加和异或)。

　　(3) 使用两个在数据序列中未直接修改的密码所支持的内部状态(n_i 的值在每次迭代结

束时改变 A 和 C 的值)。

(4) 根据轮数改变轮函数,根据迭代次数改变迭代函数。

所有这些设计方法,保证了 SEAL 算法具有较强的保密特性。

作为一个伪随机函数族,SEAL 的实际影响是它能应用在传统序列密码不能用的地方。使用大多数序列密码只能单向产生位序列:已知密钥和一个位置 i,那么确定产生的第 i 位的唯一方法就是产生第 i 位之前所有的位。但伪随机函数族不同:可以轻易访问密钥序列中任何想访问的地方,这一点非常有用。假设需要保护一个硬盘驱动器,想加密每个 512B 的扇区。使用类似于 SEAL 的伪随机函数族,可以通过将扇区 n 的内容与 $k(n)$ 异或来对它进行加密。这样整个驱动器看起来就像用一个长的伪随机串异或,而这个长串的任意部分都能被轻易计算出来。

伪随机函数族也简化了在标准序列密码中遇到的同步问题。假设通过一个有时会丢失消息的通道发送加密消息。使用伪随机函数族,可以基于 k 将传输的第 n 个消息 x_n 加密,即将 x_n 与 $k(n)$ 异或,连同 n 一起发送给接收者。接收者不必保存任何状态来恢复 x_n,也不必担心丢失的消息会对解密过程产生影响。

SEAL 需要大约 5 个基本机器运算来加密明文的每个字节。在 50 MHz 的 486 机器上它每秒运算 58 Mbit。SEAL 必须将它的密钥预处理到内部表中。这些表大概有 3 KB 大小,并且它们的计算大约需要 200 个 SHA 计算。因此,SEAL 不能用在没有预处理密钥时间或没有内存来保存表的情况下。

在 SEAL 2.0 算法的大多数应用中,我们希望 $L \leqslant 2^{19}$。虽然允许更大的 L 值,但是更大的 L 值将会使得算法在更大的密钥表 R 上付出高昂代价。如果希望获得较长密钥输出而又不使用更大的密钥表 R,可以考虑使用算法密钥 k 和不同的输入整数 n 分别进行 SEAL 运算,并将输出结果 $\text{SEAL}(k,0)$,$\text{SEAL}(k,1)$,$\text{SEAL}(k,2)$,…级联,由于输入整数 n 的最大值是 2^{32},如果全部进行级联,对于 $L = 2^{19}$,用这种方法可以得到长达 2^{51} bit 的密钥流。

SEAL 是一个新的算法,还没有任何公开的密码分析,在使用时需要谨慎。但无论如何 SEAL 仍是一个好的算法,通过它的设计思想能够产生许多好的想法。

6.7　本章小结

本章介绍了几个有代表性的序列密码算法。其中,A5 算法主要用于加密手机终端与基站之间的链路,是一种典型的基于 LFSR 的序列密码算法,构成 A5 加密器主体的 LFSR 有三个,组成了一个集互控和停走于一体的钟控模型;RC4 是一个典型的基于非线性数组变换的序列密码,以一个足够大的数组为基础,通过对其进行非线性变换,产生非线性的密钥流;PKZIP 算法广泛应用于计算机文档数据压缩程序,其中包含的加密算法是一种按字节加密的流密码算法,根据输入的文本,通过计算更新 96 bit 的内部存储器来更新密钥;SNOW 2.0 算法是基于线性反馈移位寄存器和有限状态机的序列密码算法,其密钥流发生器由 GF(2^{32}) 上的一个长度为 16 的 LFSR 和有限状态机构成;WAKE 算法是一种具有较高加密速度的序列密码算法,它工作在 CFB 模式下,前一个密文字用来产生下一个密钥字;SEAL 算法是一种对软件有效的序列密码算法。

6.8 习 题

（1）试证明，在 A5 算法中，每个循环中至少有两个寄存器进行了移位。

（2）对于 $n=5$ 的 RC4 实现，有多少种可能的密钥？

（3）概述 SEAL 算法的内容。

（4）概述 WAKE 算法的内容。

（5）试比较 RC4 算法和 RC5 算法。

第 7 章

分 组 密 码

分组密码具有速度快、易于标准化和便于软硬件实现等待点。通常是信息与网络安全中实现数据加密、数字签名、认证及密钥管理的核心体制,它在计算机通信和信息系统安全领域有着最广泛的应用。因此,与流密码相比,分组密码的应用更贴近我们的日常生活。

本章将在描述分组密码的基本概念的基础上,介绍 DES、AES 和 IDEA 三种典型的分组密码算法,最后介绍密码算法的运行模式。

7.1　分组密码理论

分组密码是对称密码算法当中的另一个重要的分支,与流密码相比,分组密码的应用更贴近我们的日常生活。在对密码算法的分类当中,分组密码根据其所使用的加密体制实际上可以分为对称分组密码和公钥体制的分组密码。在 7.1 节和 7.2 节中将只对对称体制的分组密码进行介绍,因此在这两节中所提到的分组密码如无特别说明都是指对称分组密码。

7.1.1　分组密码概述

分组密码(block cipher),又称为块密码,是将明文消息编码表示后的数字序列划分成固定大小的组后,在密钥的控制下对各组分别进行加密变换,从而获得输出数字序列的一类算法。它与流密码算法的主要不同之处在于:流密码算法是对序列中的每一个比特或者每一个字符进行加密,而分组密码则是以由若干比特组成的组为单位进行加密变换,如图 7.1.1 所示。

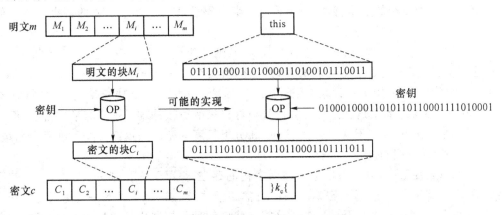

图 7.1.1　分组密码的常见加密结构

分组密码的加密过程如下:

1) 将明文分成 m 个明文组:$M_1, M_2, \cdots, M_i, \cdots, M_m$

2) 对每个明文组分别执行相同的加密变换,从而生成 m 个密文组 $C_1, C_2, \cdots, C_i, \cdots, C_m$。

其中每个分组的大小可以是任意的,但通常选择较大的数目(如 64 位或 64 的倍数的位)。在图 7.1.1 所示的例子中,分组密码以 32 位为一个分组对明文进行划分,将明文单词"this"经过加密变换后得到密文,对应的字符串表示是"}k。{"。这些加密算法是对整个明文进行操作的,包括了其中的如空格、标点符号和特殊字符等,而不仅仅是其中的文字。

分组密码的解密过程和加密过程类似,进行的操作和变换也只是对应于加密过程的逆变换。首先将收到的密文分成 m 个密文分组 $C_1, C_2, \cdots, C_i, \cdots, C_m$。它在相同的密钥作用下,对每个分组执行一个加密的逆变换,从而恢复出对应的明文分组 $M_1, M_2, \cdots, M_i, \cdots, M_m$。

从本质上讲,分组密码算法是一种置换,但与流密码中每一位输出只与相应时刻的明文输入位相关所不同,分组密码将这种关联性扩散到了整个分组中的其他若干明文位中。

分组密码是一种满足下列条件的映射:

$$E: F_2^n \times F_2^t \rightarrow F_2^m$$

其中,F_2^n 称为明文空间,F_2^t 称为密钥空间,F_2^m 称为密文空间,n 为明文分组长度,m 为其对应的密文长度,t 为密钥长度。实际上,m、n 和 t 之间并不需要相等,当 $n > m$ 时,称为有数据压缩的分组密码;当 $n < m$ 时,称为有数据扩展的分组密码;当 $n = m$ 且为一一映射时,E 就是一个从 GF(2)^n 到 GF(2)^n 的置换,此时称为等长的分组密码。通常情况下所使用的分组密码一般是等长分组密码,以后如不做特别说明,都是指这种情况。

根据加密方式的不同,分组密码又可分为三类:代替密码、换位密码和乘积密码。传统的代替和换位密码在第 3 章中作了介绍。随着计算机技术的发展,早期仅靠代替或换位进行加密的分组密码已无安全可言,不过这两种古典密码的基本工作原理,仍是构造现代对称加密算法的最重要的核心技术。一个增加密码强度的显然的方法是合并代替和换位密码,而这产生了乘积密码。为了增加密码复杂,同时又能满足加密和解密运算简单,易于软件和硬件快速实现的要求,密文可以是由明文运用轮函数多次而得,这样的分组密码称为迭代分组密码。DES 等的大多数分组密码都既是乘积密码,又是迭代分组密码。

7.1.2 分组密码算法的设计原则

分组密码以若干位长度的分组为基本加密单位的特点,使得分组密码相比逐位变换的置换密码具备了更为复杂的安全特性,本小节对分组密码设计时的几个重要的要求和原则做出描述:

1) 分组长度要足够大。假设分组的长度为 n,则分组代换字母表中的元素个数为 2^n,为保证安全性,需要使这个数字尽可能的大,以抵抗明文穷举法的攻击。DES、IDEA、FEAL 和 LOKI 等分组密码都采用 $n = 64$,在生日攻击下用 2^{32} 分组密文成功概率为 1/2,同时要求 $2^{32} \times 64$ bit $= 2^{15}$ MB 存储,这在这几种算法被设计出来的时候是难以进行穷举攻击的,但在当前的计算机技术条件下,对于这类采用了 64 bit 分组长度的密码的攻击已经不再那么困难,这些算法在当前的条件下也已不再安全。

2) 密钥量要足够大,并尽可能地消除弱密钥的存在。DES 采用 56 bit 密钥,到目前已经显得太短了,IDEA 采用 128 bit 密钥。一种通常的做法是通信双方共享一个短密钥,称为密钥种子,实际加密时用一个公开的密钥扩展算法将密钥种子扩展成足够长的密钥,但这种做法可能遭到密钥相关攻击。

3) 与密钥相关的加密变换算法要足够复杂。尽量充分地实现明文和密钥的扩散(diffusion)和混乱(confusion),使得密文能够经受住诸如差分分析和线性分析的攻击,并使得对手在破译时除了穷举法外,无其他捷径可循。

4) 加密和解密运算易于软件和硬件的快速实现。对于软件实现,应尽量避免使用软件难以实现的逐比特操作;对于硬件实现,则应尽量保证加解密操作之间的差别仅在于密钥所生成的密钥表不同。同时在设计算法的时候应尽量采用模块化的思想,以便于软件和超大规模集成电路(VLSI,very large scale integration)快速实现。

5) 数据扩展。在采用同态置换和随机化加密技术时可引入数据扩展。

6) 差错传播应尽可能地小。

7) 扩散原则。扩散就是将每一位明文的影响尽可能迅速地作用到较多的输出密文位中去,以便隐藏明文的统计特性。扩散的目的是希望密文中的任一比特 c_i 都要尽可能与明文、密钥相关联,或者明文和密钥的任何位上的值的改变都会在某种程度上影响到 c_i 的值,以防止将密钥分解成若干个孤立的小部分,然后各个击破。

8) 混乱原则。混乱是指密文和明文之间的统计特性关系尽可能地复杂化,用于掩盖明文、密文和密钥之间的关系。这要求相关的等价数学函数要足够复杂,要避免有规律的、线性的相关关系。

乘积密码有助于实现扩散和混乱。香农提出了一种采用扩散和混乱的乘积迭代密码结构——SPN(substitution-permutation network,代换-置换网络)结构。这种结构对于后世有着重要的影响,在 7.1.3 小节中,将对 SPN 结构作一介绍。

7.1.3 SPN 结构简介

在通常的应用中所采取的加密算法是采用多轮方式的迭代算法,即在加解密过程中采用一个简单且容易实现的函数进行若干次迭代,这种方式也是具有 SPN 结构的算法所具有的一个常见特征。SPN 结构是由香农提出的一种结合了混乱和扩散的迭代密码结构,属于乘积密码的一种。SPN 结构通常包括一个 S 变换(替代)和一个 P 变换(换位),SPN 密码的构造如图 7.1.2 所示。在密码的每一轮变换过程中,轮输入首先被作用到一个由子密钥控制的可逆函数 S,然后再被作用于一个置换(或一个可逆的先行变换)P,其中前者称为 S-盒,后者称为 P-盒。S-盒在算法中起到混乱作用,P-盒则起到扩散的作用。

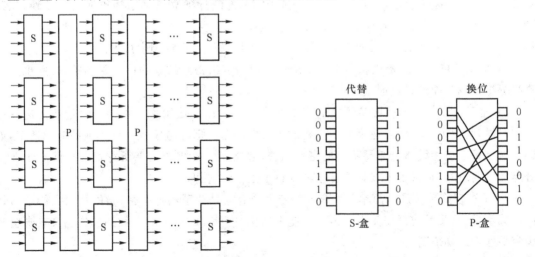

图 7.1.2 SPN 密码结构与两种基本密码变换操作

由于 SPN 结构的思路比较清晰,因此设计者在确定了 S-盒和 P-盒的某些密码指标后,能够估计出这种密码对于抵抗差分分析和线性分析的能力。许多密码分析方法针对迭代密码的第一轮和最后一轮的处理方法与中间轮不一样,一般都是首先猜测几比特密钥,然后剥去密码的第一轮和最后一轮,再将攻击施加于剩下的轮上。鉴于此,推荐对第一轮和最后一轮做特殊处理,给第一轮和最后一轮各加一个密钥控制的前期变换。

SPN 结构的另外一个重要特性是雪崩效应。雪崩效应是指输入的明文或者密钥即使只有很小的变化,也会导致输出中产生巨大的变化的现象。由图 7.1.3 可见,输入位有很少的变化,经过多轮变换以后导致多位发生变化,即明文的一个比特的变化应该引起密文许多比特的改变。如果变化太小,就可能找到一种方法减小有待搜索的明文和密钥空间的大小。

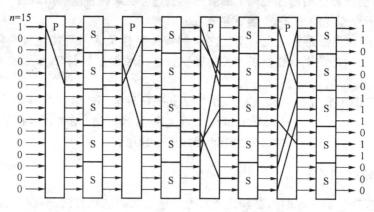

图 7.1.3　SPN 结构的雪崩效应

7.1.4　密钥扩展算法的设计原则

在迭代算法中,每一轮迭代中所使用到的子密钥的生成方法是这种迭代分组算法的一个重要组成部分。一般的迭代算法都要求包含有一个从种子密钥中生成各个子密钥的密钥扩展算法。子密钥的生成算法的理论设计目标是子密钥的统计独立性和密钥更换的有效性(如改变种子密钥中的少数几个比特,对应的子密钥应该有较大程度的改变)。为了达到设计出高效可靠的密钥扩展算法的目的,通常有以下的几个指标来衡量子密钥生成方法的质量:

1) 实现简单。由于密钥扩展算法的应用环境与分组密码的软硬件紧密相关,因此也应该遵循分组密码软硬件设计原则。

2) 速度指标对于密钥更新频繁的应用非常重要。在仅使用一个密钥对大量数据进行加密的时候,密钥扩展算法的速度并不会构成太大的问题。但在考虑到一些其他的应用环境,如因特网上每个包在线路上需要不同的密钥加密,如果其中密钥的扩展所花费的时间多于 3 次分组加密的时间,则密钥扩展算法将影响到整个工程的进程。

3) 不存在简单关系。简单关系是指给定两个有某种关系的种子密钥,能预测它们子密钥间的关系,简单关系的存在使得攻击者可能得到相关密钥攻击的线索,利用选择明文攻击会减少穷举搜索的复杂度。

4) 种子密钥的所有比特对每个子密钥比特的影响大致相同。类似的准则是每个子密钥应和种子密钥的所有比特有关。对于迭代分组密码,如果密钥扩展算法不满足此准则,则可以用中间相遇攻击对该密码实施攻击。

5) 从一些子密钥比特获得其他子密钥(或者种子密钥)比特在计算上是困难的。大多数密码分析(例如差分密码分析和线性密码分析)的目的是获得一个特殊的子密钥,这个特殊的子密钥一般都是第1轮或最后一轮的子密钥。因此,考虑到实际安全性,如果攻击者获得了一些子密钥,则这个准则对于阻止整个密码的失败是很重要的。

6) 没有弱密钥。弱密钥是指使用时将明显降低密码算法安全性的一类密钥。对于迭代分组密码,弱密钥有两种情况,一种是如果某个密钥的使用明显降低了密码的安全性,则称此密钥为弱密钥。另一种是类似于DES的弱密钥和半弱密钥。分组密码的密钥应该是随机选取的,如果弱密钥的个数很少,则对密码的安全性影响不大。然而如果存在某种弱密钥,则找出基于分组密码的密码杂凑函数的碰撞会变得更加容易。

上述六个原则并不是设计好的密钥扩展算法的充分条件。在实际的设计过程当中,会根据实际的不同需要,对其中的某些原则进行加强或减弱。

7.2　典型分组密码算法

7.2.1　DES算法

1. DES的历史

数据加密标准(DES,data encryption standard)是至今为止使用最广泛的分组密码算法之一,在使用了近20年后,人们才发现DES在强大攻击下太脆弱,因此使DES的应用有所减少。但是,任何一本安全书籍都不能不提到DES,因为它曾经是加密算法的标志。另外,通过介绍DES算法有利于初学者分析和理解实际加密算法。

DES算法的产生可以追溯到1972年,美国的国家标准局(NBS,即现在的国家标准与技术协会,NIST)启动了一个项目,旨在保护计算机和计算机通信中的数据。他们想开发一个加密算法。有很多公司着手这项工作并提交了一些建议。最后IBM公司的Lucifer加密系统获得了胜利。到1976年年底,美国联邦政府决定利用这个算法,并进行了一些修改后,将其更名为数据加密标准。不久,其他组织也认可和采用DES作为加密算法。

此后20多年间,DES都是很多应用选用的加密法。后来DES被高级加密标准(AES,advanced encryption standard)所取代。有关AES的内容将在本章后面介绍。

2. DES的基本原理

DES是一种分组加密法,按64位分组长度加密数据,即把64位明文作为DES的输入,产生64位密文输出。加密与解密使用基本相同的算法和密钥,只是稍作改变。密钥长度为56位。

值得注意的是,尽管DES使用56位密钥,但实际上,最初的密钥为64位,只是在DES过程开始之前放弃密钥的每个第八位,从而得到56位密钥,即放弃第8、16、24、40、48、56和64位,如表7.2.1所示,阴影部分表示放弃的位(放弃之前,可以用这些位进行奇偶校验,保证密钥中不包含任何错误)。

表 7.2.1 放弃密钥的每个第 8 位(阴影部分)

1	2	3	4	5	6	7	8	9	10	11	12	13	14	15	16
17	18	19	20	21	22	23	24	25	26	27	28	29	30	31	32
33	34	35	36	37	38	39	40	41	42	43	44	45	46	47	48
49	50	51	52	53	54	55	56	57	58	59	60	61	62	63	64

这样,64 位密钥每 8 位就丢弃一位,从而得到 56 位密钥。

简单地说,DES 利用实现两个基本操作加密:替换(也称为混淆)与变换(也称为扩散)。DES 共 16 步,每一步称为一轮(round),每一轮重复替换与变换操作。下面介绍 DES 中的主要步骤。

步骤 1:将 64 位明文分组送入初始置换(IP,initial permutation)函数。

步骤 2:对明文进行初始置换。

步骤 3:初始置换产生转换块的两半,假设为左明文(LPT)和右明文(RPT)。

步骤 4:左明文与右明文经过 16 轮加密过程。

步骤 5:将左明文与右明文重接起来,对组成的块进行最终置换(FP,final permutation)。

步骤 6:这个过程的结果得到 64 位密文。

图 7.2.1 显示了这个过程。

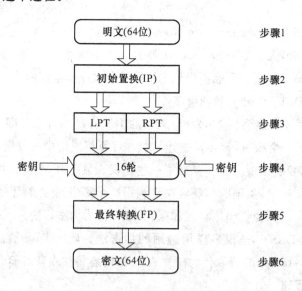

图 7.2.1 DES 的主要步骤

3. 初始置换和最终转换

初始置换是在第一轮加密之前进行的,目的是将原明文块的位进行移位,采用如图 7.2.2 所示的初始置换表,在步骤 5 进行的最终转换是初始置换的逆置换,采用如图 7.2.3 所示的逆初始置换表,可见,经过初始置换转换后,明文块的第 1 位被置换到第 40 位的位置,再经过逆置换后,第 40 位又回到第 1 位的位置。

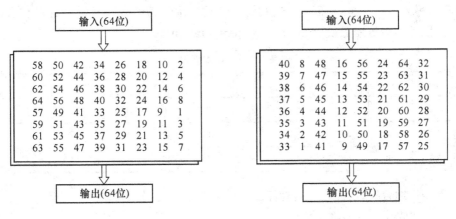

图 7.2.2 初始置换   图 7.2.3 最终转换

初始置换完成后,将得到的 64 位置换文本块分成两半,各 32 位,左块称为左明文(LPT),右块称为右明文(RPT)。然后,对这两块进行 16 轮操作,每轮操作的具体步骤见下面的介绍。

4. DES 的一轮

DES 的一轮包括如图 7.2.4 所示的步骤。

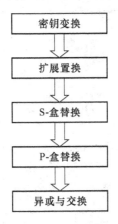

图 7.2.4 DES 的一轮

其详细步骤如下。

步骤 1:密钥变换

从前面的介绍中,可以知道 DES 的最初 64 位密钥通过放弃每个第 8 位而得到 56 位密钥。每一轮从这 56 位密钥产生不同的 48 位子密钥,称为密钥变换。为此,首先将 56 位密钥分成两半,各 28 位,分别循环左移一位或两位。例如,如果轮号为 1、2、9、16,则只移一位,否则移两位。表 7.2.2 显示了每一轮移动的密钥位数。

表 7.2.2 每一轮移动的密钥位数

轮数	1	2	3	4	5	6	7	8	9	10	11	12	13	14	15	16
移动的密钥位数	1	1	2	2	2	2	2	2	1	2	2	2	2	2	2	1

相应移位后,选择 56 位中的 48 位,如表 7.2.3 所示。例如,移位之后,第 14 位移动第 1位,第 17 位移到第 2 位,等等。如果仔细看看表格,则可以发现其中只有 48 位。位号 18 放弃

（表中没有），另外 7 位也是，从而将 56 位减到 48 位。由于密钥变换要进行置换和选择 56 位中的 48 位，因此称为压缩置换（compression permutation）。

表 7.2.3　压缩置换

14	17	11	24	1	5	3	28	15	6	21	10
23	29	12	4	26	8	16	7	27	20	13	2
41	52	31	37	47	55	30	40	51	45	33	48
44	49	39	56	34	53	46	42	50	36	29	32

由于使用压缩置换，因此每一轮使用不同的密钥位子集，使 DES 更难破译。

步骤 2：扩展置换

在这个过程中使用的密钥的长度是 48 位，输入分组是 32 位，先被扩展到 48 位，扩展操作的定义由图 7.2.5 决定，扩展后得到的 48 位结果再与 48 位密钥进行异或操作，将结果传递到下一步，即 S-盒替换，如图 7.2.6 所示。

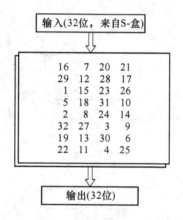

图 7.2.5　扩展变换

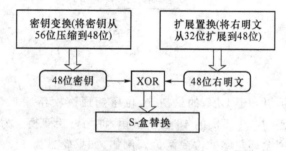

图 7.2.6　异或运算

步骤 3：S-盒替换

S-盒替换过程从压缩密钥与扩展右明文异或运算得到的 48 位输入，这 48 位输入再用替换技术得到 32 位输出。

替换使用 8 个替换盒（substitution box）（也称为 S-盒），每个 S-盒有 6 位输入和 4 位输出。48 位输入块分成 8 个子块（各有 6 位），每个子块指定一个 S-盒。S-盒有 6 位输入，形成 4 位输出，如图 7.2.7 所示。

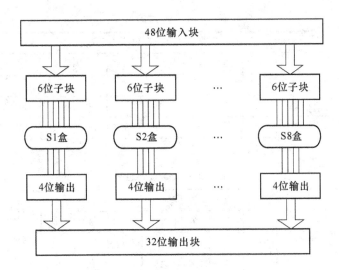

图 7.2.7 S-盒替换

S-盒替换过程中怎样从 6 位中选择 4 位? 可以把每个 S-盒看成一个表,4 行(0~3)和 16 列(0~15)。这样,共有 8 个表。在每个行和列相交处,有一个 4 位数(是 S-盒的 4 位输出),如表 7.2.4~表 7.2.11 所示。

表 7.2.4 S1 盒的定义

							S1								
14	4	13	1	2	15	11	8	3	10	6	12	5	9	0	7
0	15	7	4	14	2	13	1	10	6	12	11	9	5	3	8
4	1	14	8	13	6	2	11	15	12	9	7	3	10	5	0
15	12	8	2	4	9	1	7	5	11	3	14	10	0	6	13

表 7.2.5 S2 盒的定义

							S2								
15	1	8	14	6	11	3	4	9	7	2	13	12	0	5	10
3	13	4	7	15	2	8	14	12	0	1	10	6	9	11	5
0	14	7	11	10	4	13	1	5	8	12	6	9	3	2	15
13	8	10	1	3	15	4	2	11	6	7	12	0	5	14	9

表 7.2.6 S3 盒的定义

							S3								
10	0	9	14	6	3	15	5	1	13	12	7	11	4	2	8
13	7	0	9	3	4	6	10	2	8	5	14	12	11	15	1
13	6	5	9	8	15	3	0	11	1	2	12	5	10	14	7
1	10	13	0	6	9	8	7	4	15	14	3	11	5	2	12

表 7.2.7　S4 盒的定义

S4															
7	13	14	3	0	6	9	10	1	2	8	5	11	12	4	15
13	8	11	5	6	15	0	3	4	7	2	12	1	10	14	9
10	6	9	0	12	11	7	13	15	1	3	14	5	2	8	4
3	15	0	6	10	1	13	8	9	4	5	11	12	7	2	14

表 7.2.8　S5 盒的定义

S5															
2	12	4	1	7	10	11	6	8	5	3	15	13	0	14	9
14	11	2	12	4	7	13	1	5	0	15	10	3	9	8	6
4	2	1	11	10	13	7	8	15	9	12	5	6	3	0	14
11	8	12	7	1	14	2	13	6	15	0	9	10	4	5	3

表 7.2.9　S6 盒的定义

S6															
12	1	10	15	9	2	6	8	0	13	3	4	14	7	5	11
10	15	4	2	7	12	9	5	6	1	13	14	0	11	3	8
9	14	15	5	2	8	12	3	7	0	4	10	1	13	11	6
4	3	2	12	9	15	10	11	14	1	7	6	0	8	13

表 7.2.10　S7 盒的定义

S7															
4	11	2	14	15	0	8	13	3	12	9	7	5	10	6	1
13	0	11	7	4	9	1	10	14	3	5	12	2	15	8	6
1	4	11	13	12	3	7	14	10	15	6	8	0	5	9	2
6	11	13	8	1	4	10	7	9	5	0	15	14	2	3	12

表 7.2.11　S8 盒的定义

S8															
13	2	8	4	6	15	11	1	10	9	3	14	5	0	12	7
1	15	13	8	10	3	7	4	12	5	6	11	0	14	9	2
7	11	4	1	9	12	14	2	0	6	10	13	15	3	5	8
2	1	14	7	4	10	8	13	15	12	9	0	3	5	6	11

　　下面介绍 S-盒的具体查找方法。假设 S-盒的 6 位输入表示为 b_1、b_2、b_3、b_4、b_5、b_6，则 b_1 和 b_6 位组合，形成一个两位数，这两位数可以存储 0（二进制 00）到 3（二进制 11）的任何值，它指定行号，其余 4 位（b_2、b_3、b_4 和 b_5）构成了一个四位数，指定 0（二进制 0000）到 15（二进制

1111)的列号,这样,这个 6 位输入自动选择行号和列号,可以选择输出。例如,对于输入 101100,则行号是 10(第 2 行),而列号是 0110(第 6 列),若查找 S1 表,则 S1 的第 2 行与第 6 列所对应的数是 2(注意,行、列的记数均从 0 开始,而不是从 1 开始),因此输出应是 0010。

步骤 4:P-盒置换

所有 S-盒的输出组成 32 位块,对该 32 位要进行 P-盒置换(P-box permutation)。P-盒置换机制只是进行简单置换,即按图 7.2.8 所示的 P 表指定把一位换成另一位,而不进行扩展和压缩。例如,表中的 16 表示原输入的第 16 位移到输出的第 1 位,10 表示原输入的第 10 位移到输出的第 16 位。

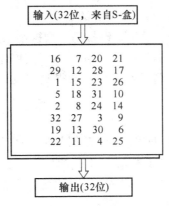

图 7.2.8　P 变换

步骤 5:异或与交换

注意上述所有操作只是处理了 64 位明文的右边 32 位(即右明文),还没有处理左边部分(左明文)。这时,最初 64 位明文的左半部分与 P-盒置换的结果进行异或运算,结果成为新的右明文,并通过交换将旧的右明文变成新的左明文,如图 7.2.9 所示。

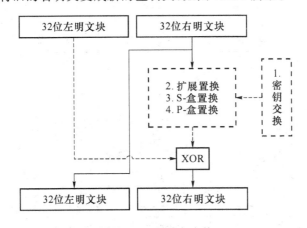

图 7.2.9　异或与交换

5. DES 解密

从上面对 DES 的介绍可以看到,DES 加密机制相当复杂,因此 DES 解密可能采用完全不同的方法。令人奇怪的是,DES 加密算法也适用于解密。各个表的值和操作及其顺序是经过精心选择的,使得这个算法可逆。加密与解密过程的唯一差别是密钥部分倒过来使用。如果原来的密钥 K 分解为 $K_1, K_2, K_3, \cdots, K_{16}$,用于 16 轮加密,则解密时密钥应为 $K_{16}, K_{15}, K_{14}, \cdots, K_1$。

6. DES 算法的安全强度

对 DES 的分析和攻击主要有三种方法：

(1) 蛮力攻击。2^{55} 次尝试(平均只需搜索密钥空间的一半)。

(2) 差分密码分析法。2^{47} 次尝试。

(3) 线性密码分析法。2^{43} 次尝试。

对 DES 脆弱性的争论主要集中在三个方面：

(1) DES 的半公开性。DES 的内部结构即 S-盒的设计标准是保密的,至今未公布,这样用户无法确信 DES 的内部结构不存在任何隐藏的弱点或陷阱(hidden trapdoors)。

(2) 密钥太短。IBM 原来的 Lucifer 算法的密钥长度是 129 位,而提交作为标准的系统却只有 56 位,批评者担心这个密钥长度不足以抵御穷举搜索工具,不太可能提供足够的安全性。1998 年前只有 DES 破译机的理论设计,1998 年后出现实用化的 DES 破译机。

(3) 软件实现太慢。1993 年前只有硬件实现得到授权,1993 年后软件、固件和硬件得到同等对待。

7. 3DES

随着计算机处理能力的提高,只有 56 位密钥长度的 DES 算法不再被认为是安全的,如 1999 年,在 RSA 的一次会议中,电子前沿基金会(EFT)在不到 24 小时的时间内破解了一个 DES 密钥。因此,DES 需要替代者,其中一个可替代的方案是采用三重 DES,即 3DES。

3DES 的使用有四种模式,如图 7.2.10 所示。

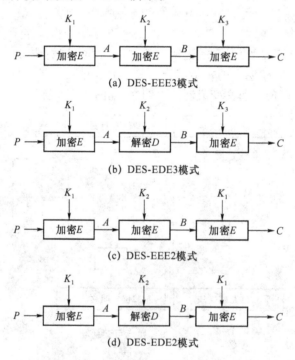

图 7.2.10　3DES 的使用模式

(1) DES-EEE3 模式。在该模式中共使用三个不同密钥,并顺序使用三次 DES 加密算法。

(2) DES-EDE3 模式。在该模式中共使用三个不同密钥,依次使用加密-解密-加密算法。

(3) DES-EEE2 模式。顺序使用三次 DES 加密算法,其中第一次和第三次使用的密钥相同，即 $K_1 = K_3$。

（4）DES-EDE2 模式。依次使用加密-解密-加密算法，其中第一次和第三次使用的密钥相同，即 $K_1 = K_3$。

前两种模式使用三个不同的密钥，每个密钥长度为 56 位，因此三重 DES 总的密钥长度达到 168 位。后两种模式使用两个不同的密钥，总的密钥长度为 112 位。

三重 DES 使得算法的密钥长度增加到 112 位或 168 位，可以有效克服 DES 面临的穷举攻击，同时，相对于 DES，增强了抗差分分析和线性分析的能力。另外，由于 DES 的软硬件产品已经在世界上大规模使用，升级到三重 DES 比更换新的算法的成本小得多。最后，DES 比任何其他加密算法受到的分析时间要长得多，但是仍然没有发现比穷举攻击更有效的、基于算法本身的密码分析攻击方法。相应地，三重 DES 对密码分析攻击也有很强的免疫力。

三重 DES 是 DES 的改进版本，也具有许多先天不足。一方面，三重 DES 的处理速度较慢，尤其是使用软件实现。这是因为 DES 最初的设计是基于硬件实现的，使用软件实现本身就偏慢，而三重 DES 使用了三次 DES 运算，故实现速度更慢。另一方面，虽然密钥的长度增加了，但是明文分组的长度没有变化，仍为 64 位，就效率和安全性而言，与密钥的增长不相匹配。因此，三重 DES 只能是在 DES 变得不安全的情况下的一种临时解决方案，根本的解决办法是开发能够适应当今计算能力的新算法。1997 年，美国国家标准和技术协会（NIST）开始征集一个新的对称密钥分组密码算法作为取代 DES 的新的加密标准。2000 年，Rijndael 算法成为新的加密标准 AES。

7.2.2　AES 算法

1. AES 的历史背景

20 世纪 90 年代，美国政府想把已经广泛使用的加密算法标准化，称为高级加密标准（AES，advanced encryption standard），为此提出了许多草案，经过多次争论，最后采用了 Rijndael 算法。Rijndael 是由比利时的 Joan Daemen 与 Vincent Rijmen 开发的，名称 Rijndael 就是将他们的姓氏（Rijmen 与 Daemen）合并而成的。

之所以需要新算法，是因为人们感到 DES 有弱点。DES 采用的 56 位密钥在穷举密钥搜索的攻势下显得不太安全，64 位块也不够强大。AES 采用 128 位块和 128 位密钥。

1998 年 6 月，Rijndael 算法被提交到 NIST，作为 AES 候选算法之一。在最初 15 种候选算法中，只有 5 种在 1999 年 8 月进行了公开。2000 年 10 月，NIST 宣布 AES 最终选择 Rijndael。

根据设计者的说法，AES 的主要特性如下：

（1）对称与并行结构。使算法实现具有很大的灵活性，而且能够抵抗密码分析攻击。

（2）适应现代处理器。算法很适合现代处理器（Pentium、RISC 和并行处理器）。

（3）适合智能卡。这个算法适合智能卡。

2. AES 的工作原理

Rijndael 是一种灵活的算法，其块的大小可变（128 位、192 位或 256 位），密钥大小可变（128 位、192 位或 256 位），迭代次数与块和密钥大小有关，因此迭代次数也可变（10、12 或 14）。常见的 Rijndael 结构如图 7.2.11 所示。Rijndael 不像 DES 那样在每个阶段中使用替换和置换，而是进行多重循环的替换（substitution）、行移位（shiftrow）、列混合（mixcolumn）和密钥加（key add）操作。从这来看，Rijndael 很像 IDEA，没有进行包含置换操作的典型的 Feistel 轮（注意，本节把术语 AES 和 Rijndael 视为等价，可交替使用，同时假设块的大小为 128 位）。

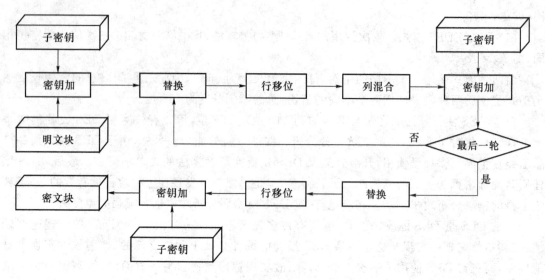

图 7.2.11　常见的 Rijndael 结构

Rijndael 首先将明文按字节分成列组。前 4 个字节组成第一列,接下来的 4 个字节组成第二列,依此类推,如图 7.2.12 所示。因为块大小是 128 位,那么就可组成一个 4×4 的矩阵。

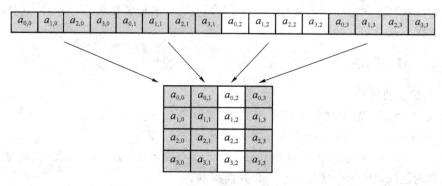

图 7.2.12　Rijndael 的分组

对于更大的块,矩阵的列相应地增加。用相同方法也将密钥分成矩阵。我们以 4×4 矩阵为例来说明 Rinjndael 算法每一轮的四个操作。

操作 1:Rijndael 替换操作使用的是一个 S-盒(而不是像 DES 那样使用 8 个)。Rijndael 的 S-盒是一个 16×16 的矩阵,如图 7.2.13 所示。列的每个元素作为输入用来指定 S-盒的地址:前 4 位指定 S-盒的行,后 4 位指定 S-盒的列。由行和列所确定的 S-盒位置的元素取代了明文矩阵中相应位置的元素。

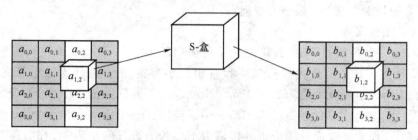

图 7.2.13　Rijndael 的替换操作

Rijndael 的 S-盒实际上是执行从输入到输出的代数转换。其转换可以分为两个过程：

1) 首先，把每个输入字节(8 bit)看作为表示了一个系数在$\{0,1\}$上的多项式，在有限域 $GF(2^8)$ 中取它相对于模多项式 $m(x)=x^8+x^4+x^3+x+1$ 的乘法逆($m(x)$是不可约多项式)，规定 0x00 映射为自身 0x00。求元素逆元的方法是使用 $\mathbf{Z}_2[x]$ 上的扩展的欧几里得算法。

2) 其次，对字节 a 在 GF(2) 上作仿射变换。

其矩阵表示形式如下：

$$
\begin{vmatrix} b_0 \\ b_1 \\ b_2 \\ b_3 \\ b_4 \\ b_5 \\ b_6 \\ b_7 \end{vmatrix}
=
\begin{vmatrix}
1 & 0 & 0 & 0 & 1 & 1 & 1 & 1 \\
1 & 1 & 0 & 0 & 0 & 1 & 1 & 1 \\
1 & 1 & 1 & 0 & 0 & 0 & 1 & 1 \\
1 & 1 & 1 & 1 & 0 & 0 & 0 & 1 \\
1 & 1 & 1 & 1 & 1 & 0 & 0 & 1 \\
0 & 1 & 1 & 1 & 1 & 1 & 0 & 0 \\
0 & 0 & 1 & 1 & 1 & 1 & 0 & 0 \\
0 & 0 & 0 & 1 & 1 & 1 & 1 & 0
\end{vmatrix}
\begin{vmatrix} a_0 \\ a_1 \\ a_2 \\ a_3 \\ a_4 \\ a_5 \\ a_6 \\ a_7 \end{vmatrix}
+
\begin{vmatrix} 1 \\ 1 \\ 0 \\ 0 \\ 0 \\ 1 \\ 1 \\ 0 \end{vmatrix}
$$

字节 a 与给定的矩阵相乘，其结果再加上固定的向量值 63(用二进制表示)。这可以用表 7.2.12 所示的 S-盒格式来表示。

表 7.2.12　Rijndael 的 S-盒

x	y															
	0	1	2	3	4	5	6	7	8	9	a	b	c	d	e	f
0	63	7c	77	7b	f2	6b	6f	c5	30	01	67	2b	fe	d7	ab	76
1	ca	82	c9	7d	fa	59	47	f0	ad	d4	a2	af	9c	a4	72	c0
2	b7	fd	93	26	36	3f	f7	cc	34	a5	e5	f1	71	d8	31	15
3	04	c7	23	c3	18	96	05	9a	07	12	80	e2	eb	27	b2	75
4	09	83	2c	1a	1b	6e	5a	a0	52	3b	d6	b3	29	e3	2f	84
5	53	d1	00	ed	20	fc	b1	5b	6a	cb	be	39	4a	4c	58	cf
6	d0	ef	aa	fb	43	4d	33	85	45	f9	02	7f	50	3c	9f	a8
7	51	a3	40	8f	92	9d	38	f5	bc	b6	da	21	10	ff	f3	d2
8	cd	0c	13	ec	5f	97	44	17	c4	a7	7e	3d	64	5d	19	73
9	60	81	4f	dc	22	2a	90	88	46	ee	b8	14	de	5e	0b	db
a	e0	32	3a	0a	49	06	24	5c	c2	d3	ac	62	91	95	e4	79
b	e7	c8	37	6d	8d	d5	4e	a9	6c	56	f4	ea	65	7a	ae	08
c	ba	78	25	2e	1c	a6	b4	c6	e8	dd	74	1f	4b	bd	8b	8a
d	70	3e	b5	66	48	03	f6	0e	61	35	57	b9	86	c1	1d	9e
e	e1	f8	98	11	69	d9	8e	94	9b	1e	87	e9	ce	55	28	df
f	8c	a1	89	0d	bf	e6	42	68	41	99	2d	0f	b0	54	bb	16

下面验证一下 S-盒的正确性，以开始字节 cb(11001011)为例，它在有限域 $GF(2^8)$ 中的逆为 00000100，现在我们计算：

$$
\begin{vmatrix} b_0 \\ b_1 \\ b_2 \\ b_3 \\ b_4 \\ b_5 \\ b_6 \\ b_7 \end{vmatrix} = \begin{vmatrix} 1 & 0 & 0 & 0 & 1 & 1 & 1 & 1 \\ 1 & 1 & 0 & 0 & 0 & 1 & 1 & 1 \\ 1 & 1 & 1 & 0 & 0 & 0 & 1 & 1 \\ 1 & 1 & 1 & 1 & 0 & 0 & 1 & 1 \\ 1 & 1 & 1 & 1 & 1 & 0 & 0 & 1 \\ 0 & 1 & 1 & 1 & 1 & 1 & 0 & 0 \\ 0 & 0 & 1 & 1 & 1 & 1 & 1 & 0 \\ 0 & 0 & 0 & 1 & 1 & 1 & 1 & 0 \end{vmatrix} \begin{vmatrix} 0 \\ 0 \\ 1 \\ 0 \\ 0 \\ 0 \\ 0 \\ 0 \end{vmatrix} + \begin{vmatrix} 1 \\ 1 \\ 0 \\ 0 \\ 0 \\ 1 \\ 1 \\ 0 \end{vmatrix} = \begin{vmatrix} 1 \\ 1 \\ 1 \\ 1 \\ 1 \\ 0 \\ 0 \\ 0 \end{vmatrix}
$$

得到字节 00011111，用十六进制表示为 1F，由开始字节 cb，查看 S-盒的 $x=$ 'c'，$y=$ 'b'，这一项是 1f，与我们前面计算的相同。

这种 S-盒的设计是有一定的限制条件的，其中的一些限制条件是：它应是可逆的，不能有固定点（也就是说，不能存在这样的情况：行 i 列 j 位置上的值为 ij）。要描述 S-盒非常简单，但它其实是一个复杂的代数结构。

操作 2：行移位操作是作用于 S-盒的输出的，其中，列的 4 个行螺旋地左移，即第一行左移 0 位，第二行左移 1 位，第三行左移 2 位，第四行左移 3 位，如图 7.2.14 所示。从该图中可以看出，这使得列完全进行了重排，即在移位后的每列中，都包含有未移位前每个列的一个字节。接下来就可以进行列内混合了。

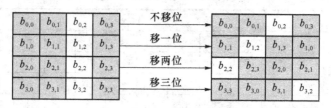

图 7.2.14　Rijndael 的移位操作

操作 3：列混合是通过矩阵相乘来实现的。经移位后的矩阵与固定的矩阵（以十六进制表示）相乘，如下所示：

$$
\begin{vmatrix} c_0 \\ c_1 \\ c_2 \\ c_3 \end{vmatrix} = \begin{vmatrix} 02 & 03 & 01 & 01 \\ 01 & 02 & 03 & 01 \\ 01 & 01 & 02 & 03 \\ 03 & 01 & 01 & 02 \end{vmatrix} \begin{vmatrix} b_0 \\ b_1 \\ b_2 \\ b_3 \end{vmatrix}
$$

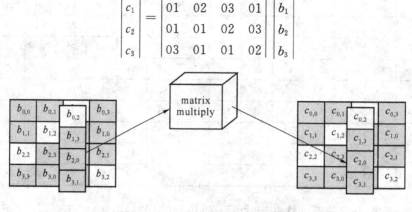

图 7.2.15　Rijndael 的列混合操作

其图形表示如图 7.2.15 所示。注意：这个运算需要做 $GF(2^n)$ 上的乘法，但由于所乘的因子是三个固定的元素 02、03、01，所以这些乘法运算仍然是比较简单的，其中乘法运算所使用

的模多项式为 $m(x) = x^8 + x^4 + x^3 + x + 1$。设一个字节为 $(b_7 b_6 b_5 b_4 b_3 b_2 b_1 b_0)$，则

$$(b_7 b_6 b_5 b_4 b_3 b_2 b_1 b_0) \times \text{`01'} = (b_7 b_6 b_5 b_4 b_3 b_2 b_1 b_0)$$

$$(b_7 b_6 b_5 b_4 b_3 b_2 b_1 b_0) \times \text{`02'} = (b_6 b_5 b_4 b_3 b_2 b_1 b_0 0) + (000 b_7 0 b_7 b_7)$$

$$(b_7 b_6 b_5 b_4 b_3 b_2 b_1 b_0) \times \text{`03'} = (b_7 b_6 b_5 b_4 b_3 b_2 b_1 b_0) \times \text{`01'} + (b_7 b_6 b_5 b_4 b_3 b_2 b_1 b_0) \times \text{`02'}$$

例如，如果第一列为 11,09,01 和 35（以十六进制表示），那么乘操作为

$$\begin{vmatrix} 0d \\ 35 \\ 45 \\ 51 \end{vmatrix} = \begin{vmatrix} 02 & 03 & 01 & 01 \\ 01 & 02 & 03 & 01 \\ 01 & 01 & 02 & 03 \\ 03 & 01 & 01 & 02 \end{vmatrix} \begin{vmatrix} 11 \\ 09 \\ 01 \\ 35 \end{vmatrix}$$

因此，新的第一列包含了字节 0d,35,45 和 51。这些操作保证了明文位经几个迭代轮后已高度打乱了，同时还保证输入与输出之间的关联很少了。这就是该算法安全性的两个重要特性。解密操作使用的是不同的矩阵。

操作 4：密钥加是每轮中的最后一个操作，是将以上结果与子密钥进行 XOR 逻辑运算（注意，该子密钥是从初始密钥派生而来的），如图 7.2.16 所示。这完成了该算法的一次迭代。

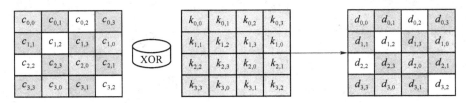

图 7.2.16　Riindael 的 Key Add 操作

以上各阶段都是精心选择的，既要简单，又要能打乱输出。总之，该算法完成了一项令人惊奇的工作。

现在让我们来跟踪 AES 的每一个迭代，以观察所有操作对输出的影响。假设 Alice 要给 Bob 发送这样一个短消息："Bob look at this"。包括空格在内，这个消息正好为 16 个字符（表示成 ASCII 码为 128 位）。我们不用去管每个位是什么，而是看看以十六进制为单位的字节在 AES 操作中的变化情况。这个消息表示成十六进制为

42 6f 62 20 6c 6f 6f 6b 20 61 74 20 74 68 69 73

写成 4×4 的矩阵形式为

$$\begin{vmatrix} 42 & 6c & 20 & 74 \\ 6f & 6f & 61 & 68 \\ 62 & 6f & 74 & 69 \\ 20 & 6b & 20 & 73 \end{vmatrix}$$

该矩阵作为 S-盒的输入。第一个输入为 42，它指定了 S-盒中行为 4 列为 2 的单元，其内容为 2c。在 S-盒中查找出每个元素，从而生成如下的输出矩阵：

$$\begin{vmatrix} 2c & 50 & b7 & 92 \\ a8 & a8 & ef & 45 \\ aa & a8 & 92 & f9 \\ b7 & 7f & b7 & 8f \end{vmatrix}$$

这种替换实现了 AES 的第一次打乱。接下来的一个阶段是旋转各行：

$$\begin{vmatrix} 2c & 50 & b7 & 92 \\ a8 & ef & 45 & a8 \\ 92 & f9 & aa & a8 \\ 8f & b7 & 7f & b7 \end{vmatrix}$$

该操作通过混淆行的顺序来实现 AES 的第一次扩散。接下来的一个阶段是进行乘法操作。对于上面的示例,第一列进行如下形式的转换:

$$\begin{vmatrix} a6 \\ 45 \\ 31 \\ 4b \end{vmatrix} = \begin{vmatrix} 02 & 03 & 01 & 01 \\ 01 & 02 & 03 & 01 \\ 01 & 01 & 02 & 03 \\ 03 & 01 & 01 & 02 \end{vmatrix} \begin{vmatrix} 2c \\ a8 \\ 92 \\ 8f \end{vmatrix}$$

固定矩阵乘以每列后得出

$$\begin{vmatrix} a6 & c4 & 6f & c3 \\ 45 & 32 & a7 & 8d \\ 31 & 94 & 3c & b3 \\ 4b & 93 & d3 & d8 \end{vmatrix}$$

然后使用子密钥。在本例中,子密钥为

$$\begin{vmatrix} 01 & a3 & 90 & 12 \\ e1 & 44 & 20 & 11 \\ cc & 73 & 04 & a9 \\ 59 & 06 & 30 & b4 \end{vmatrix}$$

将矩阵相乘的结果与子密钥进行 XOR 逻辑运算,可得

$$\begin{vmatrix} a6 & c4 & 6f & c3 \\ 45 & 32 & a7 & 8d \\ 31 & 94 & 3c & b3 \\ 4b & 93 & d3 & d8 \end{vmatrix} \text{XOR} \begin{vmatrix} 01 & a3 & 90 & 12 \\ e1 & 44 & 20 & 11 \\ cc & 73 & 04 & a9 \\ 59 & 06 & 30 & b4 \end{vmatrix} = \begin{vmatrix} a7 & 67 & ff & d1 \\ a4 & 76 & 87 & 9c \\ fd & e7 & 38 & 1a \\ 12 & 95 & e3 & 6c \end{vmatrix}$$

将上面第一轮得到的输出与初始输入进行比较

初始输入:42 6f 62 20 6c 6f 6f 6b 20 61 74 20 74 68 69 73

首轮输出:a7 a4 fd 12 67 76 e7 95 ff 87 38 e3 d1 9c 1a 6c

如果转换成二进制位,可以发现在全部 128 个位中有 72 个位发生了改变,而这仅仅是一轮,还要进行另外 10 轮。

前面介绍了 AES 的基本工作操作过程,下面将简述 AES 的密钥是如何生成的。

密钥是按矩阵的列进行分组的,然后添加 40 个新列来进行扩充。如果前 4 列(即由密钥给定的那些列)为 $W(0)$、$W(1)$、$W(2)$ 和 $W(3)$,那么新列以递归方式产生。

如果 i 不是 4 的倍数,那么第 i 列由如下等式确定:

$$W(i) = W(i-4) \text{ XOR } W(i-1)$$

如果 i 是 4 的倍数,那么第 i 列由如下等式确定:

$$W(i) = W(i-4) \text{ XOR } T[W(i-1)]$$

其中,$T[W(i-1)]$ 是 $W(i-1)$ 的一种转换形式,按以下方式实现:

1) 循环地将 $W(i-1)$ 的元素移位,每次一个字节,也就是说,abcd 变成了 bcda。

2) 将这 4 个字节作为 S-盒的输入,输出新的 4 个字节 efgh。

3) 计算一轮的常量 $r(i) = 2^{(i-4)/4}$。

4) 这样生成转换后的列:[e XOR $r(i)$, f, g, h]。

第 i 轮的轮密钥组成了列 $W(4i)$、$W(4i+1)$、$W(4i+2)$ 和 $W(4i+3)$。

该过程如图 7.2.17 所示。例如,如果初始的 128 位密钥为(以十六进制表示):

3ca10b21 57f01916 902e1380 acc107bd

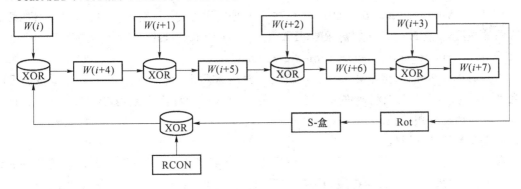

图 7.2.17 Rijndael 的密钥生成(rot 的作用)

那么 4 个初始值为 $W(0) = $ 3ca10b21,$W(1) = $ 57f01916,$W(2) = $ 902c1380,$W(3) = $ acc107bd。下一个子密钥段为 $W(4)$,由于 4 是 4 的倍数,所以:

$$W(4) = W(0) \text{XOR } T[W(3)]$$

$T[W(3)]$ 的计算步骤如下:

1) 循环地将 $W(3)$ 的元素移位:acc107bd 变成了 c107bdac。

2) 将 c1 07 bd ac 作为 S-盒的输入,输出为 78 85 7a 91。

3) 计算一轮的常量 $r(4) = 2^0 = 01$(以十六进制表示)。

4) 将 $r(4)$ 与第一个字节 78 进行 XOR 逻辑运算:78 XOR 01 = 79。

因此,$T[W(3)] = $ 79857a91,并且

$$W(4) = 3\text{ca10b21 XOR } 79857a91 = 452471b0$$

其余的三个子密钥段计算如下:

$$W(5) = W(1)\text{XOR } W(4) = 57\text{f01916 XOR } 452471b0 = 12d468a6$$

$$W(6) = W(2)\text{XOR } W(5) = 902\text{e1380 XOR } 12d468a6 = 82fa7b26$$

$$W(7) = W(3)\text{XOR } W(6) = \text{acc107bd XOR } 82fa7b26 = 2e3b7c98$$

于是,第一轮的密钥为 452471b0 12d468a6 82fa7b26 2e3b7c98。

AES 的解密过程是加密过程中的每个操作(替换、行移位、列混合、密钥加)的相反过程。这里不再详述。

AES 算法并不是一种 Feistel 体制。在 AES 算法的每一轮变化中,所有的二进制数同等对待,这使得输入位扩散影响更快。AES 的 S-盒是高度非线性的,用它来对付微分和线性密码分析效果显著。行移位操作的加入可用来抵抗截短差分(truncated differential)攻击和平方攻击(square attack)。列混合可达到字节扩散的目的。密钥生成的过程中涉及密钥位的非线性组合,用来对付当密码分析人员知道了部分密钥并以此去推测余下位的攻击。此外,还保证了两个不同密钥的大部分位都不同。轮次数之所以选择 10,是因为存在攻击 7 轮的 AES-128 和 AES-192 的算法。但目前为止,已有的攻击方法对于全部 10 轮的 AES-128 都失败了。当然,发现和验证 AES 的弱点的努力仍在进行。

7.2.3 国际数据加密算法

1. 背景与历史

国际数据加密算法(IDEA,international data encryption)是最强大的加密算法之一,出现在 1990 年,最初的版本由瑞士的 Xuejia Lai 和 James Massey 公布,称为推荐加密标准(PES,proposed encryption standard);1991 年,为抗击差分密码攻击,他们对算法进行了改进,增强了算法的强度,称为改进推荐加密标准(IPES,improved PES);1992 年改名为国际数据加密算法(IDEA,international data encryption algorithm)。

尽管 IDEA 很强大,但不像 DES 那么普及,原因有两个:第一,IDEA 受专利保护而 DES 不受专利保护,IDEA 要先获得许可证之后才能在商业应用程序中使用;第二,DES 比 IDEA 具有更长的历史和跟踪记录。

2. IDEA 的基本原理

和 DES 一样,IDEA 一次也处理 64 位明文块,运算过程也是可逆的,即可以用相同算法加密和解密,另外,IDEA 也用扩展和混淆进行加密。但是,IDEA 的密钥更长,共 128 位。

图 7.2.18 显示了 IDEA 的工作方法。64 位输入明文块分成 4 个部分(各 16 位)$P_1 \sim P_4$。这样,$P_1 \sim P_4$ 是算法第一轮的输入,共 8 轮。前面曾介绍过,其密钥为 128 位。每一轮从原先的 128 位密钥产生 6 个子密钥,各为 16 位。这 6 个子密钥作用于 4 个输入块 $P_1 \sim P_4$。第一轮,有 6 个密钥 $K_1 \sim K_6$;第二轮,有 6 个密钥 $K_7 \sim K_{12}$;依此类推到最后,第 8 轮,有 6 个密钥 $K_{43} \sim K_{48}$。最后一步是输出变换,只用 4 个子密钥($K_{49} \sim K_{52}$),算法最后输出的是输出变换的输出,为 4 个密文块 $C_1 \sim C_4$(各 16 位),从而构成 64 位密文块。

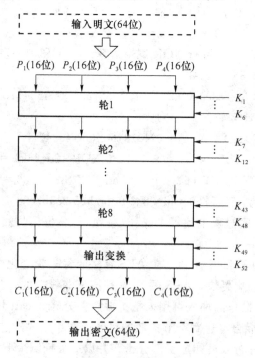

图 7.2.18　IDEA 的工作步骤

3. 轮次

IDEA 中有 8 轮,每一轮为 6 个密钥对 4 个数据块的一系列操作。从广义上看,这些步骤如图 7.2.19 所示。输入块表示为 $P_1 \sim P_4$，子密钥表示为 $K_1 \sim K_6$，这个步骤的输出表示为 R_1 $\sim R_4$（而不是 $C_1 \sim C_4$，因为这不是最终密文，只是中间输出，要在后面各轮和输出变换中处理。）可以看出，这些步骤进行许多数学运算，包括乘、加和异或运算。

注意，我们在 Add 与 Multiply 后面加上星号，使其变成 Add * 与 Multiply * ，因为这不只是加和乘，而是加后用 2^{16}（即 65 536）求模，乘后用 $2^{16}+1$（即 65 537）求模。

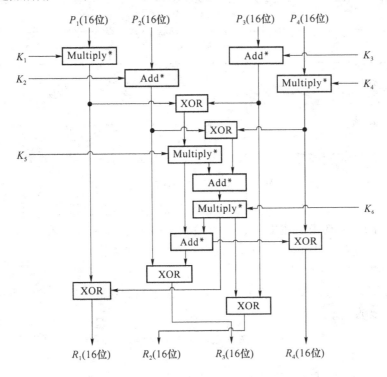

图 7.2.19　IDEA 的一轮

4. 子密钥的生成

52 个 16 bit 的子密钥从 128 bit 的密钥中生成，采用的方法如图 7.2.20 所示，前 8 个子密钥直接从密钥中取出；然后对密钥进行 25 bit 的循环左移，接下来的密钥就从中取出；重复进行直到 52 个子密钥都产生出来。其中，Z 表示原始的 128 bit 密钥，$Z_1 \sim Z_{52}$ 表示产生的 52 个 16 bit 子密钥。

具体的子密钥生成过程如下：

1）使用密钥 1～96 位，97～128 位不用，留到第 2 轮。

2）先用第一轮未用的 97～128 位，密钥用完后，进行密钥循环左移（新的开始位置：26，结束位置：25），新密钥使用 26～89 位。90～128 位和 1～25 位未用。

3）先使用第 2 轮未用的 90～128 位和 1～25 位，密钥用完后，进行密钥循环左移（新的开始位置为 51，结束位置为 50），新密钥使用 51～82 位。83～128 位和 1～50 位未用。

4）先使用第 3 轮未用的 83～128 位和 1～50 位，用于本轮所要的 96 位。

5）密钥用完后，进行密钥循环左移（新的开始位置为 76，结束位置为 75），新密钥使用 76～128 位和 1～43 位。44～75 位未用。

6）先使用第 5 轮未用的 44～75 位。密钥用完后，进行密钥循环左移（新的开始位置为 101，结束位置为 100），新密钥使用 101～128 位和 1～36 位。37～100 位未用。

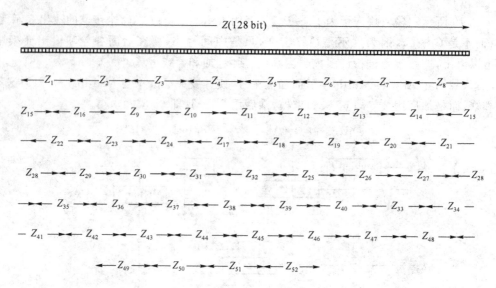

图 7.2.20　IDEA 子密钥的生成

7) 先使用第 6 轮未用的 37～100 位。密钥用完后,进行密钥循环左移(新的开始位置为 126,结束位置为 125),新密钥使用 126～128 位和 1～29 位。30～125 位未用。

8) 先使用第 7 轮未用的 30～125 位。注意第 8 轮用完密钥。

5. 输出变换

图 7.2.21 显示了输出变换过程的框图,这个过程得到最终 64 位密文,是由 4 个密文块 C_1～C_4 组合而成的。

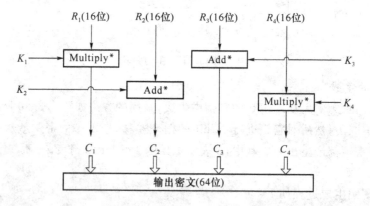

图 7.2.21　IDEA 输出变换过程

6. 输出变换密钥生成过程

输出变换与上面 8 轮的密钥生成过程差不多。前面已经介绍过,第 8 轮结束时,刚好用完密钥,因此输出变换过程首先要对密钥进行 25 位循环左移。第 8 轮的结束位为 125,经过 25 位左移后,新的开始位置为 23,结束位置为 22。由于输出变换过程只要四个密钥,各 16 位,共 64 位,因此使用 23～86 位。其余 87～128 位和 1～22 位不用,将其放弃。

7. IDEA 解密

解密过程与加密过程实质上是相同的,只是子密钥的生成与模式有所不同。解密密钥以如下方法从加密子密钥中导出:

1) 解密运算的第 i 轮迭代的前 4 个子密钥是从加密运算的第 $10-i$ 轮迭代(输出变换被

认为是第 9 轮迭代)的前 4 个子密钥中导出。其中,第 1 个和第 4 个解密子密钥等于对应的第 1 个和第 4 个加密子密钥的乘法逆元。第 1 轮和第 9 轮迭代的第 2 个和第 3 个解密子密钥等于对应的第 2 个和第 3 个加密子密钥的加法逆元;从第 2 轮到第 8 轮迭代,第 2 个和第 3 个解密子密钥等于对应的第 3 个和第 2 个加密子密钥的加法逆元。

2) 对前 8 个轮迭代来说,第 i 轮迭代的最后两个解密子密钥等于加密运算的第 $9-i$ 轮迭代的最后两个子密钥。

8. IDEA 强度

IDEA 使用 128 位密钥,是 DES 密钥长度的两倍,密钥空间容量为 2^{128}(近似 10^{38})。对于穷举攻击来说目前已经足够了,如果我们把加密计作一次运算,那么搜索完成 IDEA 密钥空间需要 10^{13} MIPS 年(1MIPS 年即每秒运行 100 万次的计算机运行一年)。

如果有一台每年能够穷举 DES 密钥空间的设备,即每秒加密 2^{55} 次(DES 具有对称性,所以空间穷举量减少一半),它要穷举 IDEA 密钥空间则需要 299 万亿年。

IDEA 没有 DES 意义下的弱密钥,能够抗击差分分析和相关分析。

7.3　密码运行模式

分组密码每次加密的明文数据的大小是固定的,这个大小一般称为分组长度,加密具有这样大小的明文数据称为基本密码。在实际运用中,需要加密的消息的数据量是不定的,数据格式可能是多种多样的,因此需要灵活地运用这些基本密码。而且,也需要采用适当的工作模式来隐藏明文的统计特性、数据格式等,以提高整体的安全性,降低删除、重放、插入和伪造成功的机会。这种基本密码算法的适当的工作模式就是**密码模式**,也称为分组密码算法的**运行模式**。密码模式通常是基本密码、一些反馈和一些简单运算的组合。

密码模式应该力求简单、有效和易于实现。首先,运算是简单的,因此安全性依赖于基本密码算法,而不依赖于其模式,同时,密码模式不会损害算法的安全性;其次,密码模式应不会明显地降低基本密码的效率;最后,密码模式应易于实现,减少由于算法实现的复杂而增加对所实现算法安全性分析的难度。

最早的分组密码算法的运行模式是 1981 年在 FIPS81[①] 中进行规范的,主要包括 ECB、CBC、CFB 和 OFB 四种模式,采用 DES 作为基本密码算法进行描述。2001 年,美国 NIST 重新修改了标准,并以 AES 算法作为基本密码算法,同时增加了 CTR 模式。2010 年,又增加了 XTS-AES 模式,该模式可对存储设备提供机密性保护。

下面以 DES 算法作为基本密码算法,详细介绍常用的分组密码的工作模式。

7.3.1　电子密码本模式

电子密码本(ECB,electronic code book)模式是使用分组密码算法的最简单的方式。

各个明文分组分别加密成相应的密文分组:

$$y_i = \mathrm{DES}_k(x_i)$$

因为相同的明文分组永远被加密成相同的密文分组,所以在理论上制作一个包含明文和

---

① 　FIPS(Federal Information Processing Standards,美国联邦信息处理标准)。

其相对应的密文的密码本是可能的,故称为电子密码本模式,如图 7.3.1 所示。然而,如果分组的大小是 64 bit,那么密码本就有 2^{64} 项——对预计算和储存来说太大了。而且,每一个密钥有一个不同的密码本。

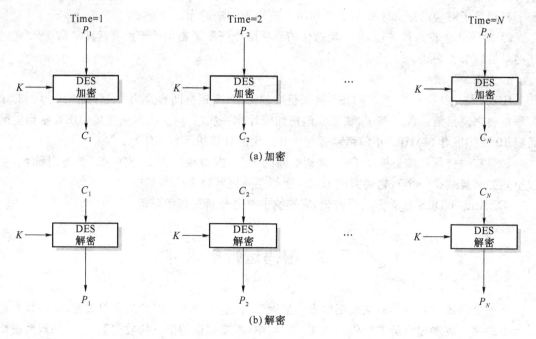

(a) 加密

(b) 解密

图 7.3.1　ECB 模式

ECB 模式是最容易运行的模式。由于每个明文分组可被独立地进行加密,使得这种方式不必按次序进行,可以先加密后面的分组,然后再加密前面的分组。这对加密随机存取的文件,如数据库,是非常重要的。如果一个数据库是用 ECB 模式进行加密的,那么任意一个记录都可以独立于其他记录被添加、删除或者解密——假定记录是由离散数量的加密分组组成。如果加密机拥有多重加密处理器,处理是并行的,那么它们就可以独立地对不同的分组进行加解密而不用相互干涉。

ECB 模式所带来的问题是:如果密码分析者有很多消息的明密文,那他就可在不知道密钥的情况下编辑密码本。在许多实际情形中,消息格式趋于重复,不同的消息可能会有一些比特序列是相同的。计算机产生的消息,如电子邮件,可能有固定的结构。这些消息在很大程度上是冗余的或者有一个很长的 0 和空格组成的字符串。

如果密码分析者知道了明文"pwd=1234"被加密成密文"7ea593a4",那么无论它在什么时候出现在另一段消息中,他就能立即将其解密。如果加密的消息具有一些冗余信息,那么这些信息趋向于在不同消息的同一位置出现,密码分析者可获得很多信息。然后他就可以对明文发起统计攻击,而不去考虑密文分组的长度。

一般在消息的开头和结尾都规定了消息头和消息尾,其中包含了关于发送者、接收者、日期等信息。这个问题有时叫作格式化报头和格式化结尾。

该模式好的一面是用同一个密钥加密多个消息时不会有危险。实际上,每一个分组可被看作是用同一个密钥加密的单独消息。密文中数据出了错,解密时,会使得相对应的整个明文分组解密错误,但它不会影响其他明文。然而,如果密文中偶尔丢失或添加一些数据位,那么整个密文序列将不能正确的解密,除非有某种帧结构能够重新排列分组的边界。ECB 模式的缺点是容易暴露明文的数据模式。在计算机系统中，许多数据都具有固有的模式，这是由数据结构和数据冗余引起的，如果不采取措施，对于在待加密的文件中的重复出现的明文，可能会产生相同的密文，而密文内容若遭剪贴、替换，也不易被发现。

7.3.2　密码分组链接模式

链接将一种反馈机制加进分组密码中：前一个分组的加密结果被反馈到当前分组的加密中，换句话说，每一分组被用来修改下一分组的加密。每个密文分组不仅依赖于产生它的明文分组，而且依赖于所有前面的明文分组。

在密码分组链接（CBC，cipher block chaining）模式中，明文被加密之前要与前面的密文进行异或运算。图 7.3.2 展示了分组链接模式是如何工作的，第一个分组明文被加密后，其结果被存在反馈寄存器中，在下一明文分组加密之前，它将与保存在反馈寄存器中的前一个分组的密文进行异或作为下一次加密的输入，同样加密后的结果仍然保存在移位寄存器中，直到最后一个分组加密后直接输出。可见，每一分组的加密都依赖于所有前面的分组。

解密一样简单易行（如图 7.3.2 所示）。第一个分组密文被正常的解密，并将该密文存入反馈寄存器，在下一分组被解密后，将它与寄存器中的结果进行异或。接着下一个分组的密文被存入反馈寄存器，如此下去直到整个消息结束。

用数学语言表示为

$$C_i = E_k(P_i \oplus C_{i-1})$$
$$P_i = C_{i-1} \oplus D_K(C_i)$$

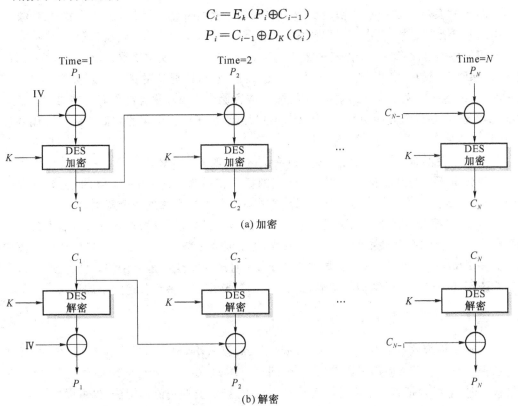

(a) 加密

(b) 解密

图 7.3.2　CBC 模式

1. 初始向量

CBC 模式仅在前面的明文分组不同时，才能将后面完全相同的明文分组加密成不同的密文分组,因此两个相同的消息仍将加密成相同的密文。更糟糕的是,任意两则消息在它们的第一个不同之处出现前,将被加密成同样的结果。一些消息有相同的开头,例如,一封信的信头常常包括发件人、发信日期等固定格式的信息。这些相同的开头给密码分析者提供了一些有用的线索。

防止这种情况发生的办法是用加密随机数据作为第一个分组,这个随机数据分组被称为初始化向量(IV)、初始化变量或初始连接值。IV 没有任何意义,它只是使每个消息唯一化。当接收者进行解密时,需要使用与发送方相同的 IV,才能正确解密。时间戳是一个好的 IV,当然也可以用一些随机比特串作为 IV。

使用 IV 后,完全相同的消息可以被加密成不同的密文消息。这样,窃听者企图再用分组重放进行攻击是完全不可能的,并且制造密码本将更加困难。尽管要求用同一个密钥加密的消息所使用的 IV 是唯一的,但这也不是绝对的。

IV 不需要保密,它可以以明文形式与密文一起传送。如果觉得这样不合理,可以考虑发如下的情况:假设有一个消息的各个分组,$B_1, B_2, \cdots, B_i$,B_1 用 IV 加密,B_2 用 B_1 的密文作为 IV 进行加密,B_3 用 B_2 的密文作为 IV 进行加密,依此类推。所以,如果有 N 个分组,即使第一个 IV 是保密的,那仍然有 $N-1$ 个"IV"暴露在外。因此没有理由对 IV 进行保密;它只是一个虚拟密文分组——可以将它看作链接开始的 B_0 分组。

2. 错误扩散

CBC 模式具有在加密端是密文反馈和解密端是密文前馈的性质,这意味着 CBC 模式对线路中的差错比较敏感,会出现错误传播(error propagation),或称为错误扩散。

有两种可能情况:第一,明文有一组中有错,会使以后的密文组都受影响,但经解密后的恢复结果,除原有误的一组外,其后各组明文都正确地恢复,因此这种错误无须关注;第二,在传送过程中,某组的密文错误更加常见,信道噪音或存储介质损坏很容易引起这些错误。假如密文组 C_i 出错,则该组恢复的明文 p_i' 会出错,不仅如此,由于解密电路的前馈线路中存储器的延迟作用,还会使下一组恢复数据 p_{i+1}' 出错。

密文的小错误能够转变成明文很大的错误,这种现象叫作错误扩散。错误分组的第二分组之后的分组不受错误影响,所以 CBC 模式的错误传播为 2 组长,是有限的,它具有**自恢复**(self-recovering)能力。CBC 是用于自同步方式的分组密码算法的一个实例,但仅在分组级。

虽然 CBC 模式的两个分组受到一个错误的影响,但系统可以恢复并且所有后面的分组都不受影响。尽管 CBC 很快能将比特错误恢复,但它却不能恢复同步错误。如果从密文流中增加或丢失 1 bit,那么所有后续分组要移动 1 bit,并且解密将全部是错误的。任何使用 CBC 的加密系统都必须确保分组结构的完整,要么用"帧",要么在有多个分组大小的组块中存储。

7.3.3 密码反馈模式

在密码反馈模式(CFB,cipher feedback block)模式下,整个数据分组在接收完之后才能进行加密。对许多网络应用来说,这是一个问题。例如,在一个安全的网络环境中,当从某个终端输入时,它必须把每一个字符马上传给主机。这时,要使用流加密法,也可以使用 CBC。

图 7.3.3 说明了 64 bit 分组算法下的 j bit 的 CFB 模式的工作原理。在 CFB 模式下,分组算法对输入分组大小的队列进行操作。开始,该队列就像在 CBC 模式下一样,用一个 IV 填充。整个队列被加密,取其最左面 j 位(称为密钥流元素)与明文第一个 j bit 字符进行异或,得到密文的第一个 j bit 字符。这个 j bit 字符现在就可以传输了,并且该字符被移动到队列的

最右边字节位置,同时移位寄存器的所有字节向左移动 j 位,最左面 j bit 丢弃。其他明文字符如法炮制。解密是一个逆过程。在加密、解密两端,分组算法都以加密模式运行。

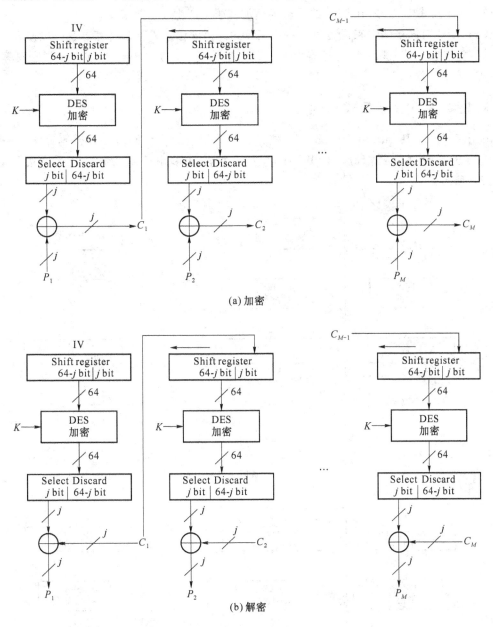

(a) 加密

(b) 解密

图 7.3.3　CFB 模式

用数学语言表示为

$$C_i = P_i \oplus (E_K(S_i) \text{ 的高 } j \text{ 位})\,;\quad S_{i+1} = (S_i << j) \,|\, C_i$$
$$P_i = C_i \oplus (E_K(S_i) \text{ 的高 } j \text{ 位})\,;\quad S_{i+1} = (S_i << j) \,|\, C_i$$

CFB 模式的优点是可以灵活选择 j 的大小,一般可取 $j=1,8,16$ 等,分别表示每次加密 1 bit 或 1 B、2 B 等,适合于数据速率不太高的场合。即使 $P_i = P_j$,也会因密钥流元素 $S_i \neq S_j$ 而导致 $C_i \neq C_j$,所以可掩盖明文的数据统计特性。

CFB 模式中,明文的一个错误就会影响所有后面的密文以及在解密过程中的逆。密文出现错误就更有趣了:首先,密文里单独一位的错误会引起明文的一个单独错误。除此之外,错误进入移位寄存器,导致密文变成无用的信息,直到该错误从移出寄存器的另一端移出。在8 bit的CFB模式中,密文中1 bit的错误会使加密明文产生9 B的错误。

CFB模式对同步错误来说是可以自我恢复的。错误位进入移动寄存器就可以使8 B的数据毁坏,直到它从另一端移出寄存器为止。CFB是分组密码算法用于自同步序列密码算法的一个实例(分组级)。

7.3.4 输出反馈模式

输出反馈(OFB,output feedback)模式是运行分组密码作为同步序列密码算法的一种方法。它与密码反馈模式相似,但OFB是将前一个 j bit 输出分组送入队列最右边位置,如图 7.3.4 所示。

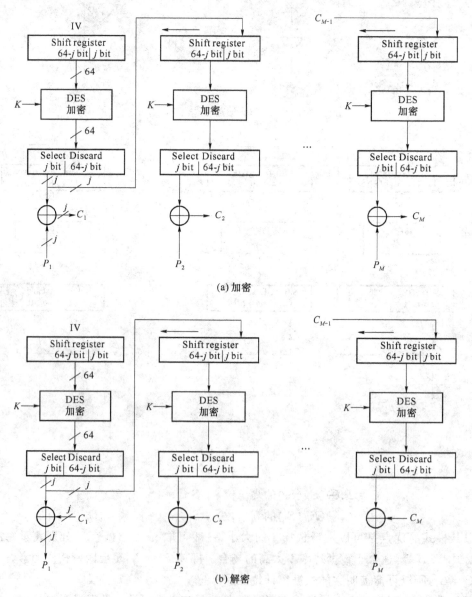

(a) 加密

(b) 解密

图 7.3.4 OFB 模式

解密是一个逆过程,称它为 j bit OFB,在加密、解密两边,分组算法都以加密模式使用。这种方法有时也叫"内部反馈",因为反馈机制是独立于明文和密文而存在的。

用数学语言表示为

$$C_i = P_i \oplus (E_K(S_i)的高 j 位); \quad S_{i+1} = (S_i << j) | (E_K(S_i)的高 j 位)$$
$$P_i = C_i \oplus (E_K(S_i)的高 j 位); \quad S_{i+1} = (S_i << j) | (E_K(S_i)的高 j 位)$$

OFB 模式有一个很好的特性就是大部分工作可以离线进行,甚至在明文存在之前。当消息最终到达时,它可以与算法的输出相异或产生密文。

1. 初始化向量

OFB 移位寄存器也必须装入 IV 初始化矢量,IV 应当唯一但不须保密。

2. 错误扩散

OFB 模式没有错误扩散。密文中单个比特的错误只引起恢复明文的单个错误,这对一些数字化模拟传输非常有用,像数字化声音或视频,这些场合可以容忍单比特错误,但不能容忍扩散错误。

通常,失步是致命的。如果加密端和解密端移位寄存器不同,那么恢复的明文将是一些无用的杂乱数据,任何使用 OFB 的系统必须有检测失步的机制,并用新的(或同一个)IV 填充双方移位寄存器重新获得同步的机制。

3. OFB 的安全性

OFB 模式的安全分析表明,OFB 模式仅当反馈量大小和分组大小相同时才有用。例如,在 64 bit OFB 模式中只能用 64 bit 分组算法。即使美国政府授权在 DES 中使用其他大小的反馈,也应尽量避免。

OFB 模式将密钥流与明文异或。密钥流最终会重复。对同一个密钥使密钥流不重复是很重要的,否则,就毫无安全可言。当反馈大小与分组大小相同时,分组密码算法起到 m bit 数值置换(m 是分组长度)的作用,并且平均周期长度为 $2^m - 1$,对 64 bit 的分组长度,这是一个很大的数。当反馈大小 j 小于分组大小时,平均周期长度将降到约 $2^{m/2}$。对 64 bit 分组算法,就是 2^{32}——显然,对于很多应用来说这不够长。

7.3.5 计数器模式

计数器模式(CTR,counter mode)是另外一种按照序列密码方式运行的模式,与 OFB 模式相似,如图 7.3.5 所示。注意,在该模式中,没有使用分组密码直接加密明文,而是用来加密计数器的输出,分组密码的输出再与明文消息进行异或,这样,它就有了序列密码算法的所有特征。此外,在 CTR 模式中,不是用加密算法的输出填充内部状态寄存器,而是通过下一个状态函数来改变寄存器的值。一个典型的下一个状态函数就是增加某个常数,例如 1。我们可以把内部状态寄存器和下一个状态函数看成是一个计数器,这样,每一个分组完成加密后,计数器都要增加。

使用计数模式时,不用先生成前面所有的密钥位,就可直接生成第 i 个密钥比特 S_i。简单的手工设置计数器到第 i 个内部状态,然后产生该比特。这在保密随机访问数据文件时是非常有用的。不需要解密整个文件就可以直接解密某个特殊数据分组。

用数学语言表示为

$$C_i = P_i \oplus E_K(\text{Ctr}_i)$$
$$P_i = C_i \oplus E_K(\text{Ctr}_i)$$

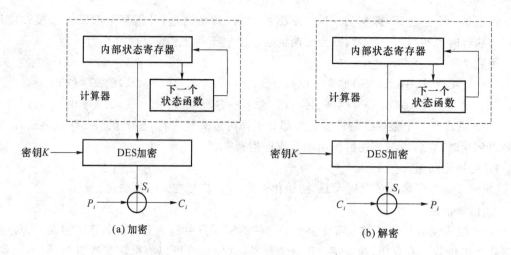

(a) 加密　　　　　　　　　　　　　(b) 解密

图 7.3.5　CTR 模式

其中,$Ctr_i(i=1,2,\cdots,n)$是计数器值,Ctr_1是计数器的初始值。初始向量 IV 可以作为 Ctr_1。

CTR 模式的同步和错误扩散特性同 OFB 模式完全一样。因为没有反馈,CTR 模式的加密和解密能够同时进行,这是 CTR 模式比 CFB 模式和 OFB 模式优越的地方。

7.3.6　最后分组的填充

分组密码在固定大小(称为分组长度,例如,一个 DES 的分组长度为 64 bit)的单元上工作,但是消息或者需要加密的信息具有各种长度,因此,一些模式(即 ECB 和 CBC)要求在加密之前要先对最后一个分组进行填充。最简单的填充方案是采用 null 对明文进行填充,使得最后一个分组的大小达到分组长度,但是必须保证接收方可以恢复明文的原始长度;稍微复杂些的是添加单个 1bit,接着是足够的零位以填充;如果消息在分组边界上结束,则将添加整个填充分组。

CFB、OFB 和 CTR 模式不需要任何特殊的措施来处理长度不是块大小的倍数的消息,因为这些模式通过对明文与块密码的输出进行异或运算。明文的最后部分块与最后一个密钥流块的前几个字节进行异或,产生与最终部分明文块相同大小的最终密码块。流密码的这种特性使得它们适合于需要加密密文数据与原始明文数据具有相同大小的应用,以及用于以流形式传输数据的应用,其中不方便添加填充字节。

7.3.7　选择密码模式

如果密码体制的使用者关心的是简单和速度,ECB 是最简单和最快的分组密码的模式,但 ECB 也是最弱的工作模式,除了容易受到重放攻击外,ECB 模式中的算法也是最容易分析的,一般的应用中建议不要使用 ECB 作为信息加密。

加密随机数据,如另外的密钥,则 ECB 是一个很好的模式。由于数据短而随机,因此应用 ECB 几乎没有什么缺点。

对一般的明文,应使用 CBC、CFB、OFB 或 CTR 模式。所选择的模式依赖于具体应用的特殊需要。表 7.3.1 列出了各种模式的安全性、效率和容错性。

表 7.3.1　分组密码模式一览表

模式	特性		
	安全性	效率	容错性
ECB	(1) 一个密钥可以加密一个或多个消息 (2) 不能隐藏明文模式 (3) 分组密码的输入并不是随机的,它与明文一样 (4) 明文很容易篡改,分组可被删除、再现或互换	(1) 速度与分组密码相同 (2) 可并行处理 (3) 由于填充,密文比明文长 (4) 不能进行预处理	(1) 一个密文错误会影响整个明文分组 (2) 同步错误不可恢复
CBC	(1) 通过与前一个密文分组相异或,明文模式被隐藏 (2) 与前一个密文分组异或后分组密码的输入是随机的 (3) 用同一个密钥可以加密多个消息 (4) 篡改明文较难;分组可以被从消息头和尾处删除,第一块分组的数据可被更换,并且复制允许控制的改变	(1) 速度同分组密码一样 (2) 加密不是并行的,解密是并行的且有随机存取特性 (3) 不考虑 IV,密文最多比明文长一个分组 (4) 不能进行预处理	(1) 一个密文错误会影响整个明文分组以及下一个分组的相应位 (2) 同步错误不可恢复
CFB	(1) 可以隐藏明文模式 (2) 密文块的输入是随机的 (3) 假设用不同的 IV,同一个密钥可加密多个消息 (4) 对明文的篡改较难;分组可以被从消息头和尾处删除,第一块分组的数据可被更换,并且复制允许控制的改变	(1) 速度同分组密码相同 (2) 不考虑 IV,密文与明文同大小 (3) 加密不是并行的,解密是并行的且有随机存取特性 (4) 在分组出现之前作些预处理是可能的,前面的密文分组可以被加密	(1) 一个密文错误会影响明文的相应位及下一整个分组 (2) 同步错误是可恢复的,1 bit CFB 能够恢复单独位的添加或丢失
OFB	(1) 明文模式被隐藏 (2) 密文分组的输入是随机的 (3) 用不同的 IV,同一个密钥可以加密多个消息 (4) 明文很容易被控制篡改,任何对密文的改变都会直接影响明文	(1) 速度同分组密码一样 (2) 不考虑 IV,密文跟明文有同样大小 (3) 可进行预处理 (4) 处理过程不是并行的	(1) 一个密文错误仅影响明文的相应位 (2) 同步错误不可恢复
CTR	(1) 明文模式被隐藏 (2) 只要各计数器值不重复出现,则该模式安全	(1) 加解密均可并行处理,硬件实现时速度极高。 (2) 可以随机存取,因为各分组的处理完全独立 (3) 可进行预处理 (4) 密文与明文的长度相等,因而高效	(1) 一个密文错误仅影响明文的相应位 (2) 同步错误不可恢复

从表 7.3.1 可以看出,5 种基本模式各有其特点和用途。ECB 适用于密钥加密,CFB 常用于对字符加密,OFB 和 CTR 常用于卫星通信中的加密。CBC 和 CFB 都可用于认证系统。这些模式可用于终端-主机会话加密、自动密钥管理系统中的密钥加密、文件加密、邮件加密等。

工作模式的选用可依据如下一些原则:

1) ECB 模式,简单,高速,但最弱,易受重放攻击,一般不推荐。

2) CBC、CFB、OFB 和 CTR 模式的选择取决于对应用的特殊考虑。

3) CBC 适用于文件加密,但较 ECB 慢,且需要另加移位寄存器和组的异或运算,但安全性加强。软件加密最好选用此种方式。

4) OFB 和 CFB 较 CBC 慢许多,每次迭代只有少数比特完成加密。

5) 若可以容忍少量错误扩散,可选 CFB 模式。否则,可选 OFB 或 CTR 模式。

6) 在字符为单元的流密码中多选 CFB 模式,如终端和主机间通信。而 OFB 和 CTR 模式可用于高速同步系统,不容忍差错传播,特别是如果需要预处理,那么 OFB 和 CTR 也是可以选择的模式。

ECB、CBC、OFB、CFB 和 CTR 是 5 种基本模式,它们几乎能够满足任何应用需要,不要选择一些"离奇的"模式。这 5 种模式既不过分复杂也不会减少系统的安全性。尽管复杂的模式或许能增加安全性,但在大多数情况下它仅仅是增加了复杂性。

7.4 本 章 小 结

本章我们讨论了分组密码算法的原理,介绍了 DES、AES 和 IDEA 3 种典型的分组加密算法,并以 DES 算法为例给出了分组密码算法的 5 种常用运行模式。

首先,我们介绍了什么是分组密码算法,采用分组密码算法的加密过程以及分组密码算法的设计原则。

其次,介绍了 3 种现代分组加密算法(DES、AES 和 IDEA)。介绍了 DES 算法的历史地位和它的设计原理与过程,并介绍了 3DES 算法的结构。描述了作为最新加密标准的 AES 算法的历史意义及工作原理。讨论了国际数据加密算法 IDEA 的背景及原理。

最后,我们详细分析了分组密码所使用的各种标准的运行模式,包含简单的 ECB 模式,适于加密长信息的 CBC 模式,以及可以作为流密码密钥流生成器的 CFB、OFB 和 CTR 模式,给出了它们各自的适用场景。

7.5 习 题

(1) 全为 1 的 DES 密钥的子密钥是什么? 全为 0 的呢? 1 和 0 各一半的呢?

(2) 证明:在 DES 中,如果 $y=\text{DES}_k(x)$,则 $\overline{y}=\text{DES}_{\overline{k}}(\overline{x})$,其中 $\overline{x},\overline{y},\overline{k}$ 表示 x,y,k 逐位取反,即 0 变为 1,1 变为 0。

(3) 请查找资料,描述 AES 算法的解密过程。

(4) DES 算法具有互补性,而这个特性会使 DES 在选择明文攻击下所需的工作量减半,简要说明原因。

（5）分析 DES 算法与 AES 算法的相同与不同之处。

（6）请简要分析 IDEA 算法的工作原理。

（7）什么是分组密码算法的运行模式？比较分组密码算法的 ECB、CBC、OFB、CFB、CTR 模式的特点,并举例说明其适用场景。

（8）分析 1 bit 的明文或密文错误对分组密码算法在不同模式下的加密及解密结果的影响。

（9）除书中介绍的分组密码算法的运行模式外,还有其他的运行模式吗？

第 8 章

公 钥 密 码

8.1 公钥密码的基本概念

公钥密码体制是与对称密码体制相对应的一种密码算法体制,属于公钥密码体制的密码算法的共同特点是,解密密钥和加密密钥是不同的,这不仅仅体现在形式上,还体现在从其中的一个出发难以推导出另一个,而在对称密码体制下,解密密钥与加密密钥是相同的,或者可以很容易地从加密密钥推导出解密密钥。这就从根本上决定了加密、解密是可分离的。

公钥密码系统的观点最初是在 1976 年由 Diffie 和 Hellman 共同提出来的,他们指出可以利用计算的复杂性来设计算法,也就是说公钥密码系统的安全性是建立在对问题计算的复杂性之上的。

8.1.1 问题的复杂性理论

在理论上,问题是指需要回答的一般性提问,问题的复杂性理论是根据求解相应的问题所需要的代价的高低而对问题进行分类。对某问题的复杂性的一般形式定义是在一种称为图灵机(TM,turing machine)的假想计算模型上给出的。图灵机是一种具有无限读写能力的有限状态机。图灵机可以分为两类:确定型图灵机(DTM)与非确定型图灵机(NDTM)。每一步操作结果及下一步操作内容可以唯一确定的图灵机称为确定型图灵机,否则,称为非确定型图灵机。

问题的复杂性由在图灵机上解其最难实例所需要的最小时间与空间决定。问题的复杂性可以理解为由解该问题的最有效的算法所需的时间与空间来度量。在确定型图灵机上可用多项式时间求解的问题,称为易处理的。易处理的问题的全体称为确定型多项式时间可解类,记为 P 类。在确定型图灵机上不能用多项式时间系统地解出的问题,称为难处理的。

通常,密码学涉及的主要有 NP 问题和 NP 完全问题两种情况。

NP 问题的定义是建立在非确定型图灵机上的。所谓非确定型图灵机是这样一种假想的计算机,它自身具有无限的读写能力和有限的状态,可以进行无限的并行操作,并且每一步操作的结果都不是唯一确定的。也就是说在非确定型图灵机上,其每一步操作的不同结果将可能会导致机器向不同的方向或者状态转移下去。而所谓的 NP 问题是指,在非确定型图灵机上可以用多项式时间解决的问题(也就是说对这样的问题的求解所用的时间为 $O(n^t)$),其全称为非确定型多项式时间可解问题。所有 NP 问题的全体被称为非确定型多项式时间可解类,记为 NP 类。显然,P⊆NP,因为在确定型图灵机上多项式时间可解的任何问题在非确定型图灵机上也是多项式时间可解的。虽然 NP 中的许多问题似乎比 P 中的问题“难”得多,但目前还没有人证明 P≠NP。

NP 类中还有一类问题称为 NP 完全问题,它的全体称为 NP 完全类,记为 NPC。NP 完全问题的定义为:对于一个 NP 问题,如果 NP 中的所有问题都可以通过多项式时间转化为这个问题,则这个 NP 问题就是一个 NP 完全问题。可见,NP 完全问题是“最难”的 NP 问题,因为如果一个 NP 完全问题是容易解决的,则所有的 NP 问题都可以通过多项式时间转化为此问题之后获得解决。假设 P ≠ NP,P 类、NP 类与 NPC 类的关系如图 8.1.1 所示。

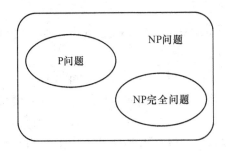

图 8.1.1　假设 P ≠ NP 的问题复杂度类图解

背包问题是一个典型的 NP 完全问题:给定一个整数的集合 $A=\{a_1,a_2,\cdots,a_n\}$ 和一个整数 S,问是否能够从 A 中不重复地取出若干个整数来,使得这些数的和恰好等于 S?

首先,这个问题是一个 NP 问题。因为对于一个给定的若干 A 中元素的集合,易于验证其中各元素之和是否为 S。但从 A 中直接找出若干个整数使其和为 S 则要困难得多,因为这其中有 2^n 种可能,验证所需要的时间复杂度为 $O(2^n)$。至于背包问题是完全的这一命题,也已经被人们所证明。

此外,以下问题也是典型的 NPC 问题:

1) 哈密尔顿回路问题。已知 n 个顶点的图,求过每个顶点一次且仅一次的回路。

2) 解平方剩余问题。即已知正整数 a,b,求 x 满足下列同余方程,即

$$x^2 \equiv a \bmod b$$

由于 NPC 问题目前不存在有效的算法,现在的公钥密码算法的安全性大多是基于 NPC 问题的,这样,破译某个密码相当于解一个 NPC 问题。可见,计算复杂性理论是密码学的基础之一。

8.1.2　公钥密码的原理

根据 Diffie 和 Hellman 的建议,NP 完全问题可以作为密码算法的一个备选方案,因为要想在多项式时间内求解这样的问题是不可能的。此外,比 NP 完全问题更难的问题是不合适的,原因在于合法的用户利用这样的问题在进行加解密变换的时候无法快速完成这样的变换,即无法保证在多项式时间内完成变换。因此,能被用来作为加密算法的问题只能是 NP 完全问题。

Diffie 和 Hellman 推测,可以从 NP 完全问题中寻找到用于密码的问题。通过将信息编码后加密在这样的问题当中,使得一般的攻击者要想破译这个密码,就必须解出这个 NP 完全

问题。为了同时能够保证有效的解密者使用密钥能够快速并正确的解密出信息,还需要构造一种特殊的单向函数 f。所谓单向函数,就是指如果对于函数 f 定义域上的任意 x,都能够轻易地计算出 $f(x)$,但对于 f 值域上的几乎所有的 y,即使知道 f,计算 $f^{-1}(y)$ 也是不可行的,这样的 f 就称为单向函数。而这里为了作为密码算法进行应用所需要构造的单向函数还需要具有这样的特点:如果获得某些辅助的信息,则此时计算 f 的逆 f^{-1} 是容易的,这样的函数被称为陷门单向函数,而这里的辅助信息即为解密密钥。这也就是 Diffie 和 Hellman 给出的设计公钥密码算法的原理。

截至目前,既具有一定安全性又能比较容易实现的体制按照所依赖的数学难题,可分为以下四类:

1)基于大数分解问题(IFP, integer factorisation problem)的公钥密码体制。其中包括著名的 RSA 体制和 Rabin 体制。

2)基于有限域上离散对数问题(DLP, discrete logarithm problem)的公钥密码体制。其中主要包括 ElGamal 型加密体制和签名方案,Diffie-Hellman 密钥交换方案,Schnorr 签名方案和 Nyberg-Ruppel 签名方案等。

3)基于椭圆曲线离散对数问题(ECDLP, elliptic curve discrete logarithm problem)的公钥密码体制。其中包括著名的椭圆曲线公钥密码体制和数字签名体制等。

4)基于格归约(LR, lattice reduction)或最近向量问题(CVP, closest vector problem)的公钥密码体制。其中最有代表性的就是 NTRU 公钥密码体制。

8.1.3 公钥密码的使用

公钥密码的使用情境与对称密码也有所不同。通常情况下,采用对称密码通信的双方将其所使用的加密或解密密钥作为重要秘密进行安全存储,一旦这两个密钥中的一个被泄露出去,就会直接造成此加密通信过程的泄密,因此对密钥的保管是非常重要的。然而,在公钥密码体制下,接收方会生成两个密钥——公钥和私钥,并且将这里的公钥向外界公开。根据应用的需要,发送方可以使用发送方的私有密钥、接收方的公开密钥,或者两个都是要,以完成某种类型密码的编码、解码功能。大体来说,可以将公开密钥密码系统分为三类[24]:

1)加密/解密。当发送方需要向接收方发送加密数据时,它使用接收方已公开的公钥对数据进行加密,并将数据发送给接收方。而接收方则使用自己未公开的私钥对数据解密,获得原始数据。这一过程中并不需要对公钥进行保密,但接收方必须保管好自己的私钥而不能发生泄露。

2)数字签名。发送方用它自己的私钥"签署"报文。签署功能是通过对报文,或者报文经函数变化后所产生的一小块数据应用密码算法,得到"签名"信息。接收方可以用发送方的公钥对接收到的带"签名"的报文进行验证。

3)密钥交换。接收方和发送方合作以便交换会话密钥。这有多种方法,其中涉及一方或双方的私有密钥。

有些算法适合所有三类应用,而有些算法可能只适用于这些应用中的一种或两种。表 8.1.1 给出了几种典型算法的应用范围。

表 8.1.1　公开密钥密码系统的应用

算法	加密/解密	数字签名	密钥交换
RSA/ECC/NTRU	是	是	是
Diffie-Hellman	否	否	是
DSS	否	是	否

8.2　RSA 密码体制

RSA 算法是一种典型的公钥密码算法,这种算法是在 1977 年由 Rivest、Shamir 和 Adleman 三人共同提出的,算法的名字就来自于这三位设计者的名字首字母组合,这种算法也是第一个比较系统的公钥密码算法。RSA 算法是一种基于分解大整数的困难性问题的算法,其运算过程是一种特殊的可逆模指数运算。

8.2.1　RSA 算法描述

给定两个奇素数 p 和 q 以及它们的乘积 n,设 $\varphi(n)=(p-1)(q-1)$,整数 a、b 满足:$ab=1 \bmod \varphi(n)$,则对于作为明文的整数 x 和作为密文的整数 y(x 和 y 均小于 n)之间的变换,其加密变换的定义如下:

$$E(x)=x^b \bmod n$$

解密变换 D 的定义如下:

$$D(y)=y^a \bmod n$$

在实际的应用中,公开 n 和 b,保密 p,q 和 a,其中 b 作为公钥用于加密方进行加密,a 作为私钥供解密方使用。

下面将对上述算法的有效性给出说明,在对此进行说明之前,需要首先给出两个重要的定理(这两个定理的证明将不在本书中给出)。

【定理 8.2.1】(欧拉定理)　对于任意的与整数 n 互质的整数 $a(a<n)$,有

$$a^{\varphi(n)}=1 \bmod n$$

其中,$\varphi()$ 是欧拉函数。

【定理 8.2.2】　对于两个不同的素数 p 和 q,设 $n=pq$,$\varphi(n)=(p-1)(q-1)$,则对于任意的 $x(x<n)$ 和任意的非负整数 k,有

$$x^{k\varphi(n)+1}=x \bmod n$$

根据上述的两个定理,现在来验证上面所描述的 RSA 算法的有效性,即 $D(E(x))=x$。由于 $ab=1 \bmod \varphi(n)$,因此可以设 $ab=t\varphi(n)+1$,t 是整数且大于 0。这样就可以得到,对于任意满足条件的 x,$D(E(x))=D(x^b)=(x^b)^a=x^{t\varphi(n)+1}=x \bmod n$。这样,算法的有效性就得到了证明。

正如前面所提到的,RSA 算法的安全性是基于对大整数分解的困难性,因此需要保护的秘密是对于 n 的分解,即 n 的两个素因子 p 和 q。因为对于任何一个敌手而言,一旦其获得了这两个素数,就可以通过计算 $\varphi(n)=(p-1)(q-1)$,并利用欧几里得算法来最终计算出解密指数 a。

8.2.2 RSA 算法举例

下面是 RSA 算法的一个简单实例。

假设发送方 A 需要向接收方 B 发送一段消息 $m=$ hello，接收方 B 首先选择一对奇素数 $p=13,q=17,p$ 和 q 的乘积为 $n=221$，则 $\varphi(n)=192$，B 再选择一个整数 $b=7$ 作为自己的公钥，并计算 $a=b^{-1}\bmod 192=55,a$ 作为 B 的私钥。B 对外发布自己的公钥 b 以及 n，A 利用 b 和 n 来完成对消息 m 的加密，这里我们按照英文字母表的顺序来对消息进行编码，即 $a=00$，$b=01,\cdots,z=25$，则 $m=07\ 04\ 11\ 11\ 14$，按照每两位进行一次加密的方式，即分组的长度为 2 个字节，采用如下的加密算法：

$$E(x)=x^7\bmod 221$$

进行计算，对应的密文为：$c=97\ 30\ 54\ 54\ 40$，并将这一密文发送给 B。

B 接收到上述密文后，利用：

$$D(y)=y^{55}\bmod 221$$

进行解密，从而可以恢复出对应的明文信息 $m=07\ 04\ 11\ 11\ 14$，查字母表得 $m=$ hello。

8.2.3 RSA 算法实现

除了上述的算法加解密过程外，RSA 算法在具体实现中还存在多种问题，如密码系统的建立等。为了建立一个安全的密码系统，用户需要完成如下的一些步骤：

1）产生两个大素数 p 和 q；

2）计算 $n=pq$ 和 $\varphi(n)=(p-1)(q-1)$；

3）选择一个随机数 $b(0<b<\varphi(n))$，使得 b 和 $\varphi(n)$ 的最大公因数为 1；

4）计算 $a=b^{-1}\bmod\varphi(n)$；

5）将 n 和 b 作为公钥直接公开。

为了保证 RSA 算法的安全，这里所选择的 n 必须足够大，使得分解 n 在计算上是不可行的。目前对于 RSA 算法安全性的建议已经要求用户所选择的素数 p 和 q 都不得少于 100 位的十进制数。由于硬件中使用的 512 位比特长度的模只能表示大约 154 位十进制数，因此这种类型的硬件所能提供的安全性已经不能够有效地保证现在的实际应用了。

在计算机中进行 RSA 算法的加解密运算本身也是一个需要重点研究的问题。这其中的主要问题是如何快速地实现 RSA 算法的运算。对于算法的快速实现问题的研究在密码算法分析和研究领域里一直是一个比较热点的方向，当前对于 RSA 算法的快速实现技术最好的情况也比 DES 慢很多，硬件方面有资料显示能够达到 2 000 次/秒的速度。

8.2.4 RSA 算法的常见攻击

由于 RSA 算法在使用上的广泛性，对于这种算法的安全性的研究，特别是能对其进行有效攻击的攻击方式的研究就显得尤为重要。作为一种早期的公钥体制密码算法，对 RSA 算法进行攻击的攻击方式比较多，这里将仅对其中的两种方式作简单介绍。

1. 同模攻击

假设有两个接收方 B、C 和一个发送方 A，并且满足 B 和 C 所使用的 RSA 算法的模 n 相同且各自的加密指数 b_1 和 b_2 互素。则对于发送方 A，如果其想加密一段明文 x 并发送给 B 和

C,则 A 需要按照算法的过程计算出 $y_1 = x^{b_1} \bmod n$ 和 $y_2 = x^{b_2} \bmod n$,然后分别将 y_1 和 y_2 发送给对应方。

如果在这个传送的过程中存在一个敌手 O 截获了 y_1 和 y_2,则其可以按照如下的步骤恢复出 x:

1) 计算 $c_1 = b_1^{-1} \bmod b_2$

2) 计算 $c_2 = (c_1 b_1 - 1) / b_2$

3) 计算 $x = y_1^{c_1} (y_2^{c_2})^{-1} \bmod n$

这样一种攻击方式的存在要求 RSA 算法的用户在选择模 n 的时候不应该使用相同的模 n,然而在没有协商机制存在的情况下这并不容易达到。一种有效的解决方案是设立一个可信的第三方来负责完成对 n 的选择,并完成对加解密指数对(b_i, a_i)的分配。

2. 选择密文攻击

RSA 算法的加密变换具有同态的性质,即对于任意的 x_1 和 x_2,有 $E(x_1 x_2) = E(x_1)E(x_2)(\bmod n)$,这是 RSA 算法的一个重要的缺点。潜在的敌手可以在知道密文 c_1 和 c_2 的明文 m_1 和 m_2 后得到 $c_1 c_2 \bmod n$ 的明文 $m_1 m_2 \bmod n$。此外,敌手还可以通过构造与其想知道的密文 c 相关的信息欺骗合法用户为其解密的方式来获得与 c 对应的明文信息。也就是说对于敏感信息 c,敌手可以通过构造一组与 c 相关的非敏感信息 c' 给合法用户,并假设合法用户通过检查发现所涉及的信息非敏感从而给出解密后的明文 m',则此敌手可以自己根据 m' 计算出敏感信息 c。

这样一种攻击方式的存在,要求用户在使用 RSA 算法加密之前,应该先对明文消息进行处理,通过采用诸如杂凑或单向函数的方式来破坏 RSA 算法的同态性质。

8.3　椭圆曲线密码体制

椭圆曲线密码算法是另外一类重要的公钥密码算法,它基于椭圆曲线上的离散对数问题。与其他算法相比较,这类算法具有两个明显的优点:

1) 算法的密钥长度短,对于带宽和存储的要求比较低,运算效率高,适合在智能卡等计算与存储资源都有限的硬件设备上使用。

2) 所有的用户可以选择使用同一基域 F 上的不同曲线 E,从而可以使所有用户使用相同的硬件来完成域算术,为保证安全性,只要选择不同的椭圆曲线 E。

8.3.1　椭圆曲线概念

所谓椭圆曲线是指由韦尔斯特拉(Weierstrass)方程:

$$E: y^2 + axy + by = x^3 + cx^2 + dx + e$$

所确定的曲线,其中参数 a, b, c, d, e 以及变量 x 和 y 都属于 F,F 是一个域,可以是有理数域、复数域,还可以是有限域 GF(p),椭圆曲线是其上所有点(x, y)的集合,加上一个无限远点,这个无限远点是椭圆曲线的一个特殊点,记为 O,它并不在椭圆曲线 E 上。

例如,曲线 $y^2 = x^3 - x$ 在实数域上所对应的图像如图 8.3.1 所示。

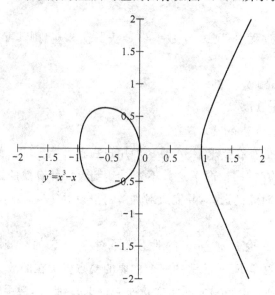

图 8.3.1　实数域上的椭圆曲线

椭圆曲线上的加法运算从 P 和 Q 两点开始,通过这两点的直线在第三点与曲线交叉于点 R,该点的 x 轴对称点 R' 即为 P 和 Q 之和,图 8.3.2(a)可以清楚地说明该过程;当 $P = Q$ 时,则通过这点做与曲线的切线,该条切线与曲线的交叉点 R 的 x 轴对称点 R' 则为 P 和 Q 之和,如图 8.3.2(b)所示。

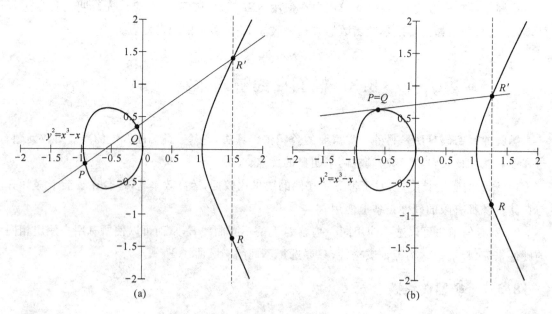

图 8.3.2　椭圆曲线的加法运算

我们归纳椭圆曲线的加法运算特性如下。

➤ 封闭性:两点相加的结果是曲线上的另一点。

➤ 结合性:$(P + Q) + R = P + (Q + R)$。

➤ 交换性:$P + Q = Q + P$。

> ➢ 单位元素:存在加法单位元素 O,使得 $P=P+O=O+P$。
> ➢ 存在逆元素:曲线上每一点都有逆元素,其逆元素对称于 x 轴,单位元素为其本身的逆元素。

在密码学中,普遍使用有限域上的椭圆曲线,即在前面的椭圆曲线方程中,所有的系数都属于某个有限域 GF(p)中的元素,最常用的方程如下:

$$E:y^2=x^3+ax+b(\mathrm{mod}\ p)$$

其中,p 是一个大于 3 的素数,参数 a,b 以及变量 x 和 y 都属于有限域 GF(p),即从 $\{0,1,\cdots,p-1\}$ 取值,且 $4a^3+27b^2(\mathrm{mod}\ p)\neq 0$。该椭圆曲线包括有限个点数 N(称为椭圆曲线的阶,包括无穷远点 O),N 越大,安全性越高。

【定理 8.3.1】 椭圆曲线上的点集合对于如下定义的加法规则构成一个阿贝尔(Abel)群。此加法运算的定义如下:

设 $P(x_1,y_1),Q(x_2,y_2)\in E$,若 $x_2=x_1,y_2=-y_1$,则 $P+Q=O$;否则,$P+Q=(x_3,y_3)$,其中,

$$x_3=\lambda^2-x_1-x_2,\quad y_3=\lambda(x_1-x_3)-y_1$$

且

$$\lambda=\begin{cases}\dfrac{y_2-y_1}{x_2-x_1}, & P\neq Q \\[3mm] \dfrac{3x_1^2+a}{2y_1}, & P=Q\end{cases}$$

此外,对于所有的 $P\in E$ 有

$$P+O=O+P=P$$

在这样一个阿贝尔群中,P 的逆元为 $(x_1,-y_1)$,写作 $-P$。这个阿贝尔群记作 $E_p(a,b)$。

椭圆曲线密码算法的重点在于,一个点 P 与其在这个阿贝尔群上的 k 倍,即 kP 之间的关系。为了直观地表现出这种关系,我们借用实数域上的图形来对此加以解释。

如图 8.3.2(b)所示,$2P$ 所在的点为 R,即经过 P 做一条切线,该切线与椭圆曲线相交的那点沿 x 轴对称的一点即为 $2P$ 所在的位置。那么 $3P$ 是什么? $3P$ 即是 $R+P$,即连接 P 和 R 与曲线的交点关于 x 轴的对称点,依此类推可以得出 kP。

椭圆曲线密码算法的安全性基于如下的问题。

对于给定的两个点 P 和 Q,它们存在关系:

$$P=kQ$$

一个攻击者在拥有点 P 和 Q 的坐标的情况下,计算 k 值是困难的,这一问题被称为**椭圆曲线离散对数问题(ECDLP)**。ECDLP 可以用穷尽查找法来求解,即已知条件点 P 和 Q,将 P 不断自加,直到到达 Q 点。对于一个大的 k,这不会比分解 k 更容易。

在 ECDLP 的基础上,如何对明密文及密钥进行处理以使之构成一个在 Z_p 上的加密系统的方法有多种,不同的方法可以构成不同的加密算法。下面给出其中一种算法的描述。

8.3.2　椭圆曲线密码算法

基于前面所定义的阿贝尔群,现给出一种椭圆曲线密码算法的描述,对其有效性的证明等将不在本书中给出。

假设接收方为 B,发送方为 A,A 需要将消息加密后传送给 B。那么我们首先考虑如何用

椭圆曲线来生成用户 B 的公私钥对,共分为三步。

第一步:构造椭圆群

设 $E: y^2 = x^3 + ax + b (\bmod p)$ 是 GF(p) 上的一个椭圆曲线($p > 3$),首先需要构造一个群 $E_p(a, b)$。方法如下:

对 x 在 GF(p) 上的每一个取值,即 $x = 0, 1, \cdots, p-1$,计算对应的 $x^3 + ax + b (\bmod p)$ 的值,如果对应的结果有一个模 p 的平方根 y,则对应的点 (x, y) 和 $(x, p-y)$ 均在 $E_p(a, b)$ 上;否则,对应的 x 没有相应的点在 $E_p(a, b)$ 上。也就是找到曲线 $x^3 + ax + b (\bmod p)$ 上坐标是整数的所有的点所构成的集合。

第二步:挑选生成元

挑选 $E_p(a, b)$ 中的一个生成元点 $G = (x_0, y_0)$,G 应满足使 $nG = O$ 成立的最小的 n 是一个大素数。

第三步:选择公私钥

选择整数 $k_B (k < n)$ 作为私钥,然后产生其公钥 $P_B = k_B G$,则接收方 B 的公钥为 (E, n, G, P_B),私钥为 k_B。

然后考虑如何利用公私钥对进行加解密的运算(注:以下的运算都是在 $\bmod p$ 下进行的)。

1. 加密过程

1)发送方 A 将明文消息编码成一个数 $m < p$,并在椭圆群 $E_p(a, b)$ 中选择一点 $P_t = (x_t, y_t)$;

2)发送方 A 计算密文 $C = mx_t + y_t$;

3)发送方选取一个保密的随机数 $r(0 < r < n)$,并计算 rG;

4)依据接收方 B 的公钥 P_B,计算 $P_t + rP_B$;

5)发送方 A 对 m 的加密数据 $C_m = \{rG, P_t + rP_B, C\}$。

2. 解密过程

接收方 B 在收到 A 发送过来的加密数据 $C_m = \{rG, P_t + rP_B, C\}$ 后,进行如下操作:

1)使用自己的私钥 k_B 计算:
$$P_t + rP_B - k_B(rG) = P_t + r(k_B G) - k_B(rG) = P_t$$

2)接收方 B 计算:$m = (C - y_t)/x_t$,得到明文 m。

从上面的描述可以看出,攻击者如果想从密文 C 得到明文 m,就必须知道 r 或 k_B,但是,已知 rG 或 P_B 求得 r 或 k_B,都必须去解决椭圆曲线上的离散对数问题。因此,在现有的计算条件下,椭圆曲线密码算法是安全的。

8.3.3 椭圆曲线密码算法实例

下面以一个简单的例子来讲解利用椭圆曲线密码算法进行加密和解密的过程,在实际使用过程中,椭圆曲线的各种参数的长度远远大于例子当中的参数长度。

【例 8.3.1】 设 $E_{11}(2, 4)$ 为我们选取的椭圆密码曲线,即椭圆密码曲线为 $y^2 \equiv x^3 + 2x + 4 (\bmod 11)$,$E_{11}(2, 4)$ 的一个生成元是 $G = (2, 4)$,用户 B 的私钥 $k_B = 2$。设要发送的明文 $m = 8$,椭圆曲线上的点 $P_t = (3, 2)$,求其加解密过程。

解:1)密钥生成

先计算 $P_B = k_B G = 2(2, 4) = (8, 2)$

(注:P_B 的具体计算过程是设 G 为 (x_1, y_1),P_B 为 (x_3, y_3),先求得:

$$\lambda = (3x_1^2 + a)/2y_1 = (3(2^2) + 2)/2 \times 4 \equiv (7 \bmod 11)/4 \equiv 40/4 = 10$$

再计算：

$$x_3 = \lambda^2 - x_1 - x_1 = 10^2 - 2 - 2 \equiv 96 \bmod 11 = 8$$

$$y_3 = \lambda(x_1 - x_3) - y_1 = 10(2 - 8) - 4 \equiv -64 \bmod 11 = 2$$

故 $P_B = (8, 2)$）。

因此，B 的公钥为 $\{E: y^2 \equiv x^3 + 2x + 4 (\bmod 11), G = (2, 4), P_B = (8, 2)\}$，B 的私钥为 $k_B = 2$。

2）加密过程

A 选择随机数 $r = 3$，则得

$$rG = 3(2, 4) = (2, 4) + (8, 2) = (6, 1)$$

$$P_t + rP_B = (3, 2) + 3(8, 2) = (3, 2) + (10, 10) = (2, 7)$$

$$C = mx_t + y_t = 8 \times 3 + 2 \equiv 26 \bmod 11 = 4$$

得加密数据为 $C_m = \{(6, 1), (2, 7), 4\}$。

3）解密过程

B 接收到密文 C_m，使用自己的私钥 $k_B = 2$ 解密消息，过程如下：

$$P_t = P_t + rP_B - k_B(rG) = (2, 7) - 2(6, 1) = (2, 7) - (10, 10) = (2, 7) + (10, 1) = (3, 2)$$

$$m = (C - y_t)/x_t = (4 - 2)/3 \equiv (2 \bmod 11)/3 \equiv 24/3 = 8$$

故解密成功。

8.3.4　椭圆曲线密码算法的安全性

相对于基于有限域乘法群上的离散对数问题的密码体制，椭圆曲线密码算法的安全基础是椭圆曲线上的离散对数问题，这一方法目前还没有发现具有明显的弱点，但也有一些这方面的研究思路，如利用一般曲线离散对数的攻击方法以及针对特殊曲线的攻击方法等。

为了保证椭圆曲线密码算法的安全性，就需要选取安全的椭圆曲线。用于建立密码体制的椭圆曲线的主要参数有 p、a、b、G、n 和 h，其中 p 是域的大小，取值为素数或 2 的幂；a、b 是方程的系数，取值于 $\mathrm{GF}(p)$；G 为生成元；n 为点 G 的阶；特别地还定义参数 h 为椭圆曲线上所有点的个数 N 除以 n 所得的结果。为了较好的建立一个椭圆曲线体制，需要满足大致如下几个条件：

1）p 的取值应尽可能地大，但数值越大，计算时所消耗的时间也越多，为满足目前的安全要求，p 的位数可为 160；

2）n 为大素数，并且应尽可能地大；

3）$4a^3 + 27b^2 \not\equiv 0 (\bmod p)$；

4）为保证 n 的取值足够大，要求 $h \leqslant 4$；

5）不能选取超奇异椭圆曲线和异常椭圆曲线这两类特殊的椭圆曲线。

由于椭圆曲线的离散对数问题被公认为比整数的因子分解以及有限域的离散对数问题要困难得多，因为对于它的密钥长度的要求可以大大降低，这也是该体制运行高效的一个原因。通常而言，160 bit 的椭圆曲线密钥的安全强度就能够达到 1 024 bit RSA 算法的安全强度，这也使之成为目前已知公钥体制中安全强度最高的算法之一。

8.4 NTRU 公钥密码

传统公钥算法在无线通信安全领域的使用还不是很广泛,主要原因是手机终端上的计算和存储资源上的限制,使得这些算法在手机终端上的运行速度难以满足某些应用的要求。因此,对快速公钥系统的研究是当前公钥系统研究的一个热点。

NTRU(number theory research unit)是一种基于多项式环的加密系统,其加、解密过程是基于环上多项式代数运算和对数 p 及 q 的模约化运算,它很好地解决了公钥密码体制的最大瓶颈——速度问题,使得它适合于安全性要求、体积、成本、内存及计算能力等受限的电子设备。近年来,NTRU 算法引起了许多密码学家的讨论,它是目前为止已知的最快速的公钥密码算法之一。

NTRU 是 1995 年由 J. Hoffstein、J. Pipher 和 J. Silverman 发明的一种密码算法。由于 NTRU 只使用了简单的模乘法和模求逆运算,因此它的加解密速度快,密钥生成速度也快,而且 NTRU 是迄今为止唯一的增加格的维数而不损害其实用性的格密码体制。在数学上 NTRU 要比 RSA 或 ElGamal 密码复杂,由于它的复杂性较高和出现的时间相对较短,因此,国内外密码学界对 NTRU 的安全性始终不是很清楚,对它的研究还在继续。NTRU 也存在一些缺点,比如它虽然能够实现概率加密却存在解密失败的问题,虽然人们对它进行了改进,然而这却大大损伤了该算法的简洁性。另外,与 RSA 或 ECC 相比,NTRU 算法需要更大的带宽和更大的密钥空间。例如,对应于公钥长度为 1 024 bit 的 RSA,NTRU 的公钥长度为其两倍。但是,这种差异会随着安全性级别的增大而降低。

虽然密码学界对 NTRU 提出了各种各样的攻击,但是这些都没有对它造成致命的威胁,据密码学家研究称,只有当量子计算机得到应用时,NTRU 密码算法才有可能被破解,而 RSA 和普通的 ElGamal 密码一定已经被破解了。因此尽管 NTRU 的安全性仍然是一个公开问题,但它已经吸引了人们极大的兴趣,被"有效的嵌入式安全标准"和 IEEE 1363.1 标准所考虑。

8.4.1 NTRU 基于的困难问题

Diffie 和 Hellman 提出应利用计算的复杂性设计加密算法,并指出可利用格理论以及 NP-C 问题构造密码系统。此后的各种公钥系统设计均遵循这一原则,而 NTRU 算法正是基于格理论在密码学上的重要应用。

格在不同的领域有不同的定义。在代数系统中,格通常定义为:设 $<L,\leqslant>$ 是一个偏序集,如果对任意 $a,b\in L,\{a,b\}$ 都有最大下界和最小上界存在,则称 $<L,\leqslant>$ 是格,这时 $<L,\leqslant>$ 可简写成 L。

而 NTRU 系统中所涉及的格的概念不同于上述的代数格,而是一个定义在 n 维欧式空间上的离散子群。设 R^m 是一个 m 维的欧式空间,则 $R^m(m\geqslant n)$ 上由 n 个线性无关的向量 $a_1,a_2,\cdots,a_m$ 的所有整数线性组合的集合

$$L(a_1,a_2,\cdots,a_m)=\Big\{\sum_{i=1}^{n}x_ia_i:x_i\in \mathbf{Z}\Big\}$$

构成了 R^m 的一个格。$B=(a_1,a_2,\cdots,a_m)$ 称为格 L 的一组基,维数为 m,秩为 n。若 $m=n$,则

称格 $L(a_1,a_2,\cdots,a_m)$ 是满维的。

简单来说，NTRU 是基于高维格中寻找一个短向量的困难问题（SVP），即给定一项多项式 $h(x)=F_q * g(x)(\bmod q)$，其中 F_q 是多项式 $f(x)$ 在模 q 时的逆元，$f(x)$ 和 $g(x)$ 的系数相对于 q 来说是小的，在适当参数设置下，如果仅知道 h，恢复出多项式 $f(x)$ 或 $g(x)$ 是困难的。

8.4.2　NTRU 算法描述

1. 密钥生成

在 NTRU 公钥密码体制中，接收方需要生成一组公钥/私钥对。

第一步：选择公开参数。 选择正整数参数 N,p,q，其中 p,q 不必为素数，但是它们之间必须互素，且满足 $\gcd(N,pq)=1$。

第二步：选择多项式 $f(x)$ 和 $g(x)$。 由接收方选择两个小系数多项式 f 和 g，其中模 q 的随机多项式的系数一般随机地分布在区间 $[0,q]$ 上，而所谓的小系数多项式的系数相对于模 q 的随机多项式要小得多。接收方需对多项式 $f(x)$ 和 $g(x)$ 保密，因为任何一个多项式信息泄露都可能导致密文被破解。

第三步：计算逆元 $F_p(x)$ 和 $F_q(x)$。 接收方计算多项式 $f(x)$ 在模 p 和模 q 时的逆元 $F_p(x)$ 和 $F_q(x)$，即：$F_p(x) * f(x)=1(\bmod p,\bmod x^N-1)$ 和 $F_q(x) * f(x)=1(\bmod q,\bmod x^N-1)$。如果 $f(x)$ 的逆不存在，接收方需要重新选取 $f(x)$。

第四步：计算公钥。 计算 $h(x)=F_q(x) * g(x)(\bmod q,\bmod x^N-1)$，多项式 $f(x)$ 和 $F_p(x)$ 为私钥，$h(x)$ 作为公钥。

2. 加密过程

假设发送者发送一条明文消息 $m(x)$ 给接收者，$m(x)$ 是次数为 $N-1$ 的多项式，具有模 p 约简的系数（可以理解为系数的范围在 $(-p/2,p/2]$ 内。）发送方随机选择一个次数为 $N-1$ 的多项式 $r(x)$ 并计算：

$$c(x)=pr(x) * h(x)+m(x) \ (\bmod q,\bmod x^N-1)$$

然后将其发送给接收方。

3. 解密过程

假设接收者收到加密消息 c，首先计算多项式 $a(x)$：

$$a(x)=f(x) * c(x)(\bmod q,\bmod x^N-1)$$

接着计算：

$$d(c)=F_p(x) * a(x)(\bmod p,\bmod x^N-1)$$

$d(c)$ 就是解密后的明文。

4. 说明

这里的加法＋，是通常的多项式加法。

这里的乘法 ＊，是比较特殊的乘法。设 R 为关于 x 的多项式的集合，具有整数系数和严格比 N 小的次数，乘法 ＊ 表示：

$$x^i * x^j=x^{i+j(\bmod N)}$$

也就是：

$$\left(\sum_{0\leqslant i<N} a_i x^i\right) * \left(\sum_{0\leqslant j<N} b_j x^j\right)=\sum_{i,j} a_i b_j x^{i+j(\bmod N)}$$

$$=\sum_{0\leqslant k<N}\left(\sum_{i+j=k(\bmod N)} a_i b_j\right)x^k$$

尽管不是很容易看出来,但该乘法还是满足交换律、结合律和分配律。

此外,算法还会涉及模 p 约简和模 q 约简运算,这是指分别对多项式的系数作模 p 或 q 的约简。我们可以写作:

$f(x)(\bmod p)=$ 系数经过模 p 约简的多项式 $f(x)$

$f(x)(\bmod q)=$ 系数经过模 q 约简的多项式 $f(x)$

5. 解密原理

因为

$a(x)=f(x) * c(x)(\bmod q, \bmod x^N-1)$

$\quad = f(x) * (pr(x) * h(x)+m(x))(\bmod q, \bmod x^N-1)$ （根据加密的定义）

$\quad = f(x) * (pr(x) * F_q(x) * g(x)+m(x))(\bmod q, \bmod x^N-1)$ （根据 h 的构造）

$\quad = f(x) * pr(x) * F_q(x) * g(x)+f(x) * m(x)(\bmod q, \bmod x^N-1)$（根据分配律）

$\quad = f(x) * F_q(x) * pr(x) * g(x)+f(x) * m(x)(\bmod q, \bmod x^N-1)$（根据交换律）

$\quad = 1 * pr(x) * g(x)+f(x) * m(x)(\bmod q, \bmod x^N-1)$（根据 F_q 模 q 的可逆特性）

$\quad = pr(x) * g(x)+f(x) * m(x)(\bmod q, \bmod x^N-1)$

考虑多项式 $pr(x) * g(x)+f(x) * m(x)$,只要参数的选取适当,我们几乎可以确保多项式 $pr(x) * g(x)+f(x) * m(x)$ 每一项的系数都在 $(-q/2, q/2]$ 上,也即

$$a(x)=pr(x) * g(x)+f(x) * m(x)(\bmod x^N-1)$$

将 $a(x)$ 再 $(\bmod p)$ 得到

$$a(x)=f(x) * m(x)(\bmod p, \bmod x^N-1)$$

则解密操作后得到

$d(c)=F_p(x) * a(x)(\bmod p, \bmod x^N-1)$

$\quad = F_p(x) * f(x) * m(x)(\bmod p, \bmod x^N-1)$

$\quad = 1 * m(x)(\bmod p, \bmod x^N-1)$ （根据 F_p 模 p 的可逆特性）

$\quad = m(x)$

8.4.3 NTRU 算法举例

设 $N=5, p=3, q=16, f(x)=x^4+x-1, g(x)=x^3-x$,则接收方 B 可以提前求出

$$F_p(x)=x^3+x^2-1$$
$$F_q(x)=x^3+x^2-1$$
$$h(x)=-x^4-2x^3+2x^2+1$$

这样可以得到:

公钥

$$(N, p, q, h)=(5, 3, 16, -x^4-2x^3+2x^2+1)$$

对应的私钥为

$$(f, F_p)=(x^4+x-1, x^3+x^2-1)$$

设发送方 A 要发出的消息 M 的多项式表示形式为 $m(x)=x^2-x+1$,发送方在进行加密的时候随机选取多项式 $r(x)=x-1$,则加密后的密文为

$c(x)=pr(x) * h(x)+m(x)=-3x^4+6x^3+7x^2-4x-5(\bmod 16, \bmod x^5-1)$

B 收到密文进行解密时,需要先计算 $a(x)=f(x) * c(x)=4x^4-2x^3-5x^2+6x-2(\bmod 16, \bmod x^5-1)$,进而计算出明文 $m(x)=F_p(x) * a(x)=x^2-x+1(\bmod 3, \bmod x^5-1)$,从而恢复出消息 M。

8.5　本章小结

与对称密码体制不同,公钥密码体制需要有两个密钥,一个为公钥,另一个为私钥。另外,与其他加密法依靠复杂的替换和置换过程来实现安全性不同,公钥密码算法是依靠求解某些数学问题的难度来保证安全的。最后,与对称密码算法相比,一般来说,同样安全级别的公钥密码算法的运算速度较慢,而需要生成的复杂密钥的长度比较大。

正是由于以上原因,公钥密码算法在加密一个大文档时,效率不高,常常是分组密码算法的 1/10 或 1/100。但是分组密码算法的问题是要在多用户系统中,特别是用户数较多的情况下,在任意两个用户之间安全传递密钥很困难。因此,常常使用公钥密码算法来传递通信密钥,而采用对称密码算法保护数据。此外,公钥密码算法也用来生成对信息的签名,防止对信息进行篡改或对信息来源进行认证。相关内容将在后续章节中详细描述。

8.6　习　　题

(1) 仿照第 3 章给出的密码体制的基本概念,给出公钥密码体制的定义。

(2) 使用 RSA 算法采用下面几组数据实现加密和解密:

a) $P=3; q=11, e=7; M=5$

b) $P=7; q=11, e=17; M=8$

c) $P=17; q=11, e=7; M=88$

(3) 在使用 RSA 算法的公钥密钥系统中,若密文 $C=10$,并且公钥 $e=5, n=35$,则对应的明文为多少? 这说明什么问题?

(4) 设 $p=43, q=59, n=pq=2\,537$。设公钥 $(n, e)=(2\,537, 13)$,求私钥 (p, q, d)。

利用英文字母表的顺序: a 为 01, b 为 02, …, y 为 24, z 为 25,求出用上述参数对明文 public 使用 RSA 加密的密文。

(5) 设 $p=11, E$ 是由

$$y^2 = x^3 + x + 6 \pmod{11}$$

所确定的有限域 Z_{11} 上的椭圆曲线。设椭圆曲线密码体制中的 $\alpha=(2, 7)$,解密私钥 $d=7$,试求:

a) $\beta = d\alpha$;

b) 对明文 $x=(10, 9)$ 加密的密文;

c) 将密文恢复成明文。

第 9 章

数 字 签 名

在大型通信网络安全中的密钥分配、认证以及电子商务系统中，信息除了需要保证机密性外，还需要具有可认证性、完整性、不可否认性以及匿名性等其他基本安全要求，数字签名作为这些基本安全要求的实现手段之一，在现代密码学中具有重要意义。本章将首先介绍数字签名的基本概念，然后介绍 RSA 和 DSS 两种常用的数字签名体制，最后介绍一些特殊用途的数字签名方法，如一次性数字签名、群签名、盲签名和多重数字签名。

9.1 数字签名的基本概念

简单地说，**数字签名**是指基于密码算法的一种电子签名，签名信息是采用一套规则和一系列参数通过某种运算得到的，通过它可以认证签名者的身份和验证电子文档或数据的完整性。

数字签名(digital signature)的概念来源于手写签名，后者常用于政治、军事、外交等的文件、命令和条约，商业中的协议及个人之间的书信等，以便在法律上能认证、核准和生效。随着计算机和通信网的发展，人们希望通过电子设备实现快速、远距离的交易，数字(或电子)签名法应运而生，并开始用于商业通信系统，如电子邮递、电子转账、电子商务、电子政务等系统。

数字签名与手写签名有类似之处，它们都需要满足：收方能够确认或证实发方的签字，但不能伪造；发方发出签字的内容给收方后，就不能再否认它所签发的内容；收方对已收到的签字内容不能否认，即有收报认证；必要时，第三方可以确认收发双方之间的签字内容，但是不能伪造这些内容。（注，上面的"内容"两字，如果是手写签名，可以理解为纸质文件，如果是数字签名，可以理解为电子文档或数据。）

数字签名与手写签名又有许多区别，不能把它们进行简单的对应。首先，在数字签名中，签名同消息是分开的，需要一种方法将签名与消息绑定在一起，而在手写签名中，签名被认为是被签名消息的一部分；其次，在签名验证的方法上，数字签名利用一种公开的方法对签名进行验证，任何人都可以对签名进行验证，而手写签名是由经验丰富的接收者通过与以前的签名相比较来验证；再次，数字签名和所签名的消息能够在通信网络中传输，而手写签名只能使用传统的安全方式传输；最后，对手写签名的复制比较困难，而对数字签名的复制非常容易，因此，在数字签名方案的设计中要预防签名的重用。

为了满足在网络环境中身份认证、数据完整性和不可否认性等需求，数字签名必须具有如下的几个重要特性：

1) 可信性。即签名的接收方可以方便地验证出签名的真伪。手写签名是通过与一个真实的签名进行比对的方式来进行验证的，这样的验证方法所得到的结论难以保证正确。数字签名通过一个专门的验证算法能够有效地验证出签名的正确与否。

2）不可伪造性。即除了合法的签名生成人之外,任何人都无法伪造出这一签名。

3）不可复制性。即对于某一条消息的签名,任何一方都不能拿来将此签名用作对于另一条消息的签名。这也就是说任何人都能够轻易地发现这种对于某条签名的"挪用"行为。

4）不可抵赖性。即一旦签名生成并被发送出去,签名的生成者将不能否认自己的签名。

5）不可修改性。即一旦完成签名,则对被签名消息的任何修改都能够被轻易发现。也就是说,对于被签名消息的任何修改都能够造成对该消息在修改前后所生成的签名之间的明显差别。

通常,根据接收者验证签名的方式,可以将数字签名分成两大类——真数字签名和仲裁数字签名。真数字签名就是签名的接收方在收到签名之后能够独立地验证签名的真伪而不必借助于其他的任何人;仲裁数字签名则是指接收者不能够独立地来完成签名的验证工作,而是需要与一个可信的第三方(即仲裁者)合作来完成验证的过程。

根据数字签名实现的方法,又可以将数字签名分为采用对称加密算法的数字签名和采用公钥加密算法的数字签名两种。采用对称加密算法的数字签名技术需要签名的生成方和验证方都持有相同的(或者可以互相推导的)签名密钥来完成签名的生成和验证的过程。这样的一种方式容易导致所持有的密钥外泄,并存在伪造的可能,因此其安全性并不高。而采用公钥加密算法的数字签名由于任何人都无法从公钥推导出私钥,因此密钥外泄的可能性要低很多。当然这类数字签名技术的运行速度要比采用对称加密算法的数字签名慢很多。

一个采用公钥加密算法的数字签名算法的运行过程大致如下:

1）发送方首先对所要发送的数据信息采用单向函数进行运算,获得其摘要,然后使用私钥对这段摘要进行加密,将加密结果作为数字签名附在所要发送的数据信息之后一并发出。

2）接收方通过一个可信赖的第三方——证书机构(CA,certification authority)获得发送方的公钥,对接收到的数字签名进行解密,得到摘要。

3）接收方采用相同的单向函数计算所获得的数据信息的摘要,并将两个摘要进行比对,以判断签名是否有效。

9.2　常用数字签名技术简介

常用的公钥数字签名方案主要有 RSA 数字签名方案和 DSS 数字签名标准,本节将对这两种方案分别作介绍。

9.2.1　RSA 数字签名方案

一般的数字签名方案通常由签名算法和验证算法两部分组成,其中签名算法可以是保密的,也可以是公开的,而验证算法则必须是公开的,并且验证者可以通过这个公开的验证算法直接判断签名是否正确。

RSA 数字签名方案在其运行过程中采用了前面所讲过的 RSA 公钥密码算法,但在作为签名方案使用时与作为加密算法使用时的方式有所不同。在作为加密算法使用的时候,发送方使用接收方的公钥对信息进行加密,接收方利用自己的私钥来解密信息;而在作为签名方案使用的时候,发送方使用自己的私钥对信息进行加密,接收方使用发送方的公钥来解密信息进行验证。其具体过程如下。

1. 算法描述

1）初始化

任意选取两个大素数 p 和 q，计算乘积 $n=pq$，以及欧拉函数值 $\varphi(n)=(p-1)(q-1)$；随机选择一个整数 e，满足 $1<e<\varphi(n)$，e 与 $\varphi(n)$ 互素；计算整数 d，使得 $ed\equiv 1\bmod\varphi(n)$。公开 n、e 的值作为公钥，而 p、q 和 d 保密。

2）签名过程

设需要签名的消息为 x（$x\in \mathbf{Z}_n$），发送方的私钥为 d，计算

$$\mathrm{Sig}_K=x^d\bmod n$$

则 Sig_K 即为对消息 x 的签名。

3）验证过程

设接收方收到的签名消息为 y，利用发送方的公钥 e 对签名进行验证：

$$\mathrm{Ver}_K(x,\ y)=\mathrm{TRUE}\Leftrightarrow x\equiv y^e\bmod n,\quad x,y\in \mathbf{Z}_n$$

若 $\mathrm{Ver}_K(x,\ y)=\mathrm{TRUE}$，则签名有效；否则签名无效。

2. 正确性证明

由 $ed\equiv 1\bmod\varphi(n)$ 可得 $ed=k\varphi(n)+1$，其中 $k\in \mathbf{Z}_n$，于是，根据签名和验证算法有

$$y^e\bmod n=(\mathrm{Sig}_K)^e\bmod n=x^{ed}\bmod n=x^{k\varphi(n)+1}\bmod n=x$$

3. 算法举例

1）初始化

假设选取两个素数 $p=7$，$q=11$，则 $n=7\times 11=77$，$\varphi(n)=(7-1)(11-1)=60$。随机选择一个与 $\varphi(n)$ 互素的整数 $e=13$，由 $ed\equiv 1\bmod\varphi(n)$ 可以计算出 $d=13^{-1}\bmod 60=37$。

2）签名过程

假设待签名消息的值 $x=6$，则计算签名 $\mathrm{Sig}_K=x^d\bmod n=6^{37}\bmod 77=41$。

3）验证过程

接收方收到签名后，计算 $y^e\bmod n=41^{13}\bmod 77=6=x$，因此该签名是有效的。

如果某发送者使用密钥 d 来对一个消息签名，则他是能唯一产生这个签名的人，因为 d 是保密的，只有这个人自己能够知道 d 的值。而对于任何一个接收者来说，由于 e 是公开的，因此他能够验证这个签名的真伪，即任何人都能够验证这个签名。RSA 算法本身的安全性和有效性以及单向函数的特性共同保证了 RSA 数字签名方案具有数字签名方案所必需的五个重要属性，即签名的可信性、不可伪造性、不可复制性、不可抵赖性和被签名消息的不可修改性。

9.2.2　DSS 数字签名标准

DSS 数字签名标准是在 ElGamal 1985 年基于离散对数问题提出的一个既可用于加密又可用于数字签名的密码体制的基础之上改进而来的一种数字签名方案，该方案已经被美国国家标准技术研究所（NIST）采纳。这种方案本身是一个非确定性的算法，这也就意味着对于任何给定的消息将有许多合法的签名。

DSS 算法的具体过程如下。

1. 算法描述

1）初始化

选取两个大素数 p 和 q，满足 $p-1$ 能够被 q 整除；再选择一个整数 h，计算 $g=h^{(p-1)/q}\bmod p$，

满足 $h \in \mathbf{Z}_p^*$，且 $h^{(p-1)/q} \bmod p > 1$；随机选取一个正整数 $x(0 < x < q)$ 作为私钥，并计算 $y = g^x \bmod p$，(p, q, g, y) 作为公钥；选择单向散列函数 $H(x)$，标准中规定为 SHA-1 算法。

2）签名过程

假设待签名的消息为 $M(M \in \mathbf{Z}_p^*)$，签名者选择随机数 k，$0 < k < q$；计算

$$r = (g^k \bmod p) \bmod q$$

$$s = k^{-1}[H(M) + xr] \bmod q$$

则 (r, s) 即为对消息 M 的签名。

3）验证过程

接收方收到消息 M 和签名值 (r, s) 后，进行以下步骤：

$$w = s^{-1} \bmod q$$

$$u = [H(M)w] \bmod q$$

$$t = (rw) \bmod q$$

$$v = [(g^u y^t) \bmod p] \bmod q$$

当 $v = r$ 时，认为签名有效。

2. 正确性证明

根据签名和验证算法有

$$v = [(g^u y^t) \bmod p] \bmod q = [(g^{H(M)w} y^{rw}) \bmod p] \bmod q$$

$$= [(g^{H(M)w} g^{xrw}) \bmod p] \bmod q$$

$$= [g^{[H(M) + xr]w} \bmod p] \bmod q = (g^{skw} \bmod p) \bmod q = (g^k \bmod p) \bmod q = r$$

3. 算法举例

1）初始化

假设选取两个素数 $p = 29$，$q = 7$，其中 $(p-1)/q = 4$。

选择随机数 $h = 5$，计算 $g = h^{(p-1)/q} \bmod p = 5^4 \bmod 29 = 16$。

然后再选取一个随机数 $x = 3(0 < x < q - 1)$，并计算 $y = g^x \bmod p = 16^3 \bmod 29 = 7$。

则公钥为 $(29, 7, 16, 7)$，私钥为 $x = 3$。

2）签名过程

假设待签名消息的散列值 $H(M) = 11$。

选取随机数 $k = 4$，计算

$$r = (g^k \bmod p) \bmod q = (16^4 \bmod 29) \bmod 7 = 3$$

$$k^{-1} \bmod q = 4^{-1} \bmod 7 = 2$$

于是

$$s = k^{-1}[H(M) + xr] \bmod q = 2 \times (11 + 3 \times 3) \bmod 7 = 5$$

得到消息 M 的签名为 $(r = 3, s = 5)$。

3）验证过程

接收方计算

$$w = s^{-1} \bmod q = 5^{-1} \bmod 7 = 3$$

$$u = [H(M)w] \bmod q = (11 \times 3) \bmod 7 = 5$$

$$t = (rw) \bmod q = (3 \times 3) \bmod 7 = 2$$

$$v = [(g^u y^t) \bmod p] \bmod q = (16^5 \times 7^2 \bmod 29) \bmod 7 = 3$$

因为 $v = r$，因此该签名是有效的。

在修改后的 DSS 方案中，NIST 建议 p 的长度为 512～1 024 bit，并且长度应为 64 的倍数，q 为 160 bit 长度的 $p-1$ 的素因子。

9.3 特殊数字签名

数字签名的应用，常常因为一些特殊场合的应用而需要满足一些特殊的需求，因此，出现一些特殊的数字签名方案，这些方案是在基本的数字签名技术的基础上，针对那些特殊要求进行了扩展。例如，数字签名机构至多只能对一个消息进行签名，产生了一次性数字签名；为了允许一个团体的成员以团体的名义进行签名，产生了群签名；为了实现签名权的安全传递，产生代理签名；为保护信息拥有者的隐私，产生了盲签名；为了实现多人对同一个消息的签名，产生了多重签名等。本节简单介绍这几种常见的特殊数字签名。

9.3.1 一次性数字签名

一次性数字签名是一种比较特殊的签名方式，它可以以任意的单向函数来构造，但只能签一个消息，当然对于签名的验证可以是任意次的。下面描述一个演示性的一次签名方案：

$P=\{0,1\}^k$，其中 k 是正整数，f 是一个 $Y \rightarrow D$ 的单向函数，$A=Y^k$。在 Y 中随机选择 $2k$ 个元素 $y_{i,j}$，设 $z_{i,j}=f(y_{i,j})$，保密所有的 $y_{i,j}$，公开全部 $z_{i,j}$。

定义签名算法：

$$\text{Sig}(x_1, x_2, \cdots, x_k) = (y_{1,x_1}, y_{2,x_2}, \cdots, y_{k,x_k}) = (a_1, a_2, \cdots, a_k)$$

定义验证算法：

$$\text{Ver}(x_1, x_2, \cdots, x_k, a_1, a_2, \cdots, a_k) = \text{TRUE} <=> f(a_i) = z_{i,x_i}$$

这个方案中的单向函数可以利用离散对数问题或对称密码体制来构造。此算法只能用于一次数字签名，这是因为由于 P 的范围所限，当有攻击者截获对两个不同消息的签名以后，将可以利用这两个签名的差异来构造出其他的合法签名。例如，当攻击者获得消息 $(1, 0, 1)$ 和 $(1, 1, 0)$ 的签名后，就可以构造出消息 $(1, 1, 1)$ 和 $(1, 0, 0)$ 的合法签名。

9.3.2 群签名

群签名问题是针对一个团体内部的多个成员的一种签名方式。它允许一个团体的成员以团体的名义进行签名，但当出现纠纷时，可以通过可信第三方或者通过联合所有团体成员的方式来查出导致纠纷的团体成员。一个群签名方案的参与者一般包括组（团队）、组成员、验证者和权威第三方，方案由签名算法、验证算法和识别算法三部分组成，其中的识别算法用于在出现纠纷的时候寻找出涉及的组成员。

群签名方案一般具有如下的几个特点：

1) 只有合法的组成员才能够产生正确的群签名；

2) 签名的验证者能够验证签名的有效性；

3) 签名的验证者无法根据其所得到的知识识别出产生这个群签名的组成员个体；

4) 一旦发生争议，可以通过权威第三方或者是所有组成员的联合来找到实际的签名成员个体。

群签名的一个现实的应用场景是大型项目的招标工作。所有参与投标的公司可以共同组成一个组,每一个公司都是这个组的一个成员。所有成员用群签名的方式对自己的标书进行签名,当相关人员选定某标书时,他并不能够从中获知所投标书归属于哪家公司,从而保证了标书的匿名性;同时如果有哪家中标的公司想反悔抵赖,通过对群签名的检查也仍可以找到这家公司。

自群签名的概念提出以来,许多不同的群签名方案也随之产生。KPW96 采用了 RSA 算法的初始化方法,选取了大素数 p、q,计算 n、e 和 d,满足 $n=pq=(2kp'+1)(2kq'+1)$ 且 $ed \equiv 1 \bmod \varphi(n)$,$k$、$p'$、$q'$ 也为素数。结合了散列函数 h,得到群公钥 $(n, e, g, k, h, \mathrm{ID}_G)$ 和群私钥 (d, p', q')。利用离散对数的困难性把各个参数结合起来,签名时计算 $r=h(g^u t^e \bmod n, m)$ 以及 $s_1 = u + k_A r \bmod k$,$s_2 = t x_A r \bmod n$ 得到群签名 (r, s_1, s_2)。其中 u, t 是签名方选取的随机数,k_A 和 x_A 是签名方所持有的私钥。该方案的缺点是难以抵抗联合攻击。

大多数群签名方案中,群签名的长度或公钥的长度都随着成员的个数呈线性增长。Camenish 和 Stadler 首次提出了适用于大型群体的群签名方案。该方案是也是基于 RSA 公钥体制的,同时还运用了 Schnorr 签名体制及双重离散对数的知识签名和离散对数的 e 次根的知识签名。Ateniese 等人提出的 ACJT 群签名方案则基于强 RSA 假设和 DDH 假设,在不改变群的公开密钥的情况下自由地增加新成员,并且签名长度和算法计算量均不随成员数量的增加而增加。

此外,还有基于双线性对的群签名方案和环签名方案等,这些方案的研究涉及了群签名和普通数字签名的相互转化,取得了丰硕的成果。

9.3.3　代理签名

代理签名是指在一个签名方案中,原始签名人授权他的签名权给代理签名人,然后让代理签名人代表原始签名人生成有效的签名。原始签名人能够有效控制代理签名人的权限,并能阻止代理权限的任意传递。

代理签名按照原始签名人给代理签名人的授权形式可分为三种:完全委托代理签名、部分授权代理签名和具有证书的代理签名。其中完全代理签名由原签名人直接把自己的私钥通过安全信道发送给代理签名人,由代理签名人产生的签名和原始签名人产生的签名是不可区分的,因而不能制止签名滥用,安全性较低。部分代理签名则由原始签名人计算出一个新的代理私钥,并通过安全信道传递给代理签名人。用这个代理私钥产生的签名与原始签名人用自己的私钥产生的签名是不同的。具有证书的代理签名中,代理签名人使用证书和自己的私钥来生成代理私钥,签署时将把此证书包含在签名中,验证者在验证代理签名时首先检查其证书,判断代理授权是否有效。

授权的方式,产生代理签名密钥对的方式以及通信中使用的安全信道等问题是代理签名的关键,对代理签名的安全性有着直接的影响。

目前对代理签名的研究主要集中在部分代理签名和具有证书的代理签名,两者之间并没有严格的界限,具有证书的部分代理签名则结合了代理签名和具有证书的代理签名的优点,提供了可接受的执行效率和合理的授权规则。

在众多代理签名方案中,按照其涉及的数学问题进行归类。其中基于离散对数的代理签名方案均可以移植到椭圆曲线中去。典型的代理签名方案主要有 M-U-O 代理签名方案,Kim、Park 和 Won 提出的 K-P-W 代理签名方案,Petersen 和 Horster 提出的 PH 代理签名方案等,其中 K-P-W 方案的主要思想是原始签名人使用 Schnorr 签名体制对证书进行签名,来指定代理签名人的权利范围,然后对消息 m 生成普通的数字签名 Sig_K,验证时验证者使用代理签名值,原始签名者和代理签名者的公钥来计算代理公钥,最后用相应的签名验证算法验证代理签名的有效性。

PH 代理签名方案则使用了弱的盲签名,不需要代理者私钥,能够很好地隐藏代理者的身份。Shum 和 Wei Victor 也提出了一种强代理方案来实现匿名代理签名,通过一个匿名中心将代理者的私钥进行某种运算,所得的结果写入授权证书并进行盲化来隐去私钥信息,必要时可由匿名中心揭示代理人身份,但该方案需要可信第三方的参与。

9.3.4 盲签名

盲签名是另外的一种比较特殊的数字签名方式。通常签名人在对消息进行签名的时候总是已经对消息的内容完全了解了,但在有些情况下,则需要签名人在对所要签署的消息内容不了解的情况下进行,这样的签名就是盲签名。

为了实现盲签名过程,需要在签名人获得所要签署的文件之前对该文件进行所谓的"盲变换",并在完成签名之后对所签署的数据进行"解盲变换"。然而若要使这样的一个过程可行,必须保证签名算法和盲变换/解盲变换算法是可交换的,否则解盲变换后所得到的文件将"面目全非"。

然而另一方面,如果签名的请求人想利用签名人盲签名的特点进行欺诈行为的话,上述的盲签名过程并不能够有效地保护签名者的利益。为了避免这种恶意情况的发生,就需要让签名者对所签署的文件有所了解,但又并不知道其中的内容,即其所了解到的知识并不足以让他了解到所签的内容同时又使他不至于受到他人的攻击,或者使得他人进行攻击的代价大于其所能获得的收益。

更为通俗地看,可以将盲变换算法看作是一个不透明的特殊信封,对文件进行盲变换就相当于将此文件放到这个信封里,而解盲变换则可以看作是从信封中拿出文件。而进行盲签名的过程就相当于信封是由复写纸材料制成的,并在信封上对信封里面的文件进行签名。

盲签名在电子现金和电子选举等领域有着广泛的应用前景,也是当前研究的热点。目前针对因子分解问题、离散对数问题、二次剩余问题等均提出了多种盲签名方案。Chaum 在首次提出盲签名时,给出了一个基于 RSA 的盲签名方案,初始化与 RSA 算法相同,签名时发送方随机选取整数 k 与 n 互素,计算盲化消息 $\widetilde{m}=h(m)k^e \bmod n$,并发送给签名者 B,由 B 来计算 $\widetilde{s}=\widetilde{m}^d \bmod n$ 并发送给 A,A 计算 $s=k^{-1}\widetilde{s} \bmod n$ 去盲,所得 s 即为 B 的签名。

Camenisch 等人基于离散对数问题提出了两个盲签名方案,其中一个使用了 Nyberg-Rueppe 签名体制。签名人选择大素数 p,q,且 $q|(p-1)$,g 是 $\mathbf{Z}_p^*$ 的一个生成元。选取私钥 $x \in \mathbf{Z}_p^*$,计算 $y=g^x \bmod p$。签名时,签名者 B 任取整数 $\widetilde{k} \in \mathbf{Z}_q^*$,计算 $r=g^{\widetilde{k}} \bmod p$ 并发送给消息拥有者 A,A 选取 $\alpha,\beta \in \mathbf{Z}_q^*$,计算 $r=mg^{\alpha}r^{\beta} \bmod p$,$\widetilde{m}=r\beta^{-1} \bmod q$,并将 $\widetilde{m}$ 发送给 B。随后 B 利用私钥 x 计算 $\widetilde{s}=\widetilde{k}+\widetilde{m}x \bmod q$ 再发送给 A,于是 A 由 $s=\widetilde{s}\beta+\alpha \bmod q$,得到 m 的盲签名 (r,s)。

关于盲签名的另一个重要的研究方向是将盲签名和其他签名结合起来,如代理盲签名、多重盲签名、公平盲签名等,在此就不再详述了。

9.3.5 多重数字签名

多重数字签名方案是一种能够使得多个用户对同一消息进行签名的数字签名方案,根据其实施过程的不同,可以分为广播多重数字签名方案和顺序多重数字签名方案。

1. 广播多重数字签名方案

在广播多重数字签名方案中,参与者包括发起者、签名者、验证者和签名的收集者。在进行签名的时候,首先由签名的发起者将所要签名的消息同时发送给所有的签名者,各个签名者对消息进行签名后,由签名的收集者将所有签名收集起来并进行整理,之后由签名的验证者来验证多重签名的有效性。

典型的广播多重签名方案主要有基于 ElGamal、RSA 的广播多重签名方案,以及 Harn 广播多重签名方案。

ElGamal 方案中,每一位签名者 U_i 任取 $x_i(0 < x_i < p)$ 作为私钥,并计算 $y_i = g^{x_i} \bmod p$ 作为公钥。消息发送方 U_l 向 U_i 发送消息,U_i 随机选取 $k_i(0 < k_i < p)$ 并计算 $r_i = g^{k_i} \bmod p$,然后发送给其他的签名者 $U_j(j \neq i)$。U_j 收到 r_i 后计算 $R = \prod_{i=1}^{n} r_i^{r_i} \bmod p$ 再计算 $s_i = (R + h(m))x_i - r_i k_i \bmod (p-1)$,将签名 $(m, (r_i, s_i))$ 发送到签名收集者 U_c,U_c 计算 R 并验证方程 $y_i^{R+h(m)} = r_i^{r_i} g^{s_i} \bmod p$,若方程成立,则接着计算 $s = s_1 + \cdots + s_n$,得到多重签名 $(m, (s, R))$。签名验证者使用等式 $Rg^s = (y_1 \cdots y_n)^{R+h(m)}$ 来验证签名的有效性。

Harn L. 简化了 ElGamal 签名方案中的签名产生过程,并加快了其验证过程,该方案有一个阈下信道允许签名隐藏任何秘密信息。两个 ElGamal 类型的多重群签名方案可以联合所有的单独签名成为一个多重签名,但不能对签名者进行分辨。Harn L. 针对这一问题提出了一个改进方案,不直接对相同的消息 m 进行签名,而是让每一个签名者准备消息的一部分 m_i,并负责广播 m_i 的散列值 $h(m_i)$ 给所有的其他签名者,从而达到区分签名者的目的。

RSA 的广播多重签名方案则使用了可信第三方,利用 Hash 函数 h 和签名者 U_i 的身份信息 ID_i 计算 $h_i = h(ID_i)$ 和 $s_i = h_i^{-d} \bmod n$,把 (ID_i, s_i) 作为 U_i 的身份证书。U_c 收集每个签名者所计算的 $R_i = r_i^e \bmod n$ 并广播 $R = R_1 \cdots R_t \bmod n$。每个签名者计算 $E = h(R, m)$,$D_i = r_i s_i^E \bmod n$ 再发送给 U_c,U_c 计算 $D = D_1 D_2 \cdots D_t$ 得到签名 (D, R, E)。

2. 顺序多重数字签名方案

与广播多重数字签名方案相比,顺序多重数字签名方案中没有签名收集人的角色,签名的发起者首先对签名的先后顺序进行规定,然后按照其所规定的顺序将消息发送给第一个签名者。签名者(第一个签名者除外)在签名之前,首先要验证上一个签名者的签名是否有效。如果无效则停止整个签名流程;签名者只有在验证结果有效的情况下才会对消息进行签名,并将消息继续传给下一个签名者。当签名的验证者收到签名的消息后,将对多重签名进行验证。

顺序多重数字签名方案也有相应的 ElGamal 和 RSA 的版本。ElGamal 方案中每一位签名者将收到上一位签名者发送来的信息 $(m, (r_{i-1}, s_{i-1}))$,通过 $\prod_{j=1}^{i-1} r_j^{r_j} g^{s_{i-1}} = \left(\prod_{j=1}^{i-1} y_j\right)^{h(m)} \bmod p$ 验证成功后,随机选取 $k_i(0 < k_i < p)$,并计算 $r_i = g^{k_i} \bmod p$,$s_i = (s_{i-1} + h(m))x_i - r_i k_i \bmod (p-1)$,然后将 $(m, (r_i, s_i))$ 发送给下一位签名者,同时 r_i 发送给 U_i 以后的签名者和验证者。最终得到多重签名为 $(r_1, \cdots, r_t, s_t)$。在上述签名过程中,每一个签名者都需要对上一个签名进行验证,并且要向后传送 r_i,增加了额外的开销。

基于 RSA 的顺序多重签名方案与广播多重签名方案的初始化过程相同,签名时签名者 U_i 传递消息 m 的部分签名 (R_i, m_i, D_i, f_{i-1}) 到下一个签名者 U_{i+1},其中 $R_i = R_{i-1} r_i^e \bmod n$,$m_i = h(R_i, m) \bmod n$,$D_i = D_{i-1} r_i s_i^{m_i} \bmod n$,$f_{i-1} = f_{i-2} h_{i-1}^{m_{i-1}} \bmod n$,$R_0 = 1$,$f_0 = 1$。$U_{i+1}$ 计算

$h_i = h(\mathrm{ID}_i)$，$\widetilde{R}_i = D_i^e f_{i-1} h_i^{m_i} \bmod n$，$\widetilde{m}_i = h(\widetilde{R}_i, m)$，若 $\widetilde{m}_i = m_i$ 成立，则上一个签名正确，U_{i+1} 继续对 m 进行签名。依此类推，直至最后一个签名者 U_t，所得多重签名为 (R_t, m_t, D_t, f_{t-1})。多重签名与代理签名、盲签名等相结合可以衍生出更为复杂的签名方案，如代理多重签名和多重代理签名等，其中前者是指一个代理同时代表若干个原始签名者进行签名，而后者则指的是一个原始签名者委托多个代理签名者进行签名。这两种方案结合还可推广到多重代理多重签名的情形。感兴趣的读者可以查阅相关资料以获得更详细的介绍。

9.4　本章小结

数字签名是实现网上交易安全的核心技术之一，它可以保证传输信息的完整性、发送信息的不可否认性、交易者身份的确定性等。

本章在详细介绍数字签名的基本概念后，讨论了数字签名必须具有的重要特性，然后给出了 RSA 和 DSS 两种常用的基本数字签名方案。由于签名的场合不同，对签名的要求也不同，从而产生了各种各样的数字签名方案，本章简要讨论了一次性数字签名、群签名、代理签名、盲签名和多重签名，限于篇幅，对这些方案介绍得并不详细，而且还有很多其他签名方案无法一一介绍，请感兴趣的读者参考其他资料。

9.5　习　　题

(1) 什么是数字签名？

(2) 简述数字签名与手写签名的相同点和不同点。

(3) 请给出数字签名必须具有的重要特性。

(4) 对于 RSA 数字签名体制，假设 $p=17, q=11, N=187$。已知私钥 $d=23$，计算公钥 e 和对消息 $m=88$ 的签名，并用公钥对签名进行验证。

(5) 在数字签名标准 DSS 中，假设 $p=83, q=41, h=2$。求：

a) 参数 g；

b) 取私钥 $x=57$，求公钥 y；

c) 设消息 $M=56$，取随机数 $k=23$，求 M 的签名（注：为了简化，用 M 代替 $H(M)$）；

d) 对 $M=56$ 的上述签名进行验证。

(6) 什么是一次性签名？

(7) 什么是群签名？请给出一个群签名方案。

第10章

认证理论基础

10.1 认证的基本概念和认证系统的模型

认证就是保证"实体是他所声称的那个实体"或"某个信息没有受到非授权实体的处理"的一种手段。因此,认证的主要目的有二:第一,验证信息的发送者是真的,而不是冒充的,这是**实体认证**,包括信源、信宿等的认证和识别;第二,验证信息的完整性,这是**消息认证**,验证数据在传送或存储过程中未被篡改、重放或延迟等。

在本书参考文献[73]中给出了一个纯认证系统的模型,如图10.1.1所示,在这个系统中的发送者通过一个公开信道将消息送给接收者,接收者不仅想收到消息本身,而且还要验证消息是否来自合法的发送者及消息是否经过篡改。系统中的密码分析者不仅要截获和分析信道中传送的密文,而且可伪造密文送给接收者进行欺诈。

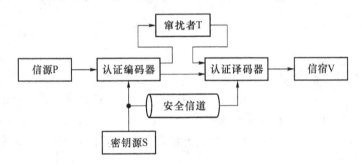

图10.1.1 纯认证系统模型

信宿 V 对信源 P 的实体认证就是 P 要让 V 相信"他是 P",因此必须做到:

1) P 和 V 在诚实的情况下,P 能够让 V 成功地识别自己,即在协议完成时 V 接受了 P 的身份;

2) V 不能重新使用自己与 P 识别过程中的通信信息伪装成 P,向第三者 B 证明自己是 P;

3) 除了 P 以外的第三者 T 以 P 的身份执行该协议,能够让 V 相信 T 是 P 的概率可以忽略不计。

实体认证协议是一个实时的过程,即协议执行时证明者确实在实际地参与,并自始至终地执行协议规定的动作。

在分析和评价实体认证协议时,一般需要考虑如下几个方面:

1) 是单方的还是双方的实体认证;

2) 计算的有效性(在一遍协议中所需的运算数);

3) 通信的有效性(遍数和所需的带宽);

4) 是否需要第三方实时参与,以及对第三方可信度的要求;

5) 安全保证(可证明安全、零知识性质);

6) 用来存储共享秘密数据的地方和方法。

由于在无线通信系统中,参与实体认证的双方一般是指移动终端和网络系统,而移动终端的数据存储空间和计算能力有限,因此要求注意其中的第 2)、3)点。

实体认证可分为弱认证和强认证两种类型。弱认证是指使用口令或口令驱动的密钥来证明实体的身份;强认证是通过向验证者展示与证明者实体有关的秘密知识来证明自己的身份,而且在协议的执行过程中,即使通信线路被完全监控,对手也不会从中得到关于证明者秘密的信息。强认证也被称为挑战和应答识别(challenge-response identification),挑战是指由一方随机秘密选取的数发送给另一方,而应答是对挑战的回答,与实体的秘密信息及对方挑战有关系。

消息认证的内容应该包括证实消息的信源和信宿,消息内容是否曾受到偶然或有意地篡改,消息的序号和时间性等。主要方法是通过在需要认证的消息后面附加上消息认证码来实现。数字签名是防止信源和信宿抵赖的认证技术,由于数字签名的理论与技术相对复杂,本书已在第 9 章中单独讨论了它。

那么如何设计一个安全的认证系统呢? 一个安全的认证系统,首先要选好恰当的认证函数,然后在此基础上,根据认证系统的功能要求,给出合理的认证协议(authentication protocol)。

10.2 认 证 函 数

可用做认证的函数分为以下三类:

1) 信息加密函数(message encryption)。用完整信息的密文作为对信息的认证。

2) 信息认证码(MAC,message authentication code)。是对信源消息的一个编码函数。

3) 散列函数(hash function)。是一个公开的函数,它将任意长的信息映射成一个固定长度的信息。

本节主要介绍信息加密函数和信息认证码,第 10.3～10.5 节重点介绍散列函数。

10.2.1 信息加密函数

信息加密函数是认证的方式之一,即在认证中主要采用了信息加密函数。信息加密函数分两种,常规的对称密钥加密函数和公开密钥的双密钥加密函数。

在图 10.2.1 中,用户 A 为发信方,用户 B 为接收方。用户 B 接收到信息后,通过解密来判决信息是否来自 A,信息是否是完整的,有无窜扰。

我们先看使用对称密码体制的方法:如图 10.2.1(a)所示,当密钥 K 仅由 A 和 B 两方知道时,提供了保密性,因为没有其他方能够解密得出报文的明文。另外,可以说 B 确信收到的报文是由 A 产生的。为什么该报文一定由 A 产生的? 因为 A 是唯一拥有密钥 K 并拥有必要信息来构造能用 K 解密的密文的另一方。并且,如果 M 被恢复,B 知道 M 中的内容未被任何人改动,因为不知道 K 的对手将不知道如何改变密文来产生明文中期望的变化。

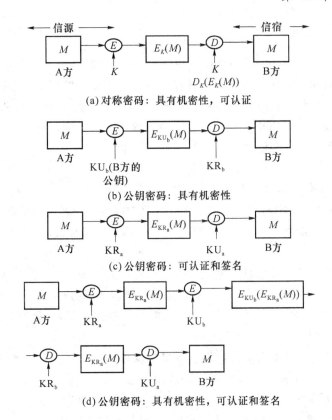

图 10.2.1　采用信息加密函数的认证方式

可见,常规的加密提供鉴别和保密。但是,不仅如此,实际上 B 还需要某些自动化的手段以确定解密后的报文就是合法的明文,这样才能肯定报文来自 A。

一个极端的情况是,如果 M 可以是任何比特的组合,那么任何收方的信息都会被解密,并当作是真的明文被接受下来。

这样如果能够使这种常规加密带有可认证性的一个前提就是:合法的明文只能是所有可能的比特组合的一个小的子集。例如,在 10^6 里仅仅有一种组合是合法的明文,那么从中随机选择一个比特组合看作密文能产生合法明文报文的概率仅仅是 10^{-6}。

一种解决该问题的方法是强制明文具有某种结构,这种结构是便于识别的,但是又不能复制。例如,在加密前对每个报文附加检错码。

使用公钥密码体制时,如图 10.2.1(b)所示,只提供保密而不是鉴别,因为任何一个敌手都可以使用 B 的公开密钥来加密报文而假称它是发自 A 的。

为了提供鉴别,A 使用它的私有密钥对报文进行加密,而 B 使用 A 的公开密钥进行解密。如图 10.2.1(c)所示,它进行鉴别的原理与常规加密进行鉴别的原理是相同的。同样,这种方式也需要明文中一定有某种内部结构,因此接收者能够区分正常的明文和随机的比特串。另外,这种结构也提供所谓的数字签名。也就是只有 A 能够得出密文,因为只有 A 拥有私有密钥 KR_a,哪怕是接收者 B 也无法生成该密文。当然,该方案并不提供保密性。

如果还需要提供保密性,则 A 可以先使用它的私有密钥对报文 M 进行加密以提供数字签名,然后再使用 B 的公开密钥加密来提供保密性,如图 10.2.1(d)所示。

10.2.2 信息认证码

第二种可供使用的鉴别技术是使用一个密钥产生一个短小的定长数据分组，即所谓的信息认证码(MAC)，并将它附加在报文中。该技术假定通信双方共享了一个密钥。

通信时，发送方使用一个密钥生成一个固定大小的小数据块，并加入消息中，称 MAC 或密码校验和(cryptographic checksum)，接收方对接收到的消息重新计算 MAC，如果接收方计算的 MAC 与收到的 MAC 匹配，则

> 接收者可以确信消息 M 未被改变。
> 接收者可以确信消息来自所声称的发送者。
> 如果消息中包含顺序码(如 HDLC，X.25，TCP)，则接收者可以保证消息的正常顺序。

MAC 函数类似于加密函数，但不需要可逆性。因此在数学上比加密算法被攻击的弱点要少。

图 10.2.2(a)只提供了对消息的鉴别，用户 A 先对消息 M 进行加密，然后根据密文计算鉴别码，并将鉴别码与消息密文进行连接后发送给接收者 B，用户 B 根据接到的消息的密文计算并比较鉴别码，如果相同，则消息来自用户 A，再对消息进行解密；否则，说明消息不是来自用户 A，无须对消息进行解密。

图 10.2.2(a)描述的过程只提供鉴别而不提供保密。保密性可以由对使用 MAC 算法之后或之前的报文加密来提供，如图 10.2.2(b)所示。用户 A 在 K_1 的作用下先生成了对 M 的鉴别码 $C_{K_1}(M)$，然后将明文 M 和它的鉴别码连接，再用 K_2 进行加密。用户 B 先采用 K_2 对接收到的消息进行解密，然后再计算 M 的鉴别码，再与接收到的鉴别码比较，如果相等则说明消息 M 来自用户 A。

图 10.2.2(c)也是同时消息鉴别与保密，与图 10.2.2(b)不同的是鉴别与密文连接。具体过程是，用户 A 先对消息 M 进行加密，然后根据密文计算鉴别码，并将鉴别码与消息密文进行连接后发送给接收者 B，用户 B 根据接到的消息的密文计算并比较鉴别码，如果相同，则消息来自用户 A，再对消息进行解密；否则，说明消息不是来自用户 A，无须对消息进行解密。

需要注意的是，MAC 不等于数字签名，因为通信双方共享同一个密钥。此外，MAC 有固定的长度。

MAC 结构对认证系统的安全有重要影响。例如，密钥足够长和加密算法足够好并不能带来直接的安全。

考虑如下的 MAC 算法，令

> $M=(X_1, X_2, \cdots, X_t)$，即：$M$ 为 64 bit 分组 X_i 串接而成的报文。
> 对 M 产生校验和 $\Delta M = X_1 \oplus X_2 \oplus \cdots \oplus X_t$。
> $\text{MAC} = E_K(\Delta M)$。

假设 E_K 为采用电子译码本模式的 DES 算法，如果对手窃取到 $\{M \| C_K(M)\}$，通过强行尝试来确定 K 将至少需要 2^{56} 次解密。但是，该对手也可以用以下方式攻击系统。

攻击者选择 $M' = (Y_1, Y_2, \cdots, Y_{t-1}, Y_t)$，使得 Y_t 满足：

$$Y_t = Y_1 \oplus Y_2 \oplus \cdots \oplus Y_{t-1} \oplus \Delta M$$

$$\Delta M' = Y_1 \oplus Y_2 \oplus \cdots \oplus Y_{t-1} \oplus Y_t = Y_1 \oplus Y_2 \oplus \cdots \oplus Y_{t-1} \oplus (Y_1 \oplus Y_2 \oplus \cdots \oplus Y_{t-1} \oplus \Delta M) = \Delta M$$

于是

$$\Delta M = \Delta M' \Rightarrow E_K(\Delta M) = E_K(\Delta M') \Rightarrow C_K(M) = C_K(M')$$

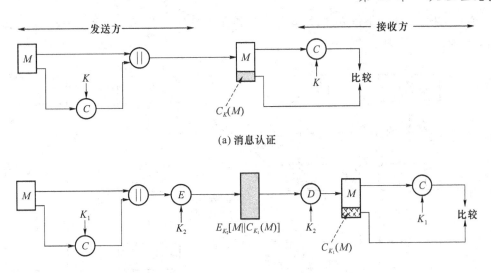

(a) 消息认证

(b) 消息认证和机密性，认证与明文绑定

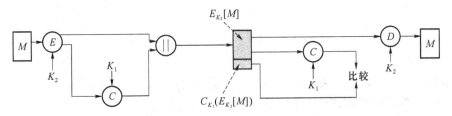

(c) 消息认证和机密性，认证与密文绑定

图 10.2.2　MAC 的基本用法

所以，尽管攻击者不知道 K，仍然可以伪造消息 M'，使得 M' 的 MAC 值和 M 的 MAC 值相等，从而使得伪装的报文被接收者当作正确的报文而接收。

在进行 MAC 函数设计时，常常假设攻击者知道 MAC 函数但不知道密钥 K。因此，MAC 函数需要满足下面的要求：

1）已知 M 和 $C_K(M)$，要想构造 M' 使得 $C_K(M) = C_K(M')$ 在计算上不可行（计算上无碰撞）；

2）$C_K(M)$ 应均匀分布，随机选择 M 和 M'，$\Pr[C_K(M) = C_K(M')] = 2^{-|MAC|}$；

3）f 是 M 的一个变换（例如，对某些位取反），那么 $\Pr[C_K(M) = C_K(f(M))] = 2^{-|MAC|}$。
其中，$\Pr$ 表示概率，$|MAC|$ 为 MAC 的比特长度。

前面已介绍过，攻击者即使不知道密钥，也可以构造出与给定的 MAC 匹配的新消息。第一个要求就是针对这种情况提出的，即：对于给定的报文 M，攻击者想要构造一个虚假报文 M'，使得 M' 的 MAC 值和 M 的 MAC 值相等，在计算上是不可行的。第二个要求是为了阻止基于选择明文的穷举攻击，也就是说，假定攻击者不知道密钥，但是他可以访问 MAC 函数，能对消息产生 MAC，那么攻击者可以对各种消息计算 MAC，直至找到与给定 MAC 相同的消息为止。如果 MAC 函数具有均匀分布的特征，那么穷举方法平均需要 $2^{|MAC|-1}$ 次才能找到具有给定 MAC 的消息。第三个要求说明鉴别算法对报文的特定部分或比特不应该比其他部分更脆弱。

图 10.2.3 给出了基于 DES 算法的 MAC 算法，该算法出自 ANSI 标准（X9.17），是以密

码分组链接 CBC 模式为操作方式、用 0 作为初始化向量的 DES 算法。该方法适用于其他加密算法。

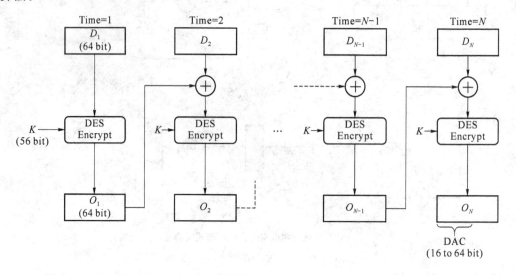

图 10.2.3　基于 DES 算法的 MAC 算法

算法描述如下：

1）需要进行处理的消息被分成 $D_1, D_2, \cdots, D_N$ 个分组，分组大小等于加密算法的分组长度，最后一个分组以某种方式进行填充。

2）用 $O_1, O_2, \cdots, O_N$ 表示对应分组采用 CBC 模式进行处理后的结果，则

$$O_1 = E_K(D_1)$$
$$O_2 = E_K(D_2 \oplus O_1)$$
$$O_3 = E_K(D_3 \oplus O_2)$$
$$\vdots$$
$$O_N = E_K(D_N \oplus O_{N-1})$$

3）根据应用的安全需求，取 O_N 的前 16 bit、前 32 bit 或前 64 bit 作为 MAC 值。

基于分组算法来计算 MAC 只是计算 MAC 的一种方法，另外一种经常使用的方法是利用下面讲述的杂凑函数来计算 MAC。

10.3　杂凑函数

杂凑（hash）函数，又称为散列函数或哈希函数，是现代密码学中的一类重要的函数，这种函数能够将任意长的数字串 M 映射成一个较短的定长输出数字串 H，它的这种特性使得其在数字签名和消息的完整性校验等方面有着重要的应用。

10.3.1　杂凑函数的定义

定义 10.3.1　如果函数 H 将任意有限长度的字符串 M 映射为固定长度的杂凑值 $H(M)$，且满足下列性质：

1）H 的描述是公开的，其处理过程不需要保密；

2) 给定 M,很容易计算 $H(M)$;

3) 给定 H 值域中的某个值 MD,计算 M 使得 $H(M)=$ MD 是计算不可行的,此外,给定 M 和 $H(M)$,要求出 $M'(\neq M)$ 也是计算不可行的;

4) 要找出两个不同的 M 和 M' 使得 $H(M')=H(M)$ 也是计算不可行的。

这样的 H 称为抗冲突杂凑函数(collision free hash function),称 $H=h(M)$ 为 M 的杂凑值,也称杂凑码。

10.3.2　杂凑函数的基本用法

杂凑函数可与加密及数字签名结合使用,实现有效的保密与认证等安全功能,其基本方法如图 10.3.1 所示。

图 10.3.1(a),发送端 A 将消息 M 与其杂凑值 $H(M)$ 链接,以单钥体制加密后送至接收端 B。接收端用与发送端共享的密钥解密后得到 M' 和 $H(M)$,而后将 M' 送入杂凑变换器计算出 $H(M')$,通过比较完成对消息 M 的认证,这种用法同时提供了保密和认证。

图 10.3.1(b),未对消息 M 进行保密,只对消息的杂凑值进行加解密变换,它只提供认证。

图 10.3.1(c),发送端 A 采用双钥体制,用 A 的秘密钥 K_{Ra} 对 M 的杂凑值进行签名得 $E_{K_{Ra}}[H(M)]$,而后与 M 链接发出,接收端则用 A 的公钥对 $E_{K_{Ra}}[H(M)]$ 解密得到 $H(M)$,再与接收端自己由接收消息 M' 计算得到的 $H(M')$ 进行比较,从而实现认证。

本方案提供了认证和数字签字,称作签字-杂凑方案。这个方案用对消息 M 的杂凑值签字来代替对任意长消息 M 本身的签字,大大提高了签字速度和有效性。

图 10.3.1(d),A 发给 B 的信息是 $E_K[M\|E_{K_{Ra}}[H(M)]]$,是在图 10.3.1(c)的基础上加了单钥加密保护,可提供认证、数字签字和保密。

图 10.3.1(e)是在 H 运算中增加了通信双方共享的秘密值 S,加大了对手攻击的困难性。它仅提供认证。

图 10.3.1(f)是在图 10.3.1(e)的基础上加了单钥加密的保护,可提供保密和认证。

10.3.3　杂凑函数的通用模型

1989 年 Merkle 提出了具有代表性的安全杂凑函数的通用模型,如图 10.3.2 所示。该模型几乎被所有 Hash 算法采用,成为安全杂凑函数的总体结构。

图 10.3.2 中的各种标识的含义如下:

➢ IV,表示初始值(initial value);

➢ CV,表示链接值(chaining value);

➢ Y_i,表示第 i 个输入数据块(ith input block);

➢ f,表示压缩算法(compression algorithm);

➢ n,表示散列码的长度(length of hash code);

➢ b,表示输入块的长度(length of input block)。

安全杂凑函数的通用模型所表示的具体步骤如下:

1) 把原始消息 M 分成 $L-1$ 个固定长度为 b 比特的分组 Y_i,如果最后一个分组不足 b 比特,可以将它填充为 b 比特,最后一个分组也包含消息 M 的长度。

2) 设定初始值 $CV_0=$ IV。

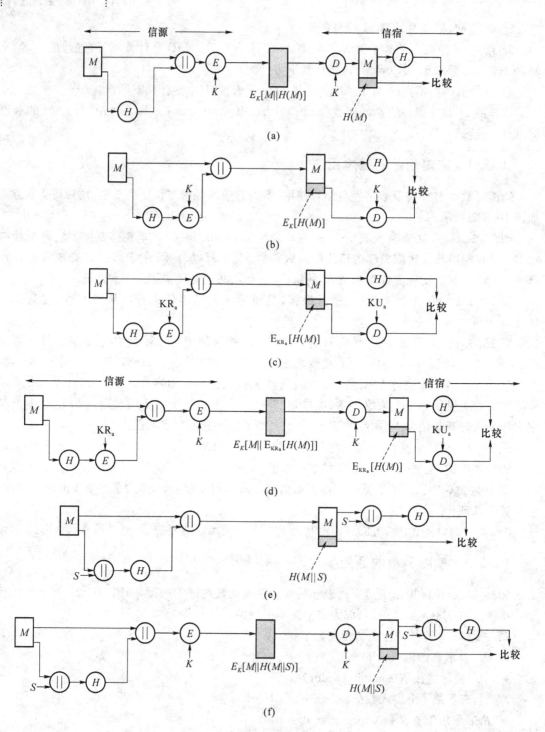

图 10.3.1 杂凑函数的基本用法

3）该算法重复使用压缩函数 f，压缩函数 f 有两个输入（一个是前一步的 n 比特输出，称为链接变量；另一个是 b 比特的分组），并产生一个 n 比特输出。即

$$CV_i = f(CV_{i-1}, Y_{i-1}), \qquad 1 \leqslant i \leqslant L$$

4）最后一个 CV_i 为散列值，$H(M) = CV_L$。

144

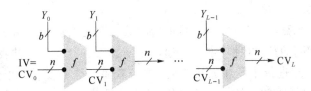

图 10.3.2　杂凑函数的通用模型

10.3.4　构造杂凑函数

构造杂凑函数的方法包括利用单向压缩函数构造杂凑函数、利用分组加密函数构造杂凑函数和利用候选单向函数构造杂凑函数等。本小节将对利用分组加密函数构造杂凑函数的方法作介绍。

一般来说,对于一个安全的对称分组密码算法,在给定了密文和相应的明文后,要找出所使用的密钥是很困难的,因此一个安全的对称分组密码算法可以认为是一个候选单向函数。一个对称分组加密算法通常可以表示为

$$y = E(x, K)$$

其中,x 表示明文,K 表示密钥,y 表示密文。设 x 的长度为 m,K 的长度为 l,则 y 的长度也是 m,因此可以将函数 E 看作是一个将 $m + l$ 长度的二进制序列压缩为一个 m 长度的二进制序列的压缩函数。这样,通过对函数 E 的反复迭代,可以将任意长度的消息序列压缩成长度为 m 的消息摘要。具体步骤是先将消息分组,如果消息的长度不是 m 的整数倍,则要先对消息添加若干位进行补齐,使得每个分组的长度是 m;然后通过将上一轮的摘要输出与下一轮的摘要输入连接在一起作为函数 E 的下一轮输入的方式不断地进行迭代,直到将所有的分组全部计算完为止。通过这样的一种方式,我们就可以从对称分组密码算法中引申出一个可行的杂凑函数方案。

目前应用最广泛的杂凑算法是 MD5 和 SHA1,而它们都是以 MD4 算法为基础设计的。因此,下面依次介绍 MD4、MD5 和 SHA1 三种算法。这些专门的杂凑算法的优点是运算速度要比对称密码算法快。

10.3.5　对杂凑函数的攻击

所谓对杂凑函数进行攻击是指通过选择明文等方式来寻找能够产生相同杂凑值的不同消息。

1. 生日攻击

所谓生日攻击是指为了寻找到能够发生碰撞的消息而在消息空间中进行搜索的一种攻击方式。它适用于任何的杂凑函数,并被作为衡量一个杂凑函数安全与否的重要参考。之所以被称为生日攻击,是因为这种攻击方式来源于概率论上的著名的生日问题,即在一个教室中至少需要有多少个学生才能使得两个学生的生日相同的概率不小于二分之一。

类似地,将生日问题推广到消息的集合中就可以得到在生日攻击成功的概率尽量低的情况下所需要的杂凑值的长度。按照当前的计算技术条件,要想使一个杂凑函数比较安全,其输出的杂凑值长度不应小于 128 bit。在这种情况下,要想找到一对碰撞需要至少进行 2^{64} 次消息杂凑值的计算。因此,使用 DES 构造的杂凑函数并不能保证足够的安全。

2. 中间相遇攻击

中间相遇攻击的思路与生日攻击类似,但这种攻击只适合针对具有分组链接结构的杂凑函数。与生日攻击相同的是,这种攻击也是通过不断搜索和计算的方法在消息集合中寻找能够产生碰撞的消息。在进行中间相遇攻击时,攻击者随意选出若干消息分组,将之分为两部分。对其中的第一部分,从初值开始进行迭代,到中间的某一步结束,得到 I 个输出;第二部分则从杂凑值开始(这里的杂凑值是任意选定的)用逆函数进行反向迭代,也是到中间的某一步结束,得到 J 个输出。然后对这两个部分输出进行比较,若能够得到一对相同的输出值,则可以得到一对碰撞消息。

类似于生日攻击,可以通过计算得到为了获得对应的碰撞消息概率所需的消息数 $I+J$ 的大小。通过研究发现,为了能够抵抗选择明/密文攻击,需要分组加密函数的分组长度不小于 128 bit,同时函数还需要具有伪随机置换的性质:

1) 对所有 $x \in A$,易于计算 $f(x)$。

2) 对"几乎所有 $x \in A$"由 $f(x)$ 求 x"极为困难",以至于实际上不可能做到(此时,称 f 为单向(one-way)函数)。

可见,单向函数在一个方向上计算起来相对容易,但反方向(即求逆)却非常困难。其中的"极为困难"是对现有的计算资源和算法而言。

陷门单向函数是有一个秘密陷门的一类特殊单向函数。它在一个方向上易于计算而反方向却难于计算。但是,如果知道那个秘密,也能很容易在另一个方向计算这个函数。也就是说,已知 x,易于计算 $f(x)$,而已知 $f(x)$,却难于计算 x。然而,有一些秘密信息 y,一旦给出 $f(x)$ 和 y,就很容易计算 x。

利用单向函数可以实现简单的身份鉴权协议。

10.4 MD4 算法和 MD5 算法

MD4(RFC 1320)算法和 MD5(RFC 1321)算法是 Ronald L. Rivest 分别于 1990 年和 1991 年设计的,MD5 是 MD4 的改进版本。MD 是消息摘要(Message Digest)的缩写。

10.4.1 算法简介

MD4 算法可在 32 位字长的处理器上用高速软件实现——它是基于 32 位操作数的位操作来实现的。它的安全性不像 RSA 那样基于数学假设,尽管 Den Boer、Bosselaers 和 Dobbertin 很快就用分析和差分成功地攻击了它 3 轮变换中的 2 轮,证明了它并不像期望的那样安全。Rivest 很快对 MD4 算法进行了改进,结果就是 MD5 算法。

下面是一些 MD4 算法散列结果的例子:

MD4 ($''''$)=31d6cfe0d16ae931b73c59d7e0c089c0

MD4 ($''a''$)=bde52cb31de33e46245e05fbdbd6fb24

MD4 ($''abc''$)=a448017aaf21d8525fc10ae87aa6729d

MD4 ($''\text{message digest}''$)=d9130a8164549fe818874806e1c7014b

MD4 ($''abcdefghijklmnopqrstuvwxyz''$)=d79e1c308aa5bbcdeea8ed63df412da9

MD4 ($''\text{ABCDEFGHIJKLMNOPQRSTUVWXYZabcdefghijklmnopqrstuvwxyz01234567}$

$89'') = 043f8582f241db351ce627e153e7f0e4$

MD5 算法对输入仍以 512 位分组,其输出是 4 个 32 位字的级联,与 MD4 算法相同。相比于 MD4 算法,DM5 算法所做的改进有:

1) MD4 算法只有 3 轮,而 MD5 算法加入了第 4 轮;

2) 每一步都使用了唯一的加法常数;

3) 第二轮中的 G 函数从 $((X \wedge Y) \vee (X \wedge Z) \vee (Y \wedge Z))$ 变为 $((X \wedge Z) \vee (Y \wedge \sim Z))$ 以减小其对称性;

4) 每一步加入了前一步的结果,以加快"雪崩效应";

5) 改变了第二轮和第三轮中访问输入子分组的顺序,减小了形式的相似程度;

6) 近似优化了每轮的循环左移位移量,以期加快"雪崩效应",各轮的循环左移都不同。

MD5 算法比 MD4 算法更加复杂,速度比 MD4 算法要慢一点,但更安全,在抗分析和抗差分方面表现更好。下面是一些 MD5 散列结果的例子:

MD5 ($''''$) = d41d8cd98f00b204e9800998ecf8427e

MD5 ($''a''$) = 0cc175b9c0f1b6a831c399e269772661

MD5 ($''abc''$) = 900150983cd24fb0d6963f7d28e17f72

MD5 ($''message\ digest''$) = f96b697d7cb7938d525a2f31aaf161d0

MD5 ($''abcdefghijklmnopqrstuvwxyz''$) = c3fcd3d76192e4007dfb496cca67e13b

MD5 ($''ABCDEFGHIJKLMNOPQRSTUVWXYZabcdefghijklmnopqrstuvwxyz0123456789''$) = d174ab98d277d9f5a5611c2c9f419d9f

10.4.2　MD5 算法描述

在一些初始化处理之后,MD5 算法以 512 位为一个分组来处理输入文本,每一分组又划分为 16 个 32 位子分组。算法的输出由 4 个 32 位分组组成,将它们级联形成一个 128 位散列值。

消息首先被拆成若干个 512 位的分组,其中最后一个 512 位分组是"消息尾+填充字节 $(100 \cdots 0)$ +64 位消息长度",其功能是确保不同长度的消息在填充后不相同。64 位消息长度的限制导致了 MD5 算法安全的输入长度必须小于 264 bit,因为大于 64 位的长度信息将被忽略。而 4 个 32 位寄存器字初始化为 $A = 0x01234567$,$B = 0x89abcdef$,$C = 0xfedcba98$,$D = 0x76543210$,它们被称为链接变量(chaining variable),将始终参与运算和形成最终的散列结果。

接着各个 512 位消息分组以 16 个 32 位字的形式进入算法的主循环,512 位消息分组的个数决定了循环的次数。

主循环有 4 轮(MD4 只有 3 轮),每轮很相似。每轮进行 16 次操作。每次操作对 a,b,c 和 d 中的 3 个作一次非线性函数运算;然后将所得的结果加上第四个变量、文本的一个子分组和一个常数;再将所得结果向右环移一个不定的数,并加上 a,b,c 和 d 其中之一;最后用该结果取代 a,b,c 和 d 其中之一。MD5 算法的主循环和执行过程如图 10.4.1 和图 10.4.2 所示。

每轮分别用到了非线性函数

$$F(X,Y,Z) = (X \wedge Y) \vee (\sim X \wedge Z)$$
$$G(X,Y,Z) = (X \wedge Z) \vee (Y \wedge \sim Z)$$
$$H(X,Y,Z) = X \oplus Y \oplus Z$$

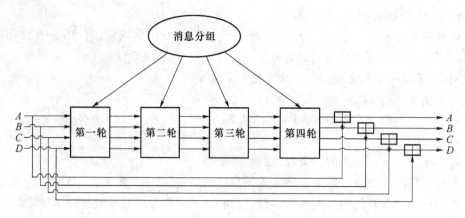

图 10.4.1 $MD5$ 算法主循环

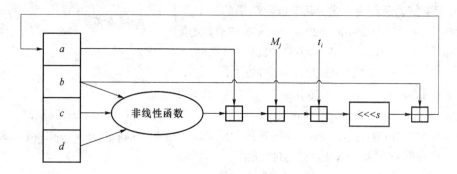

图 10.4.2 $MD5$ 算法的一个执行过程

$$I(X,Y,Z)=X \oplus (Y \vee \sim Z)$$

（$\oplus$ 是异或，$\wedge$ 是与，$\vee$ 是或，$\sim$ 是反。）

这 4 轮变换是对进入主循环的 512 位消息分组的 16 个 32 位字分别进行如下操作：将 A、B、C、D 的副本 a、b、c、d 中的 3 个经 F、G、H、I 运算后的结果与第四个相加，再加上 32 位字 M_j 和一个 32 位字的加法常数 t_i，并将所得之值循环左移若干位，最后将所得结果加上 a、b、c、d 之一，并回送至 A、B、C、D，由此完成一次循环。

设 M_j 表示消息的第 j 个子组（从 0 到 15），$<<<s$ 表示循环左移 s 位，则 4 种操作为：

$FF(a,b,c,d,M_j,s,t_i)$ 表示 $a=b + ((a +F(b,c,d) + M_j + t_i) <<<s)$；

$GG(a,b,c,d,M_j,s,t_i)$ 表示 $a=b + ((a +G(b,c,d) + M_j + t_i) <<<s)$；

$HH(a,b,c,d,M_j,s,t_i)$ 表示 $a=b + ((a +H(b,c,d) + M_j + t_i) <<<s)$；

$II(a,b,c,d,M_j,s,t_i)$ 表示 $a=b + ((a +I(b,c,d) + M_j + t_i) <<<s)$。

常数 t_i 可以如下选择：

在第 i 步中，t_i 是 $2^{32} \times abs(\sin i)$ 的整数部分，i 的单位是弧度，其中 i 为 $1,\cdots,64$，这样做是为了通过正弦函数和幂函数来进一步消除变换中的线性特性。

所有这些完成之后，将 A,B,C,D 分别加上 a,b,c,d。然后用下一分组数据继续运行算法，最后的输出是 A,B,C,D 的级联。

参考相应 RFC 文档可以得到 MD4 算法、MD5 算法的详细描述和算法的 C 源代码。

10.4.3   MD5 算法的安全性

MD5 的输出为 128bit，若仅仅采用强力攻击寻找一个消息具有给定 Hash 值的计算困难

性为 2^{128}，用每秒可试验 1 000 000 000 个消息的计算机，需时 1.07×10^{22} 年。若采用生日攻击法，寻找有相同 Hash 值的两个消息需要试验 2^{64} 个消息，用每秒可试验 1 000 000 000 个消息的计算机，需时 585 年。但随着计算机运算能力的提高及对 MD5 算法研究的不断深入，找到"碰撞"成为可能。2004 年，我国王小云教授证明 MD5 算法可以产生碰撞。2007 年，Marc Stevens 等人进一步指出通过伪造软件签名，可重复性攻击 MD5 算法；此外，提出采用前缀碰撞法，使用现有计算机（复杂度 239）可在几个小时内产生具有指定前缀的两个输入的冲突。因此，建议在安全要求高的场合使用 MD5 算法。

10.5　安全杂凑算法

1993 年 NIST 开发了一种称为安全杂凑算法（SHA）的散列算法。两年之后，这个算法被修改为今天广泛使用的形式。修改后的版本是 SHA-1。SHA-1 是数字签名标准中要求使用的算法。

SHA 接受任何长度的输入消息，并产生长度为 160bit 的散列值（MD5 算法仅仅生成 128 位的摘要），因此抗穷举（brute-force）性更好。SHA-1 的设计基于 MD4 算法的原理，它有 5 个参与运算的 32 位寄存器字，消息分组和填充方式与 MD5 算法相同，主循环也同样是 4 轮，但每轮进行 20 次操作，非线性运算、移位和加法运算也与 MD5 算法类似，但非线性函数、加法常数和循环左移操作的设计有一些区别。

10.5.1　SHA-1 算法描述

首先将消息填充为 512 位的整数倍。填充方法与 MD5 算法完全一样：先添加一个 1，然后填充尽量多的 0 使其长度为 512 的倍数刚好减去 64 位，最后 64 位表示消息填充前的长度。

5 个 32 位变量（MD5 仅有 4 个变量）初始化为：

$$A = 0x67452301$$
$$B = 0xefcdab80$$
$$C = 0x98badcfe$$
$$D = 0x10325476$$
$$E = 0xc3d2e1f0$$

然后开始算法的主循环。它一次处理 512 位消息，循环的次数是消息中 512 位分组的数目。

先把这 5 个变量复制到另外的变量中：A 到 a，B 到 b，C 到 c，D 到 d，E 到 e。

主循环有 4 轮，每轮 20 次操作（MD5 算法有 4 轮，每轮 16 次操作）。每次操作对 a, b, c, d 和 e 中的 3 个进行一次非线性运算，然后进行与 MD5 算法类似的移位运算和加运算。

SHA-1 的非线性函数集合为：

$f_t(X, Y, Z) = (X \wedge Y) \vee (\sim X \wedge Z)$，对于 $t = 0$ 至 19

$f_t(X, Y, Z) = X \oplus Y \oplus Z$，对于 $t = 20$ 至 39

$f_t(X, Y, Z) = (X \wedge Y) \vee (X \wedge Z) \vee (Y \wedge Z)$，对于 $t = 40$ 至 59

$f_t(X, Y, Z) = X \oplus Y \oplus Z$，对于 $t = 60$ 至 79

（$\oplus$ 是异或，$\wedge$ 是与，$\vee$ 是或，$\sim$ 是反。）

该算法同样用了 4 个常数：

$K_t = 0x5a827999$,对于 $t = 0$ 至 19

$K_t = 0x6ed9ebal$,对于 $t = 20$ 至 39

$K_t = 0x8f1bbcdc$,对于 $t = 40$ 至 59

$K_t = 0xca62c1d6$,对于 $t = 60$ 至 79

（这些数来自于：$0x5a827999 = 2^{1/2}/4$，$0x6ed9ebal = 3^{1/2}/4$，$0x8f1bbcdc = 5^{1/2}/4$，$0xca62c1d6 = 10^{1/2}/4$,所有数乘以 2^{32}）

用下面的算法将消息分组从 16 个 32 位字（M_0 到 M_{15}）变成 80 个 32 位字（W_0 至 W_{79}）：

$W_t = M_t$,对于 $t = 0$ 至 15

$W_t = (M_{t-3} \oplus M_{t-8} \oplus M_{t-14} \oplus M_{t-3}) <<< 1$,对于 $t = 16$ 至 79

设 t 是操作序号（从 0 至 79），M_t 表示扩展后消息的第 t 个子分组，$<<<s$ 表示循环左移 s 位,则主循环如下所示：

$\text{TEMP} = (a <<< 5) + f_t(b,c,d) + e + W_t + K_t$

$e = d$

$d = c$

$c = b <<< 30$

$b = a$

$a = \text{TEMP}$

图 10.5.1 给出了 SHA-1 的一次运算过程。SHA-1 的"不同的移位"与 MD5 算法的"不同阶段采用不同变量"实现了同样的目的。

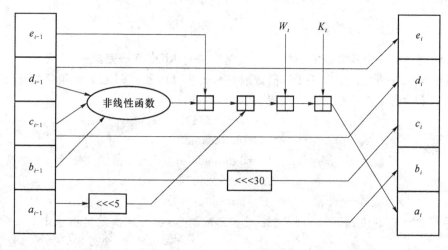

图 10.5.1 SHA-1 的一次运算

在这之后,a,b,c,d 和 e 分别加上 A,B,C,D 和 E,然后用下一数据分组继续运行算法,最后的输出由 A,B,C,D 和 E 级联而成。下面是一些 SHA-1 散列结果的例子：

SHA-1("abc") = a9993e36 4706816a ba3e2571 7850c26c 9cd0d89d

SHA-1("abcdbcdecdefdefgefghfghighijhijkijkljklmklmnlmnomnopnopq") = 84983e44 1c3 bd26e baae4aal f95129e5 e54670f1

10.5.2 SHA-1 算法安全性

SHA-1 与 MD4 非常相似,但它有 160 位散列值。主要的改变是添加了扩展转换,并且为产生更快的雪崩效应而将上一轮的输出送至下一轮。Ron Rivest 公开了 MD5 的设计思想,但 SHA-1 的设计者却没有这样做。这里给出 Rivest 的 MD5 算法相对于 MD4 算法的改进，以及它们与 SHA-1 的比较：

1）"增加了第四轮"，SHA 也是如此。但在 SHA 中第四轮使用了与第二轮同样的 f 函数。

2）"每一步都有唯一的加法常数"，SHA 保留了 MD4 算法的方案，它每隔 20 轮就重复使用这些常数。

3）"第二轮中的 G 函数从 $((X \wedge Y) \vee (X \wedge Z) \vee (Y \wedge Z))$ 变为 $((X \wedge Z) \vee (Y \wedge \sim Z))$ 以减小其对称性。"SHA-1 采用 MD4 的形式 $(X \wedge Y) \vee (X \wedge Z) \vee (Y \wedge Z)$。

4）"每一步都加入了前一步的结果，以加快雪崩效应。"SHA-1 也作了这种改变，不同的是在 SHA-1 中增加了第五个变量，不是 f_t 已经使用的 b，c 或 d。这个精巧的变化使得能用于 MD5 算法的 den Boer-Bosselasers 攻击对 SHA 不起作用。

5）"改变了第二轮和第三轮中访问输入子分组的顺序，减小了形式的相似程度。"SHA 完全不同，它采用循环纠错码。

6）"近似优化了每轮的循环左移位移量，以期加快雪崩效应，各轮的循环左移都不同。"SHA-1 在每轮中采用与 MD4 中同样的一个常数位移量，该位移量与字长互素。

以上结论产生了如下的等式：SHA-1＝MD4＋扩展转换＋附加轮＋更好的雪崩效应；MD5＝MD4＋改进的位散列运算＋附加轮＋更好的雪崩效应。

由于 SHA-1 产生 160 位散列，所以它比本章中所列的其他 128 位散列算法更能有效地抵抗穷举攻击（包括生日攻击）。

10.6　安　全　协　议

10.6.1　安全协议的概念

在讨论安全协议之前，我们首先来明确什么是协议。所谓协议（protocol），就是两个或两个以上的参与者为完成某项特定的任务而采取的一系列步骤。这个定义包含三层含义：第一，协议自始至终是有序的过程，每一步骤必须依次执行。在前一步没有执行完之前，后面的步骤不可能执行。第二，协议至少需要两个参与者。一个人可以通过执行一系列的步骤来完成某项任务，但它不构成协议。第三，通过执行协议必须能够完成某项任务。即使某些东西看似协议，但没有完成任何任务，也不能成为协议。

人们在生活中自觉或不自觉地使用着各种协议。例如，人们在打扑克、玩游戏过程中需要遵守的一些特定步骤，就是协议。在通信领域中，协议更是无处不在，如著名的 TCP/IP（transmission control protocol/Internet protocol，传输控制协议/因特网互联协议），又称为网络通信协议，是 Internet 最基本的协议，简单地说，它包含了一系列构成互联网基础的网络协议。

一个好的协议应该具有以下特点：

1）协议涉及的每一方必须事先知道此协议以及要执行的所有步骤。

2）协议涉及的每一方必须同意遵守协议。

3）协议必须是非模糊的。对协议的每一步骤都必须确切定义，力求做到避免产生误解。

4）协议必须是完整的。对每一种可能发生的情况都要做出反应。

5）每一步骤要么是由一方或多方进行计算，要么是在各方之间进行消息传递，二者必居其一。

许多面对面的协议依赖于人出场来保证真实性和安全性。例如，购物时，不可能将支票交给陌生人；与别人玩扑克时，必须保证亲眼看到他洗牌或发牌。然而，当通过网络与远端的用户进行交流时，真实性和安全性就无法保证。实际上，我们不仅难以保证使用网络的所有用户都是诚实的，而且也难以保证网络的管理者或设计者都是诚实的。因此，网络中使用的好的通信协议，不仅应该具有有效性、公平性和完整性，而且应该具有足够高的安全性。

通常我们把具有安全性功能的协议称为安全协议。安全协议与通信协议的不同在于这种协议的作用是在网络等通信环境下为相关的用户提供安全的服务，安全协议的设计必须采用密码技术，因此，安全协议也被称为密码协议。可见，安全协议与密码学关系紧密，安全协议以密码学为核心内容，在密码学的基础之上，运用协议逻辑来实现相应的安全目标。

安全协议可用于确保网络系统中信息的安全传递和处理，确保用户身份的安全和有效。这类协议目前已经广泛应用到金融、商务、政治、军事、外交等众多领域，其重要性也正随着信息技术向社会生活的方方面面不断地扩张而变得越来越高。特别是在通信领域中，安全协议的目标不仅仅是实现信息的加密传输，更重要的是为了解决通信网的安全问题。参与通信协议的各方可能想分享部分秘密来计算某个值、生成某个随机序列、向对方表明自己的身份或签订某个合同。在协议中采用密码技术，是防止或检测非法用户对网络进行窃听和欺骗攻击的关键技术措施。

对安全协议的分析也是保证安全协议有效使用的一个重要方面。事实上，在历史上就曾经有很多被认为是安全的协议得到了人们的长期使用，这种状况对于政治、军事、外交、公共事业等众多安全敏感的领域来说是致命的。因此，通过充分的分析和验证来对安全协议本身的安全性进行考量是极为重要的。常见的证明方法包括模态逻辑方法、基于定理证明的方法和模型检测方法。

安全协议的功能包括但不仅限于对网络中各个实体的认证（身份认证协议）、在网络中的各个实体之间进行密钥的分配和管理（如密钥分配协议）、对消息发送或接受的非否认性处理等。

按照安全协议的目的，我们可以把网络通信中最常用的、最基本的安全协议分为以下几类。

1. 认证协议

认证协议包括实体认证（身份认证）协议、消息认证协议、数据源认证协议和数据目的认证协议等，用来防止假冒、篡改、否认等攻击。

2. 密钥建立协议

这类协议用于完成会话密钥的建立。一般情况下是在参与协议的两个或者多个实体之间建立共享的秘密，如用于一次通信的会话密钥。协议中的密码算法可以采用对称密码体制，也可以采用非对称密码体制。这一类协议往往不单独使用，而是与认证协议相结合。

3. 认证和密钥建立协议

这类协议将认证协议和密钥建立协议结合在一起，先对通信实体的身份进行认证，在成功认证的基础上，为下一步的安全通信分配所使用的会话密钥。常见的认证和密钥建立协议有互联网密钥交换协议（IKE）、Kerberos 认证协议、认证与密钥协商协议（AKA）等。

10.6.2　安全协议的安全性

如果一个安全协议受非法用户攻击,但相比协议本身不能获得更多的有用消息,那么就可以称这个协议是安全的,同时也意味着这个协议达到了其预期的安全目标。简单地说,安全协议的目标就是保证安全协议的安全性质在协议执行完毕时能够得以实现。换言之,评估一个安全协议是否是安全的,就是检查其所欲达到的安全性质是否成正,是否可以抵御攻击者的破坏。

通常安全协议应该具有的安全性质如下。

1. 认证性

认证是最重要的安全性质之一,所有其他安全性质的实现都依赖于此性质的实现。认证性主要是完成对通信方身份的识别,消息来源的确认等。在安全协议中,当某一方提交一个身份信息并声称他是那个主体时,需要运用认证以确认其身份,或者声称这需要拿出证明其真实身份的证据。在协议的实体认证中认证可以是单向的也可以是双向的。进行身份认证的方法多种多样,有基于密码学的方法(如通过数字签名进行身份认证),也有基于非密码学的方法(如利用指纹、虹膜等安全性较高的人体生物特征)。

2. 秘密性

秘密性是指保护协议消息不被非授权拥有此消息的人获得有用信息,即使是攻击者观测到了消息的格式,也无法从中得到消息的内容或提炼出有用的信息。保证安全协议秘密性的最直接的方法是对敏感信息进行加密。一般在安全协议设计过程中,常常假设所使用的加解密算法是安全的,同时也不考虑具体密码算法的实现细节,这常常会造成在实际应用中的安全协议存在无法达到秘密性的缺陷。

3. 完整性

完整性是指数据自授权的源产生、传输或存储之后,未被以非授权的方式篡改、删除和替代的一种性质。在密码协议中,常用一些密码机制(如单向函数、消息验证码等)来保护消息的完整性,当然,这种冗余信息会造成传递消息长度的增加。

4. 不可否认性

不可否认性的目的是通过通信主体提供对方参与协议交换的证据来保证其合法利益不受侵害,即协议主体必须对自己的合法行为负责,而不能也无法事后否认。常用的实现不可否认性的方法是数字签名。不可否认性是电子商务协议的重要性质。

5. 新鲜性

新鲜性是指协议主体接收到的消息是新鲜的。攻击者通过将以前或当前协议运行中的消息用于当前协议,以欺骗协议主体接受一个以前接收过的消息来破坏协议的新鲜性。在设计协议时,一般需要采用时变参数(如随机数、时间戳、序列号等)来提供新鲜性保证。

6. 正确性

正确性是安全协议的重要特征,只有安全完善的协议才能得到广泛的使用,否则往往会被不法分子所利用,其针对安全协议中存在的漏洞进行分析,进而进行攻击,从中获取用户的私密信息,以致对用户造成危害。目前一般采用安全设计准则,以及一些协议形式化证明方法以保证安全协议的正确性。

7. 公平性

公平性是指协议应保证双方都不能通过损害对方利益而得到他不应得的利益,这在电子商务协议中尤其重要。

此外,一些安全协议还需要满足匿名性、隐私属性、强健性和高效性等。这些安全性质还存在着互斥关系(如机密性和高效性),这需要安全协议的设计者针对协议的应用场合在安全性质之间进行合理的取舍。

安全协议是许多分布式系统安全的基础,如何确保这些协议能够安全地进行是十分重要的。虽然协议中交互的信息只有少数的几轮,但每一个消息都是经过巧妙设计的,这些消息间还有着复杂的相互作用和制约,其中也往往采用多种不同的密码机制。即使如此,现有的安全协议仍存在着许多安全漏洞和安全缺陷,而造成这种情况的主要原因可能是设计者对协议运行环境的安全需求估计不足,采用的技术不当,或是直接套用已有的协议,所以近年来出现的许多协议都存在着不同程度的安全缺陷或是冗余。

10.6.3 安全协议的设计规范

在协议的设计过程中,一方面要求协议要具有足够的复杂性以抵御交织攻击;另一方面要求协议要保持足够的经济性和简单性,以便用于低层网络环境。对密码协议的设计空间规定一些边界条件可以帮助我们设计出具有安全性、有效性、完整性和公平性的协议。安全协议的设计规范具体如下。

1. 采用一次随机数代替时间戳

在已有的许多安全协议设计中,人们通常采用同步认证方式。也就是说,要求各认证实体之间使用同一个同步时钟,严格保持同步。这在某些网络环境中实现起来并不难,但在另一些网络环境中实现起来却非常困难,因此在设计安全协议时应尽量采用异步认证方式,即用一次随机数的方式来代替时间戳。

2. 具有抵御常见攻击的能力

密码攻击的目标通常是协议中采用的密码算法和协议中采用的密码技术协议本身。攻击协议的方法多种多样,如已知明文攻击、选择密文攻击、预言者会话攻击、并行会话攻击等。而且对不同的安全协议存在着不同的攻击方法。因此,必须能够证明所设计的协议对于常见的攻击方法是安全的。

3. 适用于任何网络结构的任何协议层

对于所设计的协议要求能适用于任何网络结构的任何协议层,即不但能够使用于低层网络机制,而且还必须能够用于应用层的认证。因此协议中所包含的密码消息必须尽可能地短,才能更好地适用于各种层次的应用。

4. 适用于不同处理能力的设备

所设计的协议不但能够在智能卡、PC上使用,而且能够在仅有很小处理能力和无专用密码处理芯片的 RFID 标签、低级网络终端、工作站上使用,尽量达到通用性。这意味着协议必须具有尽可能少的密码运算。

5. 力求兼容任何密码算法

协议必须能够采用任何已知的、具有代表性的密码算法。这些算法可以是对称加密算法(如 DES、IDEA),也可以是非对称加密算法(如 RSA)。

6. 避免出口的限制

目前,各国政府对密码产品的进出口都有严格的限制,所以在设计安全协议时,要尽量避免这些问题,其中大多数的规定都是针对分组加密/解密算法,而对于主要用于数据完整性保护和认证功能的技术则要宽松得多。因此在设计安全协议时,尽量避免采用依赖于加密和解密函数的协议,能取得进出口许可的可能性就比较大。

7. 便于功能扩充

协议对各种不同的通信环境具有很高的灵活性,以便对其进行可能的功能扩展,至少在一些常见的应具有的功能上应能得到扩充,如对于增加防止新型攻击方式能力的扩充,或是在原有的消息通信机制上预留一定的额外域,以方便以后进行通信协议内容扩充时可以直接使用,而不用对安全协议进行新的改进。

8. 最少的安全假设

在进行安全协议设计时通常首先要对网络环境进行风险分析,做出适当的初始假设。但由于初始假设越多,协议的安全性就越差,因此,在协议设计时应尽可能权衡初始的安全假设,以尽可能地减少安全假设的数目。

10.6.4 协议的形式化证明

设计开发安全协议是一个精密的工作,但是即使经过严谨的设计、大量的测试,所得到的安全协议也可能是有缺陷的,所以对于一个安全协议需要有一套严谨的方法来验证其是否达到了既定的安全目标。

检验协议的方法主要有非形式化方法和形式化方法。

最简单的非形式化方法即在协议设计完成后即投入使用,在大量实践中看协议中是否存在漏洞。但这种方法是十分冒险的,一旦发现确实存在漏洞,其损失可能是难以弥补的。

而最常见的非形式化方法是攻击检验法,检验者用这种方法验证协议前,先要积累一个包含已知的各种攻击方法的知识集,在验证协议时,检验者从知识集中穷举各种方法对协议进行攻击测试,这种方法可以迅速发现协议会受哪些攻击方式的威胁,但其不能发现未知的攻击方式。

协议的形式化证明采用的是数学与逻辑的方法对系统进行描述和论证,可以用一种或多种语言来描述系统,程序以及协议的性质。从验证来讲,主要有两类方法:一类以逻辑推理为基础;另一类则以穷尽搜索为基础。逻辑推理有 natural deduction、sequent calculus、resolution 以及 Hoare-logic 等方法。穷尽搜索方法统称为模型检验,这类方法与系统或程序以及系统性质的表示有很大的关系,如符号化模型检验,其基本原理是用命题逻辑公式表示状态转换关系,用不动点算法计算状态的可达性以及这些状态是否满足某些性质。

一般安全协议的形式化验证过程如图 10.6.1 所示。

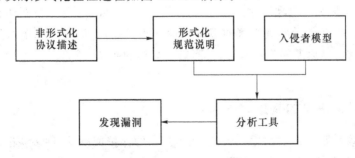

图 10.6.1 安全协议的形式化验证过程

最早的安全协议形式化分析的思想是由 Needham 和 Schroeder 在 1978 年提出的。在这一领域具有里程碑意义的是 20 世纪 80 年代，Danny Dolev 和 Andrew C. YAO 发表的 *On the Security of Public Key Protocols*，它真正开始了使用形式化方法来分析安全协议的历史。他们在文章中开创性地提出了安全协议可以并发执行的形式化系统模型。

按本书参考文献[6]中 Rubin 和 Honeyman 的分类，目前适用于协议的形式化证明的方法主要有三种。

1. 使用基于知识和信任的逻辑的方法，主要使用 BAN 逻辑

BAN 逻辑是由美国 DEC 公司的 Michael Burrows、Matin Abadi 和剑桥大学的 Roger Needham 提出的。它是用完整性和新鲜性的一个函数来表示逻辑假设认证，并在协议的整个过程中，采用逻辑规则对这两个属性进行跟踪，通过安全协议运行过程中消息的接收和发送，从最初的信仰逐渐发展为协议运行要运行达到的目的主体的最终信仰。它成功地对 Kerberos 等几个著名的协议进行了分析，并找出其他几个已知和未知的漏洞，这种方法的成功激发了密码学家对形式化分析的兴趣，并研究产生了其他的安全协议形式化分析方法。由于这种方法简单直观，便于掌握和使用，而且能成功发现协议中存在的安全缺陷，因而得到了广泛的利用。

2. 使用专家系统或代数项重写系统、定理证明的方法

专家系统是一种通过运用知识进行推理，以求在问题的领域中推导出满意答案的技术，尽管这一方法能够很好地识别出存在的安全缺陷，但它不能保证系统的安全性。在安全协议验证方面，它的使用还处于研究阶段。

定理证明简单说就是数学方法，它是一种比较成熟的验证技术，由公理、假设以及推理规则组成。它通常用代数集或逻辑公式来定义系统的行为，构成系统的行为集；然后由一系列的公理和系统的行为组成推理的公式集；把要验证的安全协议系统的性质描述为定理；然后从基础公式出发，进行定理证明，以达到期望的结果，通常定理证明过程的某些部分可以通过工具来进行自动化验证，这些工具被称为定理证明器，与模型检测的全自动分析不同的是，通过它还需要人的帮助。

3. 使用模型检测的方法

模型检测是一种自动分析和验证技术，主要采用了面向有穷状态并发系统的验证技术，由于其自动化充分，只要计算机处理能力和时间足够，模型检测最终能以真假的形式给出协议检测的结果，并为验证结果为假的情况提供相应的反例。

从形式上来描述，假设一个系统为 S，期望得到的系统性质的逻辑公式为 φ，模型检测即为验证是否 S 可以满足 φ。

这种方法是全自动化的，但是由于协议的行为是无穷的，而模型检测的方法目前只能处理有限状态的系统，这决定了模型检测的不完善性。基于此，人们对状态爆炸问题进行了长达 20 余年的研究探索，仍然没能得到解决，因而对于复杂的系统，难以用模型检测的方法来进行分析。

10.6.5 安全协议的常见攻击和相应对策

由于安全协议的目标是对数据完整性、实体身份的保护或确认，许多认证协议还在主体之间安全地分配密钥或其他各种秘密，因此，对安全协议的攻击也有其多样性。

1983 年，Dolev 和 Yao 发表的文献[13]是安全协议发展史上一篇有着重要贡献的论文，其认为攻击者可以控制整个通信网络，并且攻击者具有相应的知识与能力：

1）可以窃听网络中的所有消息；

2）可以阻止并截获网络中的所有消息；

3）可以存储并且制造消息；

4）可以根据存储的消息进行伪造，并发送消息；

5）可以伪装成合法的实体参与协议的运行。

而对协议的攻击方法是多种多样的，对不同类型的安全协议也有不同的攻击手段，当然，也会有相应的防范措施。

1. 窃听

窃听是最基本的攻击方式，它是唯一的一种被动攻击方式，其他的都为主动攻击方式。

防范措施：由于窃听攻击不会影响通信协议的进行，难以判断用户在通信过程中是否受到攻击，所以通常采用加密方式来防止窃听，避免通信内容或敏感信息的泄露。

2. 重放攻击

攻击者通过窃听方式可以复制和存储用户 A、用户 B 的通信内容，然后通过介入协议的运行，重放用户 A 之前发送的消息，让合法的通信用户 B 误以为用户 A 又与之进行新一轮的认证，由于数据都是从合法用户 A 发送的，所以用户 B 可能将攻击者误认成用户 A，并与之进行通信，以致用户 B 的一些敏感信息泄露。

防范措施：由于重放数据与窃听的数据是一样的，所以根据重放攻击的特点我们可以采用序列号、时间戳、挑战/应答协议，使得即使两次交互的信息内容一致，发送数据也有所不同。而且只有合法的通信双方才能获得具体的信息，否则视为重放攻击，如挑战/应答协议。

序列号：对于消息重放，在每个用于认证交换的消息之后加上一个序列号，只有序列号正确才能被接收，如 TCP 的三次握手即用的这种方法。但这种方法存在一个问题，即通信者要记录与其他通信者通信的最后序列号，所以一般在认证密钥交换中一般不用序列号，而采用时间戳或是挑战/应答的方法。

时间戳：时间戳的方法指的是仅当通信交互的信息中包含的时间戳与通信者所认为的当前时间足够接近，通信者才认为收到的消息是新消息，所以这种方法要求通信双方的时钟必须保持同步。

挑战/应答：当通信双方交互消息时，通信者 A 先发送一个带有临时交互数值的信息，即挑战值，并要求通信者 B 返回的消息中必须包括此挑战值或者此挑战值的变形，即应答，如用通信双方的对称密钥加密后的挑战值作为应答。

3. 篡改

篡改包括删除、修改、伪造、插入等方式。篡改是一种主动攻击方式，其破坏数据完整性。被攻击方即使加密也不能保证自己提供的数据的完整性。

防范措施：一般通过对通信信息加入消息认证码、数字签名来保证数据的完整性以及信息来源的真实性。

4. 拒绝服务攻击

拒绝服务攻击是一种阻止合法用户完成协议的方法。在实际中，一般针对用于多客户端连接的服务器，通过占用和耗光服务器的计算资源使得合法用户无法与服务端再进行连接，导致协议无法正常完成。

另外在基于口令、ID 的认证协议中，在客户端或服务端进行口令更新时，攻击者发起攻击会造成客户端与服务端口令或 ID 信息的不同步，以致下次的登录认证失败，以致合法用户受到拒绝服务。

防范措施：对于基于口令、ID 的认证协议，一般要根据具体情况采用同步措施，即使受攻击导致同步失败，在下次重新登录时，也可以采用重新同步机制，以保证下次的登录认证成功完成。

10.7　身份认证协议

10.7.1　身份认证的概念

在激烈的社会竞争中，某些个体或组织会为了达到其各自的目的而不惜以各种身份进行欺诈活动，因此一个安全的通信和数据系统需要有一个足够强大的身份认证机制来保护其中的个人身份。身份认证又称身份识别，这是指在通信的时候某项服务的申请者像服务提供者证明自己身份的过程。随着通信和信息技术的广泛应用，个人身份的识别问题将会变得越来越重要，从事互联网活动的众多个体都需要在不同的服务或交互中相互证明自己的合法身份，以确保自己的合法利益。因此，从这个意义上看，身份认证的重要性并不仅限于技术的层面，还有更多的社会方面的重要意义。

目前常用的身份认证技术大体可以分为两类：基于生物特征识别的认证技术和基于密码技术的电子 ID 身份认证技术。前者的目的是利用指纹、虹膜等安全性较高的人体生物特征代替安全性较差的口令方式来防止数字证书和密码等被人盗窃、复制等。但这样的一种方式也存在着代价高、准确度低、存储要求高和传输速度慢等不足而只能作为辅助的措施加以应用。后一种技术主要是通过使用公钥密码算法的方式来设计出安全性较高的身份认证协议。这类协议包括了两种主要形式：一种是使用口令的方式；另一种是使用诸如智能卡这样的个人持有物的方式。

基于口令的方式是最常用的一种身份认证方式，这种方式从古至今都一直在被使用。口令一般由数字、字母、特殊字符、控制字符等组成字符串，并且要尽量做到易记、难猜、抗分析强等。在登录计算机时使用口令验证是最常用的一种基于口令的身份认证方式。计算机中通过存储口令或口令的单向散列函数值来与输入的口令或其单向函数值进行比对，从而完成身份的认证过程。一旦有敌手获得了存储在计算机中的口令列表或者口令的单向函数值表，敌手就可以直接获得口令（针对未进行单向函数运算的情况）或者通过暴力破解的方式来得到口令（针对进行单向函数运算的情况）。

智能卡等个人持有物通常具有独立的磁条等存储部件，有些还具有独立的安全运算电路（如智能卡）。在这种情况下，如果采用智能卡来作为身份认证的工具，则可以通过将口令在智能卡的安全运算电路中进行相应的安全变换（如加密变换）之后再存储到智能卡的安全存储部件中的方式来更好地对个人的认证信息进行存储和管理。当然，为了达到预期的安全要求，还需要将智能卡与安全的认证协议配套使用。

通常情况下，要设计出一个安全的认证协议至少要满足以下的两个条件：

1) 证明者 A 能向验证者 B 证明他的确是 A；

2) 在证明者 A 向验证者 B 证明自己的身份后，B 不能获得任何有效的信息使得 B 能够向任何第三方证明自己是 A。

目前已经设计出了多种安全的认证协议,这其中也大致能分成两种类型:零知识身份认证协议和询问应答协议,10.7.2 小节中将分别介绍这两种协议类型。

10.7.2　零知识身份认证协议

1. 零知识证明

零知识身份认证协议是一种基于零知识证明的认证方式,它的基本思想是:证明者使验证者相信他对某个知识的掌握,但又不向验证者泄露任何有关该知识的有用信息。零知识证明问题又分为最小泄露证明和零知识证明两种。

最小泄露证明应满足:

1) 若证明者知道证明,则他可以使验证者几乎相信;若证明者不知道证明,则验证者相信他的概率几乎为零。

2) 验证者不可能得到证明的信息,从而无法向其他人出示此证明。

零知识证明除了需要满足上述的两个条件外,还需要满足验证者从证明者处得不到任何有关证明的知识。

洞穴问题是一个典型的零知识证明的示例问题,洞穴的结构如图 10.7.1 所示。

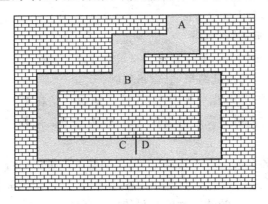

图 10.7.1　零知识证明的示例

图中的 A、B、C、D 是洞穴中的四个位置,其中 C 和 D 之间有一道密门相隔,密门只能够由唯一的咒语打开。证明者 P 需要向验证者 V 证明他知道咒语这个事实,但同时又不能让 V 知道这个咒语。认证的过程如下:

1) V 站在洞穴的 A 处;

2) P 走进洞穴中,并站在 C 或 D 的任意一处;

3) V 走到 B 处;

4) V 让 P 从左边或者右边走出来;

5) P 按照 V 的要求走出(因为 P 能够利用咒语穿过密门);

6) P、V 二人重复执行上述过程 n 次。

当然这里的假设是 P 在使用咒语开门的时候,V 听不到这一过程,这样 V 就无法获知这个咒语的任何情况。这个协议是一个完全的零知识证明协议。在实际的使用中,如果将协议中的咒语替换为一个数学上的难题,并且 P 知道这个难题的解法,就可以设计出实用的零知识身份认证协议了。下面介绍的 Feige-Fiat-Shamir 认证协议就是一个实用的零知识身份认证协议。

2. Feige-Fiat-Shamir 认证协议

设 $n=pq$ 是两个大素数 p 和 q 的乘积,证明者 P 拥有 k 个秘密 $s_1,\cdots,s_k$,令 $v_i=s_i^{-2}(\bmod\ n)$,这里 s_i 和 n 互素。P 将这些 v_i 发给验证者 V,V 则试图证实 P 知道这 k 个秘密 $s_1,\cdots,s_k$,双方按如下方式进行交互:

1) P 选取一个随机整数 r 并计算 $x\equiv r_2(\bmod\ n)$,然后把 x 发给 V;

2) V 选取整数 $b_1,\cdots,b_k$ 使得每个 $b_i\in\{0,1\}$,他把这些数发给 P;

3) P 计算 $y\equiv rs_1s_2b_2\cdots s_kb_k(\bmod\ n)$,然后把 y 发给 V;

4) V 验证 $x\equiv y_2v_1b_1v_2b_2\cdots v_kb_k(\bmod\ n)$;

5) 重复步骤 1)到 4)若干次(每次用一个不同的 r)。

10.7.3 询问应答协议

询问应答方式的身份认证协议是按照验证者提出问题,证明者做出回答,验证者对答案进行验证的过程进行身份认证的。在询问应答的交互过程中,证明者需要避免向验证者提供他所知道的秘密知识,为此需要通过对一些中间参量(如随机数值等)的操作来完成认证的过程。

常用的一种基于随机数值的认证协议是按如下方式进行的:

1) 证明者 P 向验证者 V 发起认证;

2) V 向 P 发送一个随机数值 T;

3) P 用自己的秘密知识对 T 进行加密后发送给 V;

4) V 验证从 P 处收到的验证结果,并做出判断。

上述过程需要 P 和 V 之间共享秘密知识,秘密知识只是在交互的过程中不会被直接传送。这一过程可以防止中间敌手发起的重放攻击,因为这里的随机数值在每一次的验证中都是不同的。

下面介绍一种常用的询问应答认证协议——Schnorr 身份认证协议。

Schnorr 认证协议是由 Schnorr 在 1991 年提出的,这种协议因其计算量和通信量较少的特点而特别适用于智能卡这样的硬件性能受限的应用环境。这种协议的安全性是建立在计算离散对数问题的困难性上的。

Schnorr 认证协议需要一个可信的第三方,即可信中心(TA, trusted authority),TA 将为协议选择参数:

1) 两个大素数 p 和 q 满足 $q\mid(p-1)$;

2) $\alpha\in Z_p*$ 为 q 阶元;

3) 单向函数 H;

4) 用于签名的公钥 v 和私钥 s。

TA 将 p、q 和 H 公开。每位用户需要向 TA 申请自己的公钥和私钥,并将自己的公钥公开,公钥和私钥之间满足关系:$v=\alpha^{-s}\bmod p$。TA 在接收到用户的申请后,会为每位用户分配一个识别名称 I,并对用户进行签名 $H(I,v)$ 用于未来的验证。

当证明者 P 向验证者 V 发起认证的时候,双方将按照如下的步骤进行交互:

1) P 将 I 和 v 发送给 V,V 根据 TA 计算出的 $H(I,v)$ 对 P 所发来的 v 进行验证;

2) P 任选一小于 q 的正整数 r 并计算 $X=\alpha^r\bmod p$,然后将 X 发送给 V;

3) V 任选一个整数 e 满足 $e\in[1,2t]$,并将 e 发给 P;

4) P 计算 $y=r+s^e\bmod q$,并将 y 发送给 V;

5) V 验证：$X = \alpha^y \times v^e \bmod p$。

这里的 t 是一个重要的参数，它直接影响着 Schnorr 协议的安全性。若一个攻击者能够猜测到 e 的值，则他可以事先选定一个 y，并计算 $X = \alpha^y \times v^e \bmod p$。当协议运行到第 2)步的时候，攻击者可以将这个 X 发送给 V 并在运行到第 4)步的时候将已经选好的 y 发送给 V，这样 V 就能够在第 5)步验证的时候得到验证通过的结论。而攻击者能够猜测到正确的 e 的值的概率为 2^{-t}。因此，为了使攻击者猜测到 e 的值这样一个事件几乎不可能发生，就必须选择一个尽量大的 t 值。

Schnorr 是一种交互式的用户认证协议，它满足完全性和合理性的要求，但到目前为止仍没有人给出对这个协议的安全证明。不过这个协议本身在学习和设计认证协议时还是有着重要的意义，事实上很多安全的认证协议（如 Okamoto 协议）都是从 Schnorr 协议发展而来的。

10.7.4　认证协议向数字签名方案的转换

一个非常有意思的现象（或称为结论）就是一个认证协议可以转化为一个签名方案。其中的基本思想是使用一个公开的 Hash 函数来代替验证者 V 的角色。这样每一个认证协议都可以派生出一个数字签名方案。下面将针对 Schnorr 协议说明将此协议转化为一个签名方案的过程。

在 10.7.3 小节所讲的 Schnorr 验证过程中，验证者 V 所起的作用主要在于选择一个 e 和最后对结论进行验证。这里使用一个 Hash 函数 H 来代替 V 选择 e 的过程。两个大素数 p 和 q 满足 $q \mid (p-1)$，$\alpha \in Z_p^*$ 是 Z_p^* 的一个 q 阶元，$v = \alpha^{-s} \bmod p$，公开 p、q、α 和 v，保密 s，选取随机数 $r \in Z_p^*$，则有如下签名算法和验证算法。

签名算法：

$$\text{Sig}(m, r) = (X, y)$$

这里，

$$X = \alpha^r \bmod p$$
$$y = (r + sH(X, m)) \bmod q$$

验证算法：

$$\text{Ver}(m, X, y) = \text{TRUE} <=> X = \alpha^y \times v^{H(X, m)} \bmod p$$

通过类似的原理，我们可以将其他的认证协议转换为其对应的数字签名方案。

10.8　本章小结

无论是有线网络还是无线网络，它的网络系统安全要考虑两个方面：一方面，用密码保护传送的信息要使其不被破译；另一方面，就是防止对手对系统进行主动攻击，如伪造、篡改信息等。认证技术是防止主动攻击的重要技术，是信息安全的重要组成部分。

一个安全的认证系统的设计主要包括认证函数的选择和认证协议的设计两部分，因此本章在给出认证基本概念后，分别讨论了信息加密函数、信息认证码、散列函数三种认证函数，给出了它们的应用模式，并详细介绍了 MD4、MD5 和 SHA-1 安全杂凑算法。此外，讨论了安全协议的安全性及设计规范等，最后讨论了身份认证协议。

10.9 习　　题

(1) 什么是身份认证，为什么要进行身份认证？

(2) 什么是消息认证，为什么要进行消息认证？

(3) 什么是 Hash 算法，Hash 算法有哪些基本要求？

(4) 请给出安全 Hash 函数的一般结构。

(5) 认证函数有哪几种？

(6) 简述分组密码算法的 CBC-MAC 消息认证原理。

(7) 若采用常规加密函数进行认证，如果还使用了差错控制码，差错控制码是否可以加在外部？

(8) 简述 MD5 压缩函数的基本过程。

(9) 简述 SHA-1 散列算法的压缩函数的基本过程。

(10) 什么是安全协议，安全协议一定安全吗？

(11) 请列举常见的攻击安全协议的方式，并讨论相关对策。

(12) 举例说明什么是询问应答协议？

第 11 章

密钥管理

密钥的管理和分配是一个复杂而重要的问题,也是确保安全的关键点。按照 Kerckhoff 假设,一个密码系统的安全性完全取决于对密钥的保密而与算法无关,即算法可以公开,而密钥必须保密。简单地说,不管算法多么强有力,一旦密钥丢失或者出错,不但合法用户不能提取信息,而且可能会导致非法用户窃取到信息,可见密钥的管理在系统安全中的地位尤其重要。

一个安全系统不仅要阻止入侵者获得密钥,还要避免对密钥的未授权的使用、有预谋的修改和其他形式的操作。一般来说,密钥管理在流程上可分为密钥产生、密钥分配、密钥存储等多个阶段。针对不同的密码体制,密钥管理又可分为对称密码体制中的密钥管理和公钥密码体制中的密钥管理。

本章主要讨论密钥的产生、分配、协商、存储等问题。本书作为对称密码学的教材将主要介绍对称密码体制中的密钥管理,即主要讨论通信各方如何能够获得相同的通信密钥,对公开密钥的管理感兴趣的读者可以参考其他密码学书籍。但是,需要注意的是,对称密码体制中的密钥管理通常会利用公钥密码技术。

11.1 密钥管理的基本概念

11.1.1 密钥的组织结构

现有的计算机网络系统与数据库系统的密钥管理大都采用了层次化的密钥结构设计。层次化的密钥结构与整个系统的密钥控制关系是对应的。按照密钥的作用与类型及它们之间的相互控制关系,可以将不同类型的密钥划分为一级密钥、二级密钥、$\cdots$、n 级密钥,从而组成一个 n 层密钥系统,如图 11.1.1 所示。其中,系统使用一级密钥 K_1,通过算法 f_1 保护二级密钥(一级密钥使用物理方法或者其他方法进行保护),依此类推,直到最后使用 n 级密钥通过算法 f_n 保护明文数据。随着加密过程的进行,各层密钥的内容动态变化,而这种变化的规则由相应层次的密钥协议控制。

最底层的密钥 K_n 称为工作密钥,或称为数据加密密钥。它直接用于对明文数据的加解密;所有上层密钥可称为密钥加密密钥,它们用于保护数据加密密钥或者其他低层的密钥加密密钥;最高层的密钥 K_1 称为主密钥,它是整个密钥管理系统的核心,应采用最保险的方式来进行保护。

平时,数据加密密钥(工作密钥)可能并不存在,在进行数据加解密时,数据加密密钥将在上层密钥的保护下动态产生,数据加密密钥在使用完毕后将立即清除,不再以明文的形式出现在密码系统中。

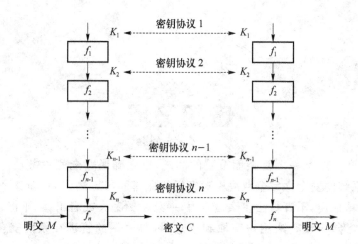

图 11.1.1 n 层密钥系统

通常,我们可以以相对的概念来理解层次化的密钥结构:某层密钥 K_i 相对于更高层的密钥 K_{i-1} 是工作密钥,而相对于低层的密钥 K_{i+1} 是密钥加密密钥。

层次化的密钥结构意味着以密钥来保护密钥,这样,大量的数据可以通过少量动态产生的数据加密密钥(工作密钥)进行保护,而数据加密密钥又可以由更少量的、相对不变(使用期较长)的密钥加密密钥来保护,依此类推,最后,第二层的密钥加密密钥可以由主密钥进行保护,从而保证了除主密钥可以以明文的形式存储在有严密物理保护的主机密码器件中之外,其他密钥则以加密后的密文形式存储,从而改善了密钥的安全性。

具体来说,层次化的密钥结构具有以下优点。

1. 安全性更高

一般情况下,位于层次化密钥结构中越底层的密钥更换得越快,最底层密钥可以做到每加密一份报文就更换一次。另外,在层次化的密钥结构中,下层的密钥被破译将不会影响到上层密钥的安全。在少量最初的处于最高层次密钥注入系统之后,下面各层密钥的内容可以按照某种协议不断地变化(例如,可以通过使用安全算法以及高层密钥来产生低层密钥)。

对于破译者来说,层次化密钥结构意味着他所攻击的已经不再是个静止的密钥系统,而是个动态的密钥系统。对于一个静止的密钥系统,一份报文被破译(得到加密该报文所使用的密钥)就可以导致使用该密钥的所有报文的泄露;而在动态的密钥系统中,密钥处在不断变化中,在底层密钥受到攻击后,高层密钥可以有效地保护底层密钥的更换,从而极大限度地削弱了底层密钥被攻击所带来的影响,使得攻击者无法一劳永逸地破译密码系统,有效地保证了密码系统整体的安全性。同时,一般来讲,直接攻击一级密钥是很难成功的(一级密钥使用的次数比较有限并且可能会采用严密的物理保护),并且当系统设计很完善时,即使一级密钥被破译也不能达到一劳永逸。

2. 为密钥管理自动化带来了方便

由于计算机的普及应用和飞速发展,计算机系统的信息量和计算机网络通信量不断增大。为了达到较高的安全性,所使用的密钥数量也随之迅速增加,人工更换密钥已经无法满足需要。同时,一些新的应用场景的出现,例如电子商务,在双方并不相识的情况下进行秘密通信。在这种情况下,已经不可能进行人工分配密钥。研究自动化的密钥管理方案已经成为现代密码系统急需解决的问题。

层次化密钥结构中,除了一级密钥需要由人工装入外,其他各层的密钥均可以设计由密钥管理系统按照某种协议进行自动地分配、更换、销毁等。密钥管理自动化不仅大大提高了工作效率,而且提高了数据安全性。它可以使得核心的密钥(一级密钥)仅仅被少数安全管理人员所掌握,这些安全管理人员不会直接接触到用户所使用的密钥与明文数据,而用户又不可能接触到安全管理人员所掌握的核心密钥。这样,核心密钥的扩散面达到最小,有助于保证密钥的安全性。

11.1.2　密钥的种类

按照密钥的不同用途可以把密钥分成如下几种。

1. 基本密钥(base key)、初始密钥(primary key)

此类密钥是由用户选择或由系统分配给用户的,可在较长时间内由一对用户所专用的秘密密钥,所以又称为用户密钥。要求它既安全又易于更换,和会话密钥一起去启动和控制某些算法所构造的密钥产生器,来产生用于加密数据的密钥流。

2. 会话密钥(session key)

两个通信终端用户在一次通话交换数据时所采用的密钥被称为会话密钥。当用其对传输的数据进行保护时称其为数据加密密钥(data encrypting key),当用其保护文件时称其为文件密钥(file key)。会话密钥的作用是使我们可以不必太频繁地更换基本密钥,有利于密钥的安全和管理的方便。这类密钥可由用户双方预先约定,也可由系统动态地产生并赋予通信双方,它为通信双方专用,故又称为专用密钥(private key)。由于会话密钥使用时间短暂而有利于安全性,它限制了密码分析者攻击时所能得到的同一密钥下加密的密文量,因而影响不大;会话密钥只在需要时通过协议建立,从而降低了密钥的存储量。

3. 密钥加密密钥(key encrypting key)

用于对传递的会话或文件密钥进行加密时采用的密钥,也称次主密钥(submaster key)或辅助(二级)密钥(secondary key)。通信网中每个节点都分配有一个这类密钥。为了安全,各节点的密钥加密密钥应互不相同。在主机和主机之间以及主机和各终端之间传送会话密钥时都需要有相应的密钥加密密钥。每台主机都须存储到其他各主机和本主机范围内各终端所用的密钥加密密钥,而各终端只需要一个与其主机交换会话密钥时所需的密钥加密密钥——终端主密钥(terminal master key)。

4. 主机主密钥(host master key)

主机主密钥是对密钥加密密钥进行加密的密钥,存于主机处理器中。

除上述几种密钥之外,还有用户选择密钥(custom option key)、族密钥(family key)及算法更新密钥(algorithm changing key)等。其中,用户选择密钥用来保证同一类密码机的不同用户可使用的不同的密钥。这些密钥的主要作用是在不增大更换密钥工作量的条件下,扩大可使用的密钥量。

11.1.3　密钥的长度与安全性

一个对称密码系统的安全性通常可以由两个方面定性描述:一个是算法的强度;另一个是密钥的长度。我们假设一个完美的算法,它不具备任何攻击的窍门,所以要想攻破这样一个完美的密码系统只能通过穷举破解的方式,也就是尝试密钥空间内的所有密钥来破解。如果这个密钥空间很小,对于破解者而言要想破解这个密钥系统就很容易,反之则很难。尽管这样一个完美的算法不存在,但是现代密码学中的算法往往是公开的,所以一个密码系统的安全性可以说是完全由密钥的安全来决定的。

我们假设一个攻击者想要破解一个密钥系统,由于算法本身并不存在重大的漏洞,他只能采用穷举破解的方式来尝试破解。首先他需要获取少量的明文和对应的密文,这一过程并不像想象的那么难,一个攻击者总是能有办法获取到这些数据的。如果这个密码系统中使用的密钥长度为 8 bit,则攻击者在最坏情况下也仅需要 256 次就能破解出密钥。但是如果密钥长度为 56 bit,则攻击者最多需要 2^{56} 次尝试才能破解出密钥。假设这个攻击者使用一台每秒可以尝试 100 万个密钥的超级计算机,他最多需要 2 285 年才能完成破解。现代天文学家认为宇宙的开端是在大约 137 亿年前,如果使用这样的超级计算机破解 128 bit 长度密钥的密码系统,即使从大爆炸开始到现在攻击者也破解不出密钥。当然根据摩尔定律,计算机的处理能力每 18 个月就能翻倍一次,那到底密钥要多长才安全呢?

11.1.4 穷举攻击的效率与代价

20 世纪 70 年代的 DES 算法使用的是 56 bit 的密钥,而 20 世纪 90 年代提出的 AES 算法可以使用 128 bit、192 bit 甚至 256 bit 的密钥。针对密钥的穷举破解效率问题,众多的争议和讨论都集中在 DES 算法之上。20 世纪 70 年代 W. Diffie 和 M. Hellman 假设了一种专门破解 DES 的破解机。这台破解机包含百万块专门的芯片,每一块芯片每秒可以测试 100 万个密钥,这样一台破解机只需要 20 个小时就能破解出 DES 算法。设想把现在因特网上的计算机连接起来作并行计算破解密码算法,应该也是一件比较轻松的事。随后 M. Wiener 设计了一台 DES 破解机,他设计了全部的芯片以及系统架构。当时他计算出制造他设计的这样一台破解机需要 100 万美元,他的机器能在 7 个小时以内破解出密钥长度为 56 bit 的 DES 算法,更重要是的他设计的破解机制造成本与破解速率呈线性关系,这就意味着只要拥有足够的钱,破解 56 bit 的 DES 算法不是一件难事。

表 11.1.1 以列表的方式列出了在 1995 年时通过穷举破解的方式破解一定密钥的算法需要的成本和时间,当然计算机的计算能力日新月异,我们很难估计以后密钥需要多长才安全。

表 11.1.1 硬件穷举攻击对称密钥的平均时间估计

成本	密钥长度					
	40	56	64	80	112	128
]$100K	2 s	35 h	1 年	70 000 年	10^{14} 年	10^{19} 年
$1M	0.2 s	3.5 h	37 d	7 000 年	10^{13} 年	10^{18} 年
$10M	0.02 s	21 min	4 d	700 年	10^{12} 年	10^{17} 年
$100M	2 ms	2 min	9 h	70 年	10^{11} 年	10^{16} 年
$1G	0.2 ms	13 s	1 h	7 年	10^{10} 年	10^{15} 年
$10G	0.02 ms	1 s	5.4 min	245 d	10^{9} 年	10^{14} 年
$100G	2 μs	0.1 s	32 s	24 d	10^{8} 年	10^{13} 年
$1T	0.2 μs	0.01 s	3 s	2.4 d	10^{7} 年	10^{12} 年
$10T	0.02 μs	1 ms	0.3 s	6 h	10^{6} 年	10^{11} 年

11.1.5　软件破译机

没有上面提到的功能特殊的硬件设备和大规模并行计算机,穷举攻击很难有效地工作。对密码系统的软件攻击比对其硬件的攻击慢大约一千倍。基于软件的穷举攻击的真正威胁在于它的自由性,任何一台微型计算机都可能用来测试密钥,建立整个这样的微机网络可能并不需要一方的投入。在一次有记录的对 DES 的试验中,在一天内用了 40 个工作站的空闲时间对 2^{34} 个密钥进行了测试。照这样的速度,需要四百万天来测试所有 DES 的密钥,但是如果足够多的人试图像这样破译的话,所需要的时间会大大降低。

设想一个具有 2 048 个工作站的大学计算机网络全部联网,对某些校园来说这并不算一个大规模的网络,它们甚至可以遍及世界,通过某些分布式计算程序来协调各工作站的行动。而且各工作站的设备越先进,或者使用的机器越多,成功的机会就越大。

11.2　密　钥　生　成

现代通信网需要产生大量的密钥来分配给各主机、节点和用户。密码系统的安全性是由密钥决定的。不论算法多完美,如果使用一个弱的密钥产生方法,那么整个系统也是弱的。破解者如果能破解出密钥产生的算法,就不必再破解加密算法了。目前已有的各种各样的密钥产生器可为大型系统提供所需的各类密钥。生成密钥的算法要满足一定的要求才能启用:

(1) 主机主密钥的产生。这类密钥通常要用从随机数表中选数等随机方式产生,以保证密钥的随机性,避免可预测性。而任何机器和算法所产生的密钥都有被预测的危险,主机主密钥是控制产生其他加密密钥的密钥,而且长时间保持不变,因此它的安全性是至关重要的。

(2) 密钥加密密钥的产生。可以由机器自动产生,也可以由密钥操作员选定。密钥加密密钥构成的密钥表存储在主机的辅助存储器中,只有密钥产生器才能对此表进行增加、修改、删除和更换密钥,其副本则以秘密方式送给相应的终端或主机。一个有 n 个终端用户的通信网,若要求任意一对用户之间彼此能进行保密通信,则需要有 $n(n-1)/2$ 个密钥加密密钥。当 n 较大时,难免有一个或数个被攻击者掌握。因此,密钥产生算法应当能保证其他用户的密钥加密密钥仍有足够的安全性。可用随机比特产生器(如噪声二极管振荡器等)或伪随机数产生器生成这类密钥,也可用主密钥控制下的某种算法来产生。

(3) 会话密钥的产生。会话密钥可在密钥加密密钥作用下通过某种加密算法动态地产生,如用初始密钥控制一非线性移存器或用密钥加密密钥控制 DES 算法产生。初始密钥可用产生密钥加密密钥或主机主密钥的方法生成。

1. 弱密钥的产生

人们选择密码或者密钥的时候往往会选择一些容易记住的。比如会选择自己的生日"19841022"作为自己的密码,而很少会选择" *＆2♯We⌃GB"。自己的生日确实比" *＆2♯We⌃GB"容易记住,但大大地降低了密码的安全性。对于一个聪明的破解者,他不会去穷举整个密钥空间,他会首先尝试那些最有可能的密码或者密钥。

这就是所谓的字典攻击方法,攻击者会使用一本共有的密钥字典。在我们平时使用的 Windows 系统下,有许多攻击软件使用字典的方式来尝试登录一些远程计算机。常见的弱口令如下:

（1）用户的姓名、生日、账号信息以及其他一些与用户个人信息有关的信息。

（2）一些常用的单词，比如一个汽车品牌、一本小说的名字、一个地名、一个希腊神话中的神灵。

（3）对以上两种弱密钥的简单置换或者大小写混用。比如 Hermes、HeRMes、ReMsTe。

2. 随机密钥

一个安全的密钥应该是那些随机产生的比特数据，可以是密钥空间内的任何密钥。这些密钥要么通过伪随机数发生器随机产生，要么从可靠的随机源产生。另外，许多算法本身含有弱密钥，这些弱密钥的安全性比其他密钥的安全性低得多。比如在 DES 的 56 bit 密钥空间里有至少 16 个被证明的弱密钥。尽管概率很小，在采用随机产生的密钥时也应检查产生的密钥是否是弱密钥。

3. X9.17 密钥产生

ANSI(American National Standards Institute)的 X9.17 标准中也定义了一种密钥产生的方法。使用 X9.17 产生的密钥的随机性远远高于那些容易被记住的密钥，由于这些密钥很难被记住，所以更适合充当一个系统中的会话密钥或者伪随机数。在 X9.17 中使用到三重 DES 算法来产生密钥，当然这也可以很容易地通过 IDEA 或者 AES 等其他算法来代替。

设 $E_k(x)$ 表示用密钥 k 对 x 进行加密。加密算法可以是 3DES，也可以是其他算法。k 是为密钥产生器保留的一个特殊密钥，我们这里将不再讨论 k 是如何产生的，只假设它是随机且安全的。V_0 是一个秘密的 64 bit 种子，T 是一个时间邮戳。如图 11.2.1 所示，欲产生随机密钥 R_i，计算：

$$R_i = E_k(E_k(T_i) \oplus V_i)$$

欲产生 V_{i+1}，计算：

$$V_{i+1} = E_k(E_k(T_i) \oplus R_i)$$

要把 R_i 转换为 DES 密钥，简单地调整每一个字节的第 8 位奇偶性就可以。如果需要一个 64 bit 密钥，按上面计算就可得到。如果需要一个 128 bit 的密钥，产生一对密钥后再把它们串接起来便可。

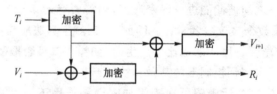

图 11.2.1　X9.17 密钥产生示意图

4. DoD 密钥产生

DoD 是美国国防部(United States Department of Defense)的英文缩写，DoD 建议使用 DES 在输出反馈模式(OFB)下产生随机密钥。

直接使用 DES 算法的密钥建议为系统中断向量、系统状态寄存器、系统计数器等；由系统时钟、日期、时间产生初始化向量；明文可以使用任何外部随机事件产生的 64bit 数据，例如，由系统管理员随机键入的 8 个字符。

64 bit 的明文作为 OFB 模式分组密码算法的输入，计算后获得的密文将作为随机密钥来使用。

11.3 密钥分配与协商

前面几章介绍了许多安全的分组密码算法,这些密码算法提供了高效的安全系统,保障了通信的各方不受攻击。而且由于密钥数目的庞大,通过普通计算机来破解这些算法加密的密文几乎是不可能的事情。不幸的是,无论这些算法多么强大,它们都有一个重要的问题有待解决,这个问题被称作"密钥分配"或者"密钥分发"。

我们设想以下一个场景,Alice 想通过电话线给 Bob 传送一些保密的数据,但是又害怕电话被窃听,于是她选择一个密钥并使用 AES 算法加密数据。而 Bob 为了解密数据,不仅仅需要获得密文还必须知道密钥。可是 Alice 怎样才能把密钥告诉给 Bob 呢?显然她不可能直接使用电话线路,因为那里有窃听者。似乎唯一安全可靠的办法就是 Alice 亲手或者通过自己信赖的人把密钥送到 Bob 手上。据说,20 世纪 70 年代,美国的银行为了给他们的客户传送保密信息就采用了这种方法,他们雇用了专职的密钥分发员。当然这些密钥分发员都是百里挑一、最值得信任的员工。于是这些密钥分发员常常带着锁着的箱子奔波在美国各地,亲手把密钥送到客户手上,随后一个星期客户会收到银行发来的加密资料。随着商业的发展,这样的密钥分发方式对于银行来说变成了一场噩梦,密钥分发的成本变得无比昂贵。

无论一个对称算法多么的安全,在理论上多么的不易被攻破,但在实际运用中它都不可避免地会遇上密钥分发的问题。如果解决不了这个问题,这个密钥系统的安全性、可行性就会被大大地削弱。事实上,长久以来密钥分发的问题一直困扰着密码学家,甚至一度被认为是不可能解决的问题。

似乎不通过第三方的密钥分配方案是不可能存在的,它甚至违背常理。但是在 20 世纪 70 年代还是有一群天才科学家奇迹般地解决了这个看似不可能解决的问题,随着公钥密码学的提出,密钥的分配不再需要一个安全的信道。公钥密码学现在已经是密码学领域里的重要分支,但是它的提出和使用都基于密钥的分配问题。而且由于公钥算法的复杂程度远高于对称密钥算法,所以在现实应用当中数据加密往往采用对称算法,而密钥的分发采用公钥算法。

本节将讨论密钥分配与协商的一些相关问题,我们需要区分密钥分配与密钥协商这两个不同的概念。密钥分配是指由一个实体来选择密钥并把它发送给其他实体的机制。而密钥协商是一种在公共信道上两个或多个实体一起产生密钥的协议。

11.3.1 密钥分配

密钥分配(key distribution)是这样的一种机制:系统中的一个成员先选择一个秘密密钥,然后将它传送给另一个成员或别的成员。传送的方法是通过邮递或信使护送密钥,如图 11.3.1(a)所示。密钥可用打印、穿孔纸带或电子形式记录。这种方法的安全性完全取决于信使的忠诚和素质,需要精心挑选信使,但很难完全消除信使被收买的可能性。这种方法成本很高,薪金不能低,否则,会危及安全性,有人估计此项支出可达整个密码设备费用的三分之一。这种方法一般可保证及时性和安全性,偶尔会出现丢失、泄密等。为减少费用可采用分层方式,信使只传送密钥加密密钥,而不去传送大量的数据加密密钥。这既减少了信使的工作量(因而大大降低了费用),又克服了用一个密钥加密过多数据的问题。当然,这不能完全克服信使传送的弱点。另外,也可借助一个可信中心来分发密钥,如图 11.3.1(b)和(c)所示。

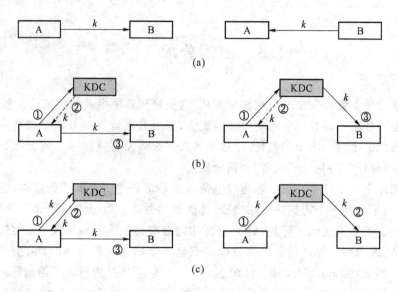

图 11.3.1 密钥分配的基本模式

在对称密码体制中,首先考虑预分配的概念。在一个系统中存在一个可信第三方。对于任意两个想通信的用户,可信第三方都会为他们产生随机的密钥,而这个密钥是通过带外的方式传递给用户的。也就是说,假设可信第三方与用户之间具有一条安全的信道用于传递这个密钥。这样一个过程称为预分配。通过预分配方式分发的密钥往往很少更新,而通信密钥则通过预分配的密钥来传输。为了降低预分配的密钥的使用频率,一个密钥系统往往采用多级密钥的机制来保护预分配密钥。下面我们介绍一个采用三级密钥的基于对称密码体制的密钥分发机制模型。

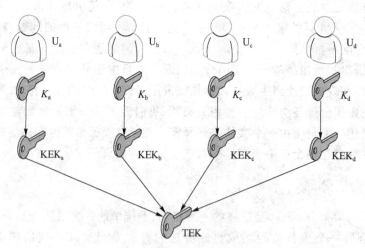

图 11.3.2 三级密钥分发机制

如图 11.3.2 所示,A,B,C,D 四人同属于一个密码系统中,用 U_a,U_b,U_c,U_d 表示。在他们加入此系统时,可信第三方会通过安全信道为他们每人分配一个主密钥,分别用 K_a,K_b,K_c,K_d 表示,主密钥位于密钥层次结构的最高层,它们本身不再被加密。通常主密钥是通过人工分配或者存放在安全的介质当中,比如智能卡、USB Key 等。主密钥往往不再被更新。

为了降低主密钥的使用频率,可信第三方会为每一个用户再分发一个密钥加密密钥

KEK，密钥加密密钥通过主密钥来下发，受主密钥的加密保护。

当 A，B，C，D 四个人想做一个群组通信时，可信第三方会产生一个新的数据密钥 TEK，分别通过四人的密钥加密后，传输给 A，B，C，D 四个人。A，B，C，D 四个人通过自己的密钥加密密钥解密得到数据密钥，就可以通过数据密钥使用对称密钥算法对通信数据进行加解密。

值得注意的是，在系统中，所有的密钥都由可信第三方来产生。处于同一级的密钥主要用来保护下一级的密钥，并同时受其上一级密钥的保护，高层密钥更新的频率低，低层密钥更新的频率高。

这样的密钥管理系统具有实现简单、效率较高的特点。但是它需要可信第三方，而且在预分配阶段需要假设安全信道的存在。另外一个问题是可信第三方可能成为系统性能的瓶颈，它必须参与每一个密钥的分发，如果可信第三方崩溃了，那么整个系统也就不再可能安全通信。

下面介绍两种具体的基于对称密码学的密钥分发协议。

1. Needham-Schroeder 协议

Needham-Schroeder 协议是由 Roger Needham 和 Michael Schroeder 研发的，采用对称密码算法和可信第三方。这里我们把两个计划安全通信的实体称作 Alice 和 Bob，而 Eve 想要破坏他们之间的安全通信。可信第三方在系统中被称作密钥分配中心。

(1) Alice 将由她的名字 A，Bob 的名字 B 和随机数 R_A 组成的报文传给密钥分配中心：(A, B, R_A)。

(2) 密钥分配中心产生一随机会话密钥 K。他用与 Bob 共享的秘密密钥对随机会话密钥 K 和 Alice 名字组成的报文加密。然后用他和 Alice 共享的秘密密钥对 Alice 的随机值、Bob 的名字、会话密钥 K 和已加密的报文进行加密，最后，将加密的报文传送给 Alice：$E_A(R_A, B, K, E_B(K, A))$。

(3) Alice 将报文解密并提取 K。她确认 R_A 与她在第(1)步中发送给密钥分配中心的一样。然后她将密钥分配中心用 Bob 的密钥加密的报文发送给 Bob：$E_B(K, A)$。

(4) Bob 对报文解密并提取 K，然后产生另一随机数 R_B。他用 K 加密它并将它发送给 Alice：$E_K(R_B)$。

(5) Alice 用 K 将报文解密，产生 $R_B - 1$ 并用 K 对它加密，然后将报文发回给 Bob：$E_K(R_B - 1)$。

(6) Bob 用 K 对信息解密，并验证它是 $R_B - 1$。

所有这些围绕 R_A、R_B、$R_B - 1$ 的消息用来防止重放攻击。在这种攻击中，Eve 可能记录旧的报文，在以后再使用它们以达到破坏协议的目的。在第(2)步中 R_A 的出现使 Alice 确信密钥分配中心的报文是合法的，并且不是以前协议的重放。在第(5)步，当 Alice 成功地解密 R_B，并将 $R_B - 1$ 送回给 Bob 之后，Bob 确信 Alice 的报文不是早期协议执行的重放。

这个协议的主要安全漏洞是旧的会话密钥仍有价值。如果 Eve 可以存取旧的密钥 K，他可以发起一次成功的攻击。他所做的全部工作是记录 Alice 在第(3)步发送给 Bob 的报文。然后，一旦他有 K，他能够假装是 Alice，具体如下。

(1) Eve 发送给 Bob 下面的信息：$E_B(K, A)$。

(2) Bob 提取 K，产生 R_B，并发送给"Alice"：$E_K(R_B)$。

(3) Eve 截取此报文，用 K 对它解密，并发送给 Bob：$E_K(R_B - 1)$。

(4) Bob 验证"Alice"的报文是 $R_B - 1$。

到此为止，Eve 成功地使 Bob 确信他就是 Alice 了。

一个使用时间标记的更强的协议能够击败这种攻击。在第(2)步中，一个时间标记被附到用 Bob 的密钥加密的密钥分配中心的信息中：$E_B(K,A,T)$。时间标记需要一个安全的、精确的系统时钟，这对系统本身来说不是一个普通问题。

如果密钥分配中心与 Alice 共享的密钥 K_A 泄露了，后果是非常严重的。Eve 能够用它获得同 Bob 交谈的会话密钥(或 Alice 想要交谈的其他任何人的会话密钥)。情况甚至更坏，在 Alice 更换她的密钥后 Eve 还能继续做这种事情。

2. Kerberos 协议

Kerberos 协议是 Needham-Schroeder 协议的变型。在基本的 Kerberos 第 5 版的协议中，密钥分配中心和 Alice、Bob 共享一个密钥。Alice 想产生一个会话密钥用于与 Bob 通信。

(1) Alice 将她的身份 A 和 Bob 的身份 B 发送给密钥分配中心：A,B。

(2) 密钥分配中心产生一报文，该报文由时间标记 T、使用寿命 L、随机会话密钥 K 和 Alice 的身份构成。它用与 Bob 共享的密钥加密报文。然后，它取时间标记、使用寿命、会话密钥和 Bob 的身份，并且用他与 Alice 共享的密钥加密，并把这两个加密报文发给 Alice：$E_A(T, L,K,B)$，$E_B(T,L,K,A)$。

(3) Alice 用她的身份和时间标记产生报文，并用 K 对它进行加密，将它发送给 Bob。Alice 也将从密钥分配中心那里获取的用 Bob 的密钥加密的报文发送给 Bob：$E_K(A,T)$，$E_B(T,L,K,A)$。

(4) Bob 用 K 对时间标记加 1 的报文进行加密，并将它发送给 Alice：$E_K(T+1)$。这个协议是可行的，但它假设每个人的时钟都与密钥分配中心的时钟同步。实际上，这个结果是通过把时钟同步到一个安全的定时服务器的几分钟之内，并在这个时间间隔内检测重放而获得的。

11.3.2　密钥协商

密钥协商(key agreement)是一个安全协议，它通过两个或多个成员在一个公开的信道上通信，联合建立一个秘密密钥。在一个密钥协商方案中，密钥的值是由两个成员提供的信息输入一个函数后得到的。第一个密钥协商是众所周知的 Diffie-Hellman 密钥交换协议。Diffie-Hellman 密钥交换算法有公钥密码算法的许多特征，但却不能被称作一个完整的公钥密码算法，因为它本身并不能用于加解密。

下面介绍 Diffie-Hellman 密钥交换算法。

W. Diffie 与 M. E. Hellman 因为在 1976 年发表了论文 *New Directions in Cryptography* 而永载史册。在这篇论文里他们最早提出了公钥密码的概念。尽管在这篇里程碑意义的论文中，他们没有给出真正意义上的公钥密码实例，也没能找出一个真正带陷门的单向函数，然而他们提出了同样意义深远的 Diffie-Hellman 密钥交换算法。Diffie-Hellman 算法能够用来做密钥协商，Alice 和 Bob 可以用它来产生密钥，但是不能用它来加密或者解密信息。

Diffie-Hellman 密钥交换算法的有效性依赖于计算离散对数的难度。该算法描述如下：

(1) 首先 Alice 和 Bob 协商一个大素数 q 和一个整数 a，a 是模 q 的本原元。注意这两个大素数不必是秘密的，Alice 和 Bob 并不需要一个安全信道来传输它们。

(2) Alice 随机地选取一个大整数 X_A，并且发送给 Bob $Y_A = a^{X_A} \bmod q$。

(3) Bob 随机地选取一个大整数 X_B，并且发送给 Alice $Y_B = a^{X_B} \bmod q$。

(4) Alice 计算 $k = (Y_B)^{X_A} \bmod n$。

(5) Bob 计算 $k'=(Y_A)^{X_B} \bmod n$。

$k=k'=a^{X_A X_B} \bmod n$，既为双方协商出的密钥，整个密钥协商的过程都在不安全的信道上完成，但是即使窃听者获得了所有的信息，他也不能计算出最后的密钥，他只能知道 q,a,X_A 和 X_B。除非他能恢复出 X_A 和 X_B，否则无济于事。

图 11.3.3 给出了一个利用 Diffie-Hellman 计算的简单协议。其中必要的公开数值 q 和 a 都需要提前知道。另外一种方法是用户 A 选择 q 和 a 的值，并将这些数值包含在第一个报文中。

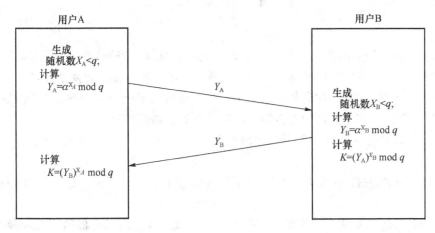

图 11.3.3　利用 Diffie-Hellman 计算的简单协议

Diffie-Hellman 密钥交换算法的安全性依赖于这样一个事实：虽然计算以一个素数为模的指数相对容易，但计算离散对数却很困难。对于大的素数，计算出离散对数几乎是不可能的。下面给出例子。密钥交换基于素数 $n=97$ 和 97 的一个原根 5。Alice 和 Bob 分别选择私有密钥 $x=36$ 和 $y=58$。每人计算其公开密钥：

$$X=5^{36}=50 \bmod 97$$
$$Y=5^{58}=44 \bmod 97$$

在他们相互获取了公开密钥之后，各自通过计算得到双方共享的秘密密钥如下：

$$K=(Y_B)^{X_A}=44^{36}=75 \bmod 97$$
$$K=(Y_A)^{X_B}=50^{58}=75 \bmod 97$$

但是从 $\{50,44\}$ 出发，攻击者要计算出 75 很不容易。

Diffie-Hellman 算法也存在许多不足：

(1) 没有提供双方身份的任何信息。

(2) 它是计算密集型的，因此容易遭受阻塞性攻击，即攻击者请求大量的密钥。受攻击者花费了相对多的计算资源来求解无用的幂系数而不是在做真正的工作。

(3) 没办法抵御重放攻击。

(4) 容易遭受中间人的攻击。第三方 C 在和 A 通信时扮演 B，和 B 通信时扮演 A。A 和 B 都与 C 协商了一个密钥，然后 C 就可以监听和传递通信量。中间人的攻击按如下步骤进行。

1）B 在给 A 的报文中发送他的公开密钥 Y_B。

2）C 截获并解析该报文。C 将 B 的公开密钥保存下来并给 A 发送报文，该报文具有 B 的用户 ID 但使用 C 的公开密钥 Y_C，仍按照好像是来自 B 的样子被发送出去。A 收到 C 的报文后,将 Y_C 和 B 的用户 ID 存储在一起。类似地,C 使用 Y_C 向 B 发送好像来自 A 的报文。

3)B 基于私有密钥 X_B 和 Y_C 计算秘密密钥 K_1。A 基于私有密钥 X_A 和 Y_C 计算秘密密钥 K_2。C 使用私有密钥 X_C 和 Y_B 计算 K_1,并使用 X_C 和 Y_A 计算 K_2。

4)从现在开始,C 就可以转发 A 发给 B 的报文或转发 B 发给 A 的报文,在途中根据需要修改它们的密文。使得 A 和 B 都不知道他们在和 C 共享通信。

11.4 密 钥 更 新

在密钥系统的使用中,除了对通信的双方分发一个通信密钥外,密钥的更新也是一个重要的安全环节。由于现有的使用密码算法大多是基于破解时在计算上的复杂性来保证其安全性的,因此对于每个用户而言,如果其一直使用相同的密钥而不进行更换的话,必然会导致所用密钥安全性的降低。实际上密钥更新频率取决于以下的几个因素:

1)被保护数据的敏感度。对于安全级别越高的数据,其所对应的密钥更新频率就应该越高。

2)被保护数据的使用频率。使用频率越高的数据,其所对应的密钥更新频率也应该越高。

3)密码算法的安全度。使用的密码算法安全度越低,其所对应的密钥更新频率也应该越高。

密钥更新的过程一般需要依赖于一个可信第三方——密钥管理中心来进行。通常密钥的更新过程是按照这样的方式进行的:密钥管理中心使用用户的当前密钥来加密新的密钥并将这个加密后的结果发送给用户。这种方式的一个不足之处在于对于一个拥有大量用户的系统来说,密钥管理中心需要给其中的每个用户一一进行密钥更新,这会给密钥管理中心带来巨大的负担。对于不包含可信第三方的情况,密钥的更新过程是通过强制执行一次密钥分配协议来完成的。

密钥更新的过程可能存在于一个安全网络的多个层次。实际上,对于一个安全网络中的两个用户(用户 A 和 B)而言,其所拥有的密钥除了两者间进行通信的会话密钥外,通常还包括密钥加密密钥和根密钥。其中的根密钥一般是在安装的时候所使用的那个密钥,其很少被使用到,也很少被更新;密钥加密密钥是需要通过可信第三方进行更新的一种密钥,其作用是对会话密钥进行安全保护,一般被用在对会话密钥进行更新的过程中。在这样的一个拥有三层密钥结构的系统中,当需要对会话密钥进行更新时,就使用密钥加密密钥来对新的会话密钥进行加密;只有当需要对密钥加密密钥进行更新的时候才会使用到根密钥。

11.5 密钥的保护、存储与备份

11.5.1 密钥的保护

密钥的安全保密是密码系统安全的重要保证,保证密钥安全的基本原则是除了在有安全保证环境下进行密钥的产生、分配、装入以及存储于保密柜内备用外,密钥绝不能以明文形式出现。

1) 终端密钥的保护。可用二级通信密钥(终端主密钥)对会话密钥进行加密保护。终端主密钥存储于主密钥寄存器中,并由主机对各终端主密钥进行管理。主机和终端之间就可用共享的终端主密钥保护会话密钥的安全。

2) 主机密钥的保护。主机在密钥管理上担负着更繁重的任务,因而也是攻击者攻击的主要目标。在任一给定时间内,主机可有几个终端主密钥在工作,因而其密码装置须为各应用程序所共享。工作密钥存储器要由主机施以优先级别进行管理,并对未被密码装置调用的那些会话密钥加以保护。可采用一个主密钥对其他各种密钥进行加密,称此为主密钥原则。这种方法将对大量密钥的保护问题转化为仅对单个密钥的保护。在有多台主机的网络系统中,为了安全起见,各主机应选用不同的主密钥。有的主机采用多个主密钥对不同类密钥进行保护,例如,用主密钥 0 对会话密钥进行保护,用主密钥 1 对终端主密钥进行保护,而网中传送会话密钥时所用的加密密钥为主密钥 2。三个主密钥可存放于三个独立的存储器中,通过相应的密码操作进行调用,作为工作密钥对其所保护的密钥加密、解密。这三个主密钥也可由存储于密码器件中的种子密钥(seed key)按某种密码算法导出,以计算量的增大来换取存储量的减少,但此法不如前一种方法安全。除了采用密码方法外,还必须和硬件、软件结合起来,以确保主机主密钥的安全。

11.5.2　密钥的存储

最简单的密钥存储问题是单用户的密钥存储,例如 Alice 加密文件以备以后使用。因为只涉及她一个人,且只有她一个人对密钥负责。某些系统采用简单方法:密钥存放于 Alice 的脑子中,而绝不放在系统中,Alice 需记住密钥,并在需要对文件加密或解密时输入。

其他解决方案有:将密钥存储在磁条卡中,嵌入 ROM 芯片或智能卡中。用户先将物理标记插入加密箱上或连在计算机终端上的特殊读入装置中,然后把密钥输入到系统中。当用户使用这个密钥时,他并不知道它,也不能泄露它。ROM 密钥是一个很巧妙的主意。人们已经对物理钥匙很熟悉了,知道它们意味着什么和怎样保护它们。将一个加密密钥做成同样的物理形式就会使存储和保护它变得更加直观。

另外一种更加安全的方法是把密钥平分成两部分:一半存入终端;另一半存入 ROM。美国政府的 STU-III 保密电话就是用的这种方法。丢失了 ROM 密钥并不能使加密密钥受到损害——换掉它一切就正常如初。丢失终端密钥情况也如此。这样,两者之一被损害都不能损害整个密钥——敌人必须两部分都有才行。

可采用类似于密钥加密密钥的方法对难以记忆的密钥进行加密保存。例如,一个 RSA 私钥可用 DES 密钥加密后存在磁盘上,要恢复密钥时,用户只需把 DES 密钥输入到解密程序中即可。

如果密钥是确定性地产生的(使用密码上安全的伪随机序列发生器),每次需要时从一个容易记住的口令产生出密钥会更加简单。理想的情况是密钥永远也不会以未加密的形式暴露在加密设施以外。这始终是不可能的,但是可以作为一个非常有价值的奋斗目标。

对于 11.1.1 小节介绍的层次化密钥结构而言,不同级别的密钥应当采用不同的存储方式。主密钥是最高级别的密钥,且只能以明文形态存储。这就要求存储器必须高度安全,一般将它存储在专用密码装置中。密钥加密密钥可以用明文形态传输,也可以用密文形态存储。如果以明文形态存储,则存储要求与主密钥的要求一样高。如果以密文形态存储,则对存储器的要求降低。工作密钥一般使用时动态产生,使用完毕后销毁,生命周期很短。因此,工作密钥的存储空间是工作存储器,应当确保工作存储器的安全。

11.5.3 密钥的备份

Alice 是保密有限公司的首席财政官员。作为一个优秀的员工,她遵守公司的保密规则,把她的所有数据都加密。不幸的是,她由于车祸无法继续履行她的职责。公司的董事长 Bob 该怎么办呢?

除非 Alice 留下了她的密钥的副本,否则 Bob 麻烦就大了。加密的意义就是使文件在没有密钥时不能恢复。除非 Alice 使用极易被破解的加密软件,否则她的文件便永远地丢失了。

Bob 有几种方法可避免这种事情的发生。最简单的方法(有时称密钥托管方案):Bob 要求所有雇员将自己的密钥写下来交给公司的安全官,由安全官将文件锁在某个地方的保险柜里(或用主密钥对它们进行加密)。现在,当 Alice 出现意外后,Bob 可向他的安全官索取 Alice 的密钥。Bob 需要保证自己也可以打开保险箱,否则,如果安全官同样遭遇意外,Bob 只得再次倒霉。

与密钥管理相关的问题是,Bob 必须相信他的安全官不会滥用任何人的密钥。更重要的是,所有雇员都必须相信安全官不会滥用他们的密钥。一个更好的方法是采用一种秘密共享协议。当 Alice 产生密钥时,她将密钥分成若干片,然后,她把加密的每片发给公司的不同官员,单独的任何一片都不是密钥,但是某人可以搜集所有的密钥片,并重新把密钥恢复出来。于是,Alice 对任何恶意者做了防备,Bob 也对 Alice 被撞引起的数据丢失做了预防。或者,她可以用每一位官员不同的公钥把不同的片段加密,然后存入自己的硬盘之中。这样在需要进行密钥管理前,没有人卷入密钥管理中。

另一个备份方案是用智能卡作为临时密钥托管。Alice 把加密她的硬盘的密钥存入智能卡,当她不在时就把它交给 Bob。Bob 可以利用该卡进入 Alice 的硬盘,但是由于密钥被存在卡中,所以 Bob 不知道密钥是什么。并且,系统具有双向审计功能:Bob 可以验证智能卡能否进入 Alice 的硬盘;当 Alice 回来后可以检查 Bob 是否用过该密钥,以及用了多少次。

11.6 单钥体制下的密钥管理系统

密钥的安全控制和管理,是应用系统安全的关键,而它的核心是密钥管理系统(KMS,key management system)。

密钥管理系统主要的功能是在保证密钥安全的基础上,实现密钥的生成、注入、备份、恢复、更新、导出、服务和销毁等整个生存期的管理功能。同时,密钥受到严格的权限控制,不同机构或人员对不同密钥的生成、更新、使用等操作拥有不同的权限。通常,系统会把不同的权限赋给系统定义的不同的角色,再把角色与具体的人员关联。

图 11.6.1 给出了单钥体制下的密钥管理系统框图,它包括密钥生存期的所有阶段的管理工作。在密钥生存期有四个阶段,即:预运行阶段,此时密钥尚不能正常使用;运行阶段,密钥可正常使用;后运行阶段,密钥不再提供正常使用,但为了特殊目的可以在脱机下接入;报废阶段,将密钥从所有记录中删去,这类密钥不可能再用。

密钥管理可分为以下 9 个步骤:

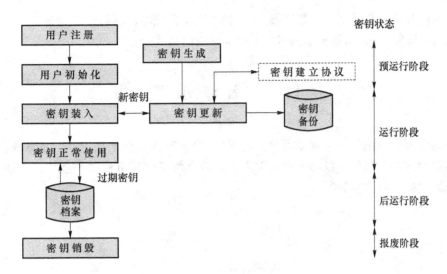

图 11.6.1　单钥体制下的密钥管理系统框图

（1）用户注册。这是使一个实体成为安全区内的一个授权或合法成员的技术（一次性）。注册过程包括请求，以安全方式建立或交换初始密钥材料（如共享通行字或 PIN 等）。

（2）用户初始化。一个实体要初始化其密码应用的工作，如装入并初始化软、硬件，装入和使用在注册时得到的密钥材料。

（3）密钥生成。密钥的产生包括对密钥密码特性方面的测量，以保证生成密钥的随机性和不可预测性，以及生成算法或软件的密码上的安全性。用户可以自己生成所需的密钥，也可以从可信赖中心或密钥管理中心申请。

（4）密钥装入。将密钥材料装入一个实体的硬件或软件中的方法很多，如手工送入通行字或 PIN 码、磁盘转递、只读存储器件、IC 卡或其他手持工具（如密钥枪）等。初始密钥材料可用来建立安全的联机会话，通过这类会话可以建立会话（工作）密钥。在以后的更新过程中，可以用这种方式以新的密钥材料代替原来的，最理想的是通过安全联机更新技术实现。

（5）正常使用。利用密钥进行正常的密码操作（在一定控制条件下使用密钥），如加解密。

（6）密钥备份。以安全方式存储密钥，用于密钥恢复。

（7）密钥更新。在密钥过期之前，以新的密钥代替老的密钥。

（8）密钥档案。不再正常使用的密钥可以存入档案中，通过检索查找使用，用于解决争执。

（9）密钥销毁。对于不再需要的密钥，将其所有副本进行销毁，而不能再出现。

而双钥体制的密钥管理要比单钥体制复杂，一般还要有密钥注册、吊销、注销等过程。无论是从设计角度，还是从运行角度来看，一个大系统的密钥管理都是一项十分复杂的任务。下面列出了密钥管理系统的设计应该符合的一些原则：

（1）所有密钥的装载与导出都采用密文方式。

（2）密钥受到严格的权限控制，不同机构或人员对不同密钥的读、写、更新、使用等操作具有不同权限。

（3）为保证密钥使用的安全，并考虑实际使用的需要，系统可产生多套主密钥，如果其中一套密钥被泄露或攻破，应用系统可立即停止该套密钥的使用，并启用备用密钥，这样能尽可能地避免现有投资和设备的浪费，减小系统使用风险。

（4）用户可根据实际使用的需要，选择密钥管理子系统不同的组合与配置。

（5）密钥服务、存储和备份采用密钥卡或加密机的形式。

11.7　本 章 小 结

　　密钥的管理和分配是一个复杂而重要的问题，也是确保安全的关键点。本章我们首先介绍的密钥的生成以及密钥长度与安全的关系。随后介绍了密钥分配的一些协议与算法，最后讨论了密钥保护、存储等问题。

11.8　习　　　题

　　（1）简要描述层次化的密钥结构管理方式有什么优点。

　　（2）简述密钥协商和密钥分配的区别。

　　（3）除了书中的例子，请再分别给出一种密钥协商和密钥分配协议。

　　（4）Diffie-Hellman 算法易受中间人攻击，即攻击者截获通信双方的内容后可分别冒充通信双方，以获得通信双方协商的密钥。请分析攻击者如何实施这样的攻击。

　　（5）查阅相关资料，改进 Diffie-Hellman 算法，使之可以抵抗中间人攻击。

　　（6）Diffie-Hellman 密钥交换过程中，设大素数 $p=11$，$a=2$ 是 p 的本原根，用户 A 的公开钥 $Y_A=9$，求其秘密钥 X_A。设用户 B 的公开钥 $Y_B=3$，求 A 和 B 的共享密钥 K。

第 3 部分　实例篇

　　无线通信系统的安全设计就是针对每种通信系统所面临的安全威胁,综合应用多种密码和认证理论及技术,实现移动终端的认证、传输信息的加密、用户匿名等安全功能,保证移动通信系统满足信息的可用性、机密性和完整性等基本安全要求。

　　本部分将分别讨论当前主流通信系统中的主要安全策略和采用的主要安全技术或措施。

第12章

GSM 安全

移动通信依赖开放的传输媒介,因此除了受到有线网络面临的安全威胁外,更容易受到假冒用户滥用资源和非法用户窃听无线链路通信的威胁。第一代模拟移动通信系统基本没有考虑安全和认证,移动电话序号、电话号码和通信内容等信息都是以明文形式传送的,这些信息可以被非法用户加以利用,给运营商带来了巨额损失,用户利益也因此受损。

第二代数字移动通信系统可以分为两类:基于 GSM09.02 MAP 协议的泛欧数字移动通信系统(即 GSM)和基于 IS-41 MAP 协议的北美数字移动通信系统(如 DAMPS 和北美 CD-MA 系统等),它们各成一派,均采取了一系列安全措施,强调对用户的认证以防止欺骗和网络误用,兼顾加密和用户身份保密问题。本章在介绍完数字保密通信的通用模型之后,主要介绍 GSM 的安全特征和底层的无线安全技术。

12.1 数字保密通信

12.1.1 数字保密通信的概述

当今社会,随着计算机技术、通信技术的高速发展,数字通信系统已经全面代替模拟通信系统,并广泛应用于军事、电信等部门。一般数字通信系统设计的目的是在信道有干扰条件下,使接收的信息无差错或差错尽可能小。而保密数字通信系统是在一般数字通信系统基础上新增了安全功能,其设计目的在于使窃听者即使能完全准确地接收到数字信号,也不能恢复原始消息。

数字保密通信是实现现代军事信息安全、商业机密安全的基础。除通信过程的可靠性之外,数字通信安全的主要内容包括:通信内容的保密性、完整性和不可否认性,以及通信实体认证、密钥管理和分配技术、密码协议等。其中:

1) 加解密技术是实现通信内容保密性的基本技术。数字签名、散列函数、单向函数等都是实现通信内容的完整性和不可否认性的基本密码算法。

2) 通信实体认证是对通信对象的确认过程,即身份认证,使用的主要密码算法包括哈希函数、数字签名等。

3) 密钥管理和分配技术是信息保密性、完整性、身份认证的核心,通常由认证中心(CA)来实现。这是通信安全中最易被攻击的环节。

4) 密码协议是与具体的密码应用紧密结合的通信协议,为特定的密码应用提供安全规范。

在实际应用中,人们对通信的实时性和传输质量(误码率)总是有一定的要求,这就决定了不同的数字通信系统、不同的通信目标需求应选用不同的密码体制。

一般来说,分组密码体制,存在误码扩散和一定的时延,因此,一般应用于传输信道质量较好或具有数据重发功能的场合;序列密码体制具有良好的低时延、无误码扩散特性,在数字通信系统中得到广泛的应用,适用于各种传输信道质量的场合;非对称密码体制一般有很大的计算量,难以满足实时性要求,且对应用设备的计算能力要求高,故目前不直接用于数字通信系统的加密(不包括计算机通信网络)。

12.1.2　保密数字通信系统的组成

典型的基于序列密码的保密数字通信系统的原理如图 12.1.1 所示。保密数字通信系统主要由以下 8 个部分构成。

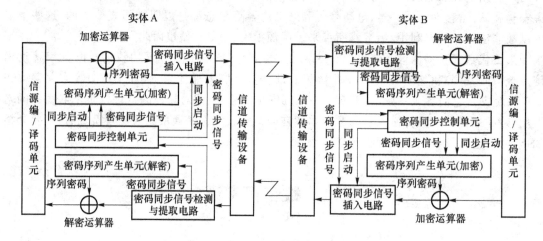

图 12.1.1　典型保密数字通信系统原理图

1. 信源编/译码单元

该单元经过抽样、量化和编码将模拟信号变换成为二进制信号后送入加密运算器。

2. 密码序列产生单元

产生用于加密或解密的密码序列。

3. 加密运算器

将信源编码单元送来的二进制序列与密码序列产生单元送来的密码序列进行运算,产生的结果送密码同步插入电路。当前大量采用的是异或运算器。

4. 密码同步控制单元

主要产生密码同步信号和同步启动信号。密码同步信号用于对收发双方的密码序列产生单元的状态进行更新,置入相同的初值;同步启动信号主要用于发送端控制密码同步信号的产生。

5. 密码同步信号插入电路

该电路依据密码同步控制单元送来的同步启动信号将密码同步插入密文信息流的相应位置。

6. 密码同步信号检测与提取电路

接收端利用该电路对信道传输设备送来的密文流进行实时检测,将其中的密码同步信号从中提取出来,并将其中的消息密钥送解密码序列产生单元,对其状态进行更新。对于非密码同步信息则进行透明传输。

7. 解密运算器

用于接收方恢复消息流。对于加法流密码来说,它与加密运算器的原理完全一致。

8. 信道传输设备

完成数字信号的传输。

12.2　GSM 简介

GSM(global system for mobile communications,全球移动通信系统),是欧洲电信标准组织(ETSI)制定的 900 MHz 频段的欧洲公共电信业务规范,为的是解决各国蜂窝移动通信系统互不兼容的问题。1988 年 18 个欧洲国家共同颁布了 GSM 标准,即泛欧数字蜂窝网通信标准。1990 年,ETSI 发布了第一阶段的 GSM 规范。1991 年 GSM 业务进入商业运作,两年之后,GSM 业务开始扩展到欧洲之外。

GSM 是基于 GSM 规范的移动通信系统。它除了提供基本的语音业务和数据通信业务外,还提供各种增值业务和承载业务。它采用了 FDMA/TDMA 接入方式以及扩频通信技术,从而提高了频率的复用率,同时,也增强了系统的抗干扰性。GSM 主要采用电路交换。它主要通过提供鉴权和加密功能,在一定程度上确保用户和网络的安全。

GSM 主要由移动台(MS)、基站子系统(BSS)、网络子系统(NSS)、介于操作人员与系统设备之间的操作与维护子系统(OMC)和各子系统之间的接口共同组成,如图 12.2.1 所示。

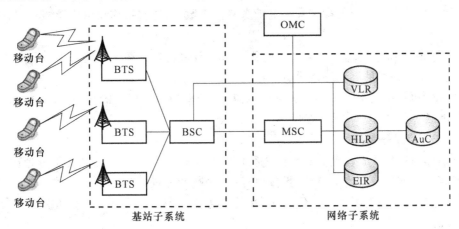

图 12.2.1　GSM 的系统结构

网络中各实体的功能简介如下。

1. 移动台

移动台(MS,mobile station)可分为车载型、便携型和手持型三种。其中的手持型俗称"手机"。它由移动用户控制,与基站间建立双向的无线电话电路并进行通话。

移动台由移动终端(MT, mobile terminal)和用户标志模块(SIM,subscriber identity module)两部分组成,其中移动终端可完成话音编码、信道编码、信息加密、信息的调制和解调、信息的发射和接收,通过无线接口接入 GSM 网络。每个移动终端都有自己的全球唯一的识别号 IMEI(international mobile equipment identity,国际移动设备标志),网络通过对 IMEI

的检查,可以保证移动终端的合法性。SIM 是移动台的一个重要组成部分,卡中存有认证用户身份所需的所有信息,并能执行一些与安全保密有关的重要功能,以防止非法客户进入网络。SIM 还存储与网络和客户有关的管理数据,只有插入 SIM 后移动终端才能接入网络。

在 GSM 中,移动用户和移动台二者是完全独立的。任何一个移动用户只要拥有自己的SIM,就可以使用不同的移动台。GSM 是通过 SIM 来识别移动电话用户的,使用 GSM 标准的移动台都需要插入 SIM,只有在处理异常的紧急呼叫时,可以在不用 SIM 的情况下操作移动台。

2. 基站子系统

基站子系统主要由基站收、发信机(BTS)和基站控制器(BSC)组成。从功能上看,BTS 主要负责无线传输,包括收、发信机和天线等,在网络的固定部分和无线部分之间提供中继服务;而 BSC 则主要负责控制和管理,包括无线信道的分配、释放以及越区切换等。

3. 网络子系统

网络子系统主要由移动交换中心(MSC,mobile swiching center)、访问位置寄存器(VLR,visitor location register)、归属位置寄存器(HLR,home location register)、移动设备标识寄存器(EIR, equipment identity register)和鉴权中心(AuC,authentication centre)组成。

1) 移动交换中心:是网络的核心,提供基本的交换功能,从而实现移动用户和固定用户的通信连接,并提供位置登记与更新、越区切换和漫游服务等功能。

2) 访问位置寄存器:是一个动态数据库,存储进入其控制区域内的来访移动用户的有关数据,当用户离开时,其相关的信息将被删除。

3) 归属位置寄存器:是系统的中央数据库,存储管辖范围内的所有移动用户的信息,包括移动用户的号码、移动用户的类别和补充业务等静态数据,还包括移动用户漫游时的有关动态数据。

4) 移动设备标识寄存器:存储移动设备的 IMEI,通过核查移动终端的 IMEI 来确定其合法性,以防止未经许可的移动终端设备入网。

5) 鉴权中心:存储用户的鉴权和加密信息,用来保护合法用户的安全性和防止非法用户接入网络系统。

4. 操作与维护子系统

网络操作与维护子系统负责对全网进行监控与操作。它主要完成移动用户管理、移动设备管理等管理功能以及系统的自检、报警、故障的诊断和处理等操作维护功能。OMC 是操作维护中心,它专门负责对 BSC、MSC 和 VLR 等设备的各个功能单元的维护和操作。

5. 接口

为了保证不同设备厂商生产的设备之间能够互联互通,GSM 定义了一套完整的接口规范。

12.3 GSM 的安全目标和安全实体

12.3.1 GSM 的安全目标

GSM 提出了两个安全目标:一是防止未经授权的用户接入网络;二是保护用户的隐私权。

更具体地,GSM 需要实现如下的安全特征:

1) 用户身份认证。保护网络不被未授权者使用,防止攻击者伪装成合法用户。

2) 数据机密性。业务信道、信令信道上的用户信息(语音或非语音),以及部分信令信息不被泄露给未授权的个人、实体或过程。

3) 用户身份(IMSI)保密。IMSI(International Mobile Subscriber Identity,国际移动用户标志)不被泄漏给未授权的个人、实体或过程。攻击者不能通过偷听无线信道信令识别出是哪个用户在使用网络资源,这一特征为用户数据和信令提供了更高的保密性,并保护用户的位置不被跟踪。这要求 IMSI 和能推导出 IMSI 的信息不能以明文形式在空中传输。

在 GSM 中,主要通过鉴权机制来实现对用户身份的认证,通过加解密技术来保护用户的隐私权。所有的安全机制都是由运营商唯一控制的,用户不需要知道使用的是什么保密机制,也不可能对鉴权、加密等安全功能的运行产生任何影响。

12.3.2　GSM 的安全实体

在 GSM 中,运行安全功能的主要实体是:SIM、GSM 手机和基站、GSM 网络子系统。

1. SIM

SIM 是一种带有微处理器的智能卡,它包括 ROM、EEPROM、RAM 三种存储器。卡内设有专门的操作系统,以便控制外部移动设备和其他接口设备对卡上存储数据的访问。

GSM 采用 SIM 作为移动终端上的安全模块,在卡内存储了用户密钥 K_i、IMSI、移动用户临时标志(TMSI)等秘密信息。其中用户密钥 K_i 和 IMSI 是在用户入网时,获得的全球唯一的一组数据,这组数据在用户使用期内保持不变。因此,SIM 是 GSM 内唯一标识用户的设备。

另外,在 SIM 上还存有鉴权算法(A3)、加密密钥生成算法(A8)和 PIN(个人标识号)。其中 PIN 是为了防止非法用户盗用 SIM 的一种本地安全机制,即无须 GSM 网络的参与。PIN 的长度可以是 4~8 位十进制数,并可随时更改。用户通过手机终端输入 PIN,输入的码数将与存储在 EEPROM 中的参考 PIN 进行比较,如果连续三次不一致,则 SIM 将被自锁,自锁的卡不能发送 TMSI 和 IMSI,也即无法正常使用,从而达到防止非法用户盗用的目的。

2. GSM 手机和基站

GSM 手机和基站分别从 SIM 和网络子系统中获得本次通信的会话密钥 K_c,然后利用加密算法(A5)产生加解密密钥流与明密文进行异或,从而实现移动终端和基站之间的通信的保护。

3. GSM 网络子系统

GSM 网络中的 AuC 包含加密算法(A3、A8)、用户标识与鉴别信息数据库。在 GSM 移动通信系统中,当用户入网时,所获得的用户密钥 K_i 和 IMSI 不仅要存储在 SIM 内,还要存储在鉴权中心的数据库中。根据归属位置寄存器(HLR)的请求,鉴权中心将利用 A3 算法和 A8 算法产生 3 个参数:随机数(RAND)、预期响应(RES)和会话密钥(K_c),并作为 1 个三元组送给 HLR,以供鉴权和加密使用。

在 GSM 网络的 HLR 和 VLR 中只存储上述的三元组(RAND、RES、K_c),其中 VLR 将作为鉴权响应的实体,即在 VLR 上完成对用户响应信息的判断,给出用户是否是合法用户的结论。

12.4 GSM 的鉴权机制

12.4.1 GSM 标识码

要想对系统中的用户进行鉴别,首先需要标识用户,那么在 GSM 中是如何标识用户的呢? 在 GSM 中有 3 种标识码,分别是国际移动设备标识、国际移动用户电话号码和国际移动用户标识,这 3 种标识码在不同的应用场合下对用户进行标识。

1. IMEI(国际移动设备标识)

IMEI 在 GSM 中唯一地识别一个移动台设备,用于监控被窃或无效的移动设备。

IMEI 由以下几个部分组成:

➢ TAC(6 位)。型号批准码,由欧洲型号批准中心分配。

➢ FAC(2 位)。最后装配码,表示生产厂家或最后装配所在地,由厂家进行编码。

➢ SNR(6 位)。序号,唯一地识别每个 TAC 和 FAC 的每个移动设备。

➢ SP(1 位)。备用。

2. MSISDN(国际移动用户电话号码)

MSISDN 是指主叫用户为呼叫系统中的一个移动用户所需拨的号码,作用同固定网 PSTN 号码,也就是我们平时所用的手机号码。由于 GSM 中移动用户的电话号码结构是基于 ISDN 的编号方式,所以称为 MSISDN。

MSISDN 由以下几部分组成:

➢ CC。国家号码,我国为 86。

➢ NDC+HLR+SN。国内有效 ISDN 号码。

➢ NDC(3 位)。数字蜂窝移动业务接入号,"139、138、137、136、135、134、159、158"为中国移动的接入网号;"130、131、132、155、156"为中国联通的接入网号。

➢ HLR 识别码(4 位)。HLR 的标识码,一般按照省/市来分。

➢ SN(4 位)。顺序号,由各个 HLR 自行分配。

3. IMSI(国际移动用户标识)

IMSI 是国际上为唯一识别一个移动用户所分配的号码,它存储在 SIM、HLR/VLR 中,是一个独特的 15 位代码,此码在网中所有位置(包括漫游区)都是有效的。我们的手机号码在系统中是被转换为 IMSI 进行通信的。

IMSI 主要由以下几个部分组成:

➢ MCC(移动国家号码)。由 3 位数字组成,唯一标识移动用户所属的国家。中国为 460。

➢ NMC(移动网号)。识别移动用户所归属的移动网。中国移动的 TDMA GSM 网为 00,联通的为 01。

➢ MIN(移动用户识别码)。由 10 位数字组成。

一个典型的 IMSI 为 460000912121001。

12.4.2　GSM 的鉴权过程

GSM 网络需要通过用户鉴权机制来鉴别 SIM 的合法性,防止非法用户登录系统,保护网络免被非授权使用,并为 GSM 空口加密功能来建立会话密钥。

GSM 需要在下列场合下,启动鉴权机制:

➢ 移动用户发起呼叫(不含紧急呼叫);

➢ 移动用户接受呼叫;

➢ 移动台位置登记;

➢ 移动用户进行补充业务操作;

➢ 切换(包括同一 MSC 内从一个 BS 切换到另一个 BS、在不同的 MSC 之间切换)。

在鉴权开始时,GSM 网络首先向用户发一个 128 bit 的随机数,然后用户持有的终端使用鉴权算法(A3)和用户鉴权密钥(K_i)计算 32 位签名响应,将其发至 GSM 网络。网络从数据库中检索 K_i 值,用 A3 算法对原先的 128 位随机数进行相同的运算,并将这个结果与从接收机接收到的结果相比较。如果两者相符,则用户鉴权成功。由于计算签名响应发生在 SIM 中,因此 IMSI 和 K_i 不必离开 SIM,使得鉴别相对安全。

GSM 系统中的认证规程在 GSM09.02 MAP 协议中定义,所有场合下的认证处理机制完全相同。认证发生在网络知道用户身份(TMSI/IMSI)之后、信道加密之前。认证过程也用于产生加密密钥。GSM 网络使用挑战/响应机制对用户进行鉴权,具体鉴权过程如图 12.4.1 所示。

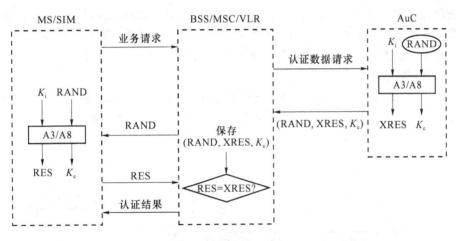

图 12.4.1　GSM 鉴权过程示意图

1) GSM 网络侧 VLR 收到业务请求,从中提取 TMSI 或 IMSI,并查看是否保存有认证向量三元组 triplet(RAND,XRES,K_c),有则可以直接给 MS 发送 RAND 作为挑战信息,否则继续。

2) VLR 向鉴权中心 AuC 发送认证数据请求,其中包含用户的 IMSI。

3) 认证中心根据用户的 IMSI 找到用户的密钥 K_i,然后利用自己产生的随机数 RAND,利用 A3 算法,产生预期响应 XRES,利用 A8 算法产生用于加密的密钥 K_c,即产生认证向量三元组 triplet(RAND,XRES,K_c),发送到 MSC/VLR。

4) MSC/VLR 将其中的 RAND 发送给 MS,MS 中的 SIM 根据收到的 RAND 和存储在卡中的 K_i,利用 A3 算法和 A8 算法分别计算出用于认证的响应 RES 和用于加密的密钥

(K_c),并将 RES 回送到 MSC/VLR 中。

5)在 MSC/VLR 里,比较来自 MS 的 RES 和来自认证中心的 XRES,若不同,则认证失败,拒绝用户接入网络;若相同,则认证成功,用户可以访问网络服务,并且在后续的通信过程中,用户和基站之间无线链路的通信利用加密密钥 K_c 和 A5 算法进行加密。

需要说明的是,AuC 预先为本网内的每个用户提供若干个认证三元组,并在移动台位置登记时由 HLR 在响应消息中传给 VLR,比如一次可先送 5 组,保存在 VLR 中待用,以后可视使用情况随时再向 AuC 申请。这样,认证算法程序的执行时间不占用移动用户实时事务的处理时间,有利于提高呼叫接续速度。

A3 算法和 A8 算法建议采用 COMP128 实现,但实际应用中由运营商自行确定,规范中只规定了输入和输出的格式,K_i(128 bit);RAND(128 bit);SRES(32 bit)。A3 输入参数为 K_i 和 RAND,输出参数为 SRES;A8 输入参数为 K_i 和 RAND,输出参数为 K_c。

12.5　GSM 的加密机制

移动台和基站之间采用 A5 算法加/解密,也就是只有无线部分进行加密。GSM 无线接口提供 3 种等级的机密性:不加密、A5/1 加密、A5/2 加密。

被加密数据包括信令消息、业务信道上的用户数据和信令信道上无连接的用户数据,采用 OSI 第一层的加密功能实现,这一机制涉及 4 种网络功能:加密方法协商、密钥设置、加/解密过程的发起、加/解密的同步。加密算法采用流密码 A5 算法,待加密数据和 A5 算法的输出逐比特异或(A5 算法见本书 6.1 节)。A5 算法对所有移动台和 GSM 网络是相同的(用以支持漫游),输入参数为帧号(22 bit)和 K_c(64 bit);输出参数为 $BLOCK_1$(114 bit)和 $BLOCK_2$(114 bit),分别用于加密和解密。

GSM 一帧数据含 114 bit,上行(明文)和下行(密文)共 228 bit,每帧用 A5 算法执行一轮产生的 2 个 114 bit 密钥进行加密(上行)和解密(下行),如图 12.5.1 所示。

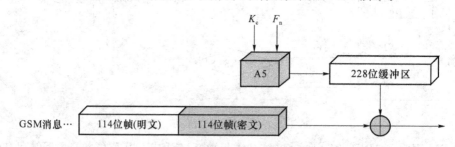

图 12.5.1　GSM 中使用 A5 加密算法

A5 算法在运算开始时,先将 3 个线性反馈移位寄存器 A、B、C 清零(参见本书 6.1 节),并把 64 bit 的会话密钥 K_c 注入 LFSR 作为其初始值,再将 22 bit 帧数 F_n 与 LFSR 的反馈值进行模二加注入 LFSR,之后开启 LFSR 的"服从多数"停走钟控功能,对寄存器进行移位,使密钥和帧号进行充分混合,这样便可以产生密钥流。需要说明的是,并非所有的输出流都可以作为密钥流,在每获得 114 bit 的密钥流之前,要舍去产生的 100 bit 输出。

12.6　GSM 的匿名机制

为保证用户身份的机密性,对用户的鉴权成功之后,网络为用户分配移动用户临时标识(TMSI)来替代国际移动用户标识(IMSI),使第三方无法在无线信道上跟踪 GSM 用户。TMSI在 GSM 03.03 中定义,只在某个 VLR 范围内有意义,必须和 LAI(位置区域标识符)一起使用。VLR 负责管理合适的数据库来保存 TMSI 和 IMSI 之间的对应关系。

当 TMSI 认证失败或旧的 VLR 不可达时,网络请求 MS 发送 IMSI,利用 IMSI 重复认证步骤。这时 IMSI 以明文形式在空中传输,这是系统的一个安全漏洞。

简而言之,GSM 采用了 3 种安全机制:匿名(用移动用户临时标志标识用户)、鉴权和加密。GSM 采用了 3 种算法:鉴权算法 A3、加密密钥产生算法 A8 和加密算法 A5。以独立于终端的硬件设备(SIM)作为安全模块,管理用户的所有信息,A3 算法和 A8 算法在 SIM 上实现,增强了系统的安全性,A5 算法在终端上实现。

12.7　GSM 的安全性分析

GSM 通过 PIN 保护、单向用户鉴权、空中接口加密和匿名机制加强了移动通信网络的安全。研究人员也对 GSM 的安全机制进行了大量的分析和研究,指出了从安全算法到实现机制设计等多方面均存在不足。

1. 安全算法方面

GSM 的算法 A3/A8/A5 都由 GSM/MoU 组织统一管理,GSM 运营部门需与 MoU 签署相应的保密协议后方可获得具体算法,SIM 的制作厂商也需签订协议后才能将算法做到 SIM中。这些安全算法受到批评的主要原因之一是算法安全性未经公众验证。A3/A8 算法易受到选择质询攻击(chosen-challenge),A5 语音保密算法易被已知明文攻击攻破。

A3/A8 算法在 SIM 内执行,规范中建议采用 COMP128 算法实现。对 COMP128 进行质询攻击可以获得认证密钥 K_i。

A5 算法包含在移动终端内,通信的实时性要求 A5 速度必须足够快,因此以硬件实现。GSM 定义两个版本 A5/1 和 A5/2,A5/1 是一个私有的 64-bit 流密码,由于受欧洲出口限制,A5/1 被弱化为 A5/2 以便出口。目前多数运营商或者采用 A5/2 或者根本不提供加密功能。

A5 算法由 3 个 LFSR 组成,寄存器的长度分别是 19、22 和 23,所有的反馈多项式系数都较少,3 个 LFSR 的异或值作为输出。每一个寄存器由基于它自己中间位的时钟控制,通常每一轮时钟驱动两个 LFSR。A5 算法的基本思路清晰,效率非常高,其弱点是寄存器太短。对A5 算法,存在比蛮力攻击更为可行的攻击方法,使用划分-征服攻击技术可以破解 A5 算法。这种攻击减小了蛮力攻击的时间复杂度,从 2^{54} 减小为 2^{45}(比蛮力攻击快 $2^9 = 512$ 倍)甚至更低。划分-征服攻击基于已知明文攻击,攻击者试图从已知的密钥流序列中确定 LSFR 的初始状态,这通过猜测两个较短的 LSFR 内容,并从已知的密钥流计算第三个 LSFR 内容实现。

1999 年,A5/1 和 A5/2 在工程应用上都暴露出严重的缺陷,2000 年一个安全专家小组对A5/1 算法进行密码分析后证实能够在几分钟之内从捕获的 2 秒钟通信流量里破解密钥。证明 A5/1 算法提供的安全层次只能防止偶尔的窃听,而 A5/2 则是完全不安全的。

2. 安全机制设计方面

GSM 只是在空中接口实施了单向鉴权和加密,在固定网内没有定义安全功能,因此,攻击者如果能够在固定网内窃取认证向量三元组,就可以冒充网络单元进行认证,进而可以控制用户的加/解密模式,从而发起窃听等攻击。

此外,GSM 的安全缺陷还有:

➤ 系统对用户进行的单向实体认证,很难防止中间人攻击和假基站攻击;

➤ GSM 本身不提供端到端的加密;

➤ 用户数据和信令数据缺乏完整性保护机制。

12.8　本章小结

我们首先讲解了一个通用的数字保密通信模型,在随后的章节中将依次讨论各个无线通信系统安全技术。本章的重点是学习 GSM 安全技术。在对 GSM 标准进行简单介绍之后,主要讨论了 GSM 面临的安全威胁和 GSM 的安全目标,然后详细分析了 GSM 对用户的鉴权协议及算法、空中接口加密机制和匿名机制等安全机制。

作为第一个提供安全机制的公用通信网络,尽管 GSM 通过 PIN 保护、单向用户鉴权、空中接口加密和匿名机制加强了移动通信网络的安全,但这些保护措施在随后的实践过程中被证实了存在着安全缺陷,读者可在后续章节中关注这些安全缺陷是如何被新的安全技术或手段所防范的。

12.9　习　　题

(1) 请简单描述典型保密数字通信系统的原理。

(2) GSM 系统的安全目标有哪些?

(3) GSM 请简单描述 GSM 的鉴权流程,分析其缺陷。

(4) GSM 系统如何对空中接口传递的信息进行保护的?

(5) 描述 GSM 系统的密钥层次。

(6) GSM 采取了哪些措施来保护用户隐私?

(7) 分析 GSM 系统安全机制存在的缺陷。

第13章

GPRS 安全

13.1 GPRS 简介

GPRS(general packet radio service,通用分组无线业务)是在现有的 GSM(全球移动通信系统)的基础上发展起来的一种移动分组数据业务。GPRS 通过在 GSM 数字移动通信网络中引入分组交换功能实体,以支持采用分组方式进行的数据传输。GPRS 系统可以看作是对原有的 GSM 电路交换系统进行的业务扩充,以满足用户利用移动终端接入 Internet 或其他分组数据网络的需求。

GPRS 包含丰富的数据业务,如:PTP(Point-to-point service,点到点业务),PTM-M(point to multipoint multicasting,点到多点广播业务)、PTM-G(point to multipoint-group,点到多点群呼业务)、IP 广播业务。GPRS 主要的应用领域可以是 E-mail 电子邮件、WWW 浏览、WAP 业务、电子商务、信息查询、远程监控等。

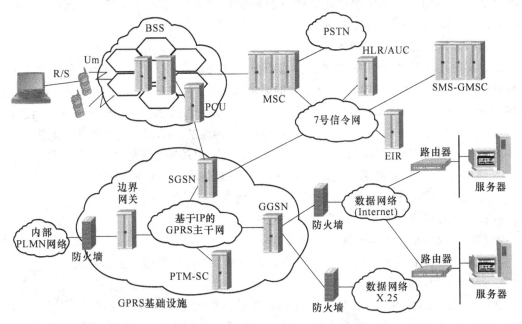

图 13.1.1 GPRS 网络结构

GPRS 网络其实是叠加在现有的 GSM 网络上的另一网络,GPRS 网络在原有的 GSM 网络的基础上增加了 SGSN(service GPRS support node,GPRS 服务支持节点)、GGSN(gate-

191

way GPRS support node,GPRS 网关支持节点)等功能实体。GPRS 共用现有 GSM 网络的 BSS 系统,但要对软硬件进行相应的更新;同时 GPRS 和 GSM 网络各实体的接口必须作相应的界定;另外,移动台则要求提供对 GPRS 业务的支持。GPRS 网络结构如图 13.1.1 所示。

主要的网络实体包括:

1. 分组控制单元(PCU)

PCU 是在 BSS 侧增加的一个处理单元,主要完成 BSS 侧的分组业务处理和分组无线信道资源的管理,一般 PCU 在 BSC 和 SGSN 之间实现。

2. GPRS 服务支持节点(SGSN)

SGSN 是 GPRS 网络的一个基本组成网元,是为了提供 GPRS 业务而在 GSM 网络中引进的一个新的网元设备。其主要的作用就是为本 SGSN 服务区域的移动台 MS 转发输入/输出的 IP 分组,其地位类似于 GSM 电路网中的移动交换中心 MSC。SGSN 提供以下功能:

➢ 本 SGSN 区域内的分组数据包的路由与转发功能,为本 SGSN 区域内的所有 GPRS 用户提供服务;

➢ 加密与鉴权功能;

➢ 会话管理功能;

➢ 移动性管理功能;

➢ 逻辑链路管理功能;

➢ 同 GPRS BSS、GGSN、HLR、MSC、SMS-GMSC、SMS-IWMSC 的接口功能;

➢ 话单的产生和输出功能,主要收集用户对无线资源的使用情况。

此外,SGSN 中还集成了类似于 GSM 网络中 VLR 的功能,当用户处于 GPRS Attach (GPRS 附着)状态时,SGSN 中存储了同分组相关的用户信息和位置信息。同 VLR 相似,SGSN 中的大部分用户信息在位置更新过程中从 HLR 获取。

3. GPRS 网关支持节点(GGSN)

GGSN 也是为了在 GSM 网络中提供 GPRS 业务功能而引入的一个新的网元功能实体,提供数据包在 GPRS 网和外部数据网之间的路由和封装。用户选择哪一个 GGSN 作为网关,是在 PDP(packet data protocol,分组数据协议)上下文激活过程中根据用户的签约信息以及用户请求的 APN(access point name,接入点名称)来确定的。GGSN 主要提供以下功能:

➢ 同外部数据 IP 分组网络(IP、X.25)的接口功能,GGSN 需要提供 MS 接入外部分组网络的关口功能,从外部网的观点来看,GGSN 就好像是可寻址 GPRS 网络中所有用户 IP 地址的路由器,需要同外部网络交换路由信息;

➢ GPRS 会话管理,完成 MS 同外部网的通信建立过程;

➢ 将移动用户的分组数据发往正确的 SGSN;

➢ 话单的产生和输出功能,主要体现用户对外部网络的使用情况。

4. 计费网关(CG)

CG 主要完成对各 SGSN/GGSN 产生的话单的收集、合并、预处理工作,并完成同计费中心之间的通信接口。CG 是 GPRS 网络中新增加的设备。GPRS 用户一次上网过程的话单会从多个网元实体中产生,而且每一个网元设备中都会产生多张话单。引入 CG 是为了在话单送往计费中心之前对话单进行合并与预处理,以减少计费中心的负担;同时 SGSN、GGSN 这样的网元设备也不需要实现同计费中心的接口功能。

13.2　GPRS 系统的鉴权

GPRS 鉴权流程和 GSM 原有的鉴权流程相似,不同点在于 GPRS 鉴权流程是由 SGSN 发起的,并且 SGSN 还负责选择加密算法和同步加密起始时刻。GPRS 鉴权三元组存储在 SGSN 中。鉴权过程如图 13.2.1 所示。

图 13.2.1　用户鉴权过程

步骤如下:

1) 如果 SGSN 没有可用的鉴权三元组,则它给 HLR 发送包含 IMSI 的"发送鉴权信息 (Send Authentication Info)"消息,HLR 生成鉴权三元组,将其包含在"发送鉴权信息响应 (Send Authentication Info Ack)"消息中返回给 SGSN。每一个鉴权三元组都包含 RAND、 XRES 和 Kc;

2) SGSN 向 MS 发出鉴权挑战,其中包含 RAND、CKSN(Ciphering Key Sequence Number, K_c 序列号)、加密算法,MS 根据这几个参数计算鉴权响应(RES),返回给 SGSN,SGSN 比较 RES 和 XRES,相同表示用户合法,否则鉴权失败。

13.3　GPRS 系统的加密机制

在 GSM 系统中,数据和信令的加密只在 BTS 和 MS 之间的无线链路上进行,而在 GPRS 系统中,加密范围在 MS 和 SGSN 之间(如图 13.3.1 所示),由 LLC(逻辑链路控制)层负责 执行。

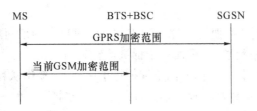

图 13.3.1　数据加密范围

GPRS 采用了新的加密算法 GEA,该算法用来保证 MS 与 SGSN 之间链路上数据的完整 性和私密性。GEA 的实现细节是保密的,虽然其密钥长度为 64 位,但有效密钥长度小于 64

bit。算法的基本原理如图 13.3.2 所示。

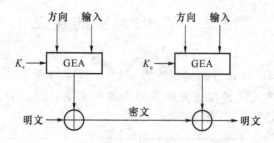

图 13.3.2　GPRS 加密算法

GEA 算法的输入参数有 3 个：加密密钥 K_c，长为 64 bit；输入（Input），长为 32 bit，根据 LLC 层传输的帧的类型通过不同的方式生成，作用是保证每个 LLC 帧使用不同的密钥流；方向位（DIRECTION），长为 1 bit，表示数据的传输方向。

13.4　GPRS 系统的匿名机制

在 GSM 网络中，用户鉴权成功后用临时分配的 TMSI 代替移动用户识别号 IMSI，减少 IMSI 在无线信道上传输的次数，从而降低 IMSI 被窃听的可能性。TMSI 只在 GSM 所属的电路域内使用，在 GPRS 所在的分组域，使用 P-TMSI 来代替 IMSI。

鉴权成功后，在进行到 SGSN 的附着时，SGSN 给移动用户分配临时识别号 P-TMSI。SGSN 可以对处于就绪状态的 MS 随时发起 P-TMSI 重新分配的过程，P-TMSI 的重新分配可以采用独立的 P-TMSI 分配过程，或者在附着或路由区更新的过程中进行。

在无线链路上，系统采用 TLLI（临时逻辑链路标识）而不是 P-TMSI 来标识用户身份，在同一路由区，IMSI 和 TLLI 具有一一对应关系，这种对应关系只有 MS 和 SGSN 知道。TLLI 可以根据 P-TMSI 得到或直接得到，TLLI 与路由区号 RAI 相关联，它用于在某个路由区 RA 中标识某个特定用户。

13.5　安全性分析

客观地说，在安全问题上 GPRS 网络并未对 GSM 网络做过多少改进，因而 GPRS 的安全缺陷与 GSM 类似。

➤ 鉴权措施。与 GSM 类似，仅仅使用单向鉴权，即只由网络对移动终端进行鉴权，而移动终端不对网络进行鉴权，因而难于抵抗伪装欺骗。

➤ 加密机制。加密保护的范围向网络端推进了一步，即提供从移动终端到 SGSN 之间的信息传输机密性，但依然不提供端到端加密，对于需要这类安全保护的应用来说，必须自行设计端到端的安全机制。

➤ 安全算法。没有公开加密算法 GEA 的设计，使得外界无法评估该算法的安全性。而且，GEA 算法的密钥长度只有 64 bit，难以抵抗穷举攻击。

➤ SIM 安全。GPRS 中未采取新的措施来保证 SIM 安全。对智能卡的攻击的目的就是

获得 K_i,从而能够仿造智能卡,主要的攻击手段是传统密码攻击和边信道(side channels)攻击。其中传统密码攻击是攻击者对可以物理访问的 SIM 进行选择质询攻击,通过与 PC 连接的智能卡读卡器可以访问 SIM,PC 产生 150 000 个质询给 SIM,SIM 根据质询和密钥产生 SRES 和会话密钥 K_c,通过差分密码分析可以从 SRES 推出密钥。如果智能卡读卡器可以以 6.25 次/秒的速度产生询问,攻击可以在约 8 小时内完成。边信道是通过在智能卡运行时测量其功率消耗、电磁辐射和定时信息等来猜测卡上存储的信息。据报道,通过测量系统的功耗、辐射和其他一些"边信道",从普遍被认为是安全的智能卡里取出了密钥、银行账号以及其他信息。

➢ 核心网安全。由于 GPRS 核心网是基于 IP 的网络,因而所有关于 IP 网络的安全问题在 GPRS 网络中都存在。

13.6　本 章 小 结

本章主要讨论了 GPRS 网络使用的安全技术,包括鉴权、空口加密和匿名机制。总体上看,GPRS 网络中采用的安全机制本质上与 GSM 网络使用的安全机制一样,并未对安全进行提升,因此 GPRS 网络也存在仅有单向鉴权和链路加密、加密算法弱、SIM 卡安全有待完善及核心网安全措施缺乏等问题。

13.7　习　　　题

(1) 比较 GPRS 系统的鉴权与 GSM 系统的鉴权有哪些相同点和不同点?
(2) 比较 GPRS 系统与 GSM 系统的空口加密机制有哪些相同点和不同点?
(3) 分析 GPRS 系统安全机制存在的缺陷。

第 14 章

窄带 CDMA 安全

14.1 CDMA 系统简介

第二代 CDMA 技术标准 cdmaOne(或 cdma 1x)是基于 IS-95 标准的各种 CDMA 产品的总称,即所有基于 cdmaOne 技术的产品,其核心技术均以 IS-95 作为标准。IS-95 是美国 TIA 颁布的窄带 CDMA 标准,分为 IS-95A 和 IS-95B。IS-95A 是 1995 年正式颁布的窄带 CDMA 标准。IS-95B 是 IS-95A 的进一步发展,是 1998 年制定的标准,主要目的是能满足更高的比特速率业务的需求,IS-95B 可提供的理论最大比特速率为 115kbit/s。

传统的 IS-95 网络结构包括基站收发信机(BST)、移动交换中心(MSC)、归属位置寄存器(HLR)、访问位置寄存器(VLR)等核心模块。如图 14.1.1 所示,为了满足分组数据业务,从 CDMA1x 系统开始新增分组控制功能(PCF)、分组数据服务节点(PDSN)模块,并增加接口处理 BSC-PCF 和 PCF-PDSN 之间的业务及信令消息。

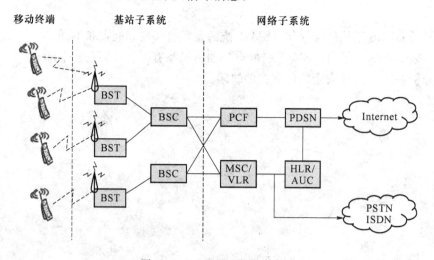

图 14.1.1　CDMA 网络结构

值得一提的是,CDMA 在设计时,没有考虑机卡分离的应用。这个问题于 1999 年 6 月,被中国联通在全球 CDMA 大会上提出,因此,2000 年年初 3GPP2 批准和通过了适用于 CDMA 手机的卡规范,该规范被命名为 Removeable User Identity Module(R-UIM) for Spread Spectrum Systems,即扩频系统的可移动用户识别模块,简称为 UIM 卡规范。在 2000 年 5 月 24 日,美国高通(Qualcomm)公司推出了支持 UIM 卡的 Mobile Statin Modem(MSM) 芯片组和系统软件解决方案,同时,高通公司还与斯伦贝谢(Scblum berger)公司合作研发出全球首张 UIM 卡——SimeraAirflex 智能卡,而中兴通讯公司在 2000 年 6 月的上海电信展中展示了其自主开发的使用 UIM 卡的 CDMA 手机样机——ZTE802,其 UIM 卡由法国 Gemplus公司提供。在没有 UIM 卡之前,CDMA 手机上的所有安全功能都是在终端固件中实现的。

　　CDMA 系统采取了匿名、鉴权和保密三种安全措施,其中匿名是系统为终端分配临时移动台标识(TMSI)。采取的机制与 GSM 类似,不再赘述,下面分别描述其后两种安全措施,并简要给出其密钥管理的方法和策略。

14.2　CDMA 系统的鉴权

14.2.1　CDMA 系统标识码与安全参数

1. 国际移动台标识号(IMSI)

CDMA 系统的移动终端通过 IMSI 来进行识别。具体说明参见 12.4.1 小节。

2. 移动电话薄号码(MDN)

MDN 是通过业务预约后与移动台相关的可拨叫的号码。MDN 最多由 15 位数字组成,不必与空中接口的移动台标识相同。MDN 相当于 GSM 中的国际移动用户电话号码 MSISDN,具体说明参见 12.4.1 小节。

3. 电子序列号(ESN)

ESN 是一个 32 bit 的二进制码,它能够唯一识别移动台,其作用等同于 GSM 中的国际移动设备标志(IMEI)。ESN 的结构如图 14.2.1 所示,最初发布的 ESN 中,高 8 位作为生产厂商代码,次 6 位保留,余下的 18 位由各个生产商进行唯一分配。

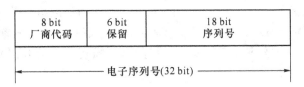

图 14.2.1　ESN 的结构

4. 鉴权密钥(A-Key)

A-Key 的长度为 64bit,它存储在移动台的永久性安全存储器中,只有移动台和 HLR/AuC 才能识别它。A-Key 作为主密钥,不直接参与认证和保密,而是用于产生中间密钥,称为共享加密数据(SSD),SSD 用于认证和生成子密钥,子密钥用于语音、信令及用户数据的保密,这是 IS-95 相比 GSM 的一个优点。

5. 共享加密数据(SSD)

128 bit 的 SSD 存储在移动台内,并不通过空中接口在移动台和网络之间传送,其前 64bit 被定义为 SSD_A,被用于鉴权;后 64bit 被定义为 SSD_B,被用于加密语音、信令和数据信息。

6. 随机数(RAND)

RAND 是存储在移动台内的 32bit 数据,它是移动台从 CDMA 寻呼信道上接收到的接入参数消息中获取来的,它与 SSD_A 以及其他参数结合起来,一起用于鉴权。

14.2.2 CDMA 系统的鉴权

同样,在 CDMA 系统中,鉴权的目的在于确认移动台的身份。CDMA 系统提供网络对移动台的单向鉴权。鉴权方式包括 MS 主动通过网络向接入网注册及网络主动对 MS 鉴权,两种方式的思想完全相同,不同的是发起认证的流程。

图 14.2.2 是接入网对 MS 发起鉴权的主要流程,其过程如下:

1) HLR/AC 首先向网络侧的 BS 发起鉴权请求,然后启动定时器 T3260。

2) BS 将携带一个要发给 MS 的随机数 RANDU 的认证请求消息通过空中接口发给 MS。

3) MS 根据 SSD 和特定的 RANDU 通过鉴权算法 CAVE(cellular authentication and voice encryption)计算出认证摘要码 AUTHU,并返回携带认证摘要码的鉴权查询响应消息给 BS。

4) BS 向 HLR/AC 发送认证响应消息,MSC 在接收到认证响应消息后,停止定时器 T3260。

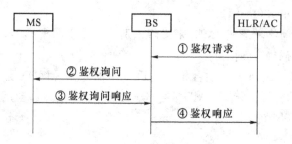

图 14.2.2 CDMA 的鉴权流程

针对网络侧运行 CAVE 算法位置的不同,CDMA 的鉴权可以分为由归属位置进行的鉴权和由拜访位置进行的鉴权,前者网络侧 CAVE 算法运行于鉴权中心,这就需要在拜访系统与归属系统中传递认证参数及鉴权结果,从而增加了移动通信网络的通信量,并给鉴权中心造成了压力,因此,在保证 SSD 可以在归属位置和拜访位置很好地共享的前提下,常常采用由拜访位置进行的鉴权。一个成功由拜访位置进行的鉴权需要移动台和基站处理一组完全相同的 SSD。

在 IS-95 规范中定义了两种主要的鉴权过程:全局质询/应答鉴权和唯一质询/应答鉴权。全局鉴权在移动台主呼、移动台被呼和移动台位置登记时执行,又称为共用 RAND 方式,意即某个蜂窝小区的所有 MS 都是共用本小区前向信道/寻呼信道上广播的随机数 RAND。唯一鉴权由基站在下列情况下发起:全局鉴权失败(即移动台始呼、被呼及位置登记时全局鉴权失败后可能进行的再次鉴权)、切换、在话音信道上鉴权、移动台闪动请求(flash request,与补充业务有关的操作要求)、SSD 更新。上述鉴权都采用共享秘密的质询/应答协议。

1. 全局质询/应答鉴权

全局认证协议包括以下步骤,图 14.2.3 是一个典型的全局质询/应答注册鉴权流程。

移动台:

1) 设置认证算法输入参数 SSD-A、ESN、MIN1 和当前的 RAND。

2) 执行认证算法 CAVE,认证响应 XAUTHR 的值设置为认证算法输出(18 bit);对于呼叫发起和寻呼响应,MS 还要使用 SSD-B 来计算专用长码掩码和信令加密密钥。

3) 向基站发送 XAUTHR、XRANDC(RAND 最高位的 8 bit)和 XCOUNT,如果是呼叫

发起,还要向基站发送被叫号码。

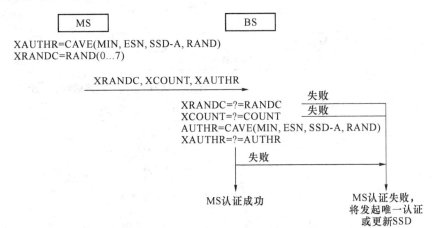

图 14.2.3　全局质询/应答鉴权流程

基站:

4) 将收到的 XRANDC 与内部存储的 RANDC 进行比较。

5) 将收到的 XCOUNT 值与内部存储的 COUNT 值进行比较。

6) 接收来自 HLR/AuC 发来的 AUTHR,该值是 HLR/AuC 结合收到的 MIN/ESN,使用其内部的 SSD-A,采用与移动台一样的方式计算出来的,并与来自移动台的 XAUTHR 作比较。

7) 如果上述三项比较成功,表示鉴权通过,则启动信道分配程序,一旦分配了前向业务信道,基站将根据系统的判断发送参数更新指令给移动台,来更新移动台的 COUNT 值。如果任何一个比较失败,基站拒绝服务,启动唯一认证过程,或开始 SSD 更新。

可以看出,在全局鉴权中网络端需要执行三项校验:一是校验 RANDC,二是校验 AUTHR,三是校验 COUNT,只有三项校验均通过,才允许移动台接入。RANDC 的检验是为了验证移动台鉴权所用的随机数是否为本交换机(即移动台准备接入的系统)所产生的,AUTHR 校验则类似于 GSM 中的 SRES 校验。特别值得注意的是 COUNT 校验,它是识别网络中是否有仿制或伪装移动台的一种有效手段,所以 COUNT 校验也称为"克隆"检测。假如一部手机被"克隆",只要合法手机和"克隆"手机同时在网上使用,两机所提供的 COUNT 值总归会有不同,而且由于网络记录的 COUNT 呼叫事件发生次数实际上是两机呼叫事件发生次数之和,所以两机中任意一部在某次进行系统接入时必定会出现手机的 COUNT 值与网络方保存的 COUNT 值不同的情形,网络即可据此认定有"克隆"存在,此时网络方除了拒绝接入外还可另外采取有关措施,比如对移动台进行跟踪等。

该过程只能实现网络对移动台的鉴权,不能防止网络欺骗,这一缺点根源于用于鉴权的 RAND 是全局的。如果 AUTHR 被某些 MS 泄露了,那么它就可能被伪装者使用直至其失效。举例来说,手机伪装者(HI)可以偷听网络广播的全局 RAND,并且重放这个信息给网络伪装者(NI)。然后 NI 发送寻呼请求给合法的 MS,MS 会用 AUTHR 进行响应。接着,NI 将这个响应 XAUTHR 发送给 HI,然后 HI 会注册并接受呼叫。但上述欺骗方案不能被用于呼叫发起。原因是呼叫发起的鉴权响应 AUTHR 不仅是 ESN、SSD-A 和 RAND 的函数,也是被叫号码的函数。

2. 唯一质询/应答鉴权

唯一质询/应答鉴权在接入认证失败时启动,或用于验证快速请求的有效性。由基站发起,可以在寻呼信道和接入信道上实现,也可以在前向和反向业务信道上实现。图 14.2.4 是唯一鉴权过程。

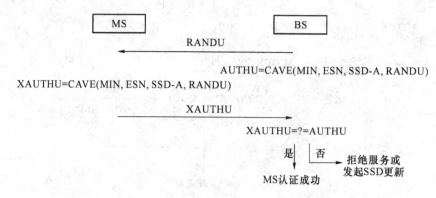

图 14.2.4 唯一质询/应答鉴权流程图

基站:生成 24 bit 的随机质询 RANDU,发送给移动台;执行认证算法,将 AUTHU 设置为 18 bit 的鉴权输出。

移动台:收到唯一质询 RANDU 后,设置认证算法的输入参数,用 RANDU 和内部存储参数计算出 XAUTHU;将 XAUTHU 发给基站。

收到移动台的 XAUTHU 后,基站将 XAUTHU 与自己产生的 AUTHU 值或内部存储值作比较。如果比较失败,基站拒绝移动台的接入,中止进行中的呼叫,或者启动 SSD 更新。

唯一质询/应答鉴权也是单向鉴权方案,只提供网络对移动台的鉴权。它允许攻击者伪装 MS 并获得对网络的完全接入,包括呼叫发起。

14.3 CDMA 系统的空口加密

1. 语音加密机制

如图 14.3.1 所示,CDMA 系统中话音保密通过采用专用长码掩码(PLCM,private long code mask)进行 PN 扩频实现,终端利用 SSD-B 和 CAVE 算法产生专用长码掩码、64 bit 的 CMEA 密钥、32 bit 的数据加密密钥。终端和网络利用专用长码掩码来改变 PN 码的特征,改变后的 PN 码用于语音置乱(与语音数据作异或运算),这样进一步增强了 IS-41 空中接口的保密性。

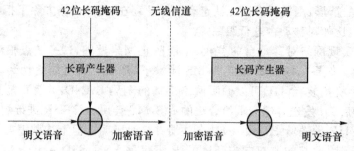

图 14.3.1 CDMA 语音加密机制示意图

图中的长码产生器的构成如图 14.3.2 所示,长 PN 码的序列特征多项式为 $p(x)=x^{42}+x^{35}+x^{33}+x^{31}+x^{27}+x^{26}+x^{25}+x^{22}+x^{21}+x^{19}+x^{18}+x^{17}+x^{16}+x^{10}+x^{7}+x^{6}+x^{5}+x^{3}+x^{2}+$

$x+1$。长码掩码作为各个逻辑门的输入,用来控制是否加入线性移位寄存器 42 个抽头中的某个,以产生长码。每个抽头代表了 m 序列的不同偏置。由 m 序列的基本性质可知,每个不同偏置的 m 序列模二加后产生的仍是 m 序列。为了保密,42 阶 m 序列的各级输出分别与对应的 42 bit 长码掩码模二加,得到长码输出。

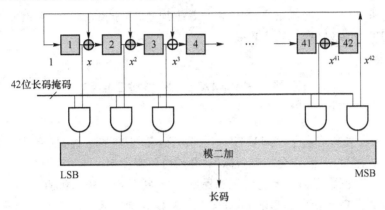

图 14.3.2 长码产生器的构成

根据信道不同,使用不同的掩码,所有呼叫初始化时都采用公用长码掩码进行 PN 扩频,公用长码掩码为"1100011000"+置换后的电子序列号(ESN 号),ESN 是前面介绍的设备制造厂家给移动台的 32 位设备序号,若 ESN$=($E31,E30,$\cdots$,E1,E0$)$,则置换后的 ESN$=($E0,E31,E22,E13,E4,E26,E17,E8,E30,E21,E12,E3,E25,E16,E7,E29,E20,E11,E2,E24,E15,E6,E28,E19,E10,E1,E23,E14,E5,E27,E18,E9$)$。寻呼信道和反向接入信道的掩码格式则分别如图 14.3.3 和图 14.3.4 所示。

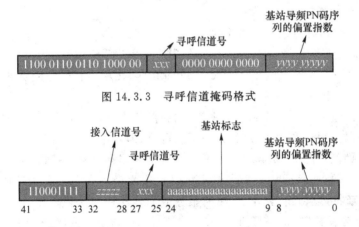

图 14.3.3 寻呼信道掩码格式

图 14.3.4 反向接入信道的掩码格式

系统仅在业务信道上采用由 CAVE 算法产生的掩码来提供对话音的加密,如果认证过程没有执行,就不进行专用/公用长码掩码的转换;如果认证过程成功,基站或移动台就在业务信道上发起一条长码转换请求指令。语音保密算法很早就被证明是不安全的,易被唯明文攻击攻破。

2. 信令消息加密

为了加强认证过程和保护用户的敏感信息(比如 PIN 码),一种有效的方法是对信令消息的某些字段进行加密。终端和网络利用 CMEA 密钥和 CMEA 算法来加/解密空中接口的信令消息。

CMEA 是一个对称密码,类似 DES(数字加密标准)。采用 64 bit 密钥,但由于算法本身的弱点,实际有效密钥长度只有 24 bit 或 32 bit,这比美国政府允许出口的密钥长度还要弱。CMEA 算法易受已知明文攻击,1997 年被攻破。

3. 用户数据保密

ORYX 是基于 LSFR 的流密码,用于用户数据加密,由于出口限制,密钥长度限制在 32bit 以内。ORYX1998 年被唯密文攻击攻破。

14.4 CDMA 中的密钥管理

系统安全参数主要是电子序列号(ESN)、A-Key 和共享加密数据(SSD)。其中,ESN 是一个 32 位的二进制数,是移动台的唯一标识,必须由厂家设定。

A-Key 作为主密钥,不直接参与认证和保密,而是用于产生中间密钥 SSD。SSD 由 A-Key 派生而来,分别存储在移动台和基站中,直接参与鉴权和加密运算。如何对 A-Key 和 SSD 进行管理是 CDMA 安全的核心。

14.4.1 A-Key 的分配和更新

A-Key 是 CDMA 系统的用户主密钥,它用于产生中间密钥,中间密钥将直接参与认证和保密。因此,保证 A-Key 的安全至关重要。对 A-Key 的基本要求是 A-Key 仅对移动台和归属位置寄存器/认证中心(HLR/AC)是可知的,且不在空中传输,同时 A-Key 可以重新设置,终端和网络认证中心的 A-Key 必须同步更新。

A-Key 可能的设置方法有以下几种:

1) 由制造商设置,并分发给服务提供商。

2) 由服务提供商产生,在销售点由机器分配或由用户手动设置。

3) 通过 OTASP(over the air service provisioning)在用户和服务提供商之间实现密钥的产生和分配。

其中第一种制造商必须产生和存储密钥,制造商和服务提供商需要建立安全的分发通道,因此对制造商和服务提供商而言,这种方法不太可行,但对用户来说却非常方便。第二种方法的前提是信任经销商,如果是机器分配,则要求所有终端具有标准接口;如果是手动设置,则对用户来说并不方便,而且密钥分配和管理机制也很复杂。在第三种方法中,终端的 A-Key 通过 OTASP 更新,可以切断"克隆"终端的服务或为合法用户提供新服务,实现简单,是一种受欢迎的 A-Key 分发机制,也是目前 3GPP2 建议采用的方法。同时,3GPP2 还建议采用基于 Diffie-Hellman 的密钥交换协议来协商 A-Key。

14.4.2 SSD 的更新

SSD 的更新周期一般是 7~10 天,更新过程由 SSD 生成程序(CAVE 算法)实现,并且用移动台特殊信息、随机数及移动台的 A-Key 进行初始化。A-Key 只对移动台和相关的归属位置寄存器/认证中心(HLR/AC)是可知的,因此 SSD 更新只在移动台和相关的 HLR/AC 中执行,而不是在正在访问的基站中执行,正在访问的基站通过与 HLR/AC 进行内部系统通信得到一份由 HLR/AC 计算出的 SSD 副本。移动台中的 SSD 更新流程如图 14.4.1 所示,该过程包含了 MS 对 BS 的认证。

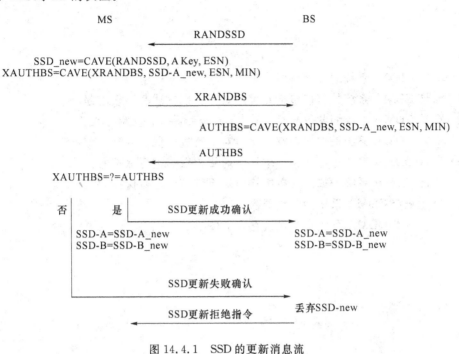

图 14.4.1　SSD 的更新消息流

14.5　本 章 小 结

本章我们主要讨论了窄带 CDMA 网络使用的安全技术。限于终端处理能力和无线带宽，窄带 CDMA 网络和 GSM 的安全机制都是基于对称密码算法体制；都只是提供了最基本的安全保护，即匿名性、单向认证和空口的保密服务；所有算法没有经过公开的安全论证就投入使用。

在窄带 CDMA 网络中，并不直接使用主密钥进行认证，而是采用了由主密钥生成的中间密钥进行认证；认证算法的输入参数也针对不同的认证场合进行了区分；其保密机制要比 GSM 复杂，采用专用长码掩码改变 PN 序列与语音异或实现语音保密，采用 CMEA 实现信令加密，采用 ORYX 算法实现数据加密。但其认证方式及信息保密方式都相继被发现存在缺陷或被攻破。

总的来看，前面所讨论的第二代移动通信系统的安全更多地从运营商的角度来设计的，如只是提供网络对移动终端的认证，从用户角度看，无法保护移动终端接入虚假网络，大量应该保密的数据（IMSI、IMEI、主叫号码、被叫号码、位置信息等）被以明文形式存储在网络数据库中，用于支持认证、移动性和计费，并在核心网中以明文形式传输，这些数据可能被误用（改动计费、跟踪用户等），从而危害用户隐私。

14.6 习　　题

(1) 窄带 CDMA 系统的安全目标有哪些？

(2) 窄带 CDMA 系统的鉴权包括几种形式？分别描述其鉴权流程。

(3) 窄带 CDMA 系统的鉴权与 GSM 的鉴权有哪些相同点和不同点？

(4) 窄带 CDMA 系统是如何在空中接口对语音进行保护的？

(5) 窄带 CDMA 系统是如何在空中接口对用户数据进行保护的？

(6) 窄带 CDMA 系统是如何在空中接口对系统信令进行保护的？

(7) 描述窄带 CDMA 系统的密钥层次。

(8) 分析窄带 CDMA 系统安全机制存在的缺陷。

第15章

WCDMA 安全

目前国际电信联盟接受的 3G 标准主要有 WCDMA、cdma2000、TD-SCDMA 和 WiMax 四种。其中,WCDMA 是欧洲提出的宽带 CDMA 技术,它与日本提出的宽带 CDMA 技术基本相同,目前正在进一步融合。该标准提出了 GSM-GPRS-(EDGE)-WCDMA 的演进方案。

本章主要介绍 WCDMA 的安全技术。

15.1　3G 系统概述

本节主要介绍 3GPP 的网络体系结构。

图 15.1.1 是 3GPP 的网络体系结构,3G 网络模型由三部分组成,从用户角度来看,最直接的部分是移动终端,终端和无线电接入网(RAN,radio access network)或接入网(AN)存在着无线连接,而接入网又连接着核心网(CN,core network),核心网控制着系统的各个方面。

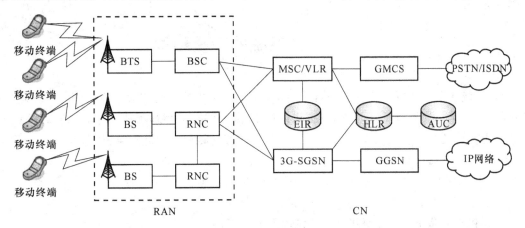

图 15.1.1　3G 系统结构

网络中各实体的功能如下。

1. 移动终端

在 3GPP 提出的结构中,移动终端由两部分组成:ME(mobile equipment,移动设备)和 USIM(universal subscriber identity module,通用用户识别模块)。ME 一般指的就是移动电话,它实现了无线功能以及其他所有在网络中进行通信所需的协议。USIM 和 SIM 类似,安置在 ME 中,包含了所有同运营商有关的用户信息,包括永久安全信息。

2. 无线接入系统

在 3GPP 中有两种无线接入系统。一种 RAN 被称为 UTRAN(universal telecommunication radio access network,通用电信无线接入网),它基于 W_CDMA。在随后的 3GPP4 中,另外一种 RAN 被引入系统中,这种 RAN 被称为 GERAN(GSM/EDGE radio access network,GSM/EDGE 无线接入网)。一方面,GERAN 基于一种新的调制方式,这种调制使得 GSM 网络传输速率可以提高 3 倍(由原来的 14.4 kbit/s 提高到 40 kbit/s);另一方面,UTRAN 的某些特点也被引入 GERAN,这些特点包括一些安全性方面的东西。

UTRAN 包括了两种网元。BS 是无线接口在网络一侧的终点,BS 被连接到 UTRAN 的控制单元上。(例如,被连接到无线网络控制器(RNC)上。RNC 通过 Iu 接口与 CN 连接。

3. 核心网

CN 有两个主要的域:一个是分组交换域(PS),另一个是电路交换域(CS)。前者是从 GPRS 域演化而来的,其中重要的网元就是 GPRS 服务支持节点(SGSN)和 GPRS 网关支持节点(GGSN),CS 是从传统的 GSM 网络演化来的,其中 MSC(移动交换中心)是重要的网元。SGSN 和 GGSN 是在 GPRS 系统中提出的新网元,SGSN 的主要作用是记录移动终端的当前位置信息,并且在移动终端和 GGSN 之间完成移动分组数据的发送和接收。GGSN 通过基于 IP 协议的 GPRS 骨干网连接到 SGSN,是连接 GSM 网络和外部分组交换网(如因特网和局域网)的网关。

在一般的网络模型中,CN 还可以被划分为两个部分:本地网和服务网。本地网包含所有有关用户的静态信息,包括静态安全信息、服务网处理用户设备(UE,user equipment)到接入网之间的通信。

此外,同 GSM 体系结构类似,3G 体系结构中也定义了不同网元之间的接口,以保证符合接口要求的设备能够互连互通。

15.2　3G 系统的安全结构

2G 系统主要用于提供语音业务,因而其安全设计也主要是针对语音业务的,它的主要安全缺陷有:无数据完整性认证功能;只提供网络对用户的单向鉴权,无法防止虚假基站的攻击;会话密钥及认证数据在网络中以明文形式传输,易泄漏;核心网缺乏安全机制;算法不公开,其安全性缺乏公正的评估;等等。

同 2G 系统相比,3G 系统环境和业务具有如下新特点:
- 基于 IP 网络;
- 提供 3G 服务的运营商和业务提供商越来越多;
- 非话音服务的多样性和重要性;
- 将增强用户服务范围的控制和对其终端能力的控制;
- 存在对用户的主动攻击;
- 终端将用作电子商务应用和其他应用的平台。

针对 GSM 系统特点以及其他第二代移动通信系统中的安全缺陷,3G 系统的安全设计应遵循如下原则:采纳在 GSM 和其他 2G 系统中认为是必要的和稳健的安全特征;改进和增强现有 2G 系统的安全机制;根据 3G 系统提供的业务特点,将提供新的安全特征和安全服务。3G 系统的安全结构如图 15.2.1 所示。

3GPP 为 3G 系统划分了五个安全域,它们分别是:

1）接入域安全。为用户提供安全的 3G 网络接入，防止对无线链路接入的攻击，包括用户身份和动作的保密、用户数据的保密、用户与网络间的互相认证等。

2）网络域安全。在运营商节点间提供安全的信令数据交换，包括网络实体之间的相互认证、信息加密、信息的完整性保护和欺骗信息的收集等。

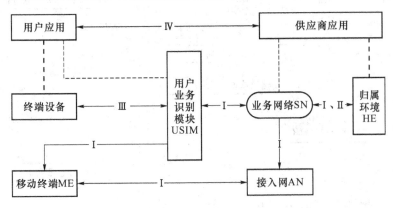

图 15.2.1　3G 系统的安全结构

3）用户域安全。提供对移动终端的安全接入，包括用户和 USIM 的认证、USIM 和终端间的认证等。

4）应用域安全。保证用户与服务提供商间在应用层面安全地交换数据，包括应用数据的完整性检查等。

5）安全的可视性和可配置性。使用户知道网络的安全性服务是否在运行，以及它所使用的服务是否安全。

可见，3G 系统设计人员对 3G 系统的安全性有着较为完善的整体考虑，从应用层面、归属及服务网络层面和传输层面等多方面保证 3G 系统的安全。由于篇幅限制，下面我们仅对它的认证与密钥协商（AKA）机制和空口加密机制进行讨论。

15.3　认证与密钥协商机制

在介绍具体认证机制和加密机制之前，我们先来了解一下 3G 中的安全算法体系。

目前，3G 系统中共定义了 12 个安全算法。其中 $f_1 \sim f_5$、f_1^*、f_5^* 用来实现 AKA；$f_6 \sim f_7$ 用来实现对用户身份的加密和解密；f_8 用来实现数据无线传输的保密性；f_9 用来实现数据无线传输的完整性。

认证与密钥协商（AKA，authentication and key agreement）机制是 3G 安全框架的核心内容之一，它是在 GSM 系统基础上发展起来的，沿用了挑战/应答认证模式，用来与 GSM 安全机制兼容，但进行了较大的改进，它通过在 MS 和 HE/HLR 间共享密钥实现它们之间的双向认证。

15.3.1　认证与密钥协商协议

AKA 提供用户和网络之间的双向认证，通过存储在用户的 USIM 和 HE 的 AC 中的共享秘密密钥来实现。并且 USIM 和 HE 分别跟踪计数器 SQN_{MS} 和 SQN_{HE} 来支持认证。认证和密钥协商协议如图 15.3.1 所示。

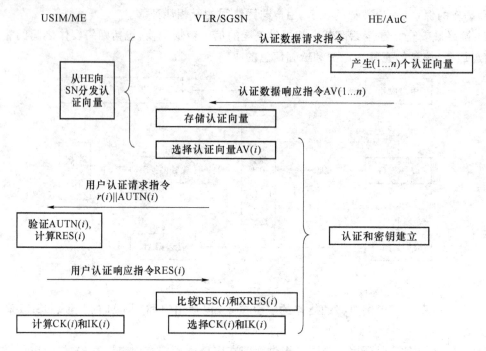

图 15.3.1　认证和密钥协商 AKA

当需要对用户进行认证时，VLR/SGSN 向 HE/AuC 发送认证数据请求，一旦收到 VLR/SGSN 的认证请求，HE/AuC 就会向 VLR/SGSN 发送一组（n 个）认证向量，认证向量的产生如图 15.3.2 所示，每个认证向量由随机数 r、期待响应 XRES、加密密钥、完整性密钥和认证令牌 AUTN 组成。每个认证向量用于 VLR/SGSN 和 USIM 之间的一次认证和密钥协商。

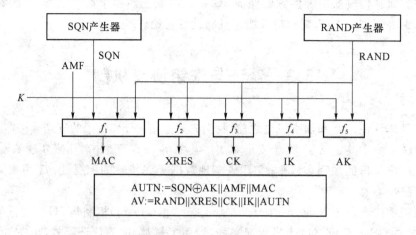

图 15.3.2　认证向量的产生

当 VLR/SGSN 启动认证和密钥协商时，它从这个序列中选择下一个认证向量，把参数 r 和 AUTN 发送给用户。用户端 USIM 检查这个 AUTN 是否可以接受（方法见下面的描述）。若可以，则产生一个响应 RES 回送给 VLR/SGSN，并计算 CK 和 IK。VLR/SGSN 比较 XRES 和来自 MS 的 RES。如果它们匹配，VLR/SGSN 就认为成功地进行了认证和密钥交换。之后 USIM 和 VLR/SGSN 将 CK 与 IK 传输给相应的执行加密功能与完整性保护功能的实体。

USIM 在收到 RAND 和 AUTN 后的处理过程如图 15.3.3 所示。首先，USIM 根据 K 和收到的 RAND 计算出 SQN，然后计算出 XMAC，并与 AUTN 中得到的 MAC 相比较，如果不同，则向 VLR/SGSN 返回用户鉴权失败信息，并给出失败的原因。同时 VLR/SGSN 也将向 HLR 发送认证失败报告，由 VLR/SGSN 决定是否再启动一个新的鉴权过程。如果 MAC 等于 XMAC，则检查 SQN 是否在正确的值域之内；若不是，则发送同步失败的消息给 VLR/SGSN，同时，放弃这一鉴权过程；若是，则认为这个参数 AUTN 是可以接受的。

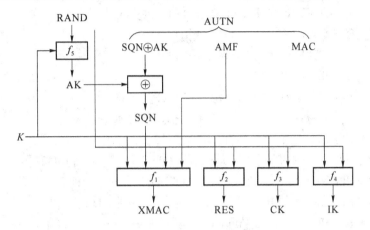

图 15.3.3　USIM 中的 AKA 相关动作

15.3.2　认证和密钥协商算法

AKA 算法为非标准化算法，可以自行设计。AKA 包括一组算法：f_0、f_1、f_1*、f_2、f_3、f_4、f_5、f_5*。其中 f_0 为随机数生成函数；f_1 为消息认证码生成函数；f_1* 为重新同步消息认证函数；f_2 在认证中用于计算期望响应值；f_3 为加密密钥导出函数；f_4 为消息完整性密钥导出函数；f_5 为匿名密钥导出函数；f_5* 为重新同步匿名密钥导出函数。f_1* 和 f_5* 用于 MS 和网络失去同步的情况。

认证向量通过一系列算法产生（图 15.3.2）：

1) RAND 由随机数生成函数 f_0 产生；

2) 消息摘要码 $MAC = f_{1K}(SQN \parallel RAND \parallel AMF)$；

3) 期待响应 $XRES = f_{2K}(RAND)$；

4) 加密密钥 $CK = f_{3K}(RAND)$；

5) 完整性密钥 $IK = f_{4K}(RAND)$；

6) 匿名密钥 $AK = f_{5K}(RAND)$ 用来隐藏序列号，f_5 是一个密钥产生函数或 $f_5 = 0$。

ETSI 的 SAGE(security algorithm group of experts，安全算法专家组)接受了设计 AKA 相关算法的任务，并在 2000 年 12 月完成了 AKA 模板函数的设计。所定义的整套算法称为"MILENAGE算法"，这是以一个分组密码算法为核心的一组算法的框架，该框架可以完成 AKA 协议中的 f_1 到 f_5。SAGE 建议使用 AES 算法来实现其中的分组密码算法。

在介绍 MILENAGE 算法之前，先简单介绍用到的变量。

➤ $Rot(x,r)$：表示把 x 左循环 r（比特）。

➤ OP：是由运营商选择的一个 128 bit 的值。

- 常数 c_1, c_2, c_3, c_4, c_5 的值分别为:0,1,2,4,8。
- 常数 r_1, r_2, r_3, r_4, r_5 的值分别为:64,0,32,64,96。
- $IN_1 := SQN \parallel AMF \parallel SQN \parallel AMF$,128 bit 输入。
- $OUT_1, OUT_2, OUT_3, OUT_4, OUT_5$ 是计算出来的 128 bit 输出值,从中可以确定 AKA 过程中的各种函数值。

我们假设 $TEMP := E_K[RAND \oplus OP_c]$,则输出值 $OUT_1, OUT_2, OUT_3, OUT_4, OUT_5$ 为:

$$OUT_1 = E_K[TEMP \oplus rot(IN_1 \oplus OP_c, r_1) \oplus c_1] \oplus OP_c$$

$$OUT_2 = E_K[rot(TEMP \oplus OP_c, r_2) \oplus c_2] \oplus OP_c$$

$$OUT_3 = E_K[rot(TEMP \oplus OP_c, r_3) \oplus c_3] \oplus OP_c$$

$$OUT_4 = E_K[rot(TEMP \oplus OP_c, r_4) \oplus c_4] \oplus OP_c$$

$$OUT_5 = E_K[rot(TEMP \oplus OP_c, r_5) \oplus c_5] \oplus OP_c$$

最后函数 $f_1, f_1*, f_2, f_3, f_4, f_5$ 和 f_5* 的输出定义如下:

函数 f_1 的输出:MAC-A $=$:$OUT_1[0] \parallel OUT_1[1] \parallel \cdots \parallel OUT_1[63]$

函数 f_1* 的输出:MAC-S $=$:$OUT_1[64] \parallel OUT_1[65] \parallel \cdots \parallel OUT_1[127]$

函数 f_2 的输出:RES $=$:$OUT_2[64] \parallel OUT_2[65] \parallel \cdots \parallel OUT_2[127]$

函数 f_3 的输出:CK $=$:$OUT_3[0] \parallel OUT_3[1] \parallel \cdots \parallel OUT_3[127]$

函数 f_4 的输出:IK $=$:$OUT_4[0] \parallel OUT_4[1] \parallel \cdots \parallel OUT_4[127]$

函数 f_5 的输出:AK $=$:$OUT_2[0] \parallel OUT_2[1] \parallel \cdots \parallel OUT_2[47]$

函数 f_5* 的输出:AK $=$:$OUT_5[0] \parallel OUT_5[1] \parallel \cdots \parallel OUT_5[47]$

MILENAGE 算法的模式如图 15.3.4 所示(由 3GPP 标准给出)。

从图 15.3.4 可以看出,MILENAGE 算法主要利用了以下几个组件:

1) 一个分组密码函数,用 E_K 标识,主要有 128 位输入,128 位密钥,128 位输出。

2) 一个 128 位的 OP 值。该值用来区分不同运营商所采用的算法函数。每个运营商只需要选择一个值作为 OP,不管 OP 是否公开,整套设计的算法都是安全的。

3) 一个 128 位的 OP_c 值是由 OP 和 K 通过如下方式推导出的:$OP_c = OP \oplus E_K(OP)$,采用 OP_c 而不直接采用 OP 的好处就是由于 OP_c 的推导过程是不可逆的,意味着即使 USIM 安全产生危机时,OP 值仍然能够保持机密。工作组建议 OP_c 在脱离 USIM 情况下计算,作为预专有化过程的一部分,这样会简化卡中的算法并能避免卡中存储 OP 值。

4) 一个 128 位的中间值 TEMP 通过 $TEMP = E_K(RAND \oplus OP_c)$ 得出。

5) 一个 128 位的输入 $IN_1 = SQN \parallel AMF \parallel SQN \parallel AMF$(SQN 为 48 位,AMF 为 16 位,所以把它们进行两次并置就得到一个 128 位的值)

6) 旋转常数 $r_1 \sim r_5$ 和附加常量 $c_1 \sim c_5$,确保区分所有的加密函数。目前给出的值都是由工作组特殊选择的,所选的值将会避免 E_K 运算的输入之间的冲突,即,避免经过 E_K 的输入端相同或类似,这样就无法区分不同的加密函数了。

f_1 和 f_1* 函数的输入是 SQN、AMF 和 RAND,而 $f_2 \sim f_5$ 的输入只有 RAND 值。

f_1 和 f_1* 函数的结构本质上是对输入块进行标准的 CBC MAC 模式的变换。即相当于将输入块分为了 RAND 和 IN1 两块,先对 RAND 进行了加密变换后,将它的输出与后一个分组的输入数据进行异或,再采用分组密码进行变换,其结果分别取前一部分和后一部分作为 MAC 码值。

f_2、f_3、f_4、f_5 函数被定义为一种对随机质询进行的双重加密,在第二次加密之前要经历旋转并使用附加常量参与运算,这也是一种较为普遍的操作模式,已经被证明在某种攻击下是安全的。

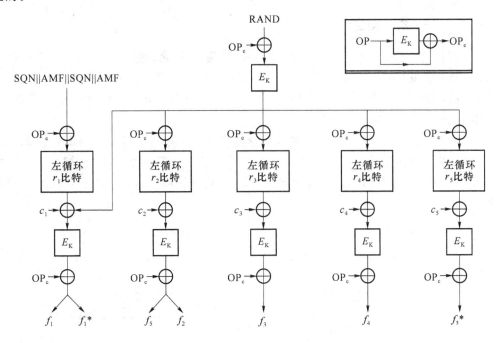

图 15.3.4　MILENAGE 算法

总之,MILENAGE 算法被用来实现在 AKA 过程中用到的各种密码学上的函数 f_1,f_2,f_3,f_4,f_5,f_1*,f_5*。由于 MILENAGE 结构被认为是合理的,选择合适的内核算法就成为 AKA 算法安全的关键,AKA 算法的工作组最终选用了分组加密 Rijndael 算法作为内核,后来 Rijndael 算法的 128 位分组的版本被确定为 AES 标准算法。

15.3.3　AKA 的安全性分析

1）双向认证,认证完成后提供加密密钥和完整性密钥,防止假基站攻击。

2）密钥的分发没有在无线信道上传输,AV 在固定网内的传输也由网络域安全提供保障。

3）密钥的新鲜性,由新的随机数提供,防止重放攻击。

4）对有可能暴露用户位置信息和身份信息的 SQN 用 AK 异或,达到隐藏 SQN 的目的。

5）MAC 的新鲜性,SQN 和 RAND 变化,防止重放攻击。

15.4　空中接口安全机制

通过上面介绍的 AKA 协议,移动终端和服务网络之间可以建立起相同的加密密钥(CK)和完整性密钥(IK)。在移动终端和服务网络之间的无线链路上,利用 CK 可以对传输的数据进行加/解密,一般把这种安全机制称为空中接口加密机制;利用 IK 可以对传输的数据进行完整性保护,防止数据被篡改,一般把这种安全机制称为空中接口完整性保护机制。

在 3GPP 中定义了 f_8 算法来实现空中接口加密机制,定义了 f_9 算法来实现空中接口的数据完整性。f_8 和 f_9 都是以分组密码算法 KASUMI 为基础构造的。下面简要介绍 f_8 算法、f_8 算法的构造方式、f_9 算法、f_9 算法的构造方式和它们的核心算法——KASUMI 算法。

15.4.1 f_8 算法概述

空中接口加密功能可以在 RLC 子层或 MAC 子层中实现。假如一个无线信道正在使用非透明的 RLC 方式(应答方式,AM,acknowledged mode)或者非应答方式(UM,unacknowl-edged mode),那么加密就在 RLC 子层完成;假如一个无线信道正在使用透明的 RLC 方式,那么加密就在信息鉴权码 MAC 子层完成。

如图 15.4.1 所示,f_8 算法是一个同步流密码算法,数据长度在 1~5 114 bit 之间,它利用 KASUMI 算法的输出反馈模式产生密钥流,密钥流与明文数据逐位异或产生密文。接收方通过使用相同的输入参数生成与发送方相同的密钥流,将密钥流与密文文本逐位异或,就可以恢复出明文文本。

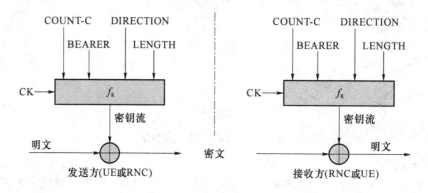

图 15.4.1 3G 空中接口加密机制示意图

f_8 输入参数为 CK,COUNT-C,BEARER,DIRECTION,LENGTH,输出密钥流。下面详细说明算法的输入参数。

1) CK:加密密钥,128 bit,对在 CS 业务域和用户之间建立的 CS 连接存在一个 CK(CK_{CS}),对在 PS 业务域和用户之间建立的 PS 连接存在一个 CK(CK_{PS})。CK 分别由网络侧的鉴权中心和用户侧的 USIM 产生。

2) COUNT-C:加密计数器,32 bit,该值由"长"序列号和"短"序列号两部分组成。"长"序列号是 HFN(超帧编号),在不同的加密层,"短"序列号的取值不同,在 MAC 层,取值是 CFN(连接帧编号),而在 RLC 层,取值是具体的 RLC_SN(RLC 序列号)。

3) BEARER:无线信道指示器,5 bit,每个无线信道对应一个用户,并且有一个对应的无线信道指示器 BEARER 参数。引入无线信道指示器是为了避免不同的密钥流发生器使用一个完全相同的输入参数数值集。

4) DIRECTION:方向标识,1 bit,作用是避免对于上行和下行链路计算密钥流时,采用同样的输入参数。对于从 UE 到 RNC 的消息 DIRECTION 设为 0,而对于从 RNC 到 UE 的消息 DIRECTION 设为 1。

5) LENGTH:长度指示符,16 bit,表示需要的密钥流长度。LENGTH 的取值区间是[1,20 000]。该范围是由 RLC PDU/MAC SDU(信令数据单元)的大小和 RLC PDUs/MAC SDUs 的数量决定。LENGTH 的取值只影响参数的密钥流的长度,不会影响密钥流的内容。

15.4.2　f_8 算法的构造方式

由上面的介绍可知,保密性算法 f_8 是在加密密钥 CK 的控制下产生密钥流的流密码算法。它使用 KASUMI 算法作为密钥流发生器的核心算法。

我们在本书 7.3 节介绍的分组密码算法的运行模式中,有两种可以作为标准的流密码模式,它们是计数器模式和 OFB 模式,但是,f_8 算法并没有采取其中的一种,而是结合使用了计数器模式和 OFB 模式,并利用了反馈数据的预白化。其中 BLKCNT 被看作是一个计数器。输出反馈、计数器和预白化这 3 个特征按如下方式共同工作:首先,进行预白化,新产生的密钥流块被计算器值和预白化数据块按位异或进行修正,然后再送回发生器函数,作为其输入,如图 15.4.2 所示。

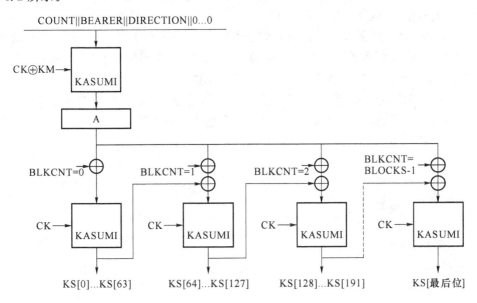

图 15.4.2　f_8 算法的构造

f_8 算法利用 KASUMI 函数,在 128 位密钥的控制下将输入的 64 位数据块转化为输出的 64 位数据块。该算法使用了两个 64 位的寄存器:静态寄存器 A 和计数器 BLKCNT。寄存器 A 用 64 位初始值 IV 进行初始化:

IV = COUNT ‖ BEARER ‖ DIRECTION ‖ 0…0。

IV 由 32 位的 COUNT、5 位的 BEARER、1 位的 DIRECTION 和 26 位全 0 串连接而成,计数器 BLKCNT 的初始值被设为 0。

KM 被称为密钥修正值,是由 8 位字节 0x55＝01010101 重复 16 次构成,首先用修正过的 CK 值和 KASUMI 函数算出一个预白化值:

W = KASUMI$_{CK \oplus KM}$(IV)

它被存入寄存器 A。当密钥流发生器以这种方式启动后,它就做好了产生密钥流的准备。被加解密的明文/密文中包含 LENGTH 位(16 bit),LENGTH 的值在 1～20 000 之间,粒度为 1,而密钥流发生器按 64 位的整数倍产生密钥流,最后一个密钥流块中,0～63 之间的最低的若干位将根据 LENGTH 的值所要求的总比特数而舍弃。

所需要的密钥流的数量由 BLOCKS 表示,BLOCKS 的值等于 LENGTH 的值被 64 除后向上取整。输出的密钥流用 K_S 表示。

对 3G 空口加密来讲，采用的是加法流密码，其加密和解密操作相同，都是用输入数据和产生的密钥流按位异或得到。

上述密钥流产生的结构被定义为通用密钥流发生器 KGCORE，GSM 的加强算法 A5/3、GPRS 中使用的加密算法 GEA3 也都是采用了这个通用的密钥流发生器，只是输入的参数设计略有不同。

15.4.3 f_9 算法概述

由于在移动台 MS 和网络之间发送的大多数控制信令信息都被认为是敏感信息，应该受到完整性保护，因此，在 3GPP 标准中规定了一个信息鉴权函数作用在移动设备 ME 和 RNC 上，对 ME 和 RNC 之间传送的信息进行完整性保护。这个信息鉴权函数就是 f_9 算法，f_9 算法采用和加密算法 f_8 同样的核心算法实现。

在 RRC 连接建立以及安全方式建立规程执行之后，所有用于移动台 MS 和网络之间的控制信令信息〔如无线资源控制（RRC）、移动管理（MM）、呼叫控制（CC）、GPRS 移动管理（GMM）以及会话管理（SM）消息〕应该得到完整性保护。

显然上述机制不能保护所有的 RRC 控制信息的完整性，实际上，在完整性密钥 IK 产生之前发送的信息是不能被有效保护的，无法进行完整性保护的消息有：

➢ 完全切换到 UTRAN；
➢ 寻呼类型 1；
➢ PUSCH 能力请求；
➢ 物理共享信道分配；
➢ RRC 连接请求；
➢ RRC 连接建立；
➢ RRC 连接建立完成；
➢ RRC 连接拒绝；
➢ RRC 连接释放；
➢ 系统信息（广播信息）；
➢ 系统信息变化指示；
➢ 传输格式组合控制（只对电信管理专用控制信道）。

图 15.4.3 表示使用完整性算法 f_9 对一个消息进行完整性保护的原理。该算法的输入参数是完整性密钥（IK）、完整性序列号计数器（COUNT-I）、网络生成的一个随机数（FRESH，常被称为新鲜子）、方向比特（DIRECTION）以及数据消息（MESSAGE），输出是完整性信息鉴权码（MAC-I）。发送端根据这些参数使用完整性算法 f_9 计算出 MAC-I，然后附加到每个 RRC（无线资源控制层）消息中，发送到无线访问链上。在接收端，同样计算出接收到的信息 MESSAGE 的完整性信息鉴权码（XMAC-I），再将其与所接收到的 MAC-I 进行比较，来判断消息是否被修改过，因为输入端的任何变化都将影响完整性信息鉴权码的计算值，从而验证了该信息的数据完整性。

f_9 的输入参数 IK，COUNT-I，FRESH，DIRECTION，MESSAGE 的详细说明如下。

1）IK：完整性密钥，128 bit。对于 UMTS 用户，IK 是在 UMTS 鉴权和密钥协商协议（AKA）操作期间建立的。对于用于电路交换（CS）服务和用户之间建立的连接，该密钥表示为 IK_{CS}；用于分组交换（PS）服务和用户之间建立的连接，该密钥表示为 IK_{PS}。

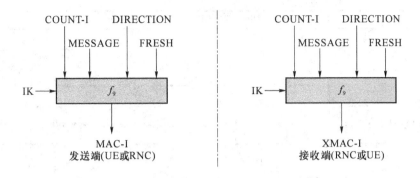

图 15.4.3　3G 空中接口完整性保护机制示意图

在越区切换时,IK 在一个网络基础设施内从原来的 RNC 发送到新的 RNC,以便使通信继续进行。IK 在越区切换的时候保持不变。

2) COUNT-I:完整性序列号计数器,32 bit。为计算其 MAC 码重新设定相应的计数器,其最重要的部分是 HFN(超帧编号),28 位,另外 4 位是 RRC 时序号。COUNT-I 的作用是确保每次运行完整性保护函数 f_9 的输入参数不同,来保护先前控制信息的回复。

3) FRESH:新鲜子,32 bit。是由 RNC 随机选择,再按照 RRC 安全方式传递到 UE,随后在整个这个单个的连接期间,网络和用户同时使用该参数 FRESH 数值。通过这种机制可以保护 RRC 消息,防止重放攻击。

4) DIRECTION:方向比特,1 bit。引入方向比特(DIRECTION)的目的是避免完整性算法使用同一个输入参数集为上行链信息和下行链信息计算信息鉴权码。DIRECTION 为"0"表示从 UE 到 RNC 的消息,而 DIRECTION 为"1"表示从 RNC 到 UE 的消息。

5) MESSAGE:消息,消息的长度没有限制。信令信息本身带有无线信道标识。无线信道表示位于信令信息的前面。

f_9 算法的输出完整性信息鉴权码(MAC-I)的长度是 32 bit。

15.4.4　f_9 算法的构造方式

如图 15.4.4 所示 3GPP 完整性算法 f_9 在 IK 控制下将输入信息转化为 32 位的 MAC,该算法对输入信息的长度没有限制。

为了应用方便,f_9 算法和保密性算法 f_8 使用相同的块加密函数(KASUMI)。f_9 算法中的 KASUMI 函数使用 CBC-MAC 模式,该模式是标准 CBC-MAC 模式的改进版,它增加了一步操作:将所有的中间输出按位异或,然后把结果输入另外一个 KASUMI 函数。最后这个 KASUMI 函数的 64 位输出被截短,产生一个 32 位的 MAC-I。

另外,f_9 函数仍然使用一个 128 位的常数值 KM,KM 由 8 位字节 0xAA 重复 16 次构成。

f_9 函数的输入是 32bit 的 Count、32bit 的 FRESH、长度值不限的比特流 Message,以及 1bit 的 Direction。所有的输入值被连接成一个字符串,然后在其后添加 1bit 的"1",接着填充 0,直到字符串的长度是 64bit 的整数倍。然后这个字符串被分成长度为 64bit 的若干个 PS。采用 KASUMI 的 CBC 模式进行运算,每个分组运算的结果再进行异或,得到的结果再代入一个经过 KM 修正的 IK 的作用下的 KASUMI 函数,最后得到一个 64 bit 的输出,最左 32 位是 MAC-I,其余各位被舍弃。

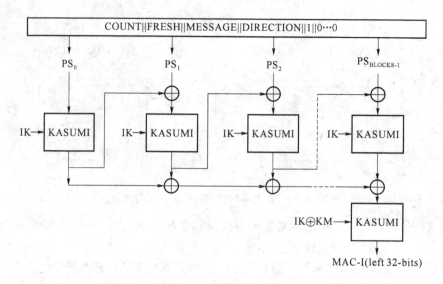

图 15.4.4　f_9 算法的构造

15.4.5　KASUMI 算法

1999 年夏,ETSI 的 SAGE(security algorithms group of experts,安全算法专家组)组织接受了标准 3GPP UMTS 保密性和一致性算法设计任务,日本三菱公司的 Mitsuru Matsui 提出的 64 位分组密码(命名为 MISTY 算法)在以下几个方面引起了 SAGE 的注意:

- 算法在软硬件中均可实现;
- 算法在一定程度上已经通过了志愿者的细察;
- 算法中有大量数据是面向算法安全性的;
- 密钥的长度是 128 位。

通过将这一算法与另外 4 个候选方案:3DES、IDEA、SAFERK-128 和 RC5 相比较,MISTY 算法被认为是最适合 3GPP 保密性和加密算法的要求的。1999 年 9 月 SAGE 将该分组密码算法的最终版本命名为 KASUMI。与 MISTY 算法相比,KASUMI 算法在下面两个方面作了改进:

1) 在不改变已证实的安全性的前提下,增加了额外的功能使得密码分析更复杂;

2) 通过改进,简化了硬件实现,提高了计算速度。

KASUMI 算法是一种分组加密算法,使用长度为 128 bit 的密钥加密 64 bit 的输入分组,产生长度为 64 bit 的输出。它使用 Feistel 结构,对一个 64 bit 的输入分组进行八轮的迭代运算。轮函数包括一个输入输出为 32 bit 的非线性混合函数 FO 和一个输入输出为 32 bit 的线性混合函数 FL。函数 FO 由一个输入输出为 16 bit 的非线性混合函数 FI 进行 3 轮重复运算而构成。而函数 FI 是由使用非线性的 S-盒 S_7 和 S_9 构成的 4 轮结构。算法的示意如图 15.4.5(a) 所示,下面简要介绍这些函数的结构和功能。

1. 第 i 轮的轮函数 f_i

轮函数 f_i 对 32 bit 的输入 I,在 32 bit 的轮密钥 RK_i 的控制下,得到 32 bit 的输出。而轮密钥 RK_i 由三个一组的子密钥 (KL_i, KO_i, KI_i) 组成,轮函数自身由两个子函数 FL(应用子密钥 KL_i)和 FO(应用子密钥 KO_i 和 KI_i)构成。

轮函数 f_i 依赖不同的奇偶轮有不同的表达形式:

对于 1、3、5、7 轮,有:$f_i(I, RK_i) = FO(FL(I, KL_i), KO_i, KI_i)$。

对于 2、4、6、8 轮,有:$f_i(I, RK_i) = FL(FO(I, KO_i, KI_i), KL_i)$。

2. 函数 FL

函数 FL 包含一个 32 bit 的输入数据 I 和一个 32 bit 的子密钥 KL_i。子密钥 KL_i 被分为 16 bit 的左右两个子密钥:KL_{i1} 和 KL_{i2},即:$KL_i = KL_{i1} \| KL_{i2}$。同样地,输入数据也被分为左右两个 16 bit 的部分,即:$I = L \| R$。

定义 $R' = R \oplus ROL(L \cap KL_{i1})$,$L' = L \oplus ROL(R' \cup KL_{i2})$ 共同构成函数 FL 的输出 32 bit, 其中 ROL() 表示循环左移 1 位。具体实现如图 15.4.5(b)所示。

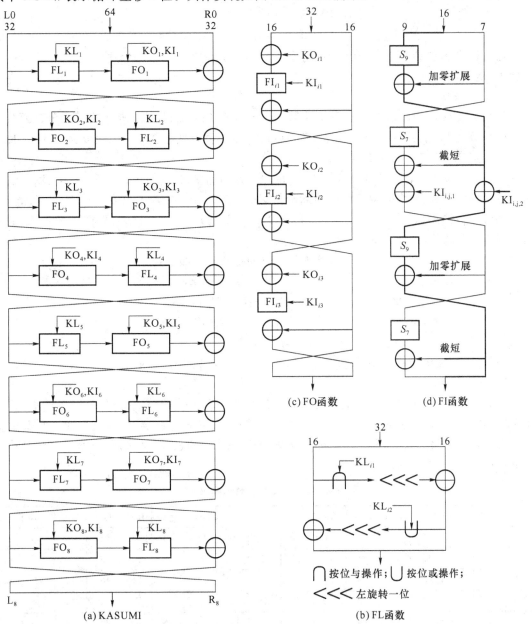

图 15.4.5　KASUMI算法及其各函数示意图

输出的右半部分 R',由输入数据的左半部分 L 与子密钥的左半部分 KL_{i1} 进行按位与运算,再循环左移 1 位,之后再与输入数据的右半部分 R 进行异或运算得到。输出的左半部分

L'，由输出数据的右半部分 R' 与子密钥的右半部分 KL_{i2} 进行按位或运算，再循环左移 1 位，之后再与输入数据的左半部分 L 进行异或运算得到。

3. 函数 FO

函数 FO 由 32 bit 的输入数据 I 和两组分别为 48 bit 的子密钥 KO_i 与 KI_i 构成。32 bit 的输入数据同样被分为左右两部分，即：$I = L_0 \parallel R_0$。48 bit 的子密钥被分为 3 组 16 bit 的子密钥，即：$KO_i = KO_{i1} \parallel KO_{i2} \parallel KO_{i3}$，$KI_i = KI_{i1} \parallel KI_{i2} \parallel KI_{i3}$。

对于整数 j，$1 \leqslant j \leqslant 3$，有：

$$R_j = FI_{ij}(L_{j-1} \oplus KO_{ij}, KI_{ij}) \oplus R_{j-1}$$
$$L_j = R_{j-1}$$

最后得到函数 FO 的 32 bit 输出 $(L_3 \parallel R_3)$，具体实现如图 15.4.5(c) 所示。这一算法中的函数 FI 定义如下。

4. 函数 FI

函数 FI 由一个 16 bit 的输入数据 I 和 16 bit 的子密钥 KI_{ij} 构成。输入数据 I 分为两个不等长的部分：9 bit 的 L_0 和 7 bit 的 R_0，即：$I = L_0 \parallel R_0$。同样的密钥 KI_{ij} 也被分为 7 bit 的 KI_{ij1} 和 9 bit 的 KI_{ij2} 两部分，即：$KI_{ij} = KI_{ij1} \parallel KI_{ij2}$。

在函数中使用了两个 S-盒，S_7 将 7 bit 的输入映射为 7 bit 的输出，S_9 将 9 bit 的输入映射为 9 bit 的输出。函数中使用了两个辅助函数 ZE 和 TR。其中，$ZE(x)$ 表示在 7 bit 的数据 x 的尾部（最右边）添加 2 个零，将 7 bit 转换为 9 bit；$TR(x)$ 表示在 9 bit 的数据 x 的头部（最左边）删除 2 bit 的数据，将 9 bit 转换为 7 bit。

函数 FI 也是一个 Feistel 结构，其中每一轮的操作定义如下：

$$L_1 = R_0 \qquad\qquad R_1 = S_9[L_0] \oplus ZE(R_0)$$
$$L_2 = R_1 \oplus KI_{ij2} \qquad R_2 = S_7[L_1] \oplus TR(R_1) \oplus KI_{ij1}$$
$$L_3 = R_2 \qquad\qquad R_3 = S_9[L_2] \oplus ZE(R_2)$$
$$L_4 = S_7[L_3] \oplus TR(R_3) \qquad R_4 = R_3$$

函数 FI 的输出为一个 16 bit 的值 $(L_4 \parallel R_4)$，具体实现如图 15.4.5(d) 所示。

5. S-盒 S_7 和 S_9

KASUMI 算法中的两个 S-盒用于 FI 算法中，S_7 将 7 bit 的输入映射为 7 bit 的输出，S_9 将 9 bit 的输入映射为 9 bit 的输出。S-盒的输入输出可以通过查表得知（也可通过联合逻辑计算得到，本书不作讨论），S_7 和 S_9 的映射表如表 15.4.1 和表 15.4.2 所示（水平方向为输入的低比特位，垂直方向为高比特位）。

表 15.4.1 S_7 输入输出映射表

	0000	0001	0010	0011	0100	0101	0110	0111	1000	1001	1010	1011	1100	1101	1110	1111
000	54	50	62	56	22	34	94	96	38	6	63	93	2	18	123	33
001	55	112	39	114	21	67	65	12	47	73	46	27	25	111	124	81
010	53	9	121	79	52	60	58	48	101	127	40	120	104	70	71	43
011	20	122	72	61	23	109	13	100	77	1	16	7	82	10	105	98
100	117	116	76	11	89	106	0	125	118	99	86	69	30	57	126	87
101	112	51	17	5	95	14	90	84	91	8	35	103	32	97	28	66
110	102	31	26	45	75	4	85	92	37	74	80	49	68	29	115	44
111	64	107	108	24	110	83	36	78	42	19	15	41	88	119	59	3

　　如表 15.4.1 所示,对于 S_7 盒,若输入的值为 8(000 1000_2),查表得到 000 行与 1000 列交叉点的值为 38,于是有 $S_7[8]=38$。

表 15.4.2　S_9 输入输出映射表

	0000	0001	0010	0011	0100	0101	0110	0111	1000	1001	1010	1011	1100	1101	1110	1111
00000	167	239	161	379	391	334	9	338	38	226	48	358	452	385	90	397
00001	183	253	147	331	415	340	51	362	306	500	262	82	216	159	356	177
00010	175	241	489	37	206	17	0	333	44	254	378	58	143	220	81	400
00011	95	3	315	245	54	235	218	405	472	264	172	494	371	290	399	76
00100	165	197	395	121	257	480	423	212	240	228	462	176	406	507	288	223
00101	501	407	249	265	89	186	221	428	164	74	440	196	458	421	350	163
00110	232	158	134	354	13	250	491	142	191	69	193	425	152	227	366	135
00111	344	300	276	242	437	320	113	278	11	243	87	317	36	93	496	27
01000	487	446	482	41	68	156	457	131	326	403	339	20	39	115	442	124
01001	475	384	508	53	112	170	479	151	126	169	73	268	279	321	168	364
01010	363	292	46	499	393	327	324	24	456	267	157	460	488	426	309	229
01011	439	506	208	271	349	401	434	236	16	209	359	52	56	120	199	277
01100	465	416	252	287	246	6	83	305	420	345	153	502	65	61	244	282
01101	173	222	418	67	386	368	261	101	476	291	195	430	49	79	166	330
01110	280	383	373	128	382	408	155	495	367	388	274	107	459	417	62	454
01111	132	225	203	316	234	14	301	91	503	286	424	211	347	307	140	374
10000	35	103	125	427	19	214	453	146	498	314	444	230	256	329	198	285
10001	50	116	78	410	10	205	510	171	231	45	139	467	29	86	505	32
10010	72	26	342	150	313	490	431	238	411	325	149	473	40	119	174	355
10011	185	233	389	71	448	273	372	55	110	178	322	12	469	392	369	190
10100	1	109	375	137	181	88	75	308	260	484	98	272	370	275	412	111
10101	336	318	4	504	492	259	304	77	337	435	21	357	303	332	483	18
10110	47	85	25	497	474	289	100	269	296	478	270	106	31	104	433	84
10111	414	486	394	96	99	154	511	148	413	361	409	255	162	215	302	201
11000	266	351	343	144	441	365	108	298	251	34	182	509	138	210	335	133
11001	311	352	328	141	396	346	123	319	450	281	429	228	443	481	92	404
11010	485	422	248	297	23	213	130	466	22	217	283	70	294	360	419	127
11011	312	377	7	468	194	2	117	295	463	258	224	447	247	187	80	398
11100	284	353	105	390	299	471	490	184	57	200	348	63	204	188	33	451
11101	97	30	310	219	94	160	129	493	64	179	263	102	189	207	114	402
11110	438	477	387	122	192	42	381	5	145	218	180	449	293	323	136	380
11111	43	66	60	455	341	445	202	432	8	237	15	376	436	464	59	461

　　如表 15.4.2 所示,对于 S_9 盒,若输入的值为 54(00101 0100_2),查表得到 00101 行与 0100 列交叉点的值为 89,于是有 $S_9[54]=89$。

6. 子密钥的生成

KASUMI 算法使用一个 128 bit 的密钥,在算法中每一轮所使用的子密钥都是由这个 128 bit 的密钥衍生出来的。每轮算法使用的子密钥是通过两个 16 bit 的密钥数组 K_j 和 $K'_j(j=1\sim8)$,以如下方法生成的:

128 bit 的 KASUMI 算法密钥被分为每组 16 bit 的 8 个组:$K=K_1\parallel K_2\parallel\cdots\parallel K_8$,这 8 个数组构成密钥数组 $K_j(j=1\sim8)$。另外一个密钥数组 K'_j 根据 K_j 生成:$K'_j=K_j\oplus C_j(j=1\sim8,C_j$ 是如表 15.4.3 所示的十六进制常量)。

表 15.4.3　KASUMI 常量参数

C_1	C_2	C_3	C_4	C_5	C_6	C_7	C_8
0x0123	0x4567	0x89AB	0xCDEF	0xFEDC	0xBA98	0x7654	0x3210

每一轮算法使用的子密钥由密钥数组 K_j 和 K'_j 按照表 15.4.4 所定义的规则生成(符号"$\ll n$"表示循环左移 n 位)。

表 15.4.4　每一轮算法子密钥的生成方法

	第 1 轮	第 2 轮	第 3 轮	第 4 轮	第 5 轮	第 6 轮	第 7 轮	第 8 轮
KL_{i1}	$K_1\ll1$	$K_2\ll1$	$K_3\ll1$	$K_4\ll1$	$K_5\ll1$	$K_6\ll1$	$K_7\ll1$	$K_8\ll1$
KL_{i2}	K'_3	K'_4	K'_5	K'_6	K'_7	K'_8	K'_1	K'_2
KO_{i1}	$K_2\ll5$	$K_3\ll5$	$K_4\ll5$	$K_5\ll5$	$K_6\ll5$	$K_7\ll5$	$K_8\ll5$	$K_1\ll5$
KO_{i2}	$K_6\ll8$	$K_7\ll8$	$K_8\ll8$	$K_1\ll8$	$K_2\ll8$	$K_3\ll8$	$K_4\ll8$	$K_5\ll8$
KO_{i3}	$K_7\ll13$	$K_8\ll13$	$K_1\ll13$	$K_2\ll13$	$K_3\ll13$	$K_4\ll13$	$K_5\ll13$	$K_6\ll13$
KI_{i1}	K'_5	K'_6	K'_7	K'_8	K'_1	K'_2	K'_3	K'_4
KI_{i2}	K'_4	K'_5	K'_6	K'_7	K'_8	K'_1	K'_2	K'_3
KI_{i3}	K'_8	K'_1	K'_2	K'_3	K'_4	K'_5	K'_6	K'_7

7. KASUMI 算法分析

对 KASUMI 的数学分析主要包括两个方面:一方面是对算法本身的分析,也就是对它的各个组件属性的分析;另一方面是对算法抵抗各种攻击的能力的分析,以此来看算法的安全性。

SAGE 在设计和评估过程中检查了 KASUMI 的各功能组件,通过分析其数学属性,确认是否有某些数学结构会造成算法存在可被用于攻击的漏洞。组件属性分析结果如下:

1) FL 函数是一个线性函数,它的微小变化在输出端也只引起微小的变化,其目的是使单个的比特位在传输过程中更难被追踪。

2) FI 函数是 KASUMI 的基本随机函数,它由两个非线性 S-box S_7 和 S_9 的 4 次循环结构组成。S_7 和 S_9 的使用避免了 FI 中出现线性结构。

3) FO 的作用和 FI 一样,通过在函数中增加循环来改善它的耗散特性,从而通过在复杂性和功率消耗上的开销来提高 KASUMI 算法的总体安全系数。

4) S_7 和 S_9 的作用是使算法获得非线性特征,从而使算法能够抵抗线性/差分攻击。

5) 密钥安排:简单,但是在事实上没有发现会产生任何实际的漏洞;其中使用的常量 $C_1\sim C_8$,使得连续的循环密钥之间没有固定重复的关系,可用来防范选择明文攻击。

密码分析结果证明,KASUMI 算法可以抵御如下种类的攻击:差分选择明文攻击、相关密码差分攻击、不可能差分、截短差分、线性密码分析、高阶差分攻击等。

15.5　核心网安全

核心网安全主要指的是在 AN、SN 及 CN 中的网络实体之间的信令、数据的安全传输。从定义可以看出,除了与用户设备进行的通信不包括在内以外,其他的通信都属于核心网安全考虑的范围。

在过去,核心网内没有可用的密码安全机制。其原因主要是核心网采用的是全球 7 号信令网,而 7 号信令标准是由国际电联制定的,广泛应用于固定电话通信网中。对攻击者来说,处理 7 号信令的消息包是比较困难的,但现在情况有所改变:

1) 运营商和业务商的数量越来越多,他们需要互连互通。

2) 基于 IP 的网络代替了基于 7 号信令的网络,引入 IP 在带来好处的同时也将基于 IP 的安全威胁引入移动网络中来,很多在 Internet 上使用的黑客工具也能够在通信网上使用。

因此,如果核心网中缺少安全机制,将是未来移动通信网络的重大安全隐患。尤其是,运营商之间是以明文的方式来传输用于保护空中接口通信的会话密钥。所以,在后来制定的 3GPP R4 中增加了核心网的保护机制。

由于核心网中有众多的网元,为便于设计其安全机制,在核心网中首先要进行安全域的划分,在此基础上我们主要讨论针对其中大量传输的信令信息的安全,应该采取怎样的安全机制。SS7 信令中专述移动通信的部分称为移动应用部分 MAP。尽管 7 号信令网的特殊性为攻击者实施攻击带来了难度,但是,仅仅依靠这些来保护 MAP 的安全是不够的。因此,有必要在 7 号信令中制定一种更加安全的协议。基本上可以采用 MAPsec 和 IPsec 两种协议来保护信息的传输安全。这两种安全机制是在不同的层次上对信息进行保护,其中 MAPsec 相当于在应用层,而 IPsec 是在应用层下的 IP 层对信息进行保密。

15.5.1　安全域的划分

安全域是指同一系统内有相同的安全保护需求和安全等级,相互信任,并具有相同的安全访问控制和边界控制策略的子网或网络。相同的安全域共享一样的安全策略。划分安全域,可以限制系统中不同安全等级域之间的相互访问,满足不同安全等级的安全需求,从而提高系统的安全性、可靠性和可控性。

一般来说,一个网络运营商所管理的网络属于一个安全域,尽管这个网络可能被划分为多个独立的子网;一个 UMTS 网络域也可以从逻辑上或物理上划分为多个安全域。或者说,大多情况下,一个安全域直接对应着一个运营商的核心网,不过,一个运营商也可以运营多个安全域,每个安全域都是该运营商整个核心网络中的一个子集。

对于移动通信网络安全来说,既要保证同一安全域的信息安全,还需要保证不同安全域的信息传输安全。常用的安全措施包括隔离网关、防火墙、入侵检测等多种网络安全技术,也采用认证、加密等多种信息安全技术。下面介绍的 MAP 安全和 IP 安全技术主要解决的是信息传输安全,包括安全域内和不同安全域之间的信息传输安全。

15.5.2 MAP安全

1. MAPsec 的基本思想

对一个明文的 MAP 消息进行加密,然后把加密的结果放到另一个 MAP 消息中,同时,对原始消息的完整性进行校验,其完整性校验和也放到新的 MAP 消息中,再加上安全包头信息,新的 MAP 消息可以在核心网中进行传输。该过程可以用图 15.5.1 来表示,其中 MEA 表示加密算法,MEK 是加密密钥,MIA 是完整性保护算法,MIK 是完整性保护密钥。

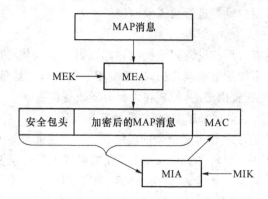

图 15.5.1　MAP 消息加密示意图

在 3GPP 的新版本标准中,定义了自动密钥管理机制,通过新增加的 KAC(密钥管理中心,key administration centre)利用 IKE(因特网密钥交换,Internet key exchange)协议来为两个不同安全域的网元分发密钥和安全关联。

2. MAPsec 的保护模式和消息结构

MAPsec 有下面三种保护模式。

➢ 模式 0:不提供保护。

➢ 模式 1:提供完整性保护。

➢ 模式 2:不但提供完整性保护而且提供加密。

在最后一种模式中的 MAP 消息有如下结构:

安全包头 ‖ f6(明文 MAP) ‖ f7(安全包头 ‖ f6(明文 MAP))

这里,f_6 是计数器模式下的 AES 算法,f_7 是 CBC MAC 模式下的 AES 算法。

安全包头对于接收端是否能够正确处理 MAPsec 消息非常重要,所以它经常是以明文的方式传送的。安全包头结构如下:

安全包头 = SPI ‖ Original component ID ‖ TVP ‖ NE-ID ‖ Prop

各个字段内容如下。

➢ SPI:安全参数索引,它与目标 PLMN ID 一起指向一个唯一的 MAPsec 安全关联(SA)。

➢ Original component ID:原始 MAP 消息的类型,以便接收方能够正确处理 MAP 消息。

➢ TVP:时变参数,是一个 32 bit 的时间戳,用来抵御重放攻击。

➢ NE-ID:网元标识,用于在同一时间戳内不同的网元可以产生不同的 IV。

➢ Prop:所有权域,用于在同一时间戳内同一网元在加密不同的 Map 消息时可以产生不同的 IV,IV = TVP ‖ NE-Id ‖ Prop ‖ Pad(128bit),一般作为加密和完整性保护算法中的初始向量。

3. 安全关联

安全关联(SA)的概念来自于 IPsec 中的安全关联,它用来指出与加密相关的必要信息,比如,采用的密钥和进行加密的算法标识等,以便加密信息的合法接收者可以使用正确的密钥和算法进行解密。

一个安全关联一般包含以下信息:

➢ 目的 PLMN ID;
➢ 安全参数索引(SPI);
➢ 发送 PLMN ID;
➢ MAP 加密算法标识(MEA);
➢ MAP 加密密钥(MEK);
➢ MAP 完整性算法标识(MIA);
➢ MAP 完整性密钥(MIK);
➢ 保护轮廓 ID(PPI);
➢ 保护轮廓修订 ID(PPRI);
➢ 软有效时间;
➢ 硬有效时间。

具体解释如下:

目标 PLMN(公众陆地移动通信网,public land mobile network) ID 是接收方的 PLMN 标识。该标识是接收方的移动国家代码和移动网络代码的串接。SPI(安全参数索引)是一个 32 bit的数值,与目的 PLMN ID 一起指向一个唯一的 MAPsec 安全关联。

发送 PLMN ID 是发送方的 PLMN 标识。该标识是发送方的移动国家代码和移动网络代码的串接。

MAP 加密算法标识(MEA)和 MAP 完整性算法标识(MIA)分别用来标识加密算法和完整性算法。算法的操作模式是由算法标识定义的。

MAP 加密密钥(MEK)和 MAP 完整性密钥(MIK)分别包含了加密密钥和完整性密钥,其长度由算法标识决定。

保护轮廓 ID 的长度是 16bit,标识了保护轮廓。保护轮廓修订 ID 的长度是 8bit,包含 PPI 的修订数字。在 MAPsec 中,只有几种 MAP 操作受到保护(类似于认证数据的传送和重置等这样重要的操作),这样做是为了获得较好的性能。而且,即使在一个 MAP 操作中,不同的成分也可能处于不同的保护模式下。这样就产生了保护轮廓的概念,在 3GPP 中定义了五种保护轮廓,每种保护轮廓都定义了保护的范围及对 MAP 每个部分的保护模式。PPI 与 PPRI 和在一起用来指示对 MAP 消息要进行何种程度的保护。

软有效时间定义了用于保护出向业务流的安全关联的到期时间,硬有效时间定义一个实际的安全关联的到期时间,这两个时间都以 UTC 时间给出。采用两个有效时间的原因是如果只使用一个硬有效时间,那么由于网络延时等原因,在接收方接收到所有的传输包之前可能出现 MAPsec 的安全关联到期的情况。软有效时间会提醒发送数据的一方,及时更换安全关联。

所有的安全关联(SA)都存放在一个 SAD(安全关系数据库,SA database)中,并且所有的 MAPsec 网元都必须能够访问它。

4. 基于 MAPsec 的网络模型

尽管没有任何支持密钥或安全关联自动更新标准的情况下,也可以操作 MAPsec,但是这容易导致安全关联的时间过长,影响系统安全性。目前,3GPP SA3 已经采纳了基于密钥管理中心(KAC)的自动密钥管理的机制。这样,MAPsec 的网络模型如图 15.5.2 所示。

为了各个网元能协商 SA,引入了一个新网元——KAC(密钥管理中心)。这些 KAC 利用 IKE(互联网密钥交换)协议将安全关联分配给网元。MAPsec 网络中定义了以下三种接口:Zd 接口(不同的移动网络 KAC 之间的接口,用于协商 MAPsecSA);Zf 接口(同一网络或不同网络间,MAP 网络单元之间的接口,用于安全地进行 MAP 信令交换);Ze 接口(在同一网络内的 MAP 网络单元与 KAC 之间的接口,用于传输 MAPsec SA 及相关安全策略信息)。

在同一个安全域下所有网元都共享同样的安全关联,也共享处理这些关联和消息所必需的方法。即每个网元都有一个安全关联数据库(SAD)和一个安全策略数据库(SPD),SPD 能够指出哪个 MAP 操作使用哪种保护模式与其他 PLMN 通信。

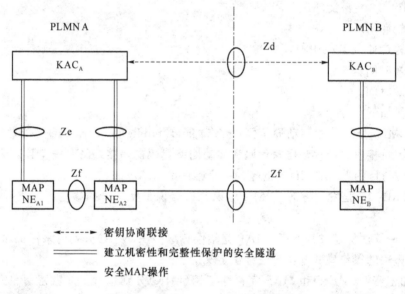

图 15.5.2　基于 MAPsec 的网络模型

KAC 同样有一个安全关联数据库(SAD)和一个安全策略数据库(SPD),安全传输由安全策略数据库负责,而网元在安全关联数据库中找一个有效的安全关联,如果存在这样的一个安全关联的话,那么网元可以基于 Zf 接口使用 MAPsec,否则,网元需要从 KAC 获得一个安全关联。这时,如果在 KAC 的安全关联数据库里存在一个有效的安全关联,那它将被传送到网元;如果没有,那么 KAC 将与其他 PLMN 的 KAC 通信,并在 Zd 接口上开始就安全关联进行协商,并对协商好的特定 SA 参数进行转换,以使它们被网络单元所理解。

网元根据 SPD 和 SAD 中的信息对 MAP 信令消息进行保护,并且与同一 PLMN 中的 KAC 进行安全通信,以更新 SAD 和 SPD。

15.5.3　IPsec 安全

IPsec 是由 IETF(Internet 工程任务组)制定的用于实现 IP 层安全的系列标准。IPsec 机制被引入 3GPP 的安全体系中的原因一方面是 3GPP 的核心网将向全 IP 网络发展,因此,需要解决基于 IP 的网络域安全;另一方面是为了解决 IP 多媒体核心子系统(IMS)的接入安全。

1. IPsec 的工作方式

使用 IPsec 就是为了保护 IP 包的安全,主要采用认证头(AH)和封装安全性负载(ESP)来实现。其中认证头只保护完整性,而封装安全性负载可以提供机密性和完整性保护。

1) 认证头:是通过在正常的 IP 头后面增加了一个认证头的域,即 AH 在"IP 头"和"上层域"之间,AH 中包含了用于完整性保护的数据,也就是 IPsec 的认证头方式只保护 IP 数据包的完整性。

2) 封装安全性负载:可以提供机密性和完整性保护,是将原来的 IP 数据包加密后,采用特定的格式进行了重新封装。

2. IPsec 安全关联

ESP 协议和 AH 协议都需要密钥,在 IPsec 中通过安全关联来指示进行加解密和认证的密钥,此外,安全关联还包括了使用的算法、密钥和安全关联的寿命等信息,此外还包括了一个序列数字来抵御重放攻击。

在 ESP 或 AH 被使用前,通信双方需要在每个方向上都有一个 SA。这通过 IKE(互联网密钥交换)协议来完成。IKE 的基本思想是:参与通信的各方能产生"工作密钥"和 SA 来保护随后的通信。典型的密钥交换基于共享加密信道的手工交换或公共密钥体系(PKI)和证书。IKE 对于安全关联的协商独立于这些安全关联的使用,这就是为什么 IKE 协议也能用来协商 MAPsec 中的密钥和安全关联。

IPsec 安全关联的主要参数如下:

➤ 认证算法(在 AH/ESP 方式中);

➤ 加密算法(只在 ESP 方式中);

➤ 加密和认证密钥;

➤ 加密密钥的生存时间;

➤ 安全关联本身的生存时间;

➤ 重放攻击序列号。

同样,IPsec 安全关联也都存在安全关联数据库(SAD)中,并且每个安全关联由 SPI(安全参数索引,长 32bit)唯一指定。

3. 封装安全性负载(ESP)协议

下面重点介绍一下 ESP。ESP 有两种模式,传输模式和隧道模式,如图 15.5.3 所示。传输模式的基本功能是:除了 IP 头,IP 包中所有的东西都被加密,然后在 IP 头和加密部分中间加入一个新的 ESP 头,这个包头里面包含了类似于 SPI 之类的信息;同时,在 IP 包的尾部还要加入一些比特;最后,根据所得的这些信息(除了 IP 头)计算出一个消息认证码并加入包尾。在接收端先检测这个包的完整性,方法是从这个包中去掉前面的 IP 头和最后的消息认证码 MAC,然后用 MAC 函数对剩余的信息进行计算,将结果与消息认证码(MAC)中的值进行比较,如果完整性检测成功的话,就将剩余的部分解密。

传输模式和隧道模式的区别如下:将一个新的 IP 头加到这个包的首部。以后的处理方法与传输模式一样,这意味着原始 IP 包的包头也受到保护。

4. 基于 IPsec 的网络模型

利用 IPsec 实现的网络域安全的网络模型如 15.5.4 所示,图中以两个安全域为例进行说明,不同的安全域之间的接口定义为 Za 接口,同一个安全域内部的不同实体之间的安全接口则定义为 Zb 接口。其中,Za 接口为必选接口,Zb 接口为可选接口。两种接口主要完成的功能是提供数据的认证和完整性、机密性保护。

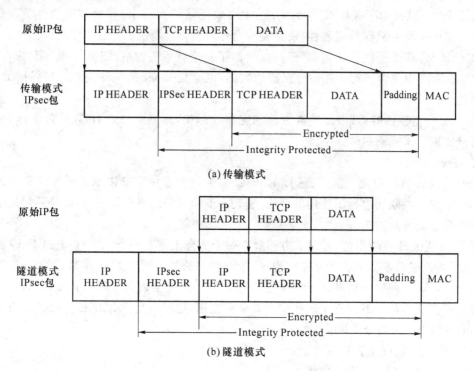

图 15.5.3　封装安全性负载协议的模式

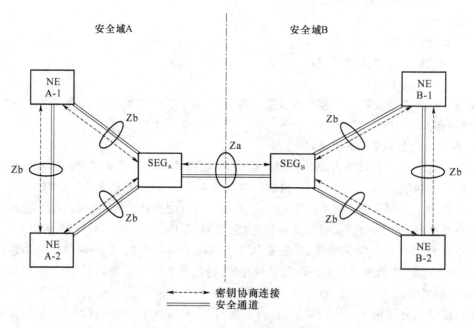

图 15.5.4　基于 IPsec 的网络模型

在该模型下，只有 SEG 负责与其他安全域中的实体进行直接通信。两个 SEG 之间的业务被采用隧道模式下的 IPsec ESP 安全关联进行保护，安全网关之间的网络连接通过使用 IKE 来建立和维护。网络实体（NE）能够面向某个安全网关或相同安全域的其他安全实体，建立维护所需的 ESP 安全关联。所有来自不同安全域的网络实体的 NDS/IP 业务通过安全网关被路由,它将面向最终目标——被提供逐跳的安全保护。

每个 SEG 负责建立和维护与其对等 SEG 之间的 IPsec SA。这些 SA 使用因特网密钥交换(IKE)协议进行协商,其中的认证使用保存在 SEG 中的长期有效的密钥来完成。每个对等连接的两个 SA 都是由 SEG 维护的:一个用于入向的业务流,另一个用于出向的业务流。另外,SEG 还维护了一个单独的因特网安全关联和密钥管理协议(ISAKMP)SA,这个 SA 与密钥管理有关,用于构建实际的对等主机之间的 IPsec SA。

安全网关和 MAPsec KAC 之间的区别在于:安全网关使用自己协商好的安全关联进行保密通信,而 MAPsec KAC 将安全关联分配到其他网元,由这些网元发送和接收实际的MAPsec 消息。

15.6　应用层安全

WAP(wireless application protocol,无线应用协议)是通过移动通信设备进行数据传输的最新标准,旨在将因特网先进的数据业务引入移动电话、PDA、笔记本计算机等可移动的无线数字终端中,使移动通信网与国际互联网结合起来,使用户能够随时随地接入因特网。WAP适用于 GSM、GPRS、IMT-2000 等不同的移动通信系统,并已经成为国际工业标准。

15.6.1　WAP 概述

WAP 是因特网技术和移动通信技术相结合的产物。WAP 把因特网的一系列协议规范引入无线网络中,并实际地考虑了无线网络的局限性(如较长的延时和有限的带宽等)和无线设备的局限性(如较小的 CPU 处理能力、较小的存储器容量、较小的显示屏幕、有限的功率以及多样的输入设备等),而因特网的传输速度快且可靠,网页含有大量的图文信息,网络协议也非常复杂,因此,移动因特网并不是因特网与移动通信网的简单结合,而是对因特网中的 Web技术进行了简化、优化和扩展。通过 WAP 终端,人们可以浏览网页、收看新闻、收发电子邮件和传真,它还能实现股票交易、银行业务、产品定购、天气预报以及交通状况查询等一系列增值服务。

此外,移动通信网络标准不一和移动设备种类繁多,在很大程度上妨碍了移动因特网标准的制定。为了消除这些障碍,1997 年,以诺基亚、爱立信、摩托罗拉为主的无线设备制造商组成了 WAP 论坛,目的是制定统一的无线服务应用框架和网络协议。WAP 论坛也得到了众多服务商和生产商的积极响应,如雅虎和美国在线等公司,都愿意为无线用户提供新格式的内容,1999 年 2 月有近百家公司成为 WAP 论坛的成员。

WAP 论坛自成立以来便致力于制定一个开放的无线应用协议标准,便于服务提供商开发先进的无线应用和因特网服务。

WAP 主要有两个版本,分别是 1998 年制定的 1.0 版本和 2001 年制定的 2.0 版本,2.0版本的 WAP 在 1.0 版的基础上增加了对因特网协议(如 HTTP、TLS 和 TCP 等)的支持,向因特网更靠近了一步。

WAP 的协议栈主要基于现有的因特网技术,采用层次化的设计,为应用系统的开发提供了一种可伸缩和扩展的环境。每层协议栈均定义有接口,可被上一层协议所使用,也可被其他的服务或应用程序直接使用。WAP 层次结构如图 15.6.1 所示。

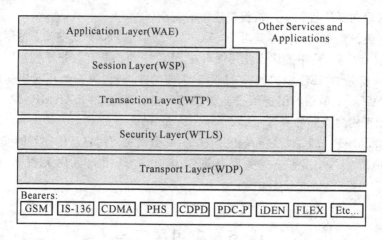

图 15.6.1　WAP 层次结构图

图中最底层是承载层,不在 WAP 协议栈中,而是用于表示 WAP 可以支持不同的承载媒体。这表示 WAP 不依赖于某个特殊的无线通信网络和设备,以后可使用任何支持 WAP 的设备,利用已有的承载接入 WAP 网关/代理,从而访问因特网。在承载层之上依次为如下协议:

1) 无线数据报协议(WDP)。WDP 是 WAP 协议栈的最底层,属于传输层协议,它支持多种无线通信网络,使得上层协议可以独立于下层的无线网络。

2) 传输安全层协议(WTLS)。鉴于移动通信网络带宽窄而且移动设备计算能力低,WTLS 对因特网传输层安全协议(TLS,即 SSL 的继任者)进行了优化,并增加了计算复杂性低的 ECC 算法。但 WTLS 仍可实现数据保密性、数据完整性和身份认证等密码特性。

3) 无线事务层协议(WTP)。WTP 的功能是控制端到端消息的收发。根据用户的需求,WTP 定义了 3 种不同的消息级别,以提供不同的服务要求:

➢ 无结果返回的不可靠发送,即发送的消息丢失也不重传;

➢ 无结果返回的可靠发送,即接收方需要发送确认消息,否则发送方重传;

➢ 有结果返回的可靠发送,即 3 次握手的通信规程。

4) 无线会话层协议(WSP)。为了克服无线网络带宽窄、等待时间长等缺点,WSP 缩短了会话信息长度,并将因特网 HTTP 协议中用文本方式传输的信息转换成二进制码来传输,提高传输效率。此外还增加了可行性协商、头部缓存、长生存期(Long-Lived)会话和 Push 技术等功能,这些功能针对移动通信网的特点而设计,可以减轻网络传输负载,提高连接建立的成功率。

5) WAP 应用环境(WAE)。WAE 是基于 WWW 技术和移动电话技术而建立的一个可操作的应用开发环境,用于开发 WAP 应用和服务。为了适应无线设备的 CPU 处理能力弱、存储资源少、小屏幕和键盘输入减少等特点,WAE 定义了适用于移动因特网的功能模块:微浏览器、无线标记语言(WML)、无线标记语言脚本(WMLS)、无线电话应用及接口(WTA)和内容格式。微浏览器与因特网中的浏览器类似,用于在移动设备中浏览信息、检索资源,并负责完成 WML/WML 脚本的解释。无线标记语言(WML)是类似 HTML、专为开发手持终端网页优化的一种标准语言。WML 脚本同 JavaScript 类似,完成与移动用户的交互功能。

典型的 WAP 应用系统定义了三类实体:a)WAP 移动终端,它使用无线标记语言通过微浏览器显示文字和图像;b)WAP 网关,其主要功能是实现 WAP 协议和因特网协议的转换,同时对 WAP 数据进行压缩解压、编码解码、加密解密等操作;c)源数据服务器,它主要是因特网网站。

图 15.6.2 示意了 WAP 网络模型。在该图中,WAP 网关将 WAP 请求转换为 WWW 请求,允许 WAP 移动终端向 Web 服务器发送请求。如果因特网服务器提供 WAP 内容,WAP 网关直接将 WAP 内容转发到 WAP 客户;如果服务器提供 WWW 内容,WAP 网关将因特网服务器的响应进行编码转换为客户端能够理解的紧凑二进制格式,如将 HTML 转换为 WML 格式等。

WAP 安全模型由 WTLS 和 SSL 共同实现。WAP 网关是 WAP 安全模型中的主要部分,是 WAP 中的 WTLS 安全规范与因特网中的 SSL 安全规范之间的虚拟门户。当移动终端通过无线网络与 WAP 网关通信时使用 WTLS 来保护信息的传输安全,而 WAP 网关通过因特网与 Web 服务器之间通信时使用 SSL,从而构成端到端的信息安全保障机制。

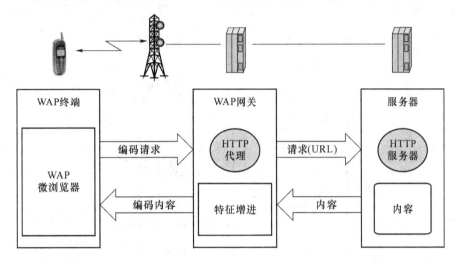

图 15.6.2　WAP 网络模型

15.6.2　WAP 安全

我们知道,移动通信的承载网络可以提供身份认证、数据保密性和数据完整性等安全功能,对于 WAP 应用来说,承载网络安全远远不够:首先,数据加密和完整性保护的范围还只是在空中接口部分提供,没有保护到固定网络部分;其次,身份认证技术不能够延伸到 WAP 服务提供商,只是网络运营商对用户的认证;最后,安全服务主要是在链路层,很难提供不可否认服务和端到端数据保密性安全服务。

此外,有的承载网络根本不能提供任何安全性服务。即使是具有安全性服务的无线通信网络,在大多数情况下并没有激活安全功能,如 GSM 加密功能的默认状态时不加密。由此可见,WAP 应用不能单纯依赖于承载网络来提供安全性保护。如果要保证 WAP 应用安全,则需要提供如下的安全服务:

➢ 数据保密性。保护客户与服务器之间的信息传输,防止第三方窃听。
➢ 数据完整性。保护客户与服务器之间传输信息的完整性,防止被篡改。
➢ 身份认证性。鉴别通信双方的身份,防止通信对方身份被假冒。
➢ 服务不可否认性。提供服务的不可拒绝性,防止用户否认服务。

基于上述原因,WAP 规范的协议栈中专门设有一个安全协议层,即无线传输层安全协议

（WTLS）。WTLS 主要在传输服务层提供如下安全服务：

➢ 数据保密性。通过握手协议建立保密会话密钥，并采用加密算法加密数据报文。

➢ 数据完整性。采用杂凑函数 MD5 和 SHA 来检测数据报文的完整性。

➢ 身份认证性。握手协议中通过公开密钥证书来实现客户和服务器的身份认证。

数据的不可否认性服务很难在数据传输层来实现，因此 WAP 协议中在应用层实现数字签名。WAP 建立了 WML 脚本密码库，它包含了一组可以被 WML 脚本调用的安全函数，其中一个用于对某一个文本进行签名。

此外，WAP 规范中还允许，WAP 在会话层使用因特网超文本传输协议（HTTP）中的客户认证协议，来实现客户向 WAP 代理和应用服务器认证其身份。

下面分别描述 WTLS 中安全连接的建立过程、密钥交换的主要方法、身份认证机制、加密与完整性保护机制。

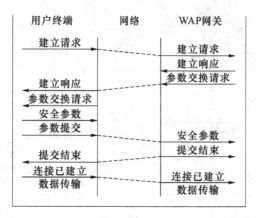

图 15.6.3　WTLS 建立安全连接的握手过程

1. 安全连接的建立过程

WTLS 连接管理通过握手过程，负责在用户终端和 WAP 网关之间建立安全连接，WTLS 建立安全连接的握手过程如图 15.6.3 所示。在握手过程中，双方对安全参数（包括：加密算法、密钥长度、密钥交换方式以及认证方法、压缩方法等）进行协商。

安全连接建立成功之后，就可以进行正常的数据传输了。在上述握手过程中，双方可以随时终止握手过程，连接失败。

握手协议实现的功能如下：

➢ 协商密钥交换模式，选择密码算法；

➢ 根据应用需要，对通信一方或双方进行身份认证；

➢ 通信双方按照协商的密钥交换模式建立一个预先主密钥；

➢ 利用预先主密钥和随机数生成一个主密钥；

➢ 将所有密码安全参数（如图 15.6.3 所示）传给协议记录层；

➢ 用户和服务器确认对方已经计算出相同的密码参数，且握手协议没有受到攻击者阻扰。

2. 密钥交换的主要方法

在 WTLS 中需要三类密钥：第一类称为预主密钥（pre_master_secret），是用户和服务器已经通过认证并生成的。第二类称为主密钥（master_secret），是由预主密钥、密钥种类、客户随机数和服务器随机数等参数经过伪随机函数 PRF 产生的。第三类称为密钥组,是指加密算法和计算 MAC 的算法所需要的加密密钥、初始向量和 MAC 密钥。当握手协议正常结束时,握手协议中生成的主密钥、选择的密码算法等信息均被传给 WTLS 层的记录协议。记录协议生成加密算法所需的密钥组;而这些参数是由主密钥、客户随机数和服务器随机数等参数经过伪随机函数 PRF 产生,即

Key_block = PRF(master_secret, expansion_label, seq_num + server_random + client_random)

上述计算过程重复多次,直到生成了全部密码参数(加密密钥、初始矢量和 MAC 密钥)。其中,expansion_label 值在客户写和服务器写中使用不同的值。

密钥交换方法是指在认证过程中完成预主密钥的协商的方法,常用的密钥交换方法如下:

1) RSA 加密机制。这种方法是用 RSA 算法来认证服务器并交换密钥,一般过程是:客户端生成一个 20 B 的秘密数,这个秘密数用服务器的公钥加密后,传给服务器;服务器利用其私钥可以解密出上述秘密数。这种方法生成的预主密钥为上述秘密数与服务器的公钥的级联。

2) DH 密钥交换方法。即用传统的 DH 算法由用户和服务器分别根据对方提供的参数,计算出一个相同的秘密数,将这个数作为预主密钥。

3) EC-DH 密钥交换方法。与 DH 算法类似,只是客户和服务器是基于某个椭圆曲线的生成点来计算需要交换的参数。协商出的密钥也作为预主密钥。利用预主密钥,采用上面的方法就可以生成主密钥。

4) 共享秘密方法。这是最简单的方法,客户与服务器在通信之前就已经共享一个秘密,在通信时将其共享秘密作为预先主密钥;利用它和双方新近生成的随机数生成保密通信所需要的主密钥。在 Session Resume 方式下,不重新生成主密钥,而采用前次用的主密钥。

3. 身份认证机制

身份认证的方法很多,如共享秘密模式、数字签名模式等。WAP 规范采用了基于用户公开密钥证书方法,即每个用户拥有一个由证书授权机构(CA)签发的公开密钥证书。公开密钥证书的记录中包含有用户的身份信息,CA 在对用户的身份信息进行了审查(确认)之后,对用户的公开密钥和身份等信息的杂凑值进行数字签名,从而确保证书不能被更改,也不能被伪造。

具体的身份认证方法是基于公钥体制的挑战应答协议。一种方法可以是由认证方生成一个挑战,即一个随机数,然后把该挑战值用被认证方的公钥加密后发给被认证方,被认证方解密该信息,并把结果发给认证方,显然,如果结果与挑战值相同,则认证通过,否则不通过。另一种方法是认证方直接将挑战值发给被认证方,由被认证方对一个挑战信息进行签名,并将签名结果发给认证方,认证方收到后对签名进行验证,从而完成认证。

WAP 中推荐了两种签名算法,RSA 和 ECDSA。由此,公开密钥证书也分为两种:对用户 RSA 公开密钥进行 RSA 数字签名而产生的证书,和对用户的 ECDH 公开密钥进行 ECDSA 签名的证书。

4. 加密与完整性保护机制

WAP 使用加密与完整性保护机制来实现客户与服务器之间的保密通信,通常利用分组密码算法(RC5 或 DES)对通信信息进行加密,利用杂凑函数(MD5 或 SHA)保护通信信息的完整性。

15.7 WPKI 介绍

由于移动终端的处理能力、电源能力和存储空间有限,因此,PKI 机制不能直接搬到移动通信环境中使用。在移动通信或者说是无线通信环境中为实现无线应用协议而构建的公钥基础设施即是 WPKI(WAP public key infrastructure)。从根本上说,WPKI 和 PKI 方案的基本系统架构和功能是一致的。

2000 年 9 月由 WAP 论坛公布了 WPKI 标准草案,定义了 WPKI 的运作方式,以及 WPKI 如何与 PKI 服务相结合,并在 TLS 安全传输层协议的基础上定义了 WTLS 安全协议。

15.7.1 WPKI 组成

WPKI 的组成如图 15.7.1 所示,蓝色部分与 WAP 体系结构相同,黄色部分描述了 WPKI 证书签发过程,通过 WPKI 证书签发过程使得移动终端在与有线网络服务器连接之前先得到 CA 颁发的证书。

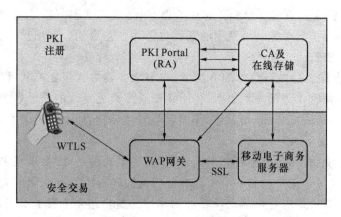

图 15.7.1 WPKI 的组成图

证书签发的详细工作流程如下:

1) 用户向 PKI 入口提交证书申请,PKI 入口类似于 PKI 中的 RA。

2) 如图 15.7.1 所示,PKI 入口对用户的申请进行审查,审查合格后将申请交给 CA。

3) CA 为用户生成一对密钥并制作证书,将证书交给 PKI 入口。同时将证书发布到证书目录中,供有线网络服务器查询。

4) PKI 入口保存用户的证书,针对每一份证书产生一个证书 URL,将该 URL 发送给移动终端。这个证书 URL 就是证书目录中的地址。

下面是证书使用的流程:

1) 有线网络服务器下载证书列表备用。

2) 移动终端和 WAP 网关利用 CA 颁发的证书建立安全的 WTLS 连接。

3) WAP 网关与有线网关利用 CA 颁发的证书建立安全 SSL 连接。

4) 移动终端和有线网络服务器实现安全信息连接。

如果服务器需要用户的证书验证用户签名,那么用户将证书 URL 告诉服务器,服务器根据这个 URL,自己到网络上下载用户证书。如果用户需要服务器的证书验证服务器的签名,那么服务器将证书通过空中下载,存储到用户的移动终端。

15.7.2　WPKI 中的证书

如何安全、便捷地交换用户的数字证书,是 WPKI 必须解决的问题,主要的解决方法是采用一种新的证书形式——WTLS 证书,并采用移动证书标识。

在 WPKI 中有两种证书:一种是服务器证书,即 WTLS 证书,采用 WPKI 提出的新的证书格式,它是 X.509 的证书的简化版本,通常在移动终端上进行验证;另外一种是移动终端证书,使用了 X.509 格式证书,其证书尺寸比 PKI 中的证书要小(主要原因是 WAP2.0 使用的是 ECC 密码,其密钥长度远远小于 PKI 中使用的 RSA 算法的密钥长度),需要在服务器上进行验证。

WPKI 中还规定,对于标准的 X.509 证书,证书存放在证书服务器中,同时有一个移动证书标识与证书一一对应,在移动终端中嵌入移动证书标识,使用时,用户提交自己的移动证书标识和签名数据,对方根据移动证书标识检索相应的数字证书即可。

15.7.3　WPKI 的模式

在 WAP 2.0 中定义了三种 WPKI 的模式:

➢ WTLS Class2 模式;

➢ WTLS Class3 模式;

➢ Sign Text 模式。

Class2 模式又称为使用服务器证书的 WTLS 模式,该模式使得移动终端可以验证它要连接的 WAP 服务器的身份,该模式的结构如图 15.7.2 所示。

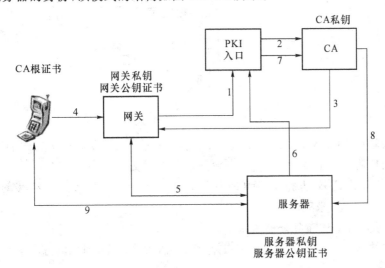

图 15.7.2　WTLS Class2 过程

移动终端保存有 CA 根证书,也就是 CA 公钥,这是为了便于验证服务器的证书是否有 CA 签名的合法证书。WAP 网关在本地保存自己的公钥和相应的私钥。

整个 WTLS Class2 模式分为 9 步,其中前 3 步是基本步骤,然后分为两种情况,如需实现两阶段安全则运行第 4 步和第 5 步,如果要实现端到端的安全,则运行第 6~9 步。

首先由 WAP 网关产生一个密钥对,然后按如下 9 步进行验证:

1）WAP 网关向 PKI 入口发送证书请求；

2）PKI 入口确信证书请求是有效的，把证书请求提交给 CA；

3）CA 把网关证书发送给 WAP 网关（这个过程既可以通过证书入口完成，也可以由 CA 直接发送给网关）；

4）在移动终端和 WAP 网关之间建立 WTLS 连接；

5）在 WAP 网关和网络服务器之间建立 WTLS 连接；

6）网络服务器向证书入口发送证书请求；

7）证书入口确认证书请求是有效的，把证书请求提交给 CA；

8）CA 把服务器证书发送给服务器；

9）移动终端验证服务器身份，在移动终端和网络服务器之间建立 WTLS 安全连接（移动终端和网络服务器之间的路由通过 WAP 网关，但是通信对 WAP 网络来说是透明的）。

Sign Text 模式为移动终端提供了实现签名的简单方法——SignText 函数。在这种模式中移动终端和网络服务器都必须保存 CA 的证书。Sign Text 模式如图 15.7.3 所示，该过程可分为 7 步。

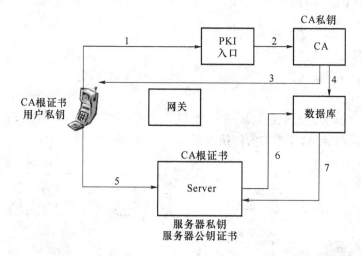

图 15.7.3 Sign Text 模式

1）移动终端向 PKI 入口发送证书请求（这个请求是通过 WAP 网关发送的）；

2）PKI 入口确认证书请求是有效的，把证书请求提交给 CA；

3）CA 产生用户证书，也就是移动终端证书，并且将证书 URL 发送给移动终端（这个过程也可以交给 PKI 入口来完成）；

4）CA 将用户证书发布到证书目录中；

5）移动终端将要传送的消息在本地进行签名，然后将消息、消息的签名和证书 URL 发送给网络服务器；

6）网络服务器根据得到的证书 URL 访问相应的证书目录，找到用户证书并将其下载到自己的机器中；

7）服务器利用下载的移动终端的证书，验证用户的签名。

WTLS Class3 与 Sign Text 模式类似，也可完成 WAP 设备和 WAP 网关之间的双向认证，与 Sign Text 模式不同之处是，客户端对来自 WTLS Server 的"挑战"进行签名，而 Sign Text 是对 WML Script 文本进行签名。

15.8　本　章　小　结

　　WCDMA 系统作为第三代移动通信系统的代表之一,制订了较为完善的安全机制。本章首先给出了 WCDMA 系统的安全架构,整个系统的安全架构分为 5 个部分:接入域安全、网络域安全、用户域安全、应用域安全以及安全的可配置性和可见性。然后,本章讨论了其接入域安全,包括用户身份保护、实体认证、通信的机密性和完整性等安全特征,分别采用临时用户标识、认证和密钥协商(AKA)、机密性和完整性算法实现。随后在网络域安全中,主要介绍了 MAP 安全机制和 IPsec 安全机制。最后,讨论了应用层 WAP 安全和 WPKI 相关内容。

　　总的来说,与 GSM 等第二代移动通信系统相比,WCDMA 系统通过采用系统与移动之间的双向认证协议,经过公开评估的高强度的加密算法和完整性算法,适当地保护核心网络节点之间通信的安全机制等措施使得 3G 提供了比 2G 系统更高的安全特征。

15.9　习　　题

　　(1) 请画出 WCDMA 的安全架构。
　　(2) 描述 AKA 协议,分析其安全特性。
　　(3) 描述 WCDMA 系统在接入域中是如何保证信息传输的机密性和完整性的。
　　(4) 什么是安全域?
　　(5) 什么是安全关联?
　　(6) 什么是 IPsec,什么是 MAPsec,它们之间有什么关系?
　　(7) 请给出 WCDMA 中接入域安全的密钥层次。

第 16 章

LTE 安全

LTE(long term evolution,长期演进)是由 3GPP 组织制定的对 UMTS 技术进行增强与改进的长期演进的标准,采用 OFDM(orthogonal frequency division multiplexing,正交频分复用技术)和 MIMO(multi-input & multi-output,多输入多输出)等关键技术。其中 OFDM 是多载波调制的一种,其主要思想是:将信道分成若干正交子信道,将高速数据信号转换成并行的低速子数据流,调制到在每个子信道上进行传输。正交信号可以通过在接收端采用相关技术来分开,这样可以减少子信道间的相互干扰。每个子信道上的信号带宽小于信道的相关带宽,因此每个子信道上的可以看成平坦性衰落,从而可以消除符号间干扰,而且由于每个子信道的带宽仅仅是原信道带宽的一小部分,信道均衡变得相对容易。而 MIMO 表示多输入多输出,指在发送端和接收端分别使用多个发射天线和接收天线,使信号通过发射端与接收端的多个天线传送和接收,从而改善通信质量。

本章主要讲述 LTE 系统面临的新的安全威胁、LTE 安全架构、LTE 鉴权、密钥管理及传输安全机制。

16.1　LTE 概述

3GPP 组织为了保证其标准的先进性和竞争力,于 2005 年开始了 LTE 项目,实际上这是一个 3.9G 标准,该标准以 OFDM 为基础,引入了若干新技术,使得 3G 演进系统的空口传输速率及频谱利用率大幅提升。经过 4 年的研发,2008 年年底出台了 LTE 规范。在开展 LTE 研究项目的同时,启动了 SAE(system architecture evolution,系统架构演进)的研究项目。

3GPP 从"系统性能要求""网络的部署场景""网络架构""业务支持能力"等方面对 LTE 进行了详细的描述。与 3G 相比,LTE 具有如下技术特征[2,3]:

(1) 通信速率更高。LTE 具有更快的无线通信速度,可以达到 10～20 Mbit/s,其下行峰值速率达到 100 Mbit/s,上行也可以达到 50 Mbit/s。而第三代移动通信系统的传输速率才 2 Mbit/s。

(2) 频谱效率更高。下行链路 5(bit/s)/Hz,是 3GPP R6 版本的 HSDPA 的 3～4 倍;上行链路 2.5(bit/s)/Hz,是 3GPP R6 版本 HSUPA 的 2～3 倍。

(3) 更好的 QoS 保证。通过系统设计和严格的 QoS 机制,保证实时业务(如 VoIP)的服务质量。

(4) 系统部署更加灵活。能够支持 1.25～20 MHz 间的多种系统带宽,并支持"paired"和 "unpaired"的频谱分配。保证了在系统部署上的灵活性。

(5) 无线网络时延更低。子帧长度为 0.5 ms 和 0.675 ms,解决了向下兼容的问题并降低了网络时延,用户面延迟小于 5 ms,控制面延迟小于 100 ms。

(6) 小区边界数据传输速率更高。在保持目前基站位置不变的情况下增加小区边缘用户的数据传输速率。

(7) 分组交换业务更强。以 PS(分组交换)域业务为主要目标,系统在整体架构上基于 PS,并将逐步取消 CS(电路交换)域,而将 CS 域业务在 PS 域实现,如采用 VoIP。

(8) 向下兼容。更好地支持已有的 3G 系统和非 3GPP 规范系统的协同运作。

与 3G 系统相比,LTE 网络最大的改变在接入部分。

LTE 的接入网架构如图 16.1.1 所示,也叫演进型 UTRAN 结构(E-UTRAN),接入网主要由演进型 Node B(eNB)和接入网关(aGW)两部分构成。aGW 是一个边界节点,若将其视为核心网的一部分,则接入网主要由 eNB 一层构成,这种结构有利于简化网络和减小延迟,实现了低时延,低复杂度和低成本的要求。与传统的 3GPP 接入网相比,LTE 减少了 RNC 节点。名义上 LTE 是对 3G 的演进,事实上它对 3GPP 的整个体系架构作了革命性的变革,逐步趋近于典型的 IP 宽带网结构。eNB 除具有原来 Node B 的功能外,还能完成原来 RNC 的大部分功能,包括物理层、MAC 层、RRC、调度、接入控制、承载控制、接入移动性管理和 Inter-cellRRM 等。Node B 和 Node B 之间采用网格(mesh)方式直接互联,这也是对原有 UTRAN 结构的重大修改。

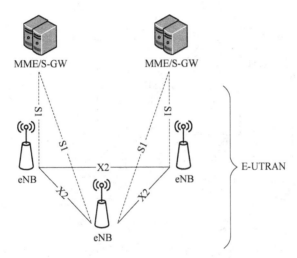

图 16.1.1　LTE/SAE 的接入网络结构

相比 UMTS 核心网,SAE 核心网的构成有较大变动,如图 16.1.2 所示,移动性管理实体(MME,mobility management entity)通过 S1 接口连接接入网 E-UTRAN 的 eNB,同时,MME 通过 S6 接口与原籍用户服务器(HSS,home-subscriber server)相连,MME 将取代 SG-SN 完成认证等安全功能,并需要完成非接入层(NAS,non-access stratum)信令的安全保护。下面解释一下接入层(AS,access stratum)和 NAS 的概念。

这两个概念在 UMTS 系统也使用。所谓接入层 AS 的流程和非接入层 NAS 的流程,实际是从协议栈的角度出发划分的两类协议流程。在协议栈中,无线资源控制 RRC 和无线接入网络应用协议 RANAP 层及其以下的协议层被称为接入层,它们之上的移动管理 MM、补充业务 SM、呼叫控制 CC、短消息业务 SMS 等称为非接入层。简单地说,接入层的流程,也就是指无线接入层的设备 RNC、Node B 需要参与处理的流程。非接入层的流程,就是指只有用户设备(UE)和核心网(CN)中的网元需要处理的信令流程,无线接入网络 RNC、Node B 是不需要处理的。

接入层的流程主要包括 PLMN 选择、小区选择和无线资源管理流程。无线资源管理流程就是 RRC 层面的流程,包括 RRC 连接建立流程、UE 和 CN 之间的信令建立流程、RAB 建立流程、呼叫释放流程、切换流程和 SRNS 重定位流程。其中切换和 SRNS 重定位含有跨 RNC、跨 SGSN/MSC 的情况,此时还需要 SGSN/MSC 协助完成。所以从协议栈的层面上来说,接入层的流程都是一些底层的流程,通过它们,为上层的信令流程搭建底层的承载。更形象地说,接入层的信令是为非接入层的信令交互铺路搭桥的,通过接入层的信令交互,在 UE 和 CN 之间建立起了信令通路,从而便能进行非接入层信令流程了。在 UE 与 UTRAN 的 RRC 连接建立起来以后,UE 通过 RNC 建立与 CN 的信令连接,就是所谓的 NAS 消息,如鉴权、业务请求等。UE 与 CN 的交互消息相对于 RNC 来说都是直传消息,而 RRC 消息都属于接入层。

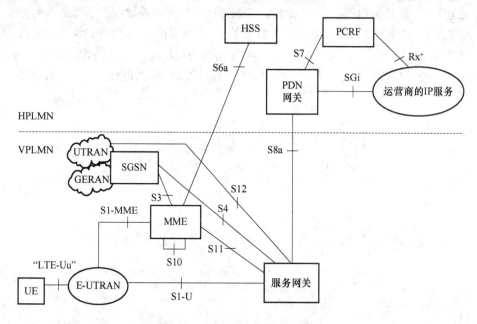

图 16.1.2　LTE 核心网架构图

之所以在 LTE 之前没有区分这两个层次,是因为从安全的角度,在 3G 系统(含 3G)之前,安全域将无线接入域与网络域完全分开,没有考虑需要在这两个层面上提供不同的安全措施,但在 LTE 安全中则需要考虑这个问题。

16.2　安全威胁及要求

首先,在 3G 移动通信网络中网络面临的安全威胁在 LTE 中同样存在。此外,与 3G 网络相比,对 LTE 安全威胁最大的变化来源于 eNB 设备。假定 LTE/SAE 系统中使用体积小、成本低的 eNB,部署在不安全的地点(如室内的公共场所),与核心网连接所使用的传输链路不安全(例如,常规的办公室用以太网线)。

理论上讲,对 eNB(尤其是 home eNB)的物理攻击是可能的,攻击者可以从 eNB 获取密钥并对 RRC 信令和用户数据解密,攻击者可以从 eNB 中得到 eNB 和 MME/SAE 网关之间的共享密钥或者长期证书,并试图在网络中添加一个自己控制的 eNB。可以采用物理的安全措施来防止这种攻击。

攻击者可以从劫持的网络节点向 eNB 发送有选择的数据包,从而发起(D)DoS 攻击。因此 eNB 不应基于未经正确认证的信令来预留任何资源。未经正确的认证,eNB 不会信任其他 eNB。

攻击者可以从 RAN 向 eNB 发起(D)DoS 攻击。因此在认证成功后需要对信令加以完整性保护。在成功认证 UE 之前,应采用不易受(D)DoS 攻击的协议。

针对 LTE 面临的安全威胁,制定了 LTE 的安全要求。首先,考虑到 USIM 卡在移动通信系统中承担的角色,及其安全作用,提出要继续使用 USIM 卡,其次,提出 LTE 的安全性要不低于或高于 UMTS 的安全性的基本安全要求。具体安全要求如下:

(1) UE 与网络之间要有双向认证。

(2) 无线链路的机密性可选。

(3) RRC 与 NAS 要有强制完整性保护机制。

(4) 用户层面的数据完整性保护可选。

(5) 要保护用户标识。

(6) 网元之间要进行双向认证。

(7) 网络域之间是否需要机密性或完整性保护由运营商来决定。

(8) 对演进基站的安全性要求增多,例如,要求 eNB 需使用授权的数据、软件;需要使用安全加载或启动流程;在授权情况下方可改变数据和软件;其密钥要保存在安全环境中。

16.3　安全架构

影响 LTE/SAE 安全架构设计的原因有两个:第一,eNB 处于一个不完全信任区域,因此 LTE/SAE 的安全中包括 AS 安全和 NAS 安全两个层次(其中 AS 安全是指 UE 与 eNB 之间的安全,主要执行 AS 信令的加密和完整性保护,用户面 UP 的加密性保护,而非接入层 NAS 安全是指 UE 与 MME 之间的安全,主要执行 NAS 信令的加密和完整性保护);第二,需要加强核心网网元之前的认证。

如图 16.3.1 所示,LTE/SAE 的安全架构与 UMTS 的安全架构类似,也分为 5 个域,每个安全域将面临应对若干威胁,进而完成若干安全目标:

(1) 网络接入安全(I)。该域将为用户提供对系统服务的安全接入,主要保护无线链路免受攻击。该域包括 USIM 卡、移动设备 ME、3GPP 无线接入网 AN(如 E-UTRAN)及 3GPP 服务网络 SN 及归属环境 HE 之间的安全通信;特别是包括 ME 与 SN 之间的安全通信。

(2) 网络域安全(II)。该域使得在 AN 和 SN 之间及 SN 和 HE 之间可以安全的交换信令及用户数据,抵御在有线网络连接范围内的各种攻击。

(3) 用户域安全(III)。该域用来保证对移动台的安全访问。

(4) 应用域安全(IV)。该域使得用户应用和提供商应用之间可以安全地交换信息。

(5) 安全服务的可视性和可配置性(V)。该域用来通知用户一个安全特性是否处于使用状态,以及一些服务是否需要依赖某些安全特性。

而与 UMTS 的网络安全架构相比,不同之处在于:首先,在 ME 和 SN 之间增加了双向箭头表明 ME 和 SN 之间也存在非接入层安全;其次,在 AN 和 SN 之间增加双向箭头表明 AN 和 SN 之间的通信需要进行安全保护;最后,增加了服务网认证的概念,因此 HE 和 SN 之间的箭头由单向箭头改为双向箭头。

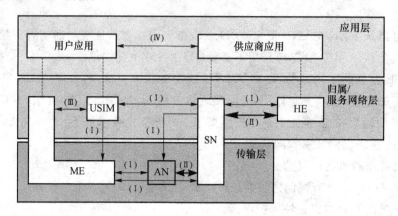

图 16.3.1 LTE/SAE 安全架构

16.4 用户身份标识与鉴权

除了沿用在 3G 系统中的 IMSI、IMEI 等标识外,在 LTE/SAE 中定义了一个明确的 UE 临时标识 GUTI(globally unique temporary identity,全球唯一临时标识)以隐藏 UE 或用户的永久身份。UE 在第一次 Attach 时仍然会携带 IMSI,而之后由 MME 为 UE 生成一个GUTI,并将 IMSI 和 GUTI 进行一个对应,通过 Attach Accept 带给 UE,以后就一直用 GUTI 在核心网中标识 UE。

GUTI 的完整格式如下:

<GUTI> = MCC ‖ MNC ‖ MMEGI ‖ MMEC ‖ M-TMSI

其中,MCC 和 MNC 与前面定义一样,仍然是国家代码和网络代码;MMEGI 全称为 MME Group Identifier,即 MME 组标识,长度为 16 位,在一个 PLMN 内是唯一的;MMEC 的全称为 MME Code,即 MME 编号,长 8 位,在一个 MME Group 中唯一标识一个 MME。

S-TMSI 是 GUTI 的缩简形式,以达到更高效的无线信令交互程序,如用在寻呼和服务请求中来识别移动终端。

<S-TMSI> = MMEC ‖ M-TMSI

LTE/SAE 的 AKA 鉴权过程和 UMTS 中的 AKA 鉴权过程基本相同,采用 Milenage 算法,继承了 UMTS 中五元组鉴权机制的优点,实现了 UE 和网络侧的双向鉴权。与 UMTS 相比,SAE 的 AV(Authentication Vector)与 UMTS 的 AV 不同,UMTS AV 包含 CK/IK,而 SAE AV 仅包含 K_{asme}(HSS 和 UE 根据 CK/IK 推演得到的密钥,参见 16.5 节)。LTE/SAE 使用 AV 中的 AMF 来标识此 AV 是 SAE AV 还是 UMTS AV,UE 利用该标识来判断认证挑战是否符合其接入网络类型,网络侧也可以利用该标识隔离 SAE AV 和 UMTS AV,防止获得 UMTS AV 的攻击者假冒 SAE 网络。

16.5　密钥管理

LTE/SAE 网络的密钥层次架构如图 16.5.1 所示,其中包含如下密钥。

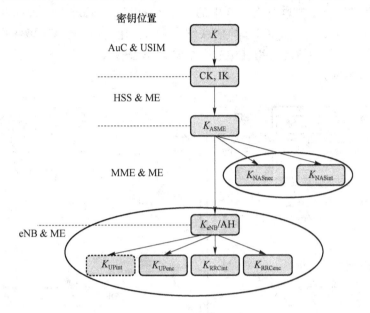

图 16.5.1　密钥层次图

1. ME 和 HSS 共享的密钥

主密钥 K:是存储在 USIM 和认证中心 AuC 的永久密钥。

加密及完整性保护密钥 CK/IK:AuC 和 USIM 在 AKA 认证过程中生成的密钥对。与 UMTS 相比,CK/IK 不应离开 HSS。

推演密钥 K_{ASME}:UE 和 HSS 根据 CK/IK 推演得到的密钥,用于推演下层密钥。

2. ME 和 MME 共享的密钥

除了 K_{ASME} 外,还有:

- K_{eNB}。K_{eNB} 是由 ME 和 MME 从 K_{ASME} 推演产生的密钥,或是由 ME 和目标 eNB 产生的密钥。
- 非接入层通信密钥(包括 K_{NASint} 和 K_{NASenc})。K_{NASint} 是由 ME 和 MME 从 K_{ASME} 和完整性算法标识推演产生的对非接入层信令进行完整性保护的密钥;K_{NASenc} 是由 ME 和 MME 从 K_{ASME} 和加密算法标识推演产生的对非接入层信令进行加密保护的密钥。

3. ME 和 eNB 共享的密钥

除了 K_{eNB} 外,还有:

- 用户平面通信密钥(包括 K_{UPint} 和 K_{UPenc})。该组密钥是由 ME 和 eNB 从 K_{eNB} 和加密算法标识推演产生的对用户平面上行数据进行完整性和加密保护的密钥。
- 无线资源控制平面通信密钥(包括 K_{RRCint} 和 K_{RRCenc})。K_{RRCint} 是由 ME 和 eNB 从 K_{eNB} 和完整性算法标识推演产生的对无线资源控制平面信令进行完整性保护的密钥;而 K_{RRCenc} 是由 ME 和 eNB 从 K_{eNB} 和加密算法标识推演产生的对无线资源控制平面信令进行加密保护的密钥。

4. 切换过程中的中间密钥

- NH 是由 ME 和 MME 推演产生的提供前向安全的密钥。
- $K_{eNB}*$ 是 ME 和 eNB 在密钥推演过程中产生的密钥。

图 16.5.2 给出了在 EPS(evolved packet system,演进分组系统)中的密钥的推演方案,同样的方式在移动终端设备中也存在。其中的 KDF(key derivation function)代表密钥导出函数,表示用输入信息导出一组 256 bit 的信息作为密钥使用,其中的两个虚线作为输入时则是指将依据密钥导出的实际情况使用其中的一个参数作为输入。Trunc 是截短函数,将 256 bit 数据截为 128 bit 数据。

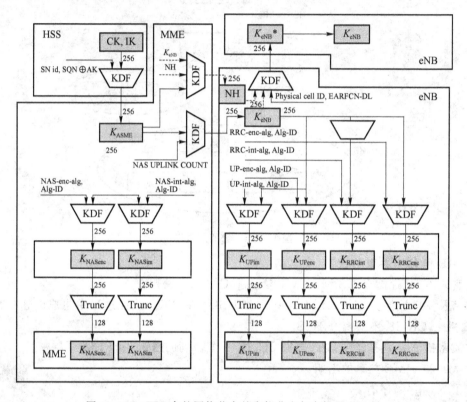

图 16.5.2 EPS 中的网络节点的密钥分发与密钥导出机制

LTE 的密钥管理相对复杂,这主要是因为 eNB 设备的部署更密集,ME 在基站之间的切换更频繁,为保证切换的速度,有些 eNB 之间可通过 X2 接口交换信息。因此,在 LTE/SAE 中还定义了 UE 在 eNB 和 MME 之间切换的安全机制,在 EUTRAN 与 UTRAN、GERAN、non-3GPP 间的切换等安全机制。

图 16.5.3 给出了 LTE 系统可能的切换场景,可分为系统内切换和系统间切换。系统内切换包括 X2 切换(Inter-eNodeB/X2)、S1 切换(Inter-eNodeB/S1)、基站内切换(Intra-eNodeB)和 MME 内切换(Inter-MME),其中 X2 切换和 S1 切换均是指在同一个 MME 下的两个 eNB 之间进行切换,但 S1 切换的准备过程较依赖于 MME,需要 S1 信道的支持。通常在一个 MME 下的不同基站之间进行切换时,首先选择 X2 切换,因为这种方式能够节省 S1 接口资源,节省对核心网节点的影响。某些情况下,X2 接口不支持切换信令,就必须有 S1 接口支持切换过程。例如,源 ENB 和目标 ENB 之间没有建立 X2 接口,源 ENB 通过 X2 接口发起切换时,目

标 ENB 收到带有特定原因的失败响应信息等。系统间切换主要指在 LTE 与其他网络之间的切换,这不仅包括 LTE 和 3G 各种制式(cdma2000、WCDMA、TD-SCDMA)的网络切换,而且包括 LTE 和 2G GSM 网络、B3G WiMax 网络的切换,这时均需要通过两种网络核心网网关之间的交互完成切换信息的传递。

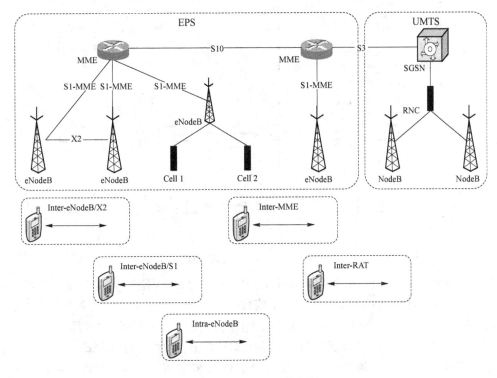

图 16.5.3　LTE 切换场景

在 LTE 之前,如果发生切换,则通过对用户进行鉴权的方式来重新产生用户与基站之间的共享密钥。但在 LTE 系统中,为减少系统负担,定义了密钥产生的机制,用以从 K_{ASME} 产生 K_{eNB},这种密钥产生的方式需要满足以下安全原则:

(1) 后向安全(backward security)。即目标 eNB 不能破解源 eNB 与 UE 之前的信息,因此,目标 eNB 不能获得源 eNB 使用的密钥。

(2) 前向安全(forward security)。即源 eNB 不能破解目标 eNB 与 UE 之前的信息,因此,源 eNB 不能获得目标 eNB 使用的密钥。

依据上述切换安全原则,设计了如图 16.5.4 所示的 LTE 切换时的密钥导出方法。图 16.5.4 中包含了两种密钥衍生策略:一种为纵向衍生;另一种为横向衍生。前者是用户在 eNB 间和 MME 间切换时的密钥生成方式,主要由 NH、PCI(physical cell identity,物理小区标识)和 EARFCN_DL(E-UTRA absolute radio frequency channel number-down link,小区下行频率)作为输入参数产生新密钥;后者是用户在 eNB 内切换时的密钥生成方式,主要由 K_{eNB}、PCI 和 EARFCN_DL 作为输入参数产生新密钥。

具体思路如下:

(1) 每当 UE 和 eNB 之间建立一个初始 AS 安全上下文时,MME 和 UE 需要导出 K_{eNB} 和下一跳参数 NH(next hop)。K_{eNB} 和 NH 都是从 K_{ASME} 导出。一个 NH 链计数器值 NCC(NH chaining counter)将与每一个 K_{eNB} 和 NH 参数关联,在初始化建立时,K_{eNB} 直接从 K_{ASME} 导出,

然后被认为是与 NCC 值等于零的一个虚拟 NH 参数相关联。

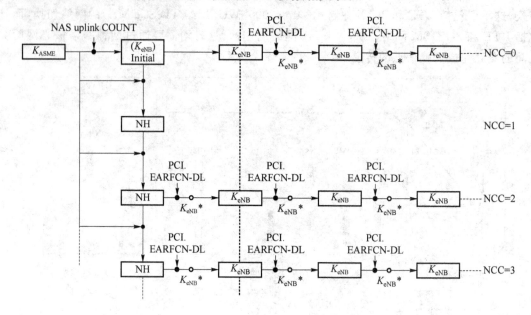

图 16.5.4 切换时的密钥链

需要注意的是,初始化后计算 NCC=1 对应的 NH,保存 NCC=1,NCC=1 对应的 NH 作为 MME 保存的{NH,NCC}对,但不将 NH 值发送给 eNB。在收到 S1 初始上下文建立请求消息时,eNB 将 NCC 值设置为 0,此后如果发生切换,只能使用横向衍生的密钥产生机制。

(2) S1 切换时,源 MME 计算新的{NH, NCC},并把它发给目标 MME,目标 MME 存储并转发收到的{NH,NCC}给目标 eNB,目标 eNB 根据 S1 切换请求中的{NH,NCC}对通过纵向衍生的方式生成新密钥 K_{eNB*}。

(3) X2 切换时,如果存在未使用的{NH,NCC}对,则通过纵向衍生方式产生密钥,否则,通过横向衍生方式产生密钥。切换完成后,目标 eNB 可以保存由 MME 发给它的{NH, NCC},在下次 X2 切换或 eNB 内切换时使用;目标 eNB 也可以立即启用该{NH,NCC}对,通过小区内切换方式通知 UE。

(4) eNB 内切换时的处理方式与 X2 切换类似,如果有{NH, NCC}可用,则用{NH, NCC}导出密钥,否则用当前的 K_{eNB} 导出密钥。

16.6 传输安全机制

16.6.1 机密性保护算法

为了防止采用基于小区级测量报告、切换消息映射或小区级标识链等方式对 UE 进行跟踪,需要对 RRC 信令提供加密措施。此外,NAS 信令也需要进行机密性保护。尽管 RRC 及 NAS 信令机密性保护都在 LTE 标准中被定义为可选项,但推荐使用。

图 16.6.1 是采用加密算法 EEA 对数据进行加密的示意图,加密算法的输入参数为 128 bit 的加密密钥 KEY,32 bit 的计数器值 COUNT,5 bit 的信道标识 BEARER,1 bit 的传输方向

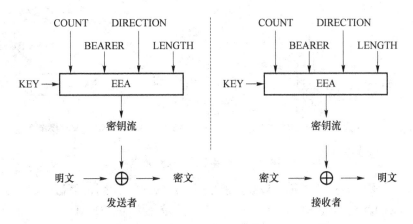

图 16.6.1　数据加密示意图

DIRECTION 和密钥流长度 LENGTH。DIRECTION 位为 0 代表上行，为 1 代表下行。LENGTH 表示要产生的密钥流长度，它仅仅影响密钥流的长度，不影响实际比特位的具体数值。

发送者通过将明文与 EEA 算法产生的密钥流进行按比特的异或运算产生密文，接收者则通过使用相关的输入参数产生与发送者相同的密钥流，之后同样进行按比特的异或运算就可将明文恢复出来。

标准中给出的算法标识如表 16.6.1 所示。

表 16.6.1　加密算法标识

算法标识符	加密算法	算法描述
0000_2	EEA0	不加密
0001_2	128-EEA1	基于 SNOW 3G 的加密算法
0010_2	128-EEA2	基于 AES 的加密算法
0011_2	128-EEA2	基于 ZUC 的加密算法

128-EEA1 算法基于 SNOW 3G 算法，其核心算法是一种流密码算法，由 SNOW 2.0 演变而来。虽然 SNOW 2.0 已有已知漏洞，但是 SNOW 3G 的第二个 S 盒能抗未来可能的代数攻击，因此可以带来附加安全强度。

128-EEA2 算法是基于 128 bit 的 AES 算法，该算法运行于 CTR 模式。CTR 所需的 128 位计数器的序列号 T_1，T_2，$\cdots$，T_i，$\cdots$ 将按如下规则构造：T_1 的最高 64 位由 COUNT[0] .. COUNT[31] ‖ BEARER[0] .. BEARER[4] ‖ DIRECTION ‖ 0$\cdots$0，最后是 26 位 0 值组成，从左至右为最高有效位至最低有效位排列，如 COUNT[0] 是 T_1 的最高有效位；T_1 的最低 64 位全为 0。后续计数器通过标准整数增加功能对先前的计数值的低 64 位模 2^{64} 运算来获得。

128-EEA3 算法是基于我国自主研发的祖冲之 ZUC 算法。

16.6.2　完整性保护算法

LTE 规范中指出 LTE 的 UE 端、eNB 端和 MME 端都应实现完整性算法 EIA，用以防止非法器件拦截与修改信令消息。

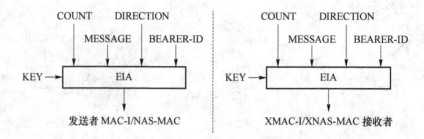

图 16.6.2　数据完整性保护示意图

图 16.6.2 是采用加密算法 EIA 对数据进行完整性保护的示意图,算法的输入参数为 128 bit 的密钥 KEY,32 bit 的计数器值 COUNT,5 bit 的信道标识 BEARER,1 bit 的传输方向 DIRECTION 和消息 MESSAGE 本身。与 MEA 算法中的 DIRECTION 位类似,0 代表上行,1 代表下行。

基于这些输入参数,发送者使用完整性算法 EIA 计算 32 位的消息认证码(MAC-I/NAS-MAC)。消息认证码被添加在消息后随消息一起发送。接收者在收到消息后,按照与发送者计算消息认证码相同的方式计算期望得到的消息认证码(XMAC-I/XNAS-MAC),并通过与收到的消息认证码(MAC-I/NAS-MAC)比较来验证消息的完整性。

标准中给出的完整性算法标识如表 16.6.2 所示。

表 16.6.2　完整性算法标识

算法标识符	完整性算法	算法描述
0000_2	EIA0	无完整性保护(仅用于紧急呼叫)
0001_2	128-EIA1	基于 SNOW 3G 的完整性算法
0010_2	128-EIA2	基于 AES 的完整性算法
0011_2	128-EIA2	基于 ZUC 的完整性算法

其中,128-EIA2 算法是基于 128 位 AES CMAC 模式。设消息的比特位数为 BLENGTH,则 CMAC 模式的输入位串 M,M 的长度为 BLENGTH+64,M 包含以下内容:

$M_0 \cdots M_{31} = $ COUNT[0] $\cdots$ COUNT[31]

$M_{32} \cdots M_{36} = $ BEARER[0] $\cdots$ BEARER[4]

$M_{37} = $ DIRECTION

$M_{38} \cdots M_{63} = 0$;即 26 个 0

$M_{64} \cdots M_{\text{BLENGTH}+63} = $ MESSAGE[0] $\cdots$ MESSAGE[BLENGTH-1]

AES CMAC 模式使用这些输入参数产生一个长度 Tlen=32 的消息认证码 T。T 直接用于 128-EIA2 的输出 MACT[0] $\cdots$ MACT[31],其中 MACT[0] 为 T 的最高有效位。

16.7　本　章　小　结

LTE 技术在接入网结构上的巨大变化,满足了对高速率通信的要求,但也带来了新的安全问题。例如,eNB 设备将被部署在不安全的地点,无法保证 eNB 设备的物理安全,从而引入新的安全威胁；由于全 IP 化网络及系统架构的变化，使得需要采取新的安全思路。因此，相比 WCDMA 的安全机制，LTE 的安全机制更为复杂。

本章主要讲述了 LTE 的网络变化，由此带来的安全威胁、新的安全架构，并展开介绍了用户身份保护、密钥管理及传输安全机制等内容。

需要说明的是，限于篇幅，我们并没有对本章用到的 SNOW 3G 和 ZUC 算法进行详细介绍，需要了解这部分内容的读者可以参考其他资料。

16.8　习　　题

(1) 请分析 LTE 的网络架构变化对安全需求的影响。

(2) 简述 LTE 面临的安全威胁。

(3) 简述 LTE 的安全架构及安全要求。

(4) LTE 使用的用户身份标识有哪些？

(5) LTE 鉴权与 WCDMA 的鉴权流程有哪些不同？

(6) 请描述 LTE 的密钥管理层次。

(7) 请分析为实现 LTE 的安全切换对密钥更新有哪些要求？

(8) 举例说明不同切换场景下的密钥衍生流程。

(9) 描述 LTE 接入网中的数据传输机密性保护算法的流程。

(10) 描述 LTE 接入网中的数据完整性保护算法的流程。

第 17 章

TETRA 安全

移动通信系统按照使用性质可分为公用移动通信系统、专用移动通信系统和特种移动通信系统。集群通信系统就是专用移动通信中的一种,是多个用户(部门、群体)共用一组无线电信道,并动态使用这些信道的专用移动通信系统,主要用于指挥调度通信。集群系统常常被公、检、法、公交、军队和武警等集团用户所使用,由于其中部分用户对安全具有较高的要求,因此一般来说,数字集群通信系统从设计之初就考虑了完善的安全措施。

TETRA 系统是基于 TETRA 标准〔由欧洲电信标准协会(ETSI)负责制定〕构建的集群通信系统。由于 TETRA 系统具有兼容性好、开放性好、频谱利用率高、保密功能强等优点,因此是目前应用最广的数字集群移动通信系统之一。本章主要描述 TETRA 数字集群系统采用的安全技术。

17.1 数字集群系统及其标准简介

集群通信系统是多个用户(部门、群体)共用一组无线电信道,并动态地使用这些信道的专用移动通信系统,主要用于指挥调度通信。

它的主要特点是:共用频率、共用设施、共享通信业务和分担费用等。

1) 共用频率:将原来配给各部门专用的频率加以集中,供各家共用。

2) 共用设施:由于频率共用,就有可能将各家分建的控制中心和基站等设施集中合建。

3) 共享覆盖区:可将各家邻近覆盖区的网络互连起来,从而获得更大覆盖区。

4) 共享通信业务:可利用网络有组织地发送各种专业信息为大家服务。

5) 分担费用:共同建网可以大大降低机房、电源等建网投资,减少运营人员,并可分摊费用。

6) 改善服务:由于多信道共用,可调剂余缺、集中建网,可加强管理、维修,因此提高了服务等级,增加了系统功能。

总之,集群通信系统是共享资源,分担费用,向用户提供优良服务的多用途、高效能而又廉价的先进无线调度通信系统。

我们通过比较集群通信系统和公众网中使用的蜂窝移动通信系统来看看它的特点。

1) 集群通信系统用于指挥调度,主要是单工或半双工工作,所以,两用户通信只占用一个信道;而蜂窝移动通信系统用于无线电话,是有线电话的延伸、补充和发展,它采用全双工工作方式,故两个用户通话要占用两个信道。从频率利用率来讲,集群通信系统更高一些;从通话习惯来讲,则蜂窝移动通信系统更方便一些。

2) 集群系统主要是大区覆盖方式,通常的覆盖半径为 20~30 km,随着技术的发展,也开始采用小区覆盖方式。而蜂窝通信系统是采用小区覆盖方式以及微小区、微微小区方式,并采用了频率复用技术,小区半径一般是几千米至十几千米。因此,集群系统目前还依靠基站天线来扩大通信范围,但是,基站天线架得再高,由于高楼较多,通信盲区仍然要比蜂窝通信系统多,因此通信质量也就不如蜂窝移动通信。

3) 集群系统的主要服务对象是集团用户,所以,其服务业务是无线用户对无线用户(包括调度台用户),而无线用户和有线用户之间的通话很少,因此其联网主要以本网为主。当然,也开发了联网功能。但是,与有线用户的通话的时间和数量都是受到限制的。而蜂窝系统的主要服务对象是个人用户,其通话时间是不受限制的。有人将集群通信称为是"一呼百应",而蜂窝通信是"一呼一应"。

4) 集群系统的用户具有不同的优先级和许多特殊功能,这是由它的指挥调度性质决定的。而蜂窝通信系统内的用户是同级的,无优先级和特殊功能。

目前数字集群系统的标准主要有以下几种:

➢ iDEN,由美国 Motorola 公司提出。

➢ TETRA,由欧洲电信标准协会制定。

➢ FHMA(frequency hopping muliple access),由以色列的一个系统评估和认证部门制定。

➢ TETRAPOL,由 TETRAPOL 论坛和 TETRAPOL 用户俱乐部提出。

据了解,我们国家经过两年多的分析和研究,最后确定 TETRA 和 iDEN 标准为我国数字集群通信系统体制行业推荐性标准。到 2003 年下半年,我国自主研发的数字集群系统——中兴公司的 GoTa 系统和华为的 GT800 系统开始亮相,并向信息产业部申报,希望成为我国自己的数字集群通信标准。

TETRA 具有标准公开、频谱效率高、业务能力强、抗干扰、抗衰落、易于加密等特点,因此其主要市场涵盖了公共安全、无线政务网、交通运输等行业,甚至在军队中也有应用。实际上,TETRA 系统在建设初期就将系统的安全性作为一个主要方面进行考虑,在其标准中仔细分析了 TETRA 系统的安全威胁和安全要求,定义了鉴权、空中接口加密和端到端加密等安全机制。

17.2　TETRA 标准及网络结构

17.2.1　TETRA 标准

TETRA (trans-European trunked radio access)是泛欧集群无线接入系统的缩写,是一种用于专网(PMR)和公网(PAMR)的全新开放式数字集群标准。TETRA 标准由欧洲电信标准协会 ETSI 负责制定,于 1995 年公布第一个核心标准,目前已先后制定了 3 批 100 多个标准,1998 年开始接受商用系统订货,TETRA 系统是目前应用最广的数字集群移动通信系统之一。

TETRA 整套设计规范可提供具有语音、电路数据、短数据信息、分组数据业务的集群、非集群以及直通模式(移动台对移动台)的通信。TETRA 系统是一套非常灵活的数字集群标准,它的主要优点是兼容性好、开放性好、频谱利用率高、保密功能强,是目前国际上制定得最周密、技术最先进、参与生产厂商最多的数字集群标准。

TETRA 系统基于 TDMA(数字时分多址)技术,包括了 TETRA 话音与数据(V + D)、TETRA 分组数据(PDO)、TETRA 直通方式(DMO)三个功能性标准集,此外还有话音编码器、安全、一致性测试等一系列辅助性标准。TETRA 规范可以在同一技术平台上提供指挥调度、数据传输和电话服务,它不仅能够提供多群组的调度功能,而且还可以提供短数据信息服务、分组数据服务以及数字化的全双工移动电话服务,因此只需一套系统就可以满足一个组织的多种无线通信需求,此外,TETRA 作为一种数字通信标准,可以支持广区通信覆盖,话音清晰。而且,TETRA 数字集群系统还支持功能强大的移动台脱网直通(DMO)方式。系统主要技术特性如表 17.2.1 所示。

表 17.2.1 主要技术特性

信道间隔	25 kHz(每信道有 4 个逻辑信道)
双工间隔	45 MHz
调制	π/4DQPSK
调制信道比特率	36 kbit/s
语音编码速率	4.8 kbit/s ACELP 编码方式
复用方式	TDMA,4 个时隙
用户数据速率	7.2 kbit/s 每时隙
数据速率可变范围	2.4~28.8 kbit/s
接入方法	时隙 ALOHA

由上述参数可以看出,TETRA 具有频带利用率高、接入速度快、话音质量较好的技术特点。

17.2.2 TETRA 系统结构

TETRA 系统的主要构成单元与公用移动通信系统大致相同,包括终端设备、基站、交换机等基础设施。由于其业务的特殊性,除上述基础设施外,TETRA 系统还包括一些公用通信网所不具备的设备(如调度台设备、TETRA 互联服务器等)。TETRA 系统结构如图 17.2.1 所示。

从图中可以看出,TETRA 系统是一个基于 IP 骨干网的集群通信系统,它同时支持基于呼叫的话音业务和基于 IP Backbone 的数据业务。

TETRA 系统包括如下设备:移动台(MS)、TETRA 基站(TBS)、TETRA 交换机(DXT)、网关(GGSN)、域名服务器(DNS)、认证密钥管理服务器(AKES)、配置与数据分发服务器(CDD)、TETRA 连接服务器(TCS)、TCS 客户(TCS Client)、调度台控制器(DSC)等。各单元具体功能如下:

➢ MS(mobile station)。包括手机和车载台,为用户提供语音和数据通信,可以连接外设,插入 SIM 卡。

➢ TBS(the base station for tetra)。通过空中接口为移动终端提供无缝的连接,负责在终端和网络间传送数据和语音信息。

➢ DXT(digital exchange for TETRA)。在各网络实体间交换语音和数据,处理所有个人业务和群组业务,并且可以支持基于 IP 的数据业务。

➢ NetAct。网管,负责 TETRA 网络的组织、管理和维护,保证网络的正常运行。

➢ GGSN。GGSN 作为 IP 网关,为终端用户提供 IP 地址,同时负责管理 IP 服务。

- ➢ DNS。为 TETRA 系统与 Internet 或 Intranet 的互联提供域名解析服务,但它并不直接和 Internet 或 Intranet 相连。
- ➢ AKES(authentication key management server,认证密钥管理服务器)。负责为新入网的终端配置认证密钥。
- ➢ CDD(configuration and data distribution server,配置与数据分发服务器)。负责配置 TETRA 连接服务器(TCS)。
- ➢ TCS(TETRA connectivity server)。TCS 是一个服务平台,它通过一系列 API 为第三方的应用提供 TETRA 系统服务。
- ➢ TCS Client。它通过 TCS API 提供的系统服务来完成特定的功能;TCS Client 可以是调度台(DWS)或第三方应用,DWS 完成 TETRA 网络的系统调度,如紧急呼叫、限制呼叫、群组呼叫的管理。
- ➢ DSC(dispatcher station controller)。DSC 通过单独的连接为 TSC Client 提供语音服务的信道。它是一个连接 TETRA 网络和终端用户(TCS Client,如 Nokia DWS)的附加设备。

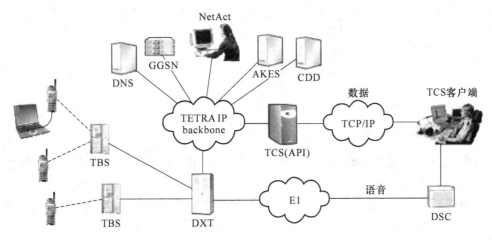

图 17.2.1　TETRA 系统结构

17.2.3　TETRA 标准中定义的接口

TETRA 标准没有限定无线网络的结构形式,只是用特定的接口来定义网络基础设施。在 TETRA 规范中定义的接口是保证互通、互连和网络管理所需要的。图 17.2.2 给出了 TETRA 系统中的无线空中接口、外围设备接口、网间接口、直接模式接口、网管接口、有线终端接口、网关接口等 7 种接口。

- ➢ I1 无线空中接口(移动台和基站之间);
- ➢ I2 外围设备接口(终端设备和移动终端之间);
- ➢ I3 网间接口(TETRA 系统之间);
- ➢ I4 直接模式接口(用户之间无须经过基础设施就能直接进行相互通信);
- ➢ I5 网管接口(网络管理单元和系统之间);
- ➢ I6 有线终端接口(交换和管理基础设施 SwMI 和本地调度台和远端调度台之间);
- ➢ I7 网关接口(SwMI 和 PSTN、ISDN、PDN、PABX 网络之间)。

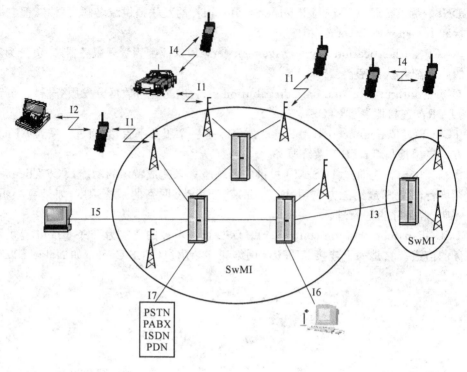

图 17.2.2　TETRA 标准接口

17.2.4　TETRA 帧结构

TETRA 系统采用 TDMA 多址接入方式和 π/4 DQPSK 的调制方式,调制信道比特率为 36 kbit/s,一个 TDMA 帧为 170/3 ms,分 4 个时隙,每个时隙 85/6 ms,可携带 510 个调制比特,上行时隙又可进一步分为 2 个子时隙,每个子时隙 85/12 ms,可携带 255 个调制比特。18 个 TDMA 帧构成一个复帧(周期为 1.02 s),60 个复帧构成一个超帧(周期为 61.2 s)。TETRA 的 TDMA 帧结构如图 17.2.3 所示。

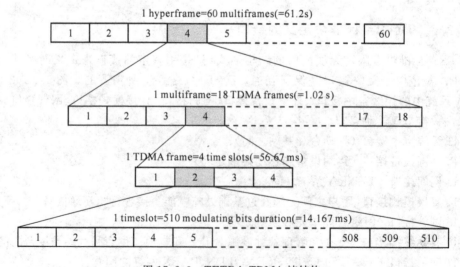

图 17.2.3　TETRA TDMA 帧结构

17.3　TETRA 系统的基本鉴权过程

在介绍 TETRA 系统的鉴权之前,先给出 TETRA 系统中与鉴权相关的基本单元:

> MS(mobile station)。移动台,泛指 TETRA 通信系统的用户,包括手机和车载台。
> BS(base station)。TETRA 系统的基站。
> SwMI(switching and management infrastructure)。TETRA 系统的交换与管理网络基础设施。
> AuC(authentication centre)。鉴权中心,存储该网络内所有 MS 的鉴权数据,可以是基站或交换机的某个单元。
> AE(authentication entity)。鉴权实体,代表 SwMI 执行鉴权算法,可以是基站或交换机的某个单元。

TETRA 的鉴权协议可以分别由 MS 或 SwMI 发起,故在 TETRA 网络中有 4 种鉴权形式:

1) 由 MS 发起的对 SwMI 的单向鉴权。由 MS 发起挑战,SwMI 给出应答,再由 MS 根据 SwMI 的应答结果,判断 SwMI 是否通过鉴权。

2) 由 SwMI 发起的对 MS 的单向鉴权。同由 MS 发起的对 SwMI 的单向鉴权,只是由 SwMI 发起挑战。

3) 由 MS 发起的与 SwMI 的双向鉴权。由 MS 首先发起挑战,但 SwMI 在应答的同时,转入对 MS 的鉴权。

4) 由 SwMI 发起的与 MS 的双向鉴权。同由 MS 发起的与 BS 的双向鉴权,只是由 SwMI 首先发起挑战。

TETRA 系统鉴权过程使用的基本参数如下。

> RAND1、RAND2:80bit 的随机数。
> KS:会话密钥。
> RS:80bit 的随机种子。
> K:鉴权密钥。
> DCK:导出密钥,用于空中接口加密。
> RES1、RES2:32bit 的鉴权响应。
> R1、R2:鉴权结果。

TETRA 的鉴权是假设双方都拥有相同的鉴权密钥 K,参与鉴权的一方通过向对方证明自己持有正确的密钥 K 来达到鉴权的目的,但在此过程中不能在空中信道传输包含 K 的信息,为此 TETRA 设计了一套挑战应答的鉴权协议。

17.3.1　SwMI 对 MS 的单向鉴权

图 17.3.1 是 SwMI 对 MS 的单向鉴权结构示意图。首先由鉴权中心随机产生一个随机种子 RS,RS 和主密钥 K 通过算法 TA11 产生会话密钥 KS,RS 和 KS 通过安全信道被传送到 SwMI 的鉴权实体 AE,AE 产生一个随机数 RAND1 作为挑战,连同 RS 一起传送到 MS。MS 端的主密钥 K 和 RS 通过 TA11 算法计算出会话密钥 KS,KS 和随机数 RAND1 作为算法

TA12 的两个输入计算出一个应答数 RES1,并将它回送到 SwMI。同时,SwMI 也通过相同的算法和会话密钥 KS 计算出期待的应答 XRES1。SwMI 从 MS 收到 RES1 后,与 XRES1 比较,如果这两个值相等,R1 将被置为 TRUE,否则置为 FALSE。另外,鉴权双方在运行 TA12 算法时还产生了用来生成空中接口加密的导出加密密钥 DCK 的 DCK1(详见第 17.4 节)。

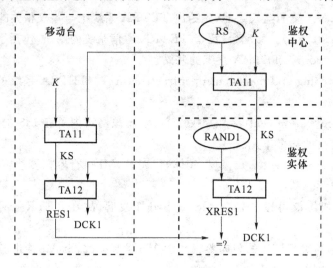

图 17.3.1   由 SwMI 发起的单向鉴权结构

由 SwMI 发起的对 MS 的单向鉴权协议如下:

1)AuC→AE:RS,KS=TA11(RS,K)

2)AE→MS:RS,RAND1

3)MS→AE:RES1=TA12(KS,RAND1)

4)AE→MS:R1=CMP(RES1,XRES1)

其中,"→"表示消息传递的方向,TA$ij(x,y)$表示对 x 和 y 进行 TA$ij(i,j=1,2)$运算;CMP(x,y)表示比较 x 和 y 是否相等。

17.3.2　MS 对 SwMI 的单向鉴权

MS 对于基础设施的鉴权也采用挑战应答机制,如图 17.3.2 所示。

首先由鉴权中心产生一个随机种子 RS,RS 和主密钥 K 通过算法 TA21 产生会话密钥 KS′,RS 和 KS 通过安全信道被传送到 SwMI 的鉴权实体 AE,MS 将产生一个随机数 RAND2 作为挑战,并将 RAND2 传送到 SwMI 中的 AE 端。AE 将 RAND2 和会话密钥 KS′通过算法 TA22 计算出的应答 RES2 连同 RS 一起传送到 MS。MS 端的主密钥 K 和 RS 通过 TA21 算法计算出会话密钥 KS′,以 KS′和随机数 RAND2 作为算法 TA22 的两个输入,计算出一个期待的应答 XRES2,将 XRES2 与接收到的应答 RES2 作比较。如果这两个值相等,R2 将被置为 TRUE,否则被置为 FALSE。另外,鉴权双方在运行 TA22 算法时还产生了用来生成空中接口加密的导出加密密钥 DCK 的 DCK2。

由 MS 发起的对基础设施的单向鉴权协议如下:

1)MS→AE:RAND2

2)AuC→AE:RS,KS′=TA21(RS,K)

3)AE→MS:RS,RES2=TA22(KS′,RAND2)

4)MS→AE:R2=CMP(RES2,XRES2)

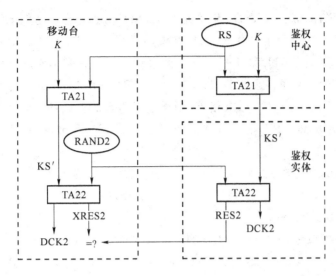

图 17.3.2　由 MS 发起的单向鉴权结构

17.3.3　MS 与 SwMI 的双向鉴权

MS 与 SwMI 的双向鉴权协议中的算法和密钥 K 都与单向认证的情况是一样的。但最后做出双向认证是否通过的结论的一方应该是最先被挑战的一方,而不是发起挑战的一方。双向认证应该由挑战方以单向认证的方式发起,而由应答方做出双向认证通过的决定。如果在鉴权过程中,对一方的鉴权失败,将不再进行对另一方的鉴权。

MS 和 SwMI 之间的双向鉴权结构如图 17.3.3 所示。

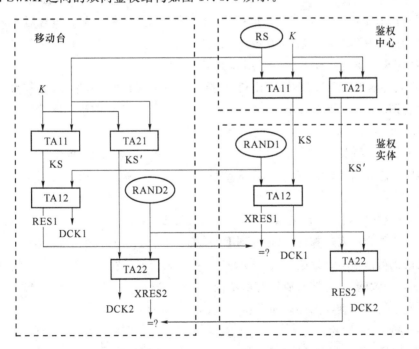

图 17.3.3　MS 和 SwMI 之间的双向鉴权结构

如果鉴权由 SwMI 发起,它将使用算法 TA11 和 TA21,以及密钥 K 和随机种子 RS 产生会话密钥 KS 和 KS′,随机数 RAND1 和随机数 RAND2 分别与会话密钥 KS 和 KS′通过算法 TA12 和 TA22 来产生 XRES1 以及 RES2。并将随机数 RAND1 和 RS 发送到 MS,MS 将运行与 SwMI 相同的算法 TA11 和 TA21 来产生会话密钥 KS 和 KS′,同时由 TA12 来产生 RES1,由于是双向认证,它还将通过 TA22 来产生 XRES2。MS 将 RES1 发送到 SwMI,SwMI 将之与本地计算的 XRES1 作比较,如果相等,则通过对 MS 的认证,R1 被置为 TRUE,同时发出 RES2。MS 在接收到 RES2 后,与本地计算的 XRES2 相比较,如果相等,R2 被置为 TRUE,双向认证通过。

由 SwMI 发起的双向鉴权的协议如下:

1) AuC→AE:RS,KS=TA11(RS,K),KS′=TA21(RS,K)

2) AE→MS:RS,RAND1

3) MS→AE:RES1=TA12(KS,RAND1),RAND2

4) AE→MS:R1=CMP(RES1,XRES1),RES2=TA22(KS′,RAND2)

5) MS→AE:R2=CMP(RES2,XRES2)

具体步骤如下:

1) AuC 首先产生一个随机种子 RS,根据相应 MS 的鉴权密钥 K 经过算法 TA11、TA21 计算得到两个不同的会话密钥 KS 和 KS′,然后将 RS、KS 和 KS′送到 AE。

2) AE 接收 RS、KS 和 KS′,并保存好 KS 和 KS′,产生一个随机数 RAND1,作为对 MS 的挑战和 RS 一起发给 MS。

3) MS 收到挑战 RAND1 和 RS 后,采用 RS 和它自己的鉴权密钥 K 通过算法 TA11、TA21 计算也得到 KS 和 KS′,并用 KS 和 RAND1 进行 TA12 运算得到 RES1 和 DCK1,同时产生一个随机数 RAND2,将 RES1 和 RAND2 发送给 AE。这其中不仅包含对 SwMI 挑战的响应,还包含对 SwMI 的鉴权请求,因此具有双重作用。

4) 收到 MS 的回应后,AE 首先用本地 KS 和 RAND1 经过 TA12 算法计算,得到 XRES1,再将收到的 RES1 和 XRES1 比较,如果 RES1 和 XRES1 不相等,鉴权失败,R1 被置为 FALSE,否则表示对 MS 的鉴权成功,R1 被置为 TRUE,则采用收到的 RAND2 和 KS′进行 TA22 运算,得到 RES2,将 RES2 和鉴权结果 R1 发送给 MS。

5) MS 收到 R1 和 RES2 后,利用 RAND2 和 KS′根据算法 TA22 得到 XRES2,将 XRES2 与收到的 RES2 比较,若相等,则对 AuC 的鉴权成功,否则失败。最后,MS 将鉴权结果 R2 传给 AE。

另外,参与鉴权的双方 MS 和 AE 还分别通过 TA12、TA22 算法产生了 DCK1 和 DCK2。DCK1 和 DCK2 作为输入经算法 TB4 得到 DCK,DCK 将被用于空中接口加密。

双向认证也可以由 MS 发起,而由 SwMI 转为双向认证。这种情况所用到的算法和结构与图 17.3.3 是一致的,只是鉴权协议有所不同。

由 MS 发起的双向鉴权的协议如下:

1) MS→AE:RAND2

2) AuC→AE:RS,KS=TA11(RS,K),KS′=TA21(RS,K)

3) AE→MS:RS,RES2=TA22(KS′,RAND2),RAND1

4) MS→AE:R2=CMP(RES2,XRES2),RES1=TA12(KS,RAND1)

5）AE→MS：R1＝CMP(RES1,XRES1)

具体步骤如下：

1）由 MS 产生一个随机数 RAND2，以挑战的形式发送给 AE。

2）AE 收到挑战后，通知 AuC，AuC 在本地产生随机种子 RS，以 RS 和 K 作为输入，通过算法 TA11 和 TA21 计算，得到两个会话密钥 KS 和 KS′，然后将 RS、KS 和 KS′ 传送到 AE。

3）AE 使用 KS′ 和 RAND2 经算法 TA22 计算得到 RES2，并在本地产生一随机数 RAND1，将 RAND1、RES2 和随机种子 RS 一起发送给 MS。其中 RES2 作为 AuC 对 MS 的挑战应答，RAND1 作为 AE 对 MS 的挑战。

4）MS 收到鉴权回复消息，首先用本地的鉴权密钥 K 和收到的随机种子 RS 由算法 TA11 和 TA21 计算得到两个会话密钥 KS 和 KS′；然后把 KS′ 和 RAND2〔(步骤 1)中产生〕作为算法 TA22 的输入，得到 DCK2 和 XRES2，比较 XRES2 和收到的 RES2，若 XRES2 和 RES2 相等，则通过对 AuC 的鉴权；最后用 KS 和收到的 RAND1 由算法 TA12 计算得出 RES1 和 DCK1，将 RES1 和对 AuC 的鉴权结果 R2 发送给 AuC。

5）AE 收到 R2 和 RES1，将 KS〔(步骤 2)中产生〕和 RAND1 作为算法 TA12 的输入，计算出 DCK1 和 XRES1；将 XRES1 和接收到的 RES1 作比较，若 XRES1 和 RES1 相等，则 AE 对 MS 的鉴权成功，再将鉴权结果 R1 传给 MS。

同样，参与鉴权的双方 MS 和 AE 还分别通过 TA12、TA22 算法产生了 DCK1 和 DCK2。

17.4　空中接口加密

17.4.1　空中接口加密在 TETRA 中的层次

TETRA 空中接口加密用于对基站和移动台间无线信道上的信息数据和信令加密保护。空中接口加密在 TETRA 协议栈的上 MAC 层（媒体访问控制上层）进行，属于 TETRA 协议的 L2 层的下半部分。在发送端要先于信道编码，在接收端要在信道编码之后，从而使 MAC 头不被加密。这允许采用适当的信道编码使接收方能够判断从空中来的信息是否加密，从而能够申请正确的密钥进行解密。

如果某个 MS 和 SwMI 加载了不同的密钥，则接收方不能正确地解密消息。这将导致错误的操作。结果是，可采用任何纠错指令来防止出错，例如，通过重新鉴权来建立新的密钥等。

空中接口加密独立于端到端加密服务。在端到端加密服务中已经被加密的消息还可以通过空中接口加密功能被再一次地加密。当然，没有被端到端加密功能加密的消息也可以在空中接口中被加密。

17.4.2　安全类别

根据对认证和加密的支持的不同，TETRA 定义了 3 个安全类别，每个类别定义了不同的安全特征，如表 17.4.1 所示。

表 17.4.1　TETRA 安全类别

类别	认证	加密	其他
1	可选	—	—
2	可选	采用 SCK	采用 SCK 产生 ESI
3	必选	采用 CCK	采用 CCK 产生 ESI

注：ESI(encrypted short identity,加密短标识)。

移动终端可以支持一个、多个或全部的安全类别。一个基站可以同时支持以下的安全级别：

➢ 仅类别 1；

➢ 仅类别 2；

➢ 类别 2 和类别 1；

➢ 仅类别 3；

➢ 类别 3 和类别 1。

类别 2 和类别 3 不能在一个基站内同时使用。基站的安全级别被作为系统信息通过广播消息的形式发布。如果终端支持基站广播消息中声明的安全级别,它将附着到该基站;如果不支持该安全级别,则不会附着到该基站。

17.4.3　空中接口加密的主要算法

在 TETRA 通信过程中,通过空中接口发送和接收的二进制的数据流采用前面介绍的流密码体制进行加/解密。它的加/解密如图 17.4.1 所示。

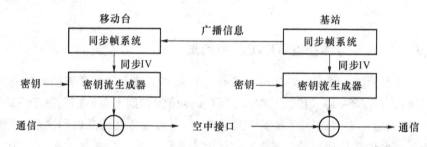

图 17.4.1　TETRA 空中接口加密示意图

其中,由 SwMI 维护并通过同步控制(SYNC)和系统消息(SYSINFO) PDU 进行广播来产生用于同步的初始向量(IV, initial vector)。移动台和基站分别通过同步帧系统生成用于空中接口流密码算法的同步 IV,同步 IV 在相同的加密密钥的作用下通过密钥流生成器在移动台和基站上分别生成相同的密钥流。密钥流和明文序列(通信信令或数据)进行模二加(异或)运算产生密文序列。密文序列经过信道编码后通过发送器发送到空中接口。在解密端,密文序列和完全相同的密钥序列异或运算恢复出明文序列。

空中接口加密方法如图 17.4.2 所示,空中接口的密钥 CK 并不是直接被用来加密,而是由色码(CC,colour code),位置标识 LA 和载波编码(CN,carrier number)通过算法 TB5 进行了变换。这种变换使得可以根据一个 cell 中的载波和一个位置区域的 cell 得到不同的加密密钥 ECK。ECK 通过 KSG 来产生用来在 MAC 层进行加密和解密的密钥流。流密码的安全性完全依赖于密钥序列发生器(KSG)的内部机制。当发生器的输出满足完全随机的条件时将具有最高的安全性,在实际应用中往往不可能产生出完全随机的密钥序列,但密钥序列发生器输出的密钥越接近随机,安全性就越高。

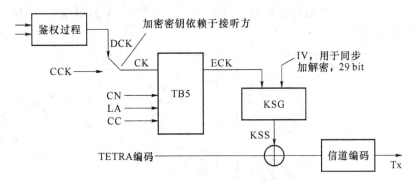

图 17.4.2　空中接口加密方法

TETRA 系统的密钥序列发生器 KSG 是有两个参数的函数:加密密钥 K 和初始向量(IV,initialization value)。初始向量的主要作用是建立移动台和基站间的同步。在流密码中,必须保证加密序列和解密序列的一致性,即密钥序列、明文起始运算位置与密钥序列、密文起始运算位置保持"对齐",否则解密过后的必然是一系列的乱码。与在 DECT 和 GSM 系统一样,TETRA 系统也采用帧编号(frame number)作为 IV 进行发送方和接收方之间密钥流的同步。

由于 TETRA 系统采用了 TDMA 技术,一个载波中的 4 个时隙(slot)构成了一帧(frame),18 帧构成一个复帧(multiframe),其中一帧用于传输信令。60 个复帧就组成了超帧(hyperframe),因此在 TETRA 系统中的 IV 格式如图 17.4.3 所示,系统通过广播帧编号使得网络端和移动台得到同步 IV。

图 17.4.3　空中接口加密中的 IV 格式

由于帧编号长度的限制,一段时间过后编号将重新开始。原则上在编号开始循环后应该更新加密密钥,否则密钥流序列将出现重复,将导致密码算法被攻击。而且,即使无法得到明文,采用重复的密钥流序列,也可能出现重放以前的消息的情况。在 TETRA 系统中,如果只在登记时更换加密密钥,则每隔 60 秒的帧重复编码时间就太短了。一种可能的解决方法是增加一个内部的计数器,在外部帧编号回到 0 时,启用内部计数器进行计时。例如,一个 16 bit 的计时可以使帧重新编码时间达到 45 天。这种方法的主要目的是不再增加已经比较紧张的空中接口的位资源。当然如果需要将没有同步的移动台或基站重新同步,就需要由基站在一定的间隔时间广播内部计数器的值。

17.4.4 空中接口加密中的密钥

在空中接口加密过程中用到了多个密钥,分别用于不同的场合、通信模式以及对不同信息的加密,如图 17.4.4 所示。

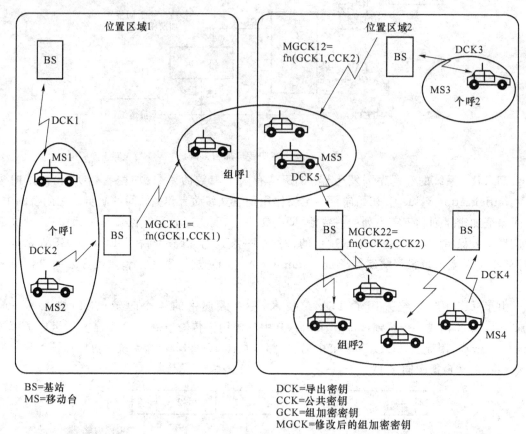

图 17.4.4 空中接口加密中的密钥

空中接口加密中的密钥主要有:

- ➤ DCK(derived cipher key,导出加密密钥)。如鉴权部分所述,DCK 产生于鉴权过程,它用于保护 MS 和 SwMI 之间的语音、数据和信令信息。
- ➤ GCK(group cipher key,群组通信的组加密密钥)。可以用于语音、数据和信令的保护,也可用于导出其他密钥。它产生于 SwMI 端,通过 OTAR 消息发送到 MS。
- ➤ CCK(common cipher key,通用加密密钥)。用于保护 MS 和 SwMI 之间分配或更换密钥的消息,它由 DCK 导出。
- ➤ SCK(static cipher key,静态密钥)。有多个版本,以静态的方式存储在 MS 和 SwMI 中,通过协商确定使用哪一个版本。SCK 不因鉴权而改变。它既可用于 DMO 通信方式,也可用于正常方式。SCK 可用于保护 MS 和 SwMI 之间的语音、数据和信令信息。

TETRA 系统为空中接口密钥的分配制定了一套严密的协议。其中导出密钥 DCK 在鉴权过程中获得,除此之外的其他消息都是通过 TETRA 专门定义的一组特殊机制 OTAR(over the air re-keying)进行分配。通过 OTAR 机制,确保密钥分发的消息准确、可靠。

17.5　TETRA 系统端到端安全

TETRA 标准被广泛应用于交通、消防、公共安全等部门的移动专网中,具有强大的调度功能,支持群组通信,易于实施鉴权和语音/数据加密等安全功能,能够满足用户的多方面的应用需求。虽然标准的 TETRA 系统提供了一些安全方面的措施,如对高度暴露的空中接口上传输的信令及用户数据进行加密传输、提供用户与网络间的双向认证机制,但信息在系统内部(基站与交换机之间和交换机与交换机之间)仍然是以明文方式传输的。因此对于那些对信息传送的安全性非常敏感或安全策略要求所有信息必须进行端到端加密的用户,标准的 TET-RA 系统就不能满足其安全的需求,则需要建立基于 TETRA 的端到端加密系统。

一般地,流密码体制、分组密码体制和公开密钥密码体制本身均可用于对数字信号的加密处理。但是,由于分组密码体制对信息加密存在误码扩散和一定的时延,一般应用于传输信道质量较好或具有数据重发等功能的场合。公开密钥密码体制由于其较大的计算量,难以满足通信系统实时性要求,一般也不直接应用于对通信信号的加密。而流密码体制由于其对信号加密的低时延、无密码扩散等特点而广泛应用于数字通信保密系统中。TETRA 端到端加密就采用了流密码体制。

17.5.1　端到端安全的总体架构

TETRA 系统的端到端加密(E2EE,end to end encryption)是在 TETRA 系统提供的透明连接之上,为发送端和接收端之间传送的语音和数据提供保密性服务。TETRA 系统的端到端加密属于 TETRA 系统应用层的服务,TETRA 系统的传输层通过端到端加密的标志位来辨识是否是加密呼叫,同时终端系统在窃取的半个语音数据帧中传送加密所需的带内同步向量信息,从而支持端到端加密应用。

端到端加密是 TETRA 的显著特点,它实现 TETRA 集群系统内从发端用户到收端用户间信息的全程通信保密,是 TETRA 集群系统的高级保密功能,用于对通信安全有特别严格要求的场合。TETRA 标准中只是规定了端到端加密的同步机制和端到端语音加密接口,并没有规定端到端加密的具体实现方式,因此用户可以根据自己的需要来灵活地实施端到端加密。TETRA MoU 提出了一系列端到端加密实施的技术建议,这些建议描述了端到端系统在实施上的一些共同的要求和解决方法。

TETRA 系统只为通信终端提供透明的通信线路和标准的接口,通过在 TETRA 终端中增加加密功能模块实现端到端的安全通信,端到端密钥管理中心提供生成、分配和管理用于端到端加密的密钥的功能。图 17.5.1 为 TETRA 系统端到端加密的总体架构,在 TETRA 系统中增加带阴影的部分用以实现端到端安全,其中需要加载到 TETRA 终端的端到端加密模块负责终端间话音或数据的保护,端到端密钥管理中心采用 OTAK(over the air keying)方式和OOB(out of band)方式完成端到端加密中相关密钥的生成、分发和管理,它们构成了端到端安全的核心。

其中,端到端加密模块包括密码服务模块、语音加/解密模块、数据加/解密模块和密钥管理模块,它们的具体功能如下:

> 密码服务模块。为上一层系统提供加解密、存储等安全服务,以支持信息的机密性、完

整性和真实性。

- ➤ 语音加/解密模块。主要采用流密码算法来完成通信终端间的语音的加/解密功能。
- ➤ 数据加/解密模块。主要为 TETRA 中的 SDS4 消息（它可携带变长的用户数据,最大长度为 2 047 bit)提供端到端加/解密功能和完整性校验方案。
- ➤ 密钥管理模块。接收并管理由端到端密钥管理中心通过 OTAK 方式或 OOB 方式为通信终端下发的通信密钥和管理密钥。

端到端密钥管理中心主要包括以下部分:

- ➤ 安全策略。本系统的密钥管理策略和安全策略的制订与维护。
- ➤ 密码服务系统。为上一层系统提供加解密、完整性校验等安全服务,以支持信息的机密性、完整性和真实性。
- ➤ 密钥生成系统。负责密钥的生成,由随机数发生器产生随机数作为种子,在服务器上运行特定的算法,生成相应的密钥,在对密钥进行完弱密钥分析之后,确定为所需的安全密钥。
- ➤ 密钥分配系统。利用短数据服务为 MS 分配新密钥和管理传输密钥。
- ➤ 密钥管理系统。为密钥的恢复、查询、销毁等提供完善的管理服务。
- ➤ 带外密钥管理工具。将密钥管理中心生成的密钥直接加载到端到端安全终端中。

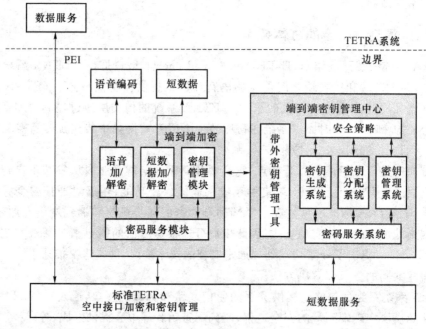

PEI—外围设备接口。

图 17.5.1 TETRA 系统端到端加密的总体架构

17.5.2 加密算法

系统的高度安全性是由加密算法的质量和使用的密钥长度来决定的。介绍 E2EE 安全机制的技术文档中只是 E2EE 的框架,不包括完整的描述。具有 E2EE 功能的移动终端(MS)所需要的 6 个算法被看作"黑盒子",标记为 E1-E6。具体的算法和密钥长度都需要根据用户或

国家的安全政策和具体的安全需求来确定。但是,已有如下假定:

1) 用来加密语音和 SDS 短信息的加密算法为流密码算法,这两个流密码算法都由一个 64 bit 的初始向量来启动。

2) 采用 64 bit 或 128 bit 的块加密算法来保证数据块(如密钥管理消息或同步帧)的完整性。

另外,为了支持那些可以接受公开算法的用户,为了实现网络的互通性,TETRA MoU 组织选用了密钥长度为 128 bit 的对称分组密码(IDEA)作为基础算法。

17.5.3 语音加/解密与同步

语音加/解密与同步如图 17.5.2 所示,其中使用了 E1 和 E3 两个加密算法。采用传输密钥(TEK)和初始向量(SV)作为密钥流发生器 E1 的两个输入生成一个连续的密钥流,该密钥流与语音编码器(CODEC)输出的语音数据流异或后,得到在空中信道和 TETRA 系统中传输的密文流,密文流通过空中接口和 TETRA 系统到达接收端,接收端在检测到同步帧后,得到同步向量 SV 和相应的密钥 ID,接收端通过该密钥 ID 检索到本次通信采用的 TEK,TEK 和 SV 采用与发送端相同的 E1 算法,则得到与发送端相同的密钥流,与密文流通过异或算法就实现了对密文流的解密。

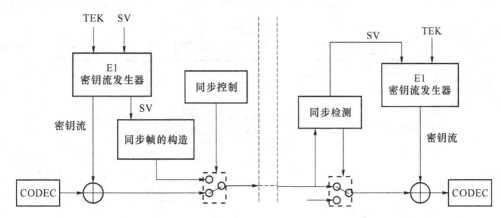

图 17.5.2 语音加/解密与同步

通过 128 位的分组加密算法运行 3 次实现的 E1 算法如图 17.5.3 所示,生成的 384 位的数据包括 274 位的密钥流和 64 位的同步向量 IV。为了使接收端 MS 能够正确解密密文流,IV 被包含在同步帧中,并以每秒传送 1~4 次的方法传送给接收方。与发送端正好相反,接收端检测到同步帧,取出同步帧中的同步向量,将该向量传给本地的密钥流产生器,从而完成与发送端的同步。

在 TETRA 标准中定义了通过窃取语音的半个数据帧来传送同步向量的方法,这种处理方式对接收端的语音质量产生微小的影响。一种改进的方法是在通信过程中插入密码同步信号,能够这样实现的原因是语音编码速率一般低于信道传输速率,从而保证语音的质量。

同步帧中包含一些附加的信息,从而使接收方可以选择正确的密钥和加密算法。另外还有防止重放攻击的时间戳和提供同步帧完整性保证的校验和。校验和算法 E3 是抽取了同步帧中的几个部分与密钥 TEK 一起通过分组加密算法共同计算得到的。由 128 bit 的分组加密算法实现的 E3 算法如图 17.5.4 所示。

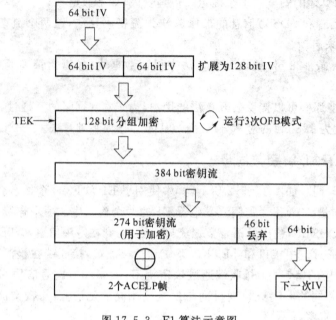

图 17.5.3　E1 算法示意图

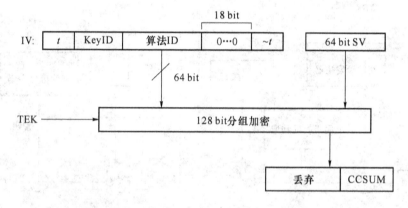

图 17.5.4　E3 算法示意图

17.5.4　短消息加密

如图 17.5.5 所示,在 TETRA 系统中不仅对短消息的内容进行加密,而且通过消息最后的完整性校验和来保护消息完整性。E2EE 短数据加密的过程与语音加密类似,短数据的协议标识 O-PID 与明文用户消息构成的明文流与算法 E5 所生成的密钥流 KSS 异或,得到密文消息。

为了让接收端 MS 能够正确地对密文消息进行解密并判别其完整性,在发送的 SDS 消息中添加同步向量 SV 以及 ES-PID。其中 SV 由加密控制数据(包括初始向量 PIV、发送端进行 E2EE 所使用的加密算法标识 ALGORITHMID 和密钥标识 KEYID)和整个 SDS 消息的校验和 CCSUM 组成。接收端 MS 使用通信密钥 TEK 对解密后的 SDS 消息重新计算校验和 CCSUM,比较两个 CCSUM 是否一致便可判断出 SDS 消息的完整性。

短消息加密采用了 E5 和 E6 两个加密算法。加密算法 E5 与算法 E1 类似,都是流密码算法,通过输入密钥 TEK 和初始化向量 IV,产生一个连续的密钥流,密钥流与短数据明文进行异或计算,则得到密文流。算法 E6 是一个采用 CBC 模式的分组加密算法。整个 SDS 消息被划分成 64 bit 的分组,每个分组经过 E6 加密后又作为下一分组加密的输入,最后产生 64 bit 的数据,其高 32 位作为校验和 CCSUM。

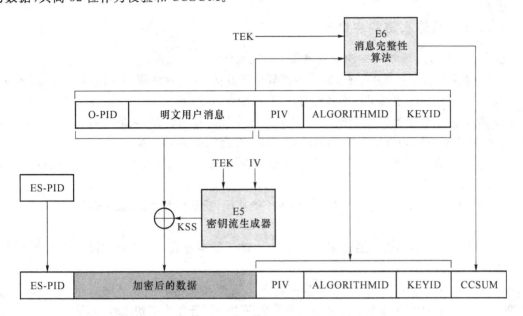

图 17.5.5　短消息 SDS-4 加密的结构

17.5.5　密钥管理

和其他安全系统的密钥管理功能一样,TETRA 系统的密钥管理应该包括密钥的生成、存储、分发和管理等功能。在 TETRA 端到端加密系统中的主要的密钥类型如下:

➢ KEK(key encryption key,主加密密钥)。用于加密下载过程中 GEK。

➢ GEK(group encryption key,组加密密钥)。用于对 TEK 进行加密,也可以用 KEK 代替 GEK。

➢ SEK(signaling encryption key,信令加密密钥)。用于加密 OTAK(over the air keying)消息,也可以用 GEK 或 KEK 来代替 SEK。

➢ TEK(traffic encryption key,传输加密密钥)。用于所有的端到端用户通信。

采用以下两种方式将密钥管理中心生成的密钥发送到 TETRA 终端:

➢ OOB 方式。通过适当的软硬件工具直接将密钥下载到 TETRA 终端,不占用空口资源;

➢ OTAK 方式。将密钥通过短消息传送到 TETRA 终端,占用了空口资源。

一般 KEK 采用 OOB 方式来分发,其他的密钥可根据具体应用采用任何一种方式进行分发。如果系统中需要进行 E2EE 通信的用户数较少,而且系统的投资有限,则所有的密钥都可以采用 OOB 方式来分发。

当使用 OTAK 协议时,分发到 MS 的 TEK 采用 KEK 或 GEK 经过算法 E2 加密。加密封装的 TEK 还包括一个附加的校验域,以供解密时进行完整性验证。OTAK 密钥管理中的 SDS 消息使用算法 E4 和 SEK/GEK 进行加密保护。算法 E4 是一个工作于 CBC(密文块串接)模式的分组加密算法。

基于 TETRA 标准的 E2EE 系统中的密钥管理是实现端到端加密的关键,其中既要从安全性的角度考虑如何保证密钥的安全分发,又要从可用性角度考虑如何提高密钥分发的效率,减少由此附加给系统的负担,因此这部分的设计很复杂。

17.5.6　具体实施的建议

在实施 TETRA 系统的端到端保密通信时需要注意以下几点:

1) 需要采用有足够强度、符合国家相关规定的算法,建议算法密钥长度至少为 128 位,为减少算法的执行时间,建议采用的算法分组长度至少为 128 位。

2) 通过适当的安全工程设计 MS 和保护 MS 中敏感的密钥;如果采用 SmartCard 来实现 MS 部分的安全模块,还需要具有 SmartCard 和 MS 之间的认证功能。

3) 为防止 OTAK 消息被重放 OTAK 或消息被分析并修改,对 OTAK 消息进行密码保护。

4) 为了保证 KEK 的安全,尽量减少 KEK 的使用,建议使用 SEK 或 GEK 保护 OTAK 消息。

5) 为了防止重放攻击或通过删除/插入方式破坏同步向量 SV,建议在同步帧中嵌入时间戳和密码校验和。

6) 为了防止错误的删除/插入同步向量 SV,需要在流密码生成器中采用"Flywheel"技术,即流密码生成器中的分组加密算法产生的数据中一部分作为密钥流输出,另一部分作为下一轮运算的 IV。

7) 为了防止 OTAK 消息的重放攻击,在 OTAK 消息中嵌入序列数。

8) 为了防止假冒消息删除或更改 E2EE 密钥,需要指定 OTAK 密钥管理中心的地址。

9) 带外设置关键的安全参数,包括自身的 KEK,KMC 的 ITSI 以及 SEK。

17.6　本章小结

本章主要讨论了数字集群通信系统中存在的安全问题及解决措施。围绕着 TETRA 标准,首先给出了其标准简介和网络架构,之后详细介绍了其系统安全机制,包括鉴权和空中接口加密机制,最后讨论了 TETRA 端到端的安全需求、总体设计思路、语音加密算法和同步方法、短消息加密机制和端到端安全中的密钥管理方法。

我国为了规范公安系统集群安全技术,在 2013 年发布了警用数字集群通用系统的安全技术规范,内容包括了鉴权、空口安全、端到端语音加密和端到端的数据安全等内容。该标准成为指导我国公安系统在建设数字集群系统时保障其信息安全的行业标准。

17.7　习　　题

(1) 什么是数字集群系统?

(2) 请比较数字集群系统和公众移动通信系统。

(3) 数字集群系统的安全要求与公众移动通信系统的安全要求有哪些不同?

（4）什么是 TETRA 标准？

（5）TETRA 系统中有几种鉴权？

（6）什么是单向鉴权，什么是双向鉴权？

（7）为什么需要空中接口加密机制？

（8）简述 TETRA 系统的空口加密机制。

（9）请分别给出 TETRA 系统空口加密中密钥的使用场合。

（10）请比较 TETRA 系统的空口加密机制和 GSM 的空口加密机制的相同点和不同点。

（11）什么是端到端加密，为什么 TETRA 系统需要端到端加密。

（12）简述 TETRA 系统的端到端加密机制。

（13）请分析 TETRA 端到端加密机制中的终端模块的功能。

（14）如何检验 TETRA 移动终端的端到端加密模块没有被旁路？

第18章

WLAN 安全

由于无线网络通过无线电波在空中传输数据,在数据发射机覆盖区域内的任何一个无线网络用户,只要具有与发射机相同的接收频率就可能获取所传递的信息。另一方面,由于无线设备在存储能力、计算能力和电源供电时间等方面的局限性,使得原来在有线环境下的许多安全方案和安全技术不能直接应用于无线环境。所以 IEEE 认为,需要设计一些与数据保密性和数据完整性有关的一些机制,来为无线局域网提高安全保证,而且这种安全保证要与有线通信网络中采取的安全措施等效。

IEEE 引入的第一个安全措施被称为有线等价保密(WEP,wired equivalent privacy)协议,WEP 是 IEEE 802.11b 协议的一部分,它试图平衡安全性和易使用性,提供了无线通信加密,并对进行无线通信的物理设备提供认证能力。该协议在公布不久,人们就发现 WEP 设计上存在缺陷,无法提供足够的无线局域网安全。因此,又提出了很多新的安全机制,包括 Wi-Fi 保护接入(WPA,Wi-Fi protected access)和 IEEE 802.11i 协议。

18.1 无线局域网及安全简述

18.1.1 无线局域网结构

当我们谈到"无线局域网"时,通常指的是与网络的链路层和物理层相关的技术。在大部分局域网技术中,链路的两端必须是相同类型的局域网。例如,在有线局域网(IEEE 802.3 标准)中,以太网电缆将计算机的以太网端口连到集线器的以太网端口。而在无线局域网(IEEE 802.11 标准)中,与集线器等价的是接入点,它为大部分无线局域网分发数据。一般地,接入点安放在固定地点,而且常常与有线网络连接。通常 IEEE 802.11 根据是否通过接入点工作分为基础结构(infrastructrue)模式和自组织(ad-hoc)模式。

自组织模式下的无线局域网不需要接入点,每一台无线设备都可以直接向其他无线设备发送信息。通信采用的信道一般是公用广播信道,各个设备处在一个平等的层次上。这种模式适用于在任何地方搭建网络,共享信息。从安全角度来看,ad-hoc 网络具有独特的特点,也非常具有挑战性。

由于很多人希望最终连接到有线通信的基础设施,如局域网或因特网,因此,大多数的无线局域网工作在基础结构模式,本节描述的大部分内容都是指工作在这种模式。

基础结构模式的网络结构如图 18.1.1 所示。其中,AP(access point,接入点)是固定接入点的缩写,STA(station,工作台)指的是欲连接到网络的无线设备,如笔记本式计算机或通过 Wi-Fi 网络进行连接的移动终端。AP 和 STA 使用无线通道进行对话。AP 与 STA 欲访问的有线网络连接在一起。

下面概要描述基础结构模式的工作原理,这是理解 WLAN 的安全机制的基础。

先假设 AP 已经开机且正在运行。AP 以固定的时间间隔(通常为每秒钟 10 次)发送无线短消息通告它的存在。这些短消息称为信标,它们能使无线设备发现 AP 的标识。

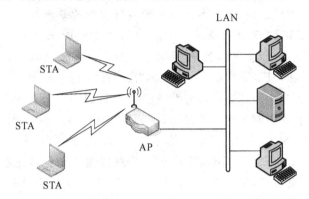

图 18.1.1 WLAN 基础结构模式

现在假设有人打开了一台装有 Wi-Fi 网卡的笔记本式计算机(STA)。初始化后,STA 开始寻找 AP。STA 会依次调谐到每个无线频段(称为信道)上,并收听信标消息。这个过程称为扫描。

大多情况下,STA 可能会发现若干个 AP,通常它必须根据信号的强度来决定要与哪个 AP 连接。当 STA 准备连接到 AP 时,它首先发送一条认证请求消息给 AP。假设没有使用安全防御措施,AP 马上发送一条表示接受的认证响应来回复认证请求。

现在 STA 被允许连接到 AP,它必须在连接完成之前采取几步措施。在 IEEE 802.11 中,概念"连接"被称为"关联"。当 STA 与 AP 关联在一起时,它才有资格发送和接收数据。STA 发送关联请求消息,AP 以关联响应回复表明连接成功。此后,STA 发送给 AP 的数据就被转发到与 AP 相连的有线局域网。同样,从有线局域网过来发给 STA 的数据也是由 AP 转发。

在上面描述的 STA 接入网络的流程中,主要有 3 种消息:

1) 控制。用来告诉设备什么时候开始和停止发送以及通信是否失败的短消息。

2) 管理。STA 和 AP 用来协商和管理它们之间的关系的消息。例如,STA 使用管理消息来请求访问 AP。

3) 数据。一旦 STA 和 AP 已经同意建立连接,数据就以这种消息类型发送。

18.1.2 无线局域网安全标准现状

在无线局域网标准中,最著名的是 IEEE 802.11 系列标准,从最早的 IEEE 802.11 到 IEEE 802.11b、IEEE 802.11a 一直到 IEEE 802.11i 构成了一系列标准。

最早出现的无线局域网的标准是 IEEE 802.11 标准,该标准中规定了数据加密和用户认证的有关措施,但研究表明,这些措施存在很大的缺陷,使得用户对无线局域网的安全性缺乏信心,使得一些国家政府出台政策,规定在无线局域网的安全问题没有解决之前,不允许在政府办公网中使用无线局域网技术,这在某种程度上妨碍了无线局域网的普及和应用。

后来出现的 IEEE 802.1x 标准对原标准进行了改进,主要的改进地方是增强了身份认证机制,并且设计了动态密钥管理机制。随后 IEEE 802.11i 任务组受到 IEEE 的委托制定新的标准,来加强无线局域网的安全性,IEEE 802.11i 工作组从 2001 年成立,一直到 2004 年才使其制定的 IEEE 802.11i 规范得到 IEEE 的批准。IEEE 802.11i 最主要的内容是采用 AES 算法代替了前面版本所用的 RC4 算法。

在 IEEE 802.11i 批准之前,由于市场对于无线局域网的安全要求十分急迫,急需一个临时方案,使得无线局域网的安全问题不至于成为制约无线局域网市场发展的瓶颈。Wi-Fi(wireless-fidelity)联盟,一个非营利性的国际组织,联合 IEEE 802.11i 专家组共同提出了 WPA 标准。WPA 相当于 IEEE 802.11i 的一部分。WPA 标准成为 IEEE 802.11i 标准发布以前采用的无线局域网安全过渡方案。它兼容已有的 WEP 和 IEEE 802.11i 标准。

在这个过程中产生了暂时密钥完整性协议(TKIP,temporal key integrity protocol),基于 AES 的计数模式 CBCMAC 协议或 CCMP 和基于 AES 的 OCB 模式的 WRAP(wireless robust authenticated protocol)。其中 TKIP 是一个过渡性的安全解决方案;CCMP 是基于最新加密标准 AES 的一套协议,是 IEEE 802.11i 的默认模式,为大部分要求苛刻的用户提供了艺术级的安全性,另外在 IEEE 802.11i 中还定义了 WRAP,作为实现数据加密的可选模式。

我国针对无线局域网的安全问题,参考无线局域网的国家标准,提出了自己的安全解决方案 WAPI。WAPI 与目前国际标准使用的安全机制不同,它采用了公钥体制、数字证书、密钥协商等,目前已有部分厂家推出支持 WAPI 的产品。

18.2 IEEE 802.11 中的安全

18.2.1 WEP 的工作原理

IEEE 802.11 是 IEEE 于 1997 年首先提出来的技术标准,主要用于解决办公室局域网和校园网中用户终端的无线接入,业务主要限制在数据存取,速度最高只能达到 2 Mbit/s。为了满足不同的应用需求,IEEE 小组又相继推出了 IEEE 802.11b、IEEE 802.11a、IEEE 802.11g 等新的标准。

为了保护无线局域网的网络资源,IEEE 802.11b 标准在建立网络连接和后续的网络通信过程中,建议了一系列的安全措施来防止非法入侵者,如访问控制、无线站点身份认证、数据完整性检测和数据加密。

1. 认证

目前,IEEE802.11 定义了两种认证方式:开放系统认证(open system authentication)和共享密钥认证(shared key authentication)。认证发生在两个站点之间,因此所有认证帧都是单播帧。在有中心的网络拓扑中,认证发生在站点和中心节点之间;在无中心的网络拓扑中,认证发生在任意两个站点之间。

1) 开放系统认证

开放系统认证是 IEEE 802.11 的默认认证机制,整个认证过程以明文形式进行。由于使用该认证方式的工作站都能被成功认证,因此开放系统认证相当于一个空认证,只适合安全要求较低的场合。不过,IEEE 802.11 标准也提到响应工作站可以根据某些具体情况拒绝使用开放系统认证的请求工作站的认证请求。

如图 18.2.1 所示,开放系统认证的整个过程只有两步:认证请求和响应。请求帧中没有包含涉及任何与请求工作站相关的认证信息,而只是在帧体中指明所采用的认证机制和认证事务序列号。

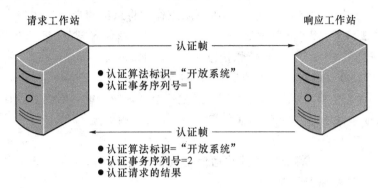

图 18.2.1   开放系统认证

2) 共享密钥认证

共享密钥认证是可选的,在这种方式中,响应工作站是根据当前的请求工作站是否拥有合法的密钥来决定是否允许该请求工作站接入,但并不要求在空中接口中传送这个密钥,采用共享密钥认证的工作站必须执行 WEP。

当请求工作站请求认证时,响应工作站就产生一个随机的质询文本并发送到请求工作站,请求工作站使用由双方共享的密钥加密质询文本并将其发送给响应工作站,响应工作站使用相同的共享密钥解密该文本后与自己发送的质询文本进行比较,如果相同则认证成功,否则认证失败。

认证基本过程如图 18.2.2 所示。

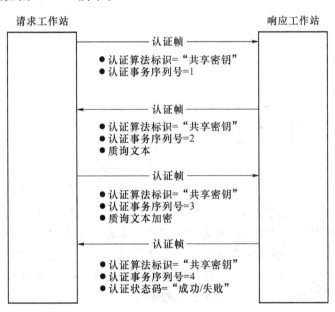

图 18.2.2   共享密钥认证

共享密钥认证的步骤如下:

a) 请求工作站发送认证管理帧。

b) 响应工作站收到后,返回一个认证帧,其帧体包括:认证算法标示="共享密钥认证"、认证事务序列号=2、认证状态码="成功"、认证算法依赖信息="质询文本",如果认证状态码是其他状态,则表明认证失败,质询文本不会被发送。这样整个认证过程就此结束。

c) 如果上一步中的状态码="成功",则请求工作站将从该帧中获得质询文本并用共享密钥通过 WEP 算法将其加密,然后发送一个认证管理帧。帧体包括:认证算法标示="共享密钥"、认证事务序列号=3、认证算法依赖信息="加密的质询文本"。

d) 响应工作站在接收到第三个帧后,使用共享密钥对质询文本解密,若和自己发送的相同,则认证成功,否则失败。同时响应工作站发送一个认证管理帧,帧体包括:认证算法标示="共享密钥"、认证事务序列号= 4、认证状态码="成功/失败"。

2. 加密

IEEE 802.11 定义了 WEP 来为无线通信提供和有线网络相近的安全性来有效地防止窃听。下面介绍 WEP 的加密原理。

WEP 是基于 RC4 算法的。RC4 算法(详见本书第 6.2 节)是流密码加密算法。用 RC4 加密的数据流丢失一位后,该位后的所有数据都会丢失,这是因为 RC4 的加密和解密失步造成的。所以在 IEEE 802.11 中 WEP 就必须在每帧重新初始化密钥流。

WEP 解决的方法是引入初始向量(IV),WEP 使用 IV 和密钥级联作为种子产生密钥流,通过 IV 的变化产生 Per-Packet 密钥。为了和接收方同步产生密钥流,IV 必须以明文形式传送。同时为了防止数据的非法改动以及传输错误,引入了综合检测值(ICV)。

在图 18.2.3 给出了 WEP 的加密过程。

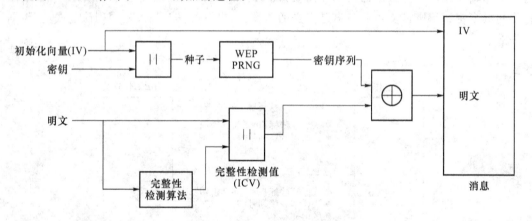

图 18.2.3　WEP 加密功能框图

密钥和初始化向量(IV,initialization vector)一起生成一个输入 PRNG(伪随机码产生器)的种子。PRNG 输出一个密钥序列。该序列字节长度等于媒介访问控制协议数据单元(MPDU)的扩展字节长度(MPDU+4 字节)。因为该密钥序列同样要保护完整性检测值(ICV,integrity check value)。这两个过程将作用于明文状态的 MPDU。为了防止未授权数据修改,完整性检测算法作用于明文,产生一个 ICV。加密过程是通过对明文和 ICV 与密钥序列异或操作来完成的。被处理的 MPDU 输出的内容是密文和 IV。

WEP PRNG 是该过程的重要步骤。它将一个较短的密钥变成一个任意长度的密钥序列。IV 延长密钥使用周期,并且提供算法自同步的性质。因为密钥可以保持不变而 IV 定期改变。

WEP 算法应用于 MPDU 的帧实体。IV、帧体和 ICV 组成实际要发的数据。

采用 WEP 保护的帧,帧实体前 4 字节是 IV 信息。PRNG 的种子是 64 位。IV 的 0～23 位对应于种子的 0～23 位,而密钥的 0～39 位对应于种子的 24～63 位。紧随 IV 之后的是 MPDU,在 MPDU 之后是 ICV。WEP ICV 长度为 32 位,产生 ICV 的算法是 32 位的循环移位校验算法,即 CRC32 算法。如前所述,WEP 将明文与密钥流进行异或处理。

图 18.2.4 给出了 WEP 的解密过程,解密过程从收到的信息开始。接收信息中的 IV 用于生成解密所需要的密钥序列。用解密序列解密出原始明文和 ICV。对解密过程的校验是通过对所恢复明文执行完整性检测,以及将输出的 ICV^1 和随消息传送的明文 ICV 进行比较来实现的。如果 ICV^1 和收到的 ICV 相同,证明数据正确,反之则有错误。

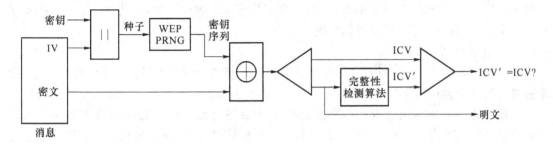

图 18.2.4　WEP 解密功能框图

18.2.2　针对 WEP 的分析

IEEE 802.11 的安全机制提出后,许多人都认为 WEP 能在黑客面前建立牢不可破的安全防线。然而随着无线网络逐渐流行,一些学者发现了 IEEE 802.11 的安全机制中存在的严重漏洞,下面简要介绍一下目前的分析结果。

1. 认证及其弱点

除了 IEEE 802.11 规定了的两种认证方式外,服务组标志符(SSID)和 MAC 地址控制也被广泛使用。

1) 开放系统认证

根据前文的介绍,IEEE 802.11 规范中,开放系统认证实质上是空认证,采用这种认证方式任何用户都可以成功认证。

2) 共享密钥认证

采用共享密钥认证的工作站必须执行 WEP,共享密钥必须以只读的形式存放在工作站的管理信息库(MIB,management information base)中。由于 WEP 是采用将明文和密钥流进行异或的方式产生密文,同时认证过程中密文和明文进行异或即可恢复出密钥流。由于 AP 的挑战一般是固定的 128 位数据,一旦攻击者得到密钥流,他就可以利用该密钥流产生 AP 挑战的响应,从而不需要知道共享密钥就可以获得认证。如果后续网络通信没有使用加密手段,则攻击者已经完成了伪装的攻击,否则,攻击者还将采用其他的攻击手段来辅助完成其攻击。

3) 服务组标志符

SSID 是用来逻辑分割无线网络,以防止一个工作站意外连接到邻居 AP 上,它并不是为提供网络认证服务而设计的。一个工作站必须配置合适的 SSID 才能关联到 AP 上,从而获得网络资源的使用。

由于 SSID 在 AP 广播的信标帧中是以明文形式传送的,非授权用户可以轻易得到它。即使有些生产厂家在信标帧中关闭了 SSID,使其不出现在信标帧中,非授权用户也可以通过监听轮询响应帧来得到 SSID。因此 SSID 并不能用来提供用户认证。

4) MAC 地址控制

IEEE 802.11 中并没有规定 MAC 地址控制,但许多厂商提供了该项功能以获得附加的安全,它使得只有注册了 MAC 的工作站才能连接到 AP 上。由于用户可以重新配置无线网卡的 MAC 地址,非授权用户可以在监听到一个合法用户的 MAC 地址后,通过改变他的 MAC 地址来获得资源访问权限,所以该功能并不能真正地阻止非授权用户访问资源。

根据以上分析,IEEE 802.11 提供的认证手段都不能有效地实现认证目的。另外,IEEE 802.11 只是单向认证,即只认证工作站的合法性,而没有认证 AP 的合法性,这使得伪装 AP 的攻击很容易实现,很容易实施会话劫持和中间人攻击。

2. 完整性分析

为了防止数据的非法改动和传输错误,IEEE 802.11 在 WEP 中引入了综合检测值(ICV)来提供对数据完整性的保护,它是采用 CRC-32 函数来实现。然而,CRC-32 函数是设计用来检查消息中的随机错误,并不是安全杂凑函数,它不具备身份认证的能力,因为任何人都可以计算出明文的 ICV 值。当它和 WEP 结合以后,由于 WEP 使用的是明文和密钥流异或的方式产生明文,而 CRC-32 函数对于异或运算是线性的,因而不能抵御对明文的篡改。

另外 WEP 的完整性保护只应用于数据载荷,而没有包括应当保护的所有信息,如源、目的地址以及防止重放等。对地址的篡改可形成重定向或伪造攻击,而没有重放保护可以使攻击者重放以前获得的数据形成重放攻击。

已经证明,通过使用 Bit-Flipping 技术,攻击者可以任意地改动密文帧,根据相关知识,攻击者可以有目的地篡改数据使之符合其需要。

3. 机密性分析

IEEE 802.11 提供了 WEP 来进行数据保密,由前文可知,WEP 是基于 RC4 算法的。

1) 弱密钥问题

RC4 算法的密钥空间存在大量的弱密钥,在使用这些密钥作为种子时,RC4 算法输出的伪随机序列存在一定的规律,即种子的前面几位很大程度上决定了输出的伪随机序列的前面一部分比特位。

WEP 只是简单的级联 IV 和密钥形成种子,可是它暴露了 Per-Packet 密钥的前三个字节。而 WEP 数据帧中的前两个字节是 IEEE 802.2 的头信息,即这两字节信息是已知的。根据 WEP 算法,这两个字节的密钥流可以通过明文和密文的异或获得。这样,根据密钥种子的前三个字节和密钥流的前两个字节,可以确定该密钥是否是弱密钥。而且已经证明,获得足够多的弱密钥,是可以恢复出 WEP 中的共享密钥。

2) 静态共享密钥和 IV 空间问题

IEEE 802.11 没有密钥管理的方法,使用静态共享密钥,通过 IV/Share Key 来生成动态密钥。

IEEE 802.11 中对于 IV 的使用并没有任何的规定,只是指出最好每个 MPDU 改变一个 IV。如果采用 IEEE 802.11 对密钥管理中的 AP 和其 BSS 内的移动节点共享一个 Share Key 的方案,如何避免各个移动节点的 IV 冲突则是个问题:若采用 IV 分区,或者需要固定 BSS 内成员,或者需要某种方法通知移动节点采用哪些 IV;若采用随机选择 IV,已经证明 IV 易被重复使用。如果采用各移动节点各自建立密钥映射表,虽然可以有效利用 IV 空间,但这隐含着需要一个密钥管理体制。IEEE 802.11 没有提供密钥管理体制,而且随着站点数的增加,密钥的管理将更加困难。另外,IV 空间最多也就只有 2^{24},在比较繁忙的网络中,不长的时间 IV 就会重复,并不能坚持很长时间。

根据以上分析,WEP 协议面临着许多有效的攻击手段,这使得 WEP 无法提供有效的消息保密性。

最后总结 IEEE 802.11 的安全问题如下:

➤ 认证协议是单向认证且过于简单,不能有效实现访问控制;

➤ 完整性算法 CRC-32 不能阻止攻击者篡改数据;

➤ WEP 没有提供抵抗重放攻击的对策;

➤ 使用 IV 和 Share Key 直接级联的方式产生 Packet Key,在 RC4 算法下容易产生弱密钥;

➤ IV 的冲突问题,重用 IV 会导致多种攻击。

以下是根据 WEP 存在的问题对其进行的典型攻击。

1) 弱密钥攻击

现在已经有工具可以利用弱密钥这个弱点,在分析 100 万个帧之后即可破解 RC4 的 40 位或 104 位的密钥。经过改进,在分析 20 000 个帧后即可破解 RC4 的密钥,在 IEEE 802.11b 正常使用的条件下,这只需要花费 11 s 的时间。

2) 重放攻击

在 WLAN 和有线局域网共存时,攻击者可以改变某个捕获帧的目的地址,然后重放该帧,而 AP 会继续解密该帧,将其转发给错误的地址从而攻击者可以利用 AP 解密任何帧。

3) 相同的 IV 攻击

通过窃听攻击捕获需要的密文,如果知道其中一个明文,则可以立刻知道另一个明文。更一般地,在实际中明文具有大量的冗余信息,知道两段明文将其异或处理就很可能揭示出两个明文,既然可知 n 中每一对明文的异或结果,可以使用许多方法来求解明文,如展开统计式攻击、频率分析等。

4) IV 重放攻击

通过从因特网向 WLAN 上的工作站发送给定的明文,然后监听密文、组合窃听和篡改数据攻击,攻击者可以得到对应 IV 的密钥流。一旦得到该密钥流,攻击者可以逐字节延长密钥流。周而复始,攻击者可得到该 IV 任意长度的密钥流。这样攻击者可以使用该 IV 对应的密钥流加密或解密相应的数据。

5) 针对 ICV 线性性质的攻击

由于 ICV 是由 CRC-32 产生的,而 CRC-32 运算对于异或运算而言是线性的,因而无法发现消息的非法改动,所以无法胜任数据完整性检测。

18.3　IEEE 802.1x 认证

18.3.1　IEEE 4802.1x 认证简介

IEEE 802.1x 协议是基于 Client/Server 的访问控制和认证协议。它可以限制未经授权的用户/设备通过接入端口(access port)访问 LAN/WLAN。IEEE 802.1x 协议的体系结构中包括 3 个重要部分:

- ➤ 客户端。也就是认证的申请者,一般为一个用户移动终端或工作台,其上通常要安装一个客户端软件,当用户有上网需求时,通过启动这个客户端软件发起认证过程。
- ➤ 认证者。在 IEEE 802.11 网络中就是接入点,在认证过程中只起到"透传"的功能,所有的认证工作在申请者和认证服务器上完成。
- ➤ 认证服务器。通常采用远程接入用户认证服务(remote authentication dial-in user service,RADIUS)服务器,该服务器可以存储有关用户的信息,通过检验客户端发送来的信息来判断用户是否有权使用网络系统提供的网络服务。

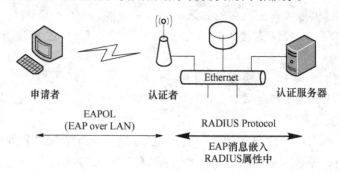

图 18.3.1　IEEE 802.1x 认证模型

图 18.3.1 为 IEEE 802.1x 的认证模型,请求者和认证服务器之间通过 EAP(extensible authentication protocol,可扩展的认证协议)进行认证,EAP 协议包中封装认证数据。请求者和认证者之间采用 EAPOL(EAP over LAN)协议(基于局域网的扩展认证协议)把 EAP 包封装在 LAN 上;认证者和认证服务器之间同样运行 EAP 协议,该协议承载在其他高层协议(如 RADIUS)中,以便穿越复杂的网络到达认证服务器。在获得交换机或 LAN 提供的各种业务之前,IEEE 802.1x 对连接到认证者上的用户/设备进行认证。在认证通过之前,IEEE 802.1x 只允许 EAPOL 数据通过设备连接的认证者设备端口;认证通过以后,正常的数据可以顺利地通过以太网端口。

EAP 采用的是端口控制原理。认证者对应于不同用户的端口,可以是物理端口,也可以是用户设备的 MAC 地址,VLAN、IP 等。EAP 有两个逻辑端口:控制端口和非控制端口。非控制端口始终处于双向连通的状态,不管是否处于授权状态都允许申请者和局域网中的其他计算机进行数据交换,主要用来传输 EAPOL 协议帧,可保护随时接收客户端发出的认证 EAPOL 报文;控制端口只有在认证通过的状态下才打开,用于传递网络资源和服务,可配置为双向受控和仅输入受控两种方式,以适应对不同的应用环境。

18.3.2　EAP 协议

EAP 拥有一系列消息用于双方初始认证及结束之后的处理。这些消息与各种上层协议一同使用。EAP 也允许通信双方交互他们系统采用的认证算法的相关信息。认证算法的具体内容在 EAP 中没有定义,原则上可以使用任何认证算法。正是因为这一特性,EAP 协议被称为可扩展的认证协议。

在 RFC 2284 中给出了 EAP 的详细描述,其中规定了如下 4 种可供传送的消息:

➤ Request。由认证方给申请者的消息。

➤ Response。由申请者返回给认证方的消息。

➤ Success。由认证方发送的消息,指示允许申请者接入。

➤ Failure。由认证方发送的消息,指示拒绝申请者接入。

这里的消息是基于认证方的,该协议用于在 PPP 等点到点网络中的认证,可支持多种认证机制。在 IEEE 802.1x 中对 EAP 进行了简单的修改形成了 EAPOL 协议,使其能在广播式的以太网中使用。

在 EAP 的基础上进行扩展,则产生了多种认证协议,(例如,EAP-MD5 通过 RADIUS 服务器提供简单的单向用户认证);EAP-OTP 是基于一次性口令方式进行认证,也是一种单向认证;EAP-TLS 既提供认证,又提供动态会话密钥分发,是一种双向认证协议等。

下面以 EAP-MD5 为例来说明 EAP 过程,其协议流程如图 18.3.2 所示。

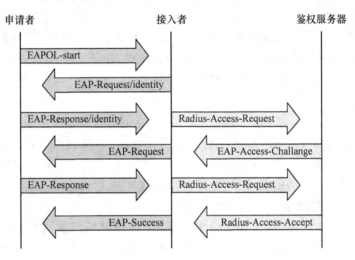

图 18.3.2　EAP-MD5 协议流程

1) 当用户有上网需求时,打开 IEEE 802.1x 客户端程序,输入用户名和口令发起连接。此时,申请者将发出"EAPOL_start 请求认证"报文给 AP,开始启动一次认证过程。

2) AP 收到"请求认证"数据帧后,发出请求帧"EAP-Request/identity",要求用户的客户端程序将输入的用户名送上来。

3) 客户端程序响应请求,将"用户名"信息通过数据帧送给 AP,AP 将客户端送上来的数据帧经过封包处理后,形成"Radium-Access-Request"送给鉴权服务器进行处理。

4) 认证服务器收到 AP 转发上来的"Radium-Access-Request"信息后,提取"用户名"信息,将该信息与数据库中的"用户名"表项比较,找到该"用户名"对应的"口令"信息,用随机生成的加密字(设为 rand)对其运行 MD5 算法进行计算,这里用[pw]$_{rand}$表示,认证服务器保存[pw]$_{rand}$,同时将 rand 传给 AP,并通过 AP 发送"EAP-Request"消息转传给客户端程序。

5) 客户端程序收到 AP 转传来的 rand 后,用该加密字对"口令"(为区别前面的口令,这里用 pw′表示)同样运行 MD5 算法进行计算,则获得[pw′]$_{rand}$并通过 AP 转传给认证服务器。

6) 认证服务器将收到的加密后的口令信息[pw′]$_{rand}$和之前自己经过加密运算后的口令信息[pw]$_{rand}$进行对比。如果相同,则认为该用户为合法用户,反馈认证通过的信息,并向 AP 发出打开控制端口的指令,允许用户的业务流通过控制端口访问网络;否则,反馈认证失败的消息,并保持 AP 端口关闭的状态,只允许认证信息数据通过而不允许用户的业务数据通过。

7)认证成功后,认证服务器通过有线 LAN 向 AP 发送会话密钥。

可见,在该协议中能够认证通过的前提是请求者和鉴权服务器所保存的口令相同,即 pw=pw′,以及双方的 MD5 算法一致。

18.4 IEEE 802.11i 中的安全

IEEE 802.11i 规定仍然使用 IEEE 802.1x 鉴别,在数据加密方面则定义了 TKIP、CCMP (counter-mode/CBC-MAC protocol)和 WRAP(wireless robust authenticated protocol)3 种加密机制。其中 TKIP 采用 WEP 机制里的 RC4 作为核心加密算法,可以通过在现有的设备上升级固件和驱动程序的方法达到提高无线局域网的安全目的。CCMP 机制基于 AES (advanced encryption standard)加密算法和 CCM(counter-mode/CBC-MAC)鉴别方式,使无线局域网的安全程度大大提高,是实现 RSN 的强制性要求。由于 AES 对硬件要求比较高,因此 CCMP 无法通过在现有的设备基础上进行升级来实现。WRAP 机制基于 AES 算法和 OCB(offset code book),是一种可选的加密机制。此外,IEEE 802.11i 对密钥的使用及管理进行了规定,一致的密钥也是成功进行加密的前提。

18.4.1 密钥管理

IEEE 802.11i 定义了 EAPOL-Key 密钥交换协议,该协议被称为四次握手协议,其目的是使接入点(或验证)和无线客户端(或客户端)可以独立地向对方证明他们知道 PMK(成对主密钥),而没有披露的自己的密钥,同时得到 PTK/GTK(成对临时密钥/组临时密钥)。在这个过程中使用了很多密钥,并拥有两种密钥层次。

成对主密钥(PMK)的长度为 256 位密钥,处于密钥管理层次结构的最顶端,是客户站 (STA)和接入点(AP)需要共同持有的相同的密钥。该密钥是 AP 对 STA 进行身份验证后,生成的一个共享密钥。如果是采用预共享密钥方式,PMK 实际上就是 PSK。如果是采用 802.1x EAP 交换方式,PMK 是通过认证服务器提供的 EAP 参数导出。

成对临时密钥(PTK)是一组密钥的集合,其中的两个密钥用来保护用户数据,另外两个密钥用来保护 EAPOL 握手信息。具体包括的密钥如下:

➢ 数据加密密钥(TK,temporal key),128 bit;

➢ 数据完整性密钥(TMK,TKIP MIC key),128 bit;

➢ EAPOL-Key 加密密钥(KEK,key encryption key),128 bit;

➢ EAPOL-Key 完整性密钥(KCK,key confirmation key),128 bit。

PTK 在移动设备每次关联到接入点时都要重新计算,其计算过程如图 18.4.1 所示。其中密钥生成算法除了 PMK 作为主要参数外,还需要申请认证方的 MAC1 地址、认证方 MAC2 地址、申请认证方产生的随机数 SNonce 和认证方产生的随机数 ANonce。

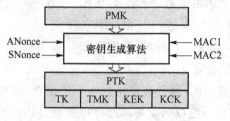

图 18.4.1　PTK 生成图

为了保证组播和广播通信时 AP 和 STA 之间的通信安全,IEEE 802.11 中还定义了组密钥。组密钥包括:

> 组主密钥(GMK)。256 bit,是由接入点选择具有密码性质的 256 bit 随机数构成,保存在接入点内部,用来生成组临时密钥。

> 组临时密钥(GTK)。256 bit,在接入点设备中产生,并加密传送到 STA 上。具体地,在接入点中由 GMK、当前值及接入点的 MAC 地址导出,分为小组加密密钥(128 bit)和小组完整性密钥(128 bit)两个,用当前的序列号作为 IV 和用 PTK 作为密钥生成密钥流,加密传输 GTK 到 STA 上。

在 STA 和 AP 成功通过 EAP 认证协议并建立了 PMK 之后,需要通过 EAPOL-Key 交换过程完成以下工作:确认申请方与认证方之间共享了 PMK;创建用于保密通信的临时密钥;认证协商过的安全参数;分发组密钥材料并执行组密钥握手。这个过程也被称为 4 次握手协议,这是因为在 EAPOL-Key 协议中有 4 个报文在申请方和认证方之间进行交换。

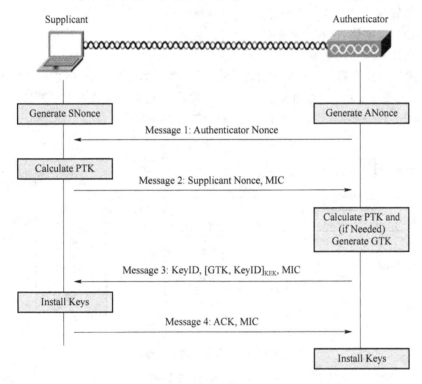

图 18.4.2　EAPOL-Key 交换

EAPOL-Key 交换如图 18.4.2 所示,具体过程如下。

第 1 次握手:认证者(即 AP)发送消息帧 1 到申请者(即 STA),其中包含认证方产生的随机数 ANonce。

第 2 次握手:STA 收到消息帧 1 后提取 ANonce 和 AP 的 MAC 地址(AP_MAC),连同自己产生的随机数 SNonce 和 MAC 地址 STA_MAC,计算 PTK。然后发送消息帧 2,该帧中包含 SNonce 和连接中的安全参数等信息,并且该帧使用了已经计算出的 PTK 中 KCK 部分对消息帧 2 计算其完整性校验值 MIC,然后放入 EAPOL-Key 帧中一同发送给 AP。

第 3 次握手:AP 收到信息帧 2 后,得到 SNonce,采用与 STA 同样的方式计算出 PTK,根据该 PTK 中的 KCK 进行 MIC 值验证。若验证没通过,则丢弃消息帧 2;若验证通过,则向

STA 发送消息帧 3。消息帧 3 中包括 KeyID，它是 GTK 的当前序列号，并允许站检测重放广播消息，用 KEK 加密 GTK 和 KeyID，再用 KCK 计算 MIC 值，最后发送给 STA。

第 4 次握手：STA 收到消息帧 3 后对消息进行验证，验证通过后装入 PTK，并发送回应消息 ACK，表示已经装入 PTK。AP 在收到消息帧 4 后就装入 PTK。四次握手完成，至此 PTK 产生并装载完成，双方的密钥协商完成。

在无线网络 IEEE 802.11i 中，经过了一系列的身份验证及密钥分发等过程之后，通信双方就可以开始保密数据传输了。

18.4.2 TKIP 加密机制

WEP 存在如下问题：

> IV 值太短，不能防止重用；
> 由 IV 生成密钥的方法使它容易受到密钥攻击（FMS 攻击）；
> 对消息篡改没有有效的检测方法（消息完整性）；
> 直接使用主密钥，没有内置备份来更新密钥；
> 没有措施来防止消息重发。

针对上述问题提出需要一个过渡方案，在不更新硬件的前提下，通过更新软件的方式可以提高 WLAN 的安全，这个过渡方案就是 TKIP，被称为补遗工程的典范。TKIP 实际上是封装 WEP 会话信息的一种方式，解决了上述 WEP 存在的问题。

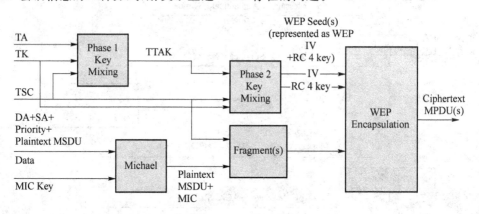

图 18.4.3　TKIP 加密过程

TKIP 的加密过程如图 18.4.3 所示，具体步骤如下：

1) 以 MSDU 源地址 SA、MSDU 目的地址 DA、优先级和明文 MSDU 为输入，在 MIC Key 的控制下计算 MIC，图中的 Michael 就是 TGi 工作组推荐的一种 MIC 算法。

2) 将 MIC 附在明文 MSDU 之后，如果 MSDU＋MIC 的长度超出 MAC 帧的最大长度，则进行分段得到 MPDU，MPDU 作为 WEP 硬件模块的输入明文。

3) TKIP 中使用一个 48bit 的计数器 TSC（TKIP sequence counter，作用同 WEP 中的 IV，但是为避免与 WEP 的 IV 混淆，故称为 TSC），每加密一帧计数器加 1。TSC 和发送方地址（TA）以及临时密钥（TK），经过两级密钥混合函数 Key Mixing 作为 WEP 的种子密钥 K。

4) WEP 硬件模块在 K 的控制下加密 MPDU，得到密文的 MPDU 并按规定格式封装后发送。

这里我们发现密钥混合中引入了 MAC 地址,它的好处是:两个设备(例如,A 和 B)通过一个共享的会话密钥通信时,如果 A 和 B 都从 IV 为 0 时开始,并且每发送一个数据包 IV 增加 1,那么很快就会发生 IV 冲突。但是,A 和 B 一定有不同的 MAC 地址。所以,通过将 MAC 地址混入每个数据包的密钥中,我们就可以保证,即使两个设备使用相同的 IV 和相同的会话密钥,在加密过程中被 A 使用的混合密钥与 B 也不会相同。

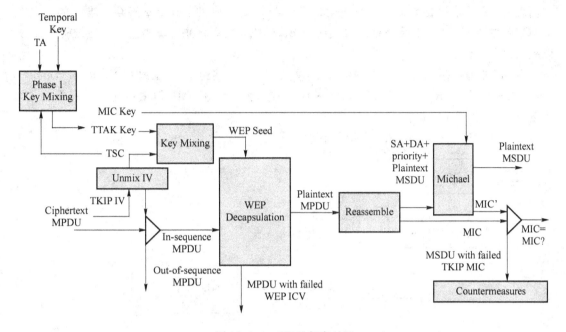

图 18.4.4 TKIP 解密过程

TKIP 的解密过程如图 18.4.4 所示,具体步骤如下:

1) 在 WEP 解封装接收到的 MPDU 之前,TKIP 从 WEP IV 域和扩展 IV 域中提取 TSC 序列号和密钥标识符 KeyID。若 TSC 超出了重放窗口,则该 MPDU 被丢弃。否则根据 Key-ID 提取出 TK,然后使用密钥混合功能构建 WEP 种子(WEP Seed)。

2) TKIP 将 WEP Seed 分解为 WEP IV 和 RC4 密钥的形式,并将其与 MPDU 一起传递给 WEP 进行解封装。

3) 如果 WEP 的 ICV 检查正确,则该 MPDU 被重新组装成 MSDU。如果 MSDU 重组成功,则接收器验证 TKIP MIC。如果 MSDU 重组失败,则丢弃 MSDU。

4) MIC 验证步骤通过 MSDU SA,DA,优先级和 MSDU 数据字段重新计算 MIC,然后将计算结果与接收的 MIC 进行比特比较。

5) 如果接收到的 MIC 和本地计算的 MIC 值相同,则验证成功,TKIP 应将 MSDU 传递到上层。如果二者不同,则验证失败,接收方应丢弃 MSDU,并采取适当的对策。

18.4.3 CCMP 加密机制

CCMP(the counter-mode/CBC-MAC protocol)是基于 AES 的 CCM 模式,该模式结合了 CTR(counter)模式用于数据保密和 CBC-MAC(cipher block chaining message authentication code)模式用于数据认证。

CTR(counter)模式使用单调增长的计数器(Counter)产生辅助数据,CTR 模式加解密只使用分组密码的加密原语,实现比较简单。Counter 如果重复,该模式将产生不安全的后果,因此在同一密钥下必须保证 Counter 的唯一性。所以在实际使用时,必须实行密钥管理,在 Counter 重复以前提供新鲜的会话密钥。

CBC 模式是分组密码广泛采用的一种模式,CBC 模式使用随机的 IV(initialization vector)来阻止平凡的(trivial)信息泄露。IV 使每个消息唯一化,要求保证使用同一密钥加密的消息的 IV 的唯一性。但这不是绝对的,而 CTR 模式中的 Counter 必须是唯一的。CBC-MAC 模式除了可以用来保密数据,其中的 CBC 模式还可以用来计算消息完整性校验(MIC),以提供数据认证。

CCMP 是操作在 MPDU(MAC 协议数据单元)上的,它使用了 48 位的 PNC(packet number),PN 被用来构建 CTR 模式的 Counter 和 CBC-MAC 的 IV。CCMP 使用 48 位的 PN 是为了减少 Rekey,从而简化密钥管理。

CCMP 加密过程如图 18.4.5 所示。

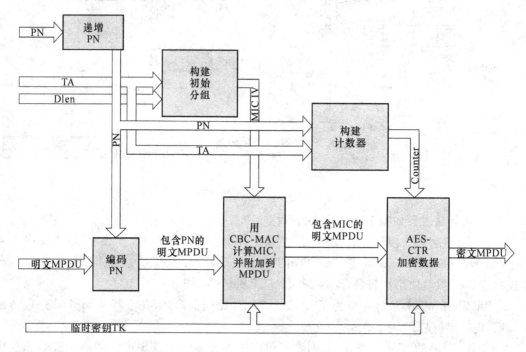

图 18.4.5　CCMP 加密框图

CCMP 的加密步骤如下:

1) 增加 PN,保证对于每个 MPDU 有一个新鲜的 PN,把 PN 编入 MPDU;

2) 利用 MPDU 的 TA、MPDU 数据长度 Dlen 和 PN 构造 CCM-MAC 的 IV;

3) 使用该 IV,CCMP 在 CCM-MAC 下使用 AES 计算出 MIC,将 MIC 截为 64 位,添加在数据后面;

4) 利用 PN 和 MPDU TA 构造 CTR 模式的 Counter;

5) 使用该 Counter,CCMP 在 CTR 模式下使用 AES 加密 MPDU 数据和 MIC。

CCMP 解密过程如图 18.4.6 所示。

CCMP 的解密步骤如下:

1) 从接收包中解出 PN 和 Dlen,Dlen 至少有 16 个字节用以包括 MIC 和 PN;

2）进行重放检测，如果 PN 在重放窗口之外，丢弃该 MPDU；

3）利用 PN 和 MPDU 的 TA 构造 CTR 模式的 Counter；

4）利用该 Counter，进行 CTR 模式解密；

5）利用 MPDU 的 TA、Dlen 和 PN 构造 CCM-MAC 的 IV，Dlen 要减去 16，以排除 MIC 和 SN；

6）使用该 IV，CCMP 在 CCM-MAC 下使用 AES 重新计算出解密过的 MPDU 的 MIC′。比较 MIC′和收到的 MIC，如不匹配则丢弃该数据。

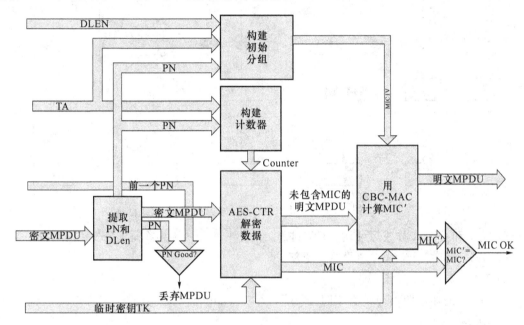

图 18.4.6　CCMP 解密框图

CCMP 同样要和密钥管理结合，才能成为安全的协议，MIC 保护了源地址、目的地址、QoS 和 Replay Counter 免受篡改或伪造包序列号检查，防止了重放攻击。CCMP 保证了在同一密钥下不会重用 Counter 和 IV 以及两者不一样。

18.4.4　WRAP 加密机制

WRAP 是基于 128 位的 AES 在 OCB 模式下的使用，OCB 模式通过使用同一个密钥对数据进行一次处理，同时提供了加密和数据完整性检测。

OCB 模式使用 Nonce（一个随机数）使加密随机化，避免了相同的明文被加密成相同的密文。OCB 模式的加密过程如图 18.4.7 所示。

其中，Nonce 是 OCB 模式的初始向量；$\mathrm{ntz}(i)$ 是使 2^z 整除 i 的最大整数 z（例如，$\mathrm{ntz}(7)=0$，$\mathrm{ntz}(8)=3$）；$\mathrm{len}(M(m))$ 是把 $M[m]$ 的长度值扩展到 128 bit。

OCB 的处理过程如下：

1）$L(0)=E_k(0)$；

2）$L(-1)=\mathrm{lsb}(L(0))?\ (L(0)\gg1)\oplus\mathrm{const}43；(L(0)\gg1)$；

3）For $i>0,L(i)=\mathrm{lsb}(L(i-1))?\ (L(i-1)\ll1)\oplus\mathrm{const}87；(L(i-1)\ll1)$；

4）Nonce 和一个 128 位串 L 异或后，使用 AES_k 加密，结果是 Offset；

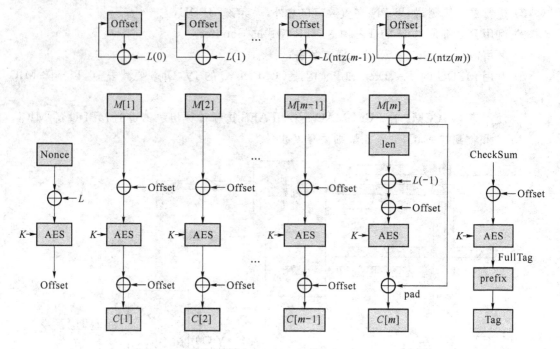

图 18.4.7　AES OCB 模式的加密过程

5) 明文和 Offset 异或后使用 AES_k 加密,结果再和 Offset 异或得到密文 $C[i]$;

6) Offset 和一个新的 L 值异或后更新;

7) 重复 5)、6)至第 $M[m-1]$;

8) $M[m]$ 的加密跟前面稍有不同,$Y[m]=AES_k(\mathrm{len}(M[m])\oplus L(-1)\oplus Offset)$,$C[m]=Y[m]\oplus M[m]$;

9) 计算 $CheckSum=M[1]\oplus\cdots\oplus M[m-1]\oplus C[m]0^*\oplus Y[m]$,其中 $C[m]0^*$ 表示用 0 将 $C[m]$ 填充至一个完整分组,$tag=AES_k(CheckSum\oplus Offset)$(前 64 位或 t 位),t 为认证码的长度;

10) 得到密文是 $C[1]\cdots C[m]\parallel tag$。

OCB 模式的特点是,由于 OCB 使用单一过程密钥和认证数据,其软件实现大约比那些经典的方法(如 AES-CCM)快 1 倍。OCB 安全性定理指出任何针对 OCB 模式的攻击都可以转化为对其下层的加密方法的攻击。因此,如果信任 AES 的安全性,那么用 OCB 模式使用 AES 也是安全的。

WRAP 使用 AES-OCB 对数据单元进行操作,WRAP 使用单一的密钥 K 用于加密和解密,还使用一个 28 位的包序列计数器 Replay Counter,该计数器用来构造 OCB 模式的 Nonce。Nonce 是由 Replay Counter、服务等级、源/目的的 MAC 地址级联而成的。

AES-OCB 加密数据以后,增加了 12 个字节的头,包括 28 位的 Replay Counter、Key ID 和 64 位的 MIC,如图 18.4.8 所示。在 WEP 中的完整性算法 CRC-32 不能阻止攻击者篡改数据,起不到完整性保护的作用。保护完整性的通常做法是采用带密钥的 Hash 函数,一般称为消息认证码(MAC,message authentication code)。MIC(message integrity code)是防止数据篡改的方法。但是 IEEE 802 已经把 MAC 用为"media access control",所以 IEEE 802.11i 使用 MIC 的缩写方式。

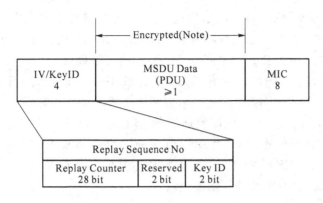

图 18.4.8　WRAP PDU 的结构

WRAP 的加密过程如下所示。

1) 构造 OCB 模式 Nonce,同时 Replay Counter 增加 2 来防止在同一密钥下的 Nonce 重用,从 AP 到 STA 的包使用奇数 Replay Counter,STA 到 AP 则使用偶数 Replay Counter。

2) 使用 AES 密钥和 Nonce,进行 OCB 模式加密数据,将 OCB 模式的 MIC 截为 64 位,如下:

$$OCB-ciphertext \parallel OCB-tag \leftarrow OCB-Encrypt(TK, nonce, data)$$

3) 把 Replay Counter 插入头部和它的加密数据之间,如下:

$$data \leftarrow Replay\ Counter \parallel OCB-ciphertext \parallel OCB-tag$$

WRAP 的解密过程如下所示。

1) 根据发送、接收的 MAC 地址和 Key ID 选择 Key。

2) 数据长度至少为 15 字节,包括 3 字节的 LLC 头和 12 字节的 AES 头。否则,丢弃该数据单元。计算该数据单元加密的总块数。

$$m = \lceil (data\ 长度 - 12) / AES\_Block\_size \rceil$$

如果数据分组的个数 m 与已经接收了的数据分组的个数之和大于 2^{48},则密钥 K 支持的加密保护已经耗尽,接收者丢弃该数据单元,请求重新生成密钥。

3) 从接收包中提取 Replay Counter,判断序号是否是重复的,如果是则丢弃。

4) 构造 Nonce,用 AES 密钥 OCB 模式解密数据单元,然后 OCB-tag 校验正确得到明文,否则包被篡改,丢弃。

WRAP 借助于密钥管理实现了安全协议。WRAP 不会在同一密钥下重用 Replay Counter,既防止了重放攻击,又保证了 Nonce 是唯一的,满足了初始 Offset 不冲突的要求。另外,OCB 模式使用软件实现效率高。但是由于专利的问题,该方案在 IEEE 802.11i 中是可选协议,实际上被抛弃。

18.5　本 章 小 结

本章我们主要讲述了无线局域网中使用的用来保证工作台和接入点之间进行无线安全传输的各种方法。

首先讨论的 WEP 已经被证实是不安全的,后续出现若干方案用来完善无线局域网中的安全,其中 TKIP 是用来解决 WEP 缺陷的过渡方案,它支持现有的无线设施,使用者可以通过软件和硬件升级的方式来过渡到最新标准中;IEEE 802.11i 则提供了较强的安全性,IEEE 802.11i 中的推荐协议是基于 AES 的 CCMP 协议,这需要硬件的更改,CCMP 使用 48 位的 IV,只调用了分组密码原语的加密原语;IEEE 802.11i 中的可选协议 WRAP 使用了 AES 的 OCB 模式,仍然使用 28 位 IV,调用了加密和解密两个原语。

CCMP 和 WRAP 的硬件实现性能差别很小,但是对于软件实现,AES-CCM 的代码尺寸大约是 AES-OCB 的代码尺寸一半,而 AES-OCB 的速度是 AES-CCM 的速度的两倍。CCM 模式没有专利限制,而 OCB 模式有三个方面声称对其拥有所有权,所以 IEEE 802.11i 规定 CCMP 作为标准协议,WRAP 作为可选的协议。

18.6 习　　题

(1) 无线局域网安全主要解决哪些安全问题?

(2) 请分析 WEP 的工作原理,列举 WEP 的缺陷。

(3) 请分析 WEP 中 IV 的作用和由于 IV 引发的安全缺陷。

(4) 请描述 WLAN 安全中的密钥层次。

(5) 什么是 EAP?

(6) 请描述 EAP-OTP 过程。

(7) 请描述 EAP-TLS 过程。

(8) 简述 TKIP 的工作原理。

(9) 简述 CCMP 的工作原理。

(10) 简述 WRAP 的工作原理。

(11) 请比较 CCMP 和 WRAP。

(12) 请比较 TKIP 和 WEP。

(13) 与 WEP 相比,TKIP 有哪些改进?

第 19 章

WiMax 安全

19.1　WiMax 简介

WiMax(world interoperability for microwave access)是 IEEE 802.16 技术在市场推广方面采用的名称,其物理层和 MAC(media access control)层基于 IEEE 802.16 工作组开发的无线城域网(WMAN)技术,WiMax 也是 IEEE 802.16 技术的别称。

目前 IEEE 802.16 主要涉及两个标准:固定宽带无线接入标准 IEEE 802.16-2004(802.16d)和支持移动特性的宽带无线接入标准 IEEE 802.16-2005(802.16e)。IEEE 802.16d 标准于 2004 年 10 月 1 日发布,它规范了固定接入方式下用户终端同基站系统之间的空中接口,主要定义空中接口的物理层和 MAC 层。IEEE 802.16e 标准于 2006 年 2 月 28 日发布,它是对 IEEE 802.16d 的修正和在移动性上的增补,该标准规定了移动宽带无线接入系统的空中接口,同时并不影响 802.16d 规定的固定无线接入用户能力。WiMax 空中接口规范同时涵盖 IEEE 802.16d 和 IEEE 802.16e 标准。

WiMax 的基本目标是提供在城域网一点对多点环境下,多厂商设备有效互操作的宽带无线接入手段。它是一项新兴的无线通信技术,能提供面向互联网的高速连接。WiMax 的无线信号传输距离最远可达 50 km,其网络覆盖面积是 3G 基站的 10 倍。在 IEEE 802.16 的体系结构中实现了射频(RF)技术、编码算法、MAC 协议和数据包处理能力等技术的融合,这些发展使得无线接入网络的高带宽成为可能,并超过了蜂窝网络的覆盖范围。WiMax 还支持固定、游牧、便携、简单移动和自由移动 5 个场景,能在大部分的城市地区和主要高速公路沿线提供高速 Internet 接入。

为了形成一个可运营的网络,WiMax 论坛应运而生。WiMax 论坛成立于 2001 年 4 月。最初该组织旨在对基于 IEEE 802.16 标准和 ETSI HiperMAN 标准的宽带无线接入产品进行一致性和互操作性认证。随着 IEEE 802.16e 技术和规范的发展,该组织的目标也逐步扩展,除认证工作外,还致力于可运营的宽带无线接入系统的需求分析、应用场景探索、市场拓展等一系列大力促进宽带无线接入市场发展的工作。通常认为,IEEE 802.16 工作组是空中接口规范的制定者,而 WiMax 论坛是技术和产业链的推动者。

19.1.1　WiMax 技术优势

WiMax 与现有的无线局域网(WLAN,wireless local area network)以及第三代移动通信系统(3G)相比,有自身的特点和优势。

1. 传输距离远

基于 OFDM(orthogonal frequency division multiplexing,正交频分复用)技术的 WiMax,具备非视距传输能力,能有效抗衰减和多径干扰。在理论上,WiMax 的无线信号传输距离最远可达 50 km,是无线局域网不能比拟的,其网络覆盖面积是 3G 基站的 10 倍,只要建设少数基站就能实现全城覆盖,这就使得无线网络应用的范围大大扩展。

2. 接入速度高

WiMax 的调制技术 OFDM 与 WLAN 标准 IEEE 802.11a 和 IEEE 802.11g 相同,每个频道的带宽为 20MHz,但因为可通过室外固定天线稳定地收发无线电波,所以无线电波可承载的比特数高于 IEEE 802.11 标准,因此可实现 75 Mbit/s 的最大传输速度,这个速度是 3G 所能提供的宽带速度的 30 倍,是 HSDPA 的速度的 5 倍,数据传输能力强大,可弥补 3G 在数据传输速率与 WLAN 涵盖范围方面的不足。

3. 建设成本低

与有线网络相比,不需要铺设线缆,而通过无线方式实现宽带连接,因此建设成本低。作为一种无线城域网技术,它可以将 Wi-Fi 热点联接到互联网,也可作为 DSL(digital subscriber line)等有线接入方式的无线扩展,实现最后一公里的宽带接入。WiMax 可为 54 公里线性区域内的用户提供服务,用户无须线缆即可与基站建立宽带连接。

4. 兼容程度高

相对于其他有线,WiMax 有统一的国际标准,不同厂商经过 WiMax 技术认证的设备,可在同一系统中工作,互操作性强。

5. 业务范围广

由于 WiMax 较之 Wi-Fi 具有更好的可扩展性,从而能够实现电信级的多媒体通信服务,以满足不同用户的应用需要。WiMax 支持 VoIP、视频会议、流媒体下载、网页浏览等业务。

6. QoS 机制完善

在 WiMax 标准中,在 MAC 层定义了较为完整的 QoS 机制。MAC 层针对每个连接可以分别设置不同的 QoS 参数,包括速率、延时等指标。为了更好地控制上行数据的带宽分配,标准还定义了四种不同的上行带宽调度模式,分别为主动授权业务(UGS)、实时轮询业务(rtPS)、非实时轮询业务(nrtPS)和尽力而为(BE)业务。

19.1.2　WiMax 安全威胁

WiMax 作为一种无线网络,由于无线传输信道的开放性,以及城域网的传输距离远,应用环境复杂,信息容易被截获、窃取和破坏,因此安全问题备受关注。概括起来,无线城域网系统的安全威胁主要表现在以下几个方面:

1)非法接入网络。对于电信网络来说,这是运营商面临的最大的安全威胁。攻击者可以借此逃避通信费用。如果是冒充合法用户,还会给他人造成损失。

2)伪基站与伪网络。攻击者假冒网络设备(如基站)诱使合法用户接入。这种攻击形式成本较高,但带来的威胁也是严重的,比如攻击者可以进一步伪造登录页面要求用户输入账号口令等。

3)网络窃听。由于网络采用介质共享技术,因此攻击者可以用无线网卡的蜕壳软件,结合网络嗅探器很容易地捕捉到网络中传送的所有数据。

4)非法篡改通信数据。这是一种常见的主动攻击形式,假设用户正在进行一笔网上交易,一定不希望有人在自己的转账金额后边加上一个零。

5) 重放报文攻击。这是另一种主动攻击,攻击者通过窃取并重放旧的报文,达到某种攻击目的。例如,重放某个删除操作指令。

6) 拒绝服务攻击。攻击的目的是中断正常的网络服务,使得合法的用户无法接入网络。

19.2　WiMax 安全框架

19.2.1　WiMax 协议模型

如图 19.2.1 所示,IEEE 802.16 协议分层模型主要包括了物理层和 MAC 层,物理层定义多种技术,以适用不同的频率范围和应用;MAC 层则由特定业务汇聚子层、MAC 公共部分子层和安全子层三个子层组成。

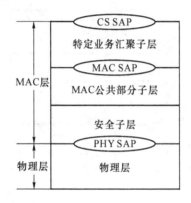

图 19.2.1　IEEE 802.16 协议分层模型

1. 特定业务汇聚子层

该子层提供以下两者之间的转换和映射服务:从 CS SAP(汇聚子层业务接入点)收到的上层数据;从 MAC SAP(MAC 业务接入点)收到的 MAC SDU(MAC 层用户数据单元)。

2. MAC 公共部分子层

该子层提供 MAC 层核心功能,包括系统接入、带宽分配、连接建立、连接维护等。MAC 公共部分子层通过 MAC SAP 从多个汇聚子层接收数据,并分类到特定 MAC 连接。

3. 安全子层

安全子层是 IEEE 802.16 规范为了突出安全的重要性,专门在 MAC 层中增加了一层,处理与安全相关的内容,提供认证授权、安全的密钥交换、加解密处理等安全服务。

19.2.2　WiMax 安全框架

一般来说,WiMax 安全机制是指在 IEEE 802.16 标准中定义的安全机制,一般包括认证和机密性保护两种够安全功能。认证指 WiMax 设备向网络侧设备证明自己身份的过程。机密性保护指在 WiMax 系统中传输的数据只能被授权的设备理解,而不能被非授权设备理解。

图 19.2.2 是 IEEE 802.16 标准中从较高层面给出的 WiMax 安全框架。由图可知,在 IEEE 802.16 标准中,WiMax 安全只是保护 WMAN 中 SS/MS 和 BS 之间的通信链路的安

全,而在 BS 之后的运营商有线网络安全或端到端安全需要采取其他措施来保证。WiMax 系统通过执行三个步骤(身份验证、密钥建立和数据加密)提供安全通信。认证过程利用 SS / MS 和 BS 的公钥完成安全的数据加密密钥交换,并以此密钥来加密 WiMax 数据通信。

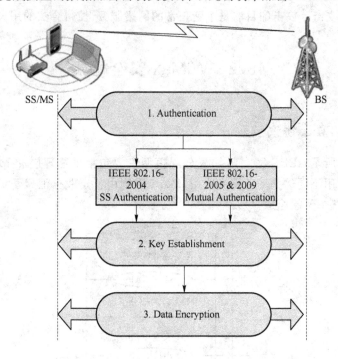

图 19.2.2　WiMax 安全框架

19.3　WiMax 安全机制

由于 IEEE 802.16 协议有两个版本:一个是为固定无线宽带接入系统设计的 IEEE 802. 16-2004,另一个是为移动的无线宽带接入系统设计的 IEEE 802.16-2005。而后者又是在前者的基础上改进后规定的安全机制,所以首先来介绍和分析 IEEE 802.16-2004 协议的安全机制。

19.3.1　IEEE 802.16 固定接入系统的安全机制

IEEE 802.16 协议安全子层内容较多,主要包括了密钥管理(PKM,privacy key management)、动态 SA(security association)产生和映射、密钥的使用、加密算法、数字证书等。但归纳起来,加密层主要由以下两部分内容组成。

1. PKM 协议

IEEE 802.16 早期版本的 PKM 参照电缆调制传输技术 DOCSIS(data-over-cable service interface specifications)中的密钥管理协议结合 WiMax 网络特点修改得到的。PKM 采用公钥密码技术提供从基站到用户的密钥数据的安全分配和更新,是加密层里的核心内容。通过密钥管理协议,用户站和基站同步密钥数据;另外,基站使用这个协议来实现基站(BS,base station)对用户终端(MSS,mobile subscriber station)的身份认证,接入授权,实施对网络服务的有条件接入。

　　PKM 协议使用 X.509 公钥证书,RSA 公钥算法或者 3DES(Triple DES)来保护 MSS 与 BS 之间的密钥分配。每个 MSS 都拥有一张由 MSS 的制造商的认证中心(CA,certificate authority)签发的 X.509 公钥证书,其内容包括 MSS 的 RSA 算法(1 024 bit 的模数)公钥和其他身份信息,如 MSS 的 MAC 地址、制造商的 ID 和序列号等。Root CA 使用模数为 2 048 bit 的 RSA 算法为制造商 CA 签发证书,制造商 CA 使用模数为 1 024~2 048 bit 的 RSA 算法为 MSS 签发证书。

　　MSS 通过 PKM 协议从 BS 获得授权和会话密钥,并实现周期性的再认证和密钥更新。在发起 AK(authorization key,授权密钥)请求时,MSS 把证书提供给 BS;BS 验证证书的真实性,然后使用验证过的公钥加密 AK 并传送给 MSS。在完成认证并得到 BS 的授权后,MSS 发送密钥请求给 BS,要求 BS 分配一个业务流加密密钥 TEK(traffic encryption key);BS 使用 3DES 加密算法对 TEK 进行加密,并使用带密钥的散列函数 HMAC 对消息进行认证。

　　PKM 协议的完整流程共包含 5 条报文,分为 3 个阶段:

　　1) 通知。仅包含一条报文,MSS 把制造商的 X.509 数字证书传送给 BS。

　　2) 授权。两条报文,MSS 把自己的 X.509 数字证书传送给 BS,BS 产生一个授权密钥 AK,用 MSS 证书中所包含的公钥加密后发送给 MSS。

　　3) 密钥协商。BS 将会话密钥安全分发给 MSS。

　　MSS 和 BS 认证和密钥交换的过程如图 19.3.1 所示。

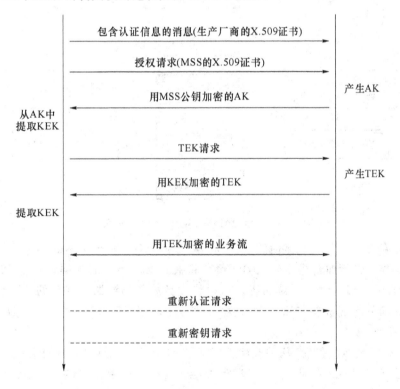

图 19.3.1　MSS 和 BS 之间的密钥交换流程

　　该协议支持为更新会话密钥进行的周期性的重新认证,这个过程由用户的授权状态机控制。一旦授权密钥到期而没有重新认证,基站就会终止与用户的通信。PKM 协议至少达到了 4 个目标：BS 对 MSS 的身份认证；BS 对 MSS 的接入控制（通过授权密钥）；密码算法的协商；会话密钥的分发和更新。

PKM 中用到了 3 种常用的密码算法，RSA 公钥算法、3DES 加密算法和 SHA-1 消息摘要算法。RSA 公钥算法用来绑定用户的 MAC 地址和身份，基站可以安全地使用用户的公钥，实现授权密钥的保密传送，3DES 算法实现会话密钥的安全分发，SHA-1 算法实现报文的完整性保护。其中，授权密钥采用 RSA 算法进行加密，保证只有合法用户可以得到。会话密钥采用 MSS 公钥加密，或者由授权密钥推导的 KEK（key encryption key，密钥加密密钥）采用 3DES 或 AES 加密传送，可有效地抵抗攻击者的窃听。协议最后两条报文用 SHA-1 算法提供完整性保护，消息认证密钥由授权密钥推导得到。

2. 数据包的加密封装协议

该协议规定了如何对在固定宽带无线接入网络中传输的数据进行封装加密。这个协议定义了一系列配套的密码组，也就是数据加密和验证算法对，和在 MAC 层协议数据单元中应用这些算法的规则。该协议通过提供多种加密算法套件和规则，与 PKM 配合使用，可以灵活选择具体的加密算法，从而起到更新密钥的作用，各级密钥的关系如图 19.3.2 所示。

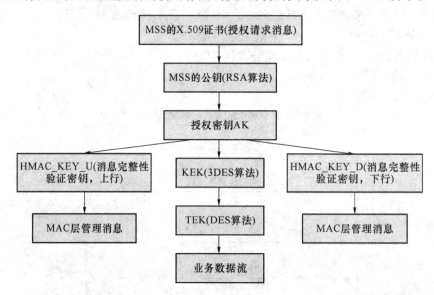

图 19.3.2　加密算法和各级密钥之间的关系

对于业务流，安全子层使用激活的 TEK 对 MAC PDU（protocol data unit）中的负荷（payload）进行加密和鉴权。进行加密操作时，PDU 负荷将被添加 4 字节的数据包序号 PN 前缀。PN 将以小端字节序来传送，而且不被加密。这样将在负荷尾部添加 8 字节的 ICV（完整性校验值），而且原文和 ICV 都将被加密，ICV 的密文将以小端字节序传送。经过处理后的负荷将比原来增加 12 字节。

IEEE 802.16 协议的制定，从一开始就定义了 MAC 安全子层，来解决无线城域网络的安全问题。基于 X.509 证书的认证机制，规定了传输数据的加密方式，在一定程度上解决了无线宽带网络的安全问题。

19.3.2　IEEE 802.16 移动接入系统的安全机制

标准 1EEE 802.16-2005 与固定接入标准相对应，增加了对移动性的支持。该版本中规定的安全子层的内容,与 IEEE 802.16-2004 版本的大体结构相同,是在 2004 版本的基础上做了很多的修改和完善,补充了旧协议的不足。

　　由于 IEEE 802.16-2005 支持移动性,终端在通信过程中可能在基站覆盖的小区之间移动;因此需要考虑切换与漫游时的快速认证设计,以及为加快认证过程而提出的预认证,另外,类似 WiMax 与移动通信网络的互联互通,支持移动性的 WiMax 也有与 3G 移动网络互操作的客观需求,未来可能会出现支持两种网络的多模终端。因此,IEEE 802.16-2005 需要考虑认证协议的可扩展性,便于与 3G 网络的互操作。因此在协议中增加以下新内容:可扩展的认证框架,满足了上述由移动性带来的新安全需求,并改进 IEEE 802.16-2004 标准中 PKM 协议的各种缺陷,IEEE 802.16-2005 中提出了新的可扩展认证协议(EAP,extensible authentication protocol);组播密钥管理,用于支持多播组播业务,设计了组播密钥的管理系统。

　　协议的安全子层不再是可选的,而是作为协议中必不可少的一部分,也就是说,将来的基于 IEEE 802.16-2005 协议的无线城域网设备,都有符合该协议的安全体制的硬件或软件,该规定增强了无线城域网的安全。

　　IEEE 802.16-2005 标准中的安全内容主要包括两部分:对协议数据单元(PDU)的加密封装协议和 PKM 密钥管理协议。每一部分都对原来的 IEEE 802.16-2004 标准中的安全定义做了相应的修改和完善。增加了消息认证,采用经过验证的安全级别较高的数据加密算法 AES-CCM,弥补了 DES-CBC 方案的不足,提供良好的数据保密性、完整性和抗重放保护,PKM 协议做了较大的改动,提出了两种双向认证方案。

　　IEEE 802.16-2005 的 PKM 协议要求在用户终端的初始认证过程中,完成相应的身份认证后才能进行正常的网络服务,PKM 协议允许基站和用户终端之间做相互的双向认证和单向认证(即只要求基站对用户终端的认证),也支持周期性的重新认证和密钥更新。PKM 协议可以使用两种认证方法:RSA 认证协议和 EAP 可扩展认证协议。

　　为了实现向下兼容,IEEE 802.16-2005 标准中的 PKM 认证协议包括两个版本:原来的单向认证机制为 PKMv1,该过程基本与 IEEE 802.16-2004 标准的规定相同;而修改和完善后的 PKMv2 安全性能有极大的改善。

　　PKMv2 协议包括两种认证机制:基于 RSA 的认证和基于 EAP 的认证。而认证的结果都是要识别相互的身份,进而生成后面通信时需要的加密组件,用来保护管理消息完整性和传输业务流加密密钥的密钥。无论采用哪种认证模式最终的目的是要生成授权密钥 AK,才能使用 AK 生成其他的密钥如密钥加密密钥 KEK,保护管理消息完整性的密钥 HMAC_KEY_U 和 HMAC_KEY_D,所以在分析每种机制前首先要明白密钥的层次关系,基于 RSA 认证协议产生预主授权密钥 pre-PAK,基于 EAP 的认证协议产生主会话密钥 MSK,密钥的产生关系如图 19.3.3 所示。所以 AK 的生成应有两种模式,可以源于 pre-PAK,也可以是 MSK,或者是两种认证协议的混合使用。

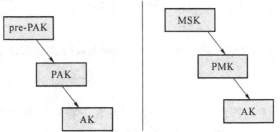

图 19.3.3　基于 RSA 和 EAP 的认证密钥等级

1. 基于 RSA 的认证协议

RSA 认证授权过程如图 19.3.4 所示。

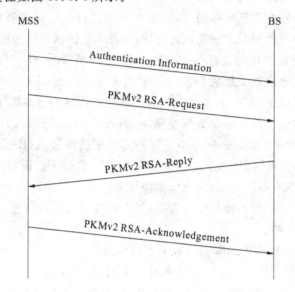

图 19.3.4　RSA 认证授权过程示意图

1) MSS 通过向 BS 发送 Authentication Information 消息发起授权过程。Authentication Information 消息中包含了 MSS 制造商的 X.509 数字证书,该证书由制造商自己或其他权威签发。这条消息为 BS 提供了一种获悉 MSS 制造商证书的机制,但仅起到通知作用,BS 可以选择忽略该消息。

2) MSS 发送完 Authentication Information 消息后,立刻向 BS 发送 PKMv2 RSA-Request 消息,请求双向认证。PKMv2 RSA-Request 消息中包括一个 MSS 产生的随机数、制造商为 MSS 签发的 X.509 数字证书、MSS 主安全关联的标识和 MSS 对该消息的 RSA 签名。

3) BS 收到 PKMv2 RSA-Request 消息后,通过 X.509 证书验证 MSS 的身份,身份认证通过后,BS 向 MSS 回复 PKMv2 RSA-Reply 消息,该消息包括 PKMv2 RSA-Request 消息中的 MSS 随机数、BS 新产生的随机数、用 MSS 公钥加密的 pre-PAK、PAK 剩余生命期、PAK 序列号、BS 的 X.509 证书和 BS 对该消息的 RSA 签名。如果由于某些原因 BS 拒绝对 MSS 授权,例如 MSS 没能通过 BS 的身份认证,BS 会向 MSS 回复 PKMv2 RSA-Reject 消息,消息包括 PKMv2 RSA-Request 消息中的 MSS 随机数、BS 新产生的随机数、错误代码、BS 的 X.509 证书、错误原因字符串和 BS 对该消息的 RSA 签名。

4) MSS 收到 BS 发来的 PKMv2 RSA-Reply 消息或 PKMv2 RSA-Reject 消息后,会向 BS 回复 PKMv2 RSA-Acknowledgement 消息,该消息包括 PKMv2 RSA-Reply 消息或 PKMv2 RSA-Reject 消息中的 BS 随机数、授权结果代码、错误代码、错误显示字符串和 MSS 对该消息的 RSA 签名。

在基于 RSA 认证的协议中,由 pre-PAK 生成 PAK,再由 PAK 生成授权密钥 AK,密钥的层次如图 19.3.3 所示。

2. 基于 EAP 的认证协议

EAP 消息交换的结果是产生 MSK,这个密钥由服务器和 MSS 协商生成,服务器将 MSK 传输给 BS,MSS 和 BS 用 MSK 导出 PMK 和可选的 EIK(eAP integrity key),一轮 EAP 认证密钥的层次如图 19.3.3 所示,其认证过程与基于 RSA 的认证过程类似。

如果 MSS 和 BS 协商用两轮 EAP 认证协议,那么过程如下:

1) MSS 发出没有属性域的 PMKv2 EAP Start 消息,来发起两轮 EAP 认证的第一轮认证过程。

2) MSS 和 BS 使用没有 HMAC 加密的 PMKv2 EAP Transfer 消息多次交换后,完成第一论认证。

3) 在第一轮的 EAP 认证中,如果 BS 已经发回 EAP-Success 消息,该消息封装在用最新的 EIK 加密的 PMKv2 EAP Complete 的 EAP 净荷中,PMKv2 EAP Complete 重发的次数由 EAP_Complete_Resend 消息来记录。MSS 收到 PMKv2 EAP Complete 消息后,会验证该条消息的 EIK 及 PMK 是否有效。如果无效或收到 EAP-Failure 消息,则认证失败。在 BS 发出 PMKv2 EAP Complete 后,会激活 Second_EAP_Timeout 计数器来等待第二轮的 EAP 认证开始的消息,当该时间用尽后 BS 会认为此次认证失败。

4) 一轮 EAP 认证成功后,MSS 发出用 EIK 加密的 PMKv2 EAP Start 消息,发起第二轮的 EAP 认证,如果 BS 验证 EIK 有效后,BS 发出装有 EAP-Identity/Request 的 PKMv2 Authenticated EAP 消息来发起第二轮的 EAP 认证。

5) MSS 和 BS 使用经过 EIK 加密的 PKMv2 Authenticated EAP 消息来进行第二轮的 EAP 认证。

6) 如果第二轮的 EAP 认证成功,MSS 和认证端从 PMK 和 PMK2 生成 AK。

如果 PMK/PMK2 有效期到期,那么 MSS 和 BS 应该进行重新认证,再次认证可以是完整的两轮 EAP 认证,也可以是一轮 EAP 认证,过程如上述的消息交换。两轮 EAP 认证与初始认证相同,只是消息都要用上次认证成功后产生的 AK 加密。如果在能力协商阶段,双方协商同意使用一轮 EAP 认证过程,那样只进行第一轮的 EAP 认证,最后一条消息用 PKMv2 EAP Transfer 传输,表示不进行第二轮的认证。各级密钥的关系如图 19.3.5 所示,具体导出算法可参见 IEEE 802.16-2005 协议。

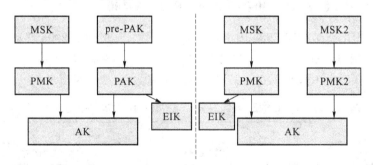

图 19.3.5　基于 RSA 和 EAP 的认证密钥等级和基于两轮 EAP 的认证密钥等级

3. 基于 RSA 和 EAP 的认证协议

在能力协商阶段,如果选择使用基于 RSA 的认证,那么就会先进行基于 RSA 算法的认证,来产生 BS 与 MSS 之间共享的预主授权密钥 pre-PAK,pre-PAK 是用来生成主授权密钥 PAK,用来加密第二轮 EAP 认证过程中净荷的 EIK 也由 pre-PAK 生成。

身份的认证,采用三步握手的协商机制,能够有效地实现安全的双向认证,在完成身份认证以后,用户有可能使用快速认证,不进行上述认证过程,而是与 BS 交换一些前面认证后产生的相关信息,实现安全有效的双向认证、加密协商和密钥交换等,快速接入网络。

作为密钥管理系统的重要步骤,三步握手的目的是确定 MSS 和 BS 拥有的 AK 是相同的,并且是最新的,以保证可以获得最新的会话密钥;另外,通过三步握手,BS 与 MSS 确定加密算法,通知 MSS 是否可以加载相关的加密资料。

1)密钥初始化

BS 和 MSS 通过以上提到的任何一种认证方式进行成功认证后,各自都生成了认证密钥 AK,并在 AK 的基础上,都导出了 KEK 和 HMAC/MAC 密钥资料,这时 BS 向 MSS 转发 EAP 成功的消息,已经完成了身份认证过程,并进行下面的三步握手。

2)三步握手过程

MSS 和 BS 在链路层发送和接受 3 条 PKMv2 的消息,这也是三步握手名称的由来。通过认证,双方得到 AK,再通过协商,各自产生相同的 TEK 和 KEK,得到加密所需的各种密钥。三步握手的流程如下:

a)BS 发送 PKMv2 的消息,其中包含一个 BS 的随机数,该条消息加密使用的 AK,以及消息摘要。

b)MSS 验证消息摘要并确定 AK 相同,发送 PKMv2 的消息,包含 MSS 的随机数、BS 的随机数以及确认的 AK 和一些为调整 AK 而提供的安全能力表。

c)BS 验证消息摘要,选择 AK,并将所支持的安全能力列表等内容随 PKMv2 的消息发给 MSS,通知 MSS 加载相应的加密组件。

IEEE 802.16-2005 作为 IEEE 802.16-2004 的增补标准,修正了许多原有体制的安全问题,但是对于具体如何实现双向认证仍然没有明确的定义,只是提出了一个框架,至于如何保证选择一种安全有效的认证机制,是 IEEE 802.16-2005 引入的新问题,另外,对移动性的支持,又给 WiMax 网络带来了新的安全挑战,但是 IEEE 802.16-2005 并没有专门针对移动性补充相应的安全解决方案,所以需要深入分析移动性给安全带来的新问题,寻求可能的解决方案。

19.3.3　IEEE 802.16-2004 和 IEEE 802.16-2005 的比较

通过以上对 IEEE 802.16-2004 固定接入系统和 IEEE 802.16-2005 移动接入系统的安全机制的分析可以看出,IEEE 802.16-2005 针对 IEEE 802.16-2004 的一些安全问题做出了一定的修正和完善。两个不同版本安全子层协议的区别如表 19.3.1 所示。

表 19.3.1　IEEE 802.16-2004 与 IEEE 802.16-2005 安全机制的区别

比较项	标准版本	
	IEEE 802.16-2004	IEEE 802.16-2005
PKM 版本	PKMv1	PKMv1/PKMv2
支持的模式	单播	单播/组播/广播
认证方式	X.509 证书	X.509 证书/EAP
认证模式	单向	单向/双向
数据摘要	SHA-1	SHA-1
加密算法	RSA/DES/3DES/AES	RSA/DES/3DES/AES
快速认证	不支持	支持

由表 19.3.1 可以看出,IEEE 802.16-2005 中的 PKMv2 协议同时支持单向认证和双向认证,可以支持 RSA 和 EAP 两种认证方式,支持单播、组播和广播模式下的密钥分配和安全加密机制,相对于 IEEE 802.16-2004,在安全性上有了一定的增强和改善。但是,IEEE 802.16-2005 中,没有针对移动性的安全措施,虽然提出了快速认证的概念,但主要是针对切换性能而不是安全性。不仅如此,对于快速认证没有做任何定义,仅仅提出了一个框架。因此,由于移动性带来的安全问题,协议并没有给出明确的定义和解决方案。

19.4　本 章 小 结

尽管 WiMax 被选作了最后一个 3G 移动通信标准(也有研究者认为它是 3.5G 移动通信标准),但从安全设计的角度来看,WiMax 使用的认证与加密方法并不是延续 GSM 或 WCDMA 等移动通信网络中的安全设计思路,而是与 WLAN 中的 WPA2 标准更为相似。因此,本书将本章内容——WiMax 安全,安排在无线局域网安全之后,希望能够帮助读者更好地理解相关内容。

本章的重点是 PKM 协议,其中引入了公钥密码算法及 X.509 证书体系用于完成认证及密钥管理。

19.5　习　　题

(1) WiMax 安全主要解决哪些安全问题?

(2) 请给出并描述 WiMax 的安全框架。

(3) 什么是 PKM 协议,其主要功能是什么?

(4) 请给出 WiMax 安全中使用的密钥管理层次,并讨论各层密钥的作用。

(5) 请说明基于 RSA 的认证协议的过程及认证原理。

(6) 请上网查找最新的 WiMax 标准中安全机制的设计内容。

(7) 讨论对比 WiMax 和 WCDMA 这两种 3G 标准的安全机制。

第20章

蓝牙安全

20.1 蓝牙技术简介

蓝牙(bluetooth)是一种低成本、低功率、短距离的无线通信技术标准,包括硬件规范和软件体系结构,目的是取代现有的 PC、打印机、传真机和移动电话等设备的有线接口。蓝牙工作在全球通用的 2.4 GHz 的 ISM(工业、科学、医药)波段,理论数据传输速率为 1 Mbit/s,采用时分双工(TDD)来传输语音和数据。蓝牙的理想连接距离是 10 cm~10 m,通过提高功率可将传输距离延长至 100 m。

蓝牙可用来连接任何设备,例如,可以在 PDA 和移动手机之间建立连接。蓝牙的目标是在办公室、居室等小范围环境内通过无线连接一些设备。基于蓝牙的设备可以自动找到其他蓝牙设备,但是,一般需要用户参与来建立连接和形成网络。蓝牙技术是 mobile ad hoc(无线自组织)采取的主要无线通信技术。

蓝牙网络的典型特征是网络设备之间保持了主从关系。最多 8 台采用主从关系的蓝牙设备可以组成的网络被称为"piconet",如图 20.1.1 所示。在这种网络中,一个设备被指定为主设备,可以最多连接 7 个从设备。主设备控制并建立网络,包括决定网络的 hopping 机制。在蓝牙 piconet 网络中的设备采用相同的信道,并遵循相同的跳频序列。尽管一个网络中只能有一个主设备,但是一个网络的从设备可以是另一个网络的主设备,因此,产生了网络链。通常把这种 piconet 链称为 scatternet。

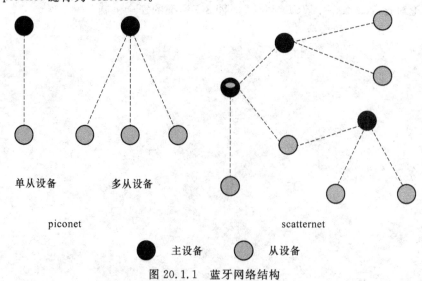

图 20.1.1 蓝牙网络结构

由于 ISM 频段对所有无线电系统都开放,使用其中的某个频段会遇到不可预测的干扰源。为此,蓝牙技术特别设计了快速跳频方案以确保链路稳定。跳频技术是把频带分成若干个跳频信道,收发双方按一定的规律不断地从一个信道跳到另一个信道,而其他干扰源不可能按同样的规律进行干扰,这样既增加了抗干扰性,又增加了系统的安全性。蓝牙的跳频速率在正常连接时为 1 600 次/秒,在建立连接时可达 3 200 次/秒。

蓝牙在财务处理、汽车应用、工业控制等诸多领域中有着广泛的应用前景,在这些应用中有些应用不需要安全功能,但是有些应用,例如,用户通过支持蓝牙设备的终端与自动售货机相连,并支付货款,从而购买自动售货机出售的可乐等商品时,则需要蓝牙提供必要的信息安全机制。这种信息安全机制可保证通信双方所传递的信息不被窃听和篡改。

20.2　蓝牙安全概述

在蓝牙网络规范中,只是在无线链路上提供蓝牙安全机制。也就是,可以提供链路鉴别和加密功能,如果不在蓝牙上采用其他更高层的安全解决方案,就不可能提供端到端的安全。蓝牙规范详细描述了三种安全模式,每个蓝牙设备在特定时间内只能处于这三种模式之一:

> 安全模式 1——无安全模式;
> 安全模式 2——加强的服务级安全模式;
> 安全模式 3——加强的链路级安全模式。

在安全模式 1,蓝牙设备不会启动任何安全过程,在这种无安全模式,安全功能(鉴权和加密)被完全旁路了。实际上,处于安全模式 1 的蓝牙设备允许任何的其他蓝牙设备与它连接。这种模式主要用于那些不需要安全的应用。例如,交换企业名片等。

在安全模式 2,服务级安全模式,安全过程在 L2CAP(逻辑链路控制及适配协议)层上的逻辑信道建立之后进行初始化,L2CAP 是数据链路层协议,为上层提供面向连接和非连接服务。在这种安全模式中,由一个安全管理者对那些连接到设备上的服务进行访问控制。一个集中的安全管理用来维护那些访问控制策略。这种模式包含了"授权"功能,即,某设备是否被允许使用某种服务。

在安全模式 3,链路级安全模式,蓝牙设备在信道建立之前初始化安全过程。这是一种内置的安全机制,不管应用层安全机制是否存在。这种模式支持认证和加密。这些特性基于通信设备之间共享了一个秘密的链路密钥,这需要两个设备在第一次通信时进行一系列的操作来产生这个链路密钥。

除了这三种安全模式之外,蓝牙技术标准为蓝牙设备和业务定义安全等级,其中设备被定义为三个级别的信任等级:

> 可信任设备。设备已通过鉴权,存储了链路密钥,在设备数据库中标识为"可信任",可信任设备可以无限制的访问所有的业务。
> 不可信任设备。设备已通过鉴权,存储了链路密钥,但在设备数据库中没有标识为"可信任",不可信任设备访问业务是受限的。
> 未知设备。无此设备的安全性信息,为不可信任设备。

对于业务,蓝牙技术标准定义了三种安全级别:需要授权与鉴权的业务、仅需鉴权的业务以及对所有设备开放的业务。一个业务的安全等级由下述三个属性决定,它们保存在业务数据库中。

> 需授权——只允许信任设备自动访问的业务（例如,在设备数据库中已登记的那些设备）。不信任的设备需要在授权过程完成后才能访问该业务。授权总是需要鉴权来确保远端设备是正确的设备。
> 需鉴权——在连接到应用程序之前,远端设备必须接受鉴权。
> 需加密——在允许访问业务前必须切换到加密模式下。

20.3 密钥生成

当两个蓝牙设备第一次接触时,只要用户在两个设备上输入相同的 PIN 密码,两个设备都会产生一个相同的初始密钥,该密钥用 K_{int} 表示。

蓝牙基带标准推荐认证函数 E_0、E_1、E_2 和 E_3,它们是在蓝牙设备中产生各种密钥的函数。E_0 用于数据加密;E_1 用于设备认证;E_2 分成 E_{21} 和 E_{22} 两部分,其中 E_{21} 函数用于生成链路密钥,E_{22} 函数用于生成初始密钥;E_3 用于产生加密密钥。

两个蓝牙设备在接触试图建立连接的时候,就进入了初始化的过程。初始化分为五步实施:生成初始密钥 K_{int};生成链路密钥;交换链路密钥;认证;生成加密密钥(可选)。

初始密钥实际上也是一种链路密钥,但它仅用于初始化阶段。当其他链路密钥或蓝牙设备的加密密钥尚未定义或交换时,或者在链路密钥发生丢失时使用初始密钥。K_{int} 采用 E_{22} 函数生成。E_{22} 函数的输入量有 4 个:RAND(128 位随机数)、BD_ADDR(蓝牙设备的 48 位地址)、PIN(个人识别号码,最长不超过 16 字节)、L(PIN 的字节数,当 PIN 有 128 位时,$L=16$;当 PIN 有 56 位时,$L=7$)。

链路密钥是一个 128 位的随机数,它在蓝牙信息安全中有 3 个功能:用于交换以提高安全性能;用于认证以确定对方是否真实;用于推导加密密钥。为了使用上的方便,链路密钥包括 4 种不同的类型:组合密钥 K_{AB};设备密钥 K_A;主密钥 K_m;初始密钥 K_{int}。

组合密钥 K_{AB} 是从节点 A 和节点 B 的信息之中导出的密钥,在交换链路密钥过程中始终依赖 A、B 两个节点。如果两个节点重新进行一次新的组合,将产生一个新的组合密钥。

设备密钥 K_A 是节点 A 在安装时就生成的密钥,它源自节点 A 的相关信息,一般不会改变。它由 E_{21} 算法产生,并保存在非易失存储器中,以后基本不便,它的功能与组合密钥相同。

主密钥,是唯一的临时链接密钥,用于保护主设备和多个从设备之间的通信。主密钥是由主设备先生成,再通过 E_{22} 算法和当前链接密钥加密,安全地传给从设备。

20.4 认 证

蓝牙实体中的认证使用质询-响应(challenge-response)方式,通过两步协议使用对称算法对被验证设备的密钥进行检测。该过程如图 20.4.1 所示。

那么到底响应值 SRES 是怎么计算出来的呢? 假设一对正确的被验证设备/验证设备使用相同的链路密钥,这里用 Key 表示。在质询-响应方案中:

1) 验证设备使用随机数 AU-Rand$_A$ 向被验证设备发出质询,要求对随机输入 AU-Rand$_A$

（又称质询）计算 SRES 值。

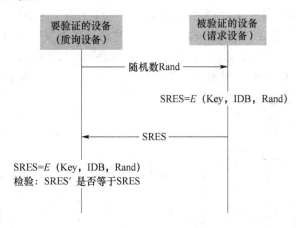

图 20.4.1 质询-响应过程

2）被验证设备根据算法 E_1，以及验证设备发送过来的 AU-Rand$_A$、自己的设备地址 BD_ADDR$_B$ 和链路密钥 Key，计算 SRES，然后将 SRES 发送到验证设备上。

3）验证设备自己也计算一个 SRES′，计算方法与 SRES 相同，然后比较 SRES′ 和 SRES 是否相同。如果相同，则认证成功。如果不同，则认证失败。

整个过程如图 20.4.2 所示。

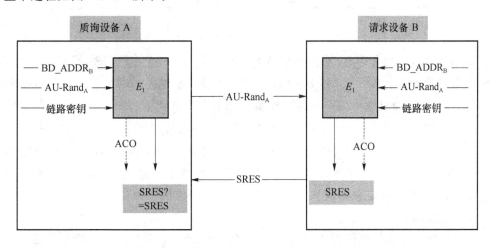

图 20.4.2 详细认证过程（质询-响应过程）

其中，E_1 算法的输出为 128 位，只有高 32 位（SRES）被用于认证的目的；剩余的 96 位作为认证加密偏移（ACO）值，将被稍后用作输入以创建蓝牙加密密钥。

20.5 加 密

1. 加密过程

只有进行了至少一次成功的鉴权活动后，才可以进行加密。蓝牙信息系统采用对称加密算法——加密密钥同时也是解密密钥。

加密字 K_c 由 E_3 算法产生，输入参数：96 位的加密偏移数 COF、128 位的 RAND 和当前链路字。COF 按以下规则取值：若当前链路为主密钥，COF＝BD_ADDR ∥ BD_ADDR；其他情况，COF＝ACO（鉴权编码补偿，由鉴权过程产生）。当链路管理器激活加密过程时将自动调用 E_3 算法，因此，蓝牙设备每次进入加密模式时，将自动更改加密密钥。

实际用于加密的是序列密码算法，具体加密过程如图 20.5.1 所示。加密密钥 K_c、主设备蓝牙地址 BD_ADDR$_A$ 和主设备时钟 Clock$_A$ 作为 E_0 算法的输入参数，产生二进制密钥流 K_{cipher}，该密钥流与数据流进行异或运算后发送到空中接口。

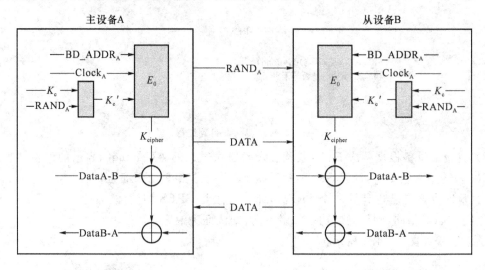

图 20.5.1　加解密过程

在 E_0 算法中，加密密钥 K_c 通过随机数 EN-Rand$_A$ 变成一个中间密钥 K_c'。主设备在进入加密模式之前发布一个随机数 EN-Rand$_A$，它以明文形式通过无线网络发送。从设备接收到该随机数后，利用该随机数可以产生与主设备相同的中间密钥 K_c'，从而产生与主设备相同的密钥流 K_{cipher}，加密时把 K_{cipher} 与明文数据流进行异或，解密时则把 K_{cipher} 与密文数据流进行异或。K_c' 的最大有效长度（1～16 位）是出厂前设定的。实时时钟随着时间的推移而增加，每当启动一个新的分组发送，E_0 算法就重新初始化一次。在两次发送之间，实时时钟至少有一个位发生变化，这样可以保证在每次初始化之后都生成一个新的密钥流。

2. 加密算法 E_0

蓝牙的密码流生成系统使用 4 个线形反馈移位寄存器（LFSR），每个 LFSR 的输出为一个 16 状态的简单有限状态机（称作求和合成器）的组合。该状态机的输出为密钥流序列，或是在初始化阶段的随机初始值。4 个寄存器的长度分别为：$L_1=25$，$L_2=31$，$L_3=33$，$L_4=39$，总长度为 128 位。密钥流的生成算法的核心是 SAFER$^+$ 算法，其过程如图 20.5.2 所示。

其中 4 个 LFSR 的反馈多项式分别为

$$y_1(x)=x^{25}+x^{20}+x^{12}+x^8+1$$
$$y_2(x)=x^{31}+x^{24}+x^{16}+x^{12}+1$$
$$y_3(x)=x^{33}+x^{28}+x^{24}+x^4+1$$
$$y_4(x)=x^{39}+x^{36}+x^{28}+x^4+1$$

设 x_t^i 为 LFSR$_i$ 的第 t 位，那么 $y_t=x_t^1+x_t^2+x_t^3+x_t^4$，则 y_t 可能是 0,1,2,3 或 4。

求和发生器的输出由下列式子给出：

$$z_t = x_t^1 \oplus x_t^2 \oplus x_t^3 \oplus x_t^4 \oplus c_t^0 \in \{0,1\},$$
$$s_{t+1} = (s_{t+1}^1, s_{t+1}^0) = (y_t + c_t)/2 \in \{0,1,2,3\},$$
$$c_{t+1} = (c_{t+1}^1, c_{t+1}^0) = s_{t+1} \oplus T_1[c_t] \oplus T_2[c_{t-1}],$$

其中，$T_1[\ ]$和 $T_2[\ ]$是在 GF(4)上的两个不同的线性双射。

密钥流的产生需要 4 个线性反馈移位寄存器的初始值（共 128 位）和 4 位用于指定 c_0 和 c_1 的值。这 132 位初始值由密钥流发生器自己产生，输入参数为 K_c、RAND、BD_ADDR 和 Clock。

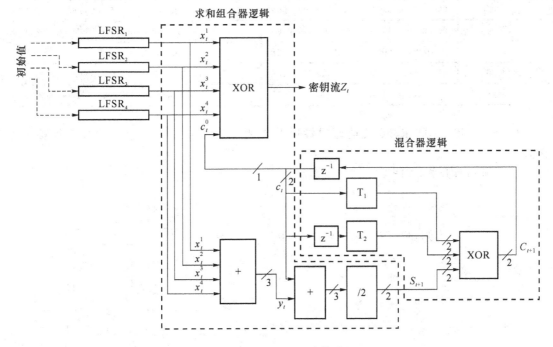

图 20.5.2　SAFER+算法

LFSR 的初始化过程如下：

1) 从 K_c 推导出 K_c'，

$$K_c'(x) = g_2^{(L)}(x)\ (K_c(x) \bmod g_1^{(L)}(x))$$

其中，$\deg(g_1^{(L)}(x)) = 8L$，为多项式 $g_1^{(L)}(x)$ 最高项的次数，$\deg(g_2^{(L)}(x)) \leqslant 128 - 8L$ 为多项式 $g_2^{(L)}(x)$ 最高项的次数，$1 \leqslant L \leqslant 16$，为实际加密字的长度，产生 K_c' 的多项式，以十六进制表示，最右边为最低位，如表 20.5.1 所示。

表 20.5.1　多项式的定义

L	$\deg(g_1^{(L)}(x))$	$g_1^{(L)}$	$\deg(g_2^{(L)}(x))$	$g_2^{(L)}$
1	[8]	00000000 00000000 00000000 0000011d	[119]	00e275a0 abd218d4 cf928b9b bf6cb08f
2	[16]	00000000 00000000 00000000 0001003f	[112]	0001e3f6 3d7659b3 7f18c258 cff6efef
3	[24]	00000000 00000000 00000000 010000df	[104]	000001be f66c6c3a b1030a5a 1919808b
4	[32]	00000000 00000000 00000001 000000af	[96]	00000001 6ab89969 de17467f d3736ad9
5	[40]	00000000 00000000 00000100 00000039	[88]	00000000 01630632 91da50ec 55715247
6	[48]	00000000 00000000 00010000 00000291	[77]	00000000 00002c93 52aa6cc0 54468311

L	$\deg(g_1^{(L)}(x))$	$g_1^{(L)}$	$\deg(g_2^{(L)}(x))$	$g_2^{(L)}$
7	[56]	00000000 00000000 01000000 00000095	[71]	00000000 000000b3 f7fffce2 79f3a073
8	[64]	00000000 00000001 00000000 0000001b	[63]	00000000 00000000 a1ab815b c7ec8025
9	[72]	00000000 00000100 00000000 00000609	[49]	00000000 00000000 0002c980 11d8b04d
10	[80]	00000000 00010000 00000000 00000215	[42]	00000000 00000000 0000058e 24f9a4bb
11	[88]	00000000 01000000 00000000 0000013b	[35]	00000000 00000000 0000000c a76024d7
12	[96]	00000001 00000000 00000000 000000dd	[28]	00000000 00000000 00000000 1c9c26b9
13	[104]	00000100 00000000 00000000 0000049d	[21]	00000000 00000000 00000000 0026d9e3
14	[112]	00010000 00000000 00000000 0000014f	[14]	00000000 00000000 00000000 00004377
15	[120]	01000000 00000000 00000000 000000e7	[7]	00000000 00000000 00000000 00000089
16	[128]	10000000 00000000 00000000 00000000	[0]	00000000 00000000 00000000 00000001

2) 把 K_c'、BD_ADDR、26 位蓝牙时钟以及常数 111001 共 208 位移入线性反馈移位寄存器。

a) 打开所有开关，如图 20.5.3 所示。

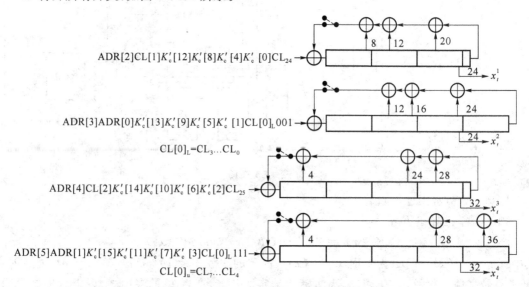

图 20.5.3 E_0 算法 LFSR 状态示意图 1

b) 把 208 bit 的输入按照图 20.5.3 所示的安排分成 4 个序列；置所有 LFSR 的状态为 0，设此时 $t=0$。

c) 开始将输入位移入 LFSR，每个序列的最右边位先移入对应的 LFSR。

d) 当每个序列的最右边位到达其 LFSR 的最右边寄存器时，合上这个 LFSR 的开关。

e) 当 $t=39$ 时（当 LFSR4 的开关合上时），令混合单元中的存储器 $c_{39}=c_{39-1}=0$，在此之前的 c_{39} 和 c_{39-1} 的内容没有什么意义。但是，它们将被用来计算输出序列。

f) 从 $t=40$ 时加密单元开始生成输出序列，同时 4 个 LFSR 继续移入剩余输入比特。当所有输入比特被移完后，每个 LFSR 都输入 0。

g) 混合初始数据，继续计数直到产生 200 位密钥流，同时所有开关关闭（此时 $t=239$）。

h) 保存 c_t 和 c_{t-1}。在 $t=240$ 时,根据图 20.5.4 把最近产生的 128 位密钥流作为初始值并行输入 4 个 LFSR。

从此时起,在每一时钟到来时发生器产生加/解密序列,与发送(接收)的有效载荷数据进行 XOR。

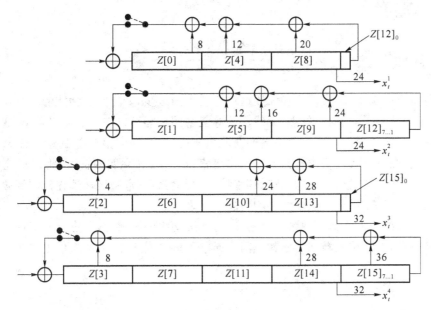

图 20.5.4　E_0 算法 LFSR 状态示意图 2

20.6　本章小结

本章主要介绍了蓝牙标准中涉及的认证、机密性保护和授权三项基本的安全服务,蓝牙不满足其他的安全服务需求,如审计、完整性和不可抵赖性;如果需要这些服务,需要通过其他的方式来获取。

蓝牙设备能够成功通过认证和完成加密机制的前提是两个蓝牙设备具有相同的链接密钥,因此本章在简要介绍完蓝牙技术和其安全模式的基础上,首先给出了蓝牙设备的密钥生成过程,之后描述其认证过程,最后讨论了加密过程及算法。

20.7　习　　题

(1) 什么是安全模式,蓝牙技术标准中定义了几种安全模式?
(2) 分析蓝牙技术中的基本安全要求。
(3) 请画出蓝牙安全中的密钥管理层次,讨论每层密钥的作用。
(4) 请分析蓝牙安全认证协议的流程及功能。
(5) 请分析蓝牙安全认证协议的安全性。
(6) 请描述蓝牙设备的加密过程。
(7) 请描述蓝牙设备的加密算法。

第21章
传感器网络安全

伴随着微机电系统、现代网络和无线通信等技术的进步,低耗能高性能的传感器技术得以快速发展,使得数据采集、信息处理、无线通信等复杂的功能可以在一个体积微小、成本低廉的载体上完成。无线传感器网络扩展了人们获取信息的能力,将客观世界的物理信息同传输网络连接在一起,在下一代网络中将为人们提供更直接、有效和真实的信息,将广泛应用于军事国防、工农业控制、城市管理、生物医疗、环境检测、抢险救灾、危险区域远程控制等领域。这项技术也被认为是对21世纪产生巨大影响力的技术之一。

由于无线传感器网络具有网络拓扑不确定、无线网络的开放性、节点计算资源和存储资源极度受限等特点,导致传感器网络比其他网络面临更多的安全威胁,而且也更难实施安全保护措施。

21.1 无线传感器网络概述

21.1.1 无线传感器网络的体系结构

无线传感器网络(WSN,wireless sensor network)是由部署在目标区域内的传感器节点通过无线通信的方式组成的一个多跳的自组织网络系统,用于协作地感知、采集和处理目标区域内感知对象的信息。无线传感器网络在军事应用、空间探索、环境科学、建筑与城市管理、智能家居和灾难救援等方面具有广阔的应用前景。特别是,随着"物联网"概念的提出,无线传感器网络在人们实际生活中扮演的角色也会越来越重要。

如图21.1.1所示,WSN系统通常包括传感器节点(sensor node)、汇聚节点〔sink node,也称为基站(base station)或网关(gateway)〕和管理节点。大量传感器节点随机部署在监测区域内部或附近,通过自组织方式构成网络,用于收集数据,并且将数据路由至汇聚节点;汇聚节点与管理节点通过广域网络(如因特网、移动通信网络或者卫星网络等)或直接进行通信,从而将收集到的数据传送到管理节点;用户通过管理节点对传感器网络进行配置和管理、发布监测任务以及收集监测数据。

传感器节点通常是一个微型的嵌入式系统,它的处理能力、存储能力和通信能力相对较弱,通过携带能量有限的电池供电。从网络功能上看,每个传感器节点兼顾传统网络节点的终端和路由器双重功能,除了进行本地信息收集和数据处理外,还要对其他节点转发来的数据进行存储、管理和融合等处理,同时与其他节点协作完成一些特定任务。一般说来,传感器节点由传感器模块、处理器模块、无线通信模块和能量供应模块四部分组成,如图21.1.2所示。传感器模块负责监测区域内信息的采集和数据转换;处理器模块负责控制整个传感器节点的操

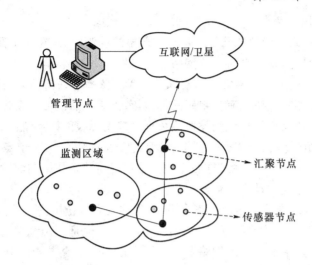

图 21.1.1 传感器网络体系结构

作,存储和处理本身采集的数据以及其他节点发来的数据;无线通信模块负责与其他传感器节点进行无线通信,交换控制信息和收发采集数据;能量供应模块为传感器节点提供运行所需的能量,通常采用微型电池。

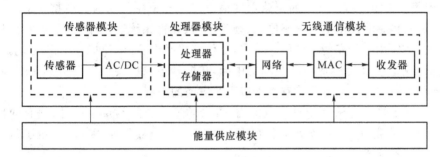

图 21.1.2 传感器节点体系结构

汇聚节点的处理能力、存储能力和通信能力相对比较强,它连接传感器网络与因特网等外部网络,具有网关的作用,实现两种协议栈之间的通信协议转换,同时发布管理节点的监测任务,并把收集的数据转发到外部网络上。汇聚节点既可以是一个具有增强功能的传感器节点,有足够的能量供给和更多的内存与计算资源,也可以是没有监测功能仅带有无线通信接口的特殊网关设备。

管理节点的数据处理、存储和通信能力比汇聚节点还要强,此外,一般还具有较强的图形处理或显示能力,可以将监控环境中的信息直观地呈现给用户,其功能和性能要求依据不同的应用有较大的差别,服务器、PC 或移动终端都可以成为管理节点。

21.1.2 无线传感器网络的特征

传感器网络综合应用了传感器技术、嵌入式计算技术、网络技术、无线电通信技术、分布式信息处理技术等多项技术,是一种典型的轻量散投网络(light weight drop-and-go networks)。所谓轻量散投网络,是指网络设备的计算能力和存储空间较低,网络部署前拓扑结构不可预知、部署后的拓扑结构相对稳定,并且是无须人工干预、无人监管的网络。

与我们前面讨论过的其他无线网络(如移动通信网、无线局域网、蓝牙网络、Ad Hoc 网络）相比，WSN 具有以下特点：

1）无控制中心。无线传感器网络中不存在严格的控制中心，在一个典型的无线传感器网络中，所有节点地位平等，是一个对等式网络。

2）自组织性。无线传感器网络的部署和展开无须依赖于任何预设的网络设施，传感器节点通过分层协议和分布式算法具有自组织的能力，节点启动后能够自动进行配置和管理，通过拓扑控制机制和网络协议自动形成转发监测数据的多跳无线网络系统。

3）动态拓扑。由于传感器节点容易失效、无线信道的相互干扰、节点发送功率的变化、地形对无线信号的影响等各种因素的影响，无线传感器网络的拓扑结构随时可能产生变化，因此传感器网络的网络拓扑具有动态变化性。

4）多跳路由。网络中节点通信距离有限，一般在几百米范围内。节点如果与其射频覆盖范围之外的节点进行通信，则需要通过中间节点的转发。但是与传统网络中的多跳不同，无线传感器网络中的多跳路由是由普通网络节点协同完成的。每个节点既是信息的发起者，也是信息的转发者。

5）节点数量大、分布范围广。由于传感器网络通常需要覆盖很广泛的地理区域，单个节点的通信范围有限，为获取监测目标的精确信息，节点的部署比较密集，因此，传感器网络中的节点数量巨大，可以达到成千上万，甚至更多。

6）与应用相关的网络。不同的传感器网络应用场合关注不同的客观物理世界，因此，不同的应用背景对传感器网络的要求不同，其硬件平台、软件系统和网络协议也会有很大差别。针对每一个具体应用来研究传感器网络技术，是传感器网络设计不同于传统网络的显著特征。

7）资源有限。由于受到应用和成本的限制，传感器节点的硬件资源极其有限，而这种硬件资源的有限性决定了传感器网络存在着以下几方面的限制：

➢ 能量有限。能量是限制传感节点能力、寿命的最主要的约束性条件，现有的传感节点都是通过标准的 AAA 或 AA 电池进行供电，而传感器的使用环境决定了传感器基本不可能进行重新充电。

➢ 计算能力有限。传感节点 CPU 一般只具有 8 bit、4~8 MHz 的处理能力。这种有限的处理能力决定了传感器节点基本不可能进行复杂的计算，因此，轻量级的密码算法是传感器网络的一个研究方向。

➢ 存储能力有限。传感节点一般包括三种形式的存储器：RAM、程序存储器、工作存储器。RAM 用于存放工作时的临时数据，一般不超过 2 KB；程序存储器用于存储操作系统、应用程序以及安全函数等，工作存储器用于存放获取的传感信息，这两种存储器一般也只有几十 KB。

➢ 通信范围有限。为了节约信号传输时的能量消耗，传感节点的 RF 模块的传输能量一般为 10~100 mW，传输的范围也局限于 100 m~1 km。

➢ 安全性有限。传感器节点一般布置在敌对或者无人看管的区域，传感器节点的物理安全没有很多保证，攻击者很容易攻占节点，且节点没有防篡改的安全部件，攻击者一旦获取传感节点就很容易获得和修改存储在传感节点中的密钥信息以及程序代码等。由于信道的脆弱性，攻击者不需要物理基础网络部件，恶意攻击者可以轻易地进行网络监听和发送伪造的数据报文。

传感器节点的以上特点，决定了无线传感器的网络建设特点。传统无线网络的首要设计目标是提供高服务质量和高效带宽利用，其次才考虑节约能源；而传感器网络的首要设计目标是能源的高效利用,这也是传感器网络和传统网络最重要的区别之一。这也给传感器网络的安全研究带来了困难,一方面传感器节点一般布置在敌对或者无人看管的区域,传感器节点的物理安全没有很多保证,攻击者很容易攻占节点,另一方面传感网的资源有限性使得很难在节点中使用复杂的安全算法,从而使传感器节点中缺乏防篡改的安全部件,攻击者一旦获取传感节点就很容易获得和修改存储在传感节点中的密钥信息以及程序代码等。同时,由于信道的脆弱性,不需要物理基础网络部件,恶意攻击者就可以轻易地进行网络监听和发送伪造的数据报文。因此,目前无线传感器网络的安全性不强,很多问题有待于进一步的研究和解决。

21.2　无线传感器网络安全挑战与措施

21.2.1　无线传感器网络面临的安全威胁

由于无线传感器网络在部署之前,整个网络的拓扑结构是未知的,我们不可能事先对分布在未知地点的传感器节点进行过多的预配置,很多网络参数、密钥等都是传感节点在部署并协商后形成的。而无线传感器网络节点的计算资源和存储资源的有限性和无线网络的开放性,又导致了传感器网络相比于其他的无线网络(如 ad hoc 网)和有线网络面临更多的安全威胁。

无线传感器网络协议栈由物理层、数据链路层、网络层、传输层和应用层组成。各层协议都面临着一些安全问题,具体分析如下:

1) 物理层。负责频率选择、载波频率生成、信号检测、调制和数据加密。在该层次上,攻击形式主要是物理破坏、节点捕获、信号干扰、窃听和篡改等。攻击者可以通过流量分析,发现重要节点,如簇头、基站的位置,然后发起物理攻击。

➢ 信号干扰或阻塞:信号干扰或阻塞是一种干扰 WSN 使用的无线电频率的攻击。阻塞源的功率有可能很大,以致中断整个网络;或者功率不大,仅能干扰网络的一小部分。即便是后一种情况,因为节点是随机分布的,敌方也同样有可能使整个网络的通信中断。

➢ 窃听攻击:因为采用无线通信,低成本的传感器网络很容易受窃听攻击。

➢ 节点被俘:在物理上访问一个节点后,攻击者可以取得节点中的秘密信息,以此假冒这个节点进行通信;或者节点本身可能被更改或替换,从而成为攻击者能够直接控制的隐患节点。

2) 数据链路层。负责数据流的多路复用、数据帧检测、介质访问和差错控制。它确保通信网络中可靠的点对点、点对多点连接。针对链路层的攻击形式如下。

➢ 碰撞:当两个节点试图同时使用同一频率传输数据时,就会发生碰撞。发生碰撞时,部分数据会发生改变,从而引起接收错误而导致数据包被丢弃或者重传。

➢ 资源耗尽:攻击者可能使用不断发生碰撞的方法而使节点能量很快耗尽。除非能够发现或阻止这种恶意行为,否则传输节点以及附近节点的能量会很快耗尽。

➢ 不公平访问:不公平访问是 DoS 攻击中能力较弱的形式。攻击者可以间歇地使用链路层以上的攻击而引起对网络的不公平访问。与直接阻止访问网络服务不同,攻击者的主要目的是降低网络的服务质量。例如,引起其他节点在实时的 MAC 控制中失去它们的传输期限。

3) 网络层。为整个无线传感器网络提供了关键的路由服务,针对路由的攻击可能导致整个网络的瘫痪。安全的路由算法直接影响了无线传感器网络的安全性和可用性,因此是整个无线传感器网络安全研究的重点。目前在网络层存在的攻击方式主要有以下几种。

- 仿冒节点攻击:因为很多路由协议并不认证报文的地址,所以攻击者可以声称为某个合法节点而加入网络,甚至能够解蔽某些合法节点,替它们收发报文。

- 虚假路由信息:通过欺骗、篡改或重发路由信息,攻击者可以创建路由循环,引起或抵制网络传输,延长或缩短源路径,形成虚假错误消息,分割网络,增加端到端的延迟等。

- 选择性地转发:恶意性节点可以概率性地转发或者丢弃特定消息,使数据包不能到达目的地,导致网络陷入混乱状态。当攻击者确定自身在数据流传输路径上的时候,该攻击通常是最有效的。该种攻击的一个简单做法是恶意节点拒绝转发经由它的任何数据包,类似一个黑洞(即所谓"黑洞攻击")。

- 槽洞(sinkhole)攻击:攻击者的目标是尽可能地引诱一个区域中的流量通过一个恶意节点(或已遭受入侵的节点),进而制造一个以恶意节点为中心的"接受洞",一旦数据都经过该恶意节点,节点就可以对正常数据进行篡改,并能够引发很多其他类型的攻击。因此,无线传感器网络对 sinkhole 攻击特别敏感。

- 女巫(sybil)攻击:位于某个位置的单个恶意节点不断地声明其有多重身份(如多个位置等),使得它在其他节点面前具有多个不同的身份。对于应用于无线传感器网络的某些特殊路由协议,节点的位置信息很重要,而 sybil 攻击可以使一个节点呈现出多个位置,从而影响节点的正常路由。

- 虫洞(wormholes)攻击:恶意节点通过声明低延迟链路骗取网络的部分消息并开凿隧道,以一种不同的方式来重传收到的消息,wormholes 攻击可以引发其他类似于 sinkhole 攻击等的攻击,也可能与选择性地转发或者 sybil 攻击结合起来。

- hello 洪泛攻击:攻击者使用能量足够大的信号来广播路由或其他信息,使得网络中的每一个节点都认为攻击者是其直接邻居,并试图将其报文转发给攻击节点,从而导致网络陷入混乱。

- 确认欺骗攻击:一些传感器网络路由算法依赖于潜在的或者明确的链路层确认。在确认欺骗攻击中,恶意节点窃听发往邻居的分组并欺骗链路层,使得发送者相信一条差的链路是好的或一个已死或没有能力的节点是活着的,使得随后在该链路上传输的报文丢失,而恶意节点也可以发起选择性转发攻击。

4) 传输层。负责管理端到端的连接。可能出现的攻击是洪泛攻击和分离式同步攻击。

- 洪泛攻击:当需要一个协议来维护一个连接两端的状态时,通过洪泛攻击可以使内存很快耗尽。攻击者可能重复建立新的连接请求直到每个连接需要的资源耗尽或达到上限。无论是哪种情况,接下来的合法请求都会被拒绝。

- 分离式同步攻击:该攻击是指中断一个已有的连接。比如,攻击者可能重复地对一个终端主机发送欺骗信息而引起主机要求重发丢失的包。如果时间恰当,攻击者就能够降低甚至阻止终端主机成功交换数据,因此,发送端将不断地试图恢复实际并不存在的错误而无法进行正常的通信。

5) 应用层。存在数据聚集、任务分发和目标跟踪等多种服务,一些应用层攻击直接针对这些安全服务,因此,其中很多服务都需要安全机制。

21.2.2　无线传感器网络的安全目标

在普通网络中,安全目标往往包括数据的保密性、完整性以及认证性三个方面,但是由于无线传感器网络的节点构造的特殊性以及其应用环境的特殊性,其安全目标以及重要程度略有不同,无线传感器网络的安全目标包括:

1) 保密性。在无线传感器网络中,一般要求只有合法的节点能够理解接收到的信息,而非法节点即使获得数据也无法理解数据包含的信息。这就必须将数据进行加密后传输,使得合法用户通过解密获知信息,而非法获得者由于不知道密钥,不能破译信息。

2) 完整性。完整性是无线传感器网络安全最基本的需求和目标。虽然很多信息不需要保密,但是这些信息必须保证没有被篡改。在通信过程中,数据完整性能够保证接收者收到信息在传输过程中没有被攻击者篡改或替换。

3) 鉴别和认证。节点身份认证或数据源认证在传感器网络的许多应用中是非常重要的。在传感器网络中,攻击者极易向网络注入信息,接收者只有通过数据源认证才能确信消息是从正确的节点处发送过来的。对于无线传感器网络而言,组通信是经常使用的通信模式,如基站与传感器节点间的通信。对于组通信来说,源端认证是非常重要的安全需求和目标。

4) 不可否认性。在某些应用中,不可否认也是无线传感器网络安全的重要安全目标。利用不可否认性,节点发送过的信息可以作为证据,证明节点是否具有恶意或者进行了不符合协议的操作。

5) 可用性。是指安全协议高效可靠,不会给节点带来过多的负载导致节点过早消耗完有限的电量,这也是无线传感器网络安全的基本需求和目标。

6) 容错性。也可以认为容错性是可用性的一个方面。当一部分节点失效或者出现安全问题时候,必须保证整个无线传感器网络的正确和安全运行。

根据不同的应用背景,无线传感器网络的安全目标也有不同的侧重。例如,在 2008 年奥运会这样的应用场景中,无线传感器网络主要用于监视一些火警、人员流动和突发性问题等,因此保密性要求不太强,而实时性要求强。在这样的应用中,安全目标应该首先是可用性、完整性、鉴别和认证,而保密性目标并不重要。

由于传感器的计算能力很弱,一些可以通过传统的非对称密钥的方式来实现的安全目标在无线传感器网络中无法实现,一些基于公钥理论的研究成果在实际应用中还无法推广。通常,主要采用的基于对称密码算法或哈希算法的安全机制来实现上述安全目标。

21.2.3　无线传感器网络的安全措施

为了实现无线传感网的安全目标,研究人员针对无线传感网在物理层、数据链路层、网络层、传输层和应用层中面临的安全威胁,提出了一些安全措施,同时,由于无线传感器网络的复杂性使得很多安全措施还不完善,还需要进一步研究。

1) 物理层

➢ 针对干扰:典型的阻塞预防措施包括各种各样的扩频通信,如使用跳频扩频(FHSS)和码扩频。跳频扩频是一种传输信号的方法,它通过使用收发双方都预先已知的伪随机序列来快速在许多频率信道中转换成载波频率。因为不能跟踪频率选择序列,攻击者就无法在一个特定的时间及时阻塞正在使用的频率。然而,由于可能使用的频率范围有限,攻击者可能会选择阻塞一个较宽的频带。码扩频是用于对抗阻塞攻击的另一技术,它通常被用于移动网络中。然而,由于这种技术的复杂度比较高以及需要很大的能量消耗,因此不适合应用在 WSN 中。

➢ 针对窃听:防止窃听攻击的有效方法是对敏感的通信信息进行加密。

➢ 针对篡改:对于这种攻击,一种防御方法是对节点的数据包实行篡改证明。然而,由于考虑成本问题,WSN 中不做篡改证明,而由其他协议来考虑出现隐患节点的情况。

2)数据链路层

➢ 针对碰撞:对抗碰撞的典型策略是使用纠错码。纠错码虽然具有一定的纠错能力,但是如果攻击者恶意破坏数据包的较多数据位,纠错码将无法纠正这些数据位而失效,并且纠错码本身也会产生额外的 CPU 处理和通信开销,造成网络负荷过重。冲突检测机制虽然能检测出冲突节点,但难以判断冲突节点是否为恶意节点,因此,关于链路层攻击的防御机制仍需进一步的研究。

➢ 针对资源耗尽:一个可能的解决方法是对 MAC 访问许可进行控制,使网络能够忽略过量的请求;另一个方法是使用时分复用技术,为节点分配特定的时隙来传输数据;此外邻居节点也可以监视节点的反常行为,降低频繁发送报文节点的发送优先级。

3)网络层

➢ 针对仿冒节点攻击:对付仿冒节点攻击的有效方法是网络各节点之间进行相互认证。对于节点的行为首先要进行身份认证,确定为合法节点才能接收和发送报文。

➢ 针对虚假路由信息攻击:这种攻击能够成功的根本原因在于节点无法验证报文的内容。因为要随时掌握整个网络的连通情况,才能辨别某个节点所发出信息的真假,因此防止伪造路由攻击比较困难,防御方法主要是通过入侵检测系统来检测和清除这些入侵节点。另外,也可以通过给消息附加一个消息认证码(MAC),来使接收者验证收到的消息是否被改写,或使用计数器或时间戳来防止敌方重放路由信息。

➢ 针对选择性地转发:应对这种攻击的一种方法是使用多条路径同时发送同一信息或者采取一些协议检测出这种恶意节点并将其忽略自动寻求其他路由。

➢ 针对黑洞攻击:可采用随机密钥预分配机制和基站入侵检测与响应系统进行防御。

➢ 针对女巫攻击:一种防御方法是建立对密钥,以便任意两个邻居节点进行相互验证,使得即使节点被捕获,也不能发起巫师攻击,从而不能对其他邻居节点进行攻击。

➢ 针对 Hello 泛洪攻击:通过随机密钥预分配机制建立对密钥进行邻居节点的身份验证,利用基站来检查节点身份和它们的邻居关系能有效对付这类攻击。

4)传输层

➢ 针对泛洪攻击:相应的解决方案是通过随机密钥预分配机制建立对偶密钥进行邻居节点的身份验证,利用基站来检查节点身份和它们的邻居关系,从而使创建连接的客户端不必浪费自身资源来建立不必要的连接。

➢ 针对分离式同步攻击:针对这种攻击,一种可行的解决方法是对通信双方的数据包进行验证以防止敌方注入虚假的信息来进行欺骗。

5)应用层

针对不同的服务研究不同的安全机制,如数据聚集服务是无线传感器网络的主要特性之一,由于数据聚集的特性使数据加密不易实现,给无线传感器网络安全的设计带来了极大的挑战,也是无线传感器网络安全研究的热点之一。

归纳起来,在无线传感器网络中为应对各种各样的攻击需要采用的安全机制有:加解密、认证(包括实体认证和信息认证)、安全组播、网络分级管理、使用信任等级路由、采用一定的容侵策略等。接下来我们将主要介绍无线传感器网络中的认证、加密及密钥管理相关技术。

21.3　无线传感器网络的认证机制

如前所述,在传统网络中,通常采用对称密码技术和公钥密码技术分别完成加密和数字签名,从而保证传输信息的机密性、完整性和不可抵赖性。由于无线传感器网络资源受限的特点,人们普遍认为对能量供应、存储能力、计算能力、通信能力受严格限制的传感器节点来说,使用典型的公钥加密方案是不现实的。因此,最早提出的绝大多数安全方案采用了对称加密或其他非公钥加密方案来确保整个网络的安全性。但是由于基于对称加密机制的密钥管理不够灵活、网络抗毁性不强等,近年来也开始研究应用公钥加密机制来避免这些缺陷,特别是随着公钥算法的不断改进和传感器节点硬件的推陈出新,使得人们大胆构想在无线传感器网络的安全方案中采用公钥加密机制。

21.3.1　基于对称密码算法的认证协议

在无线传感器网络中,目前比较知名的基于对称加密算法的安全认证协议如下。

1. 安全框架协议

传感器网络安全协议(SPINS,security protocols for sensor networks)是 Perrig 等人在 2002 年提出的一个比较完整的用于传感器网络的安全协议,它提供了数据的机密性、完整性、及时性和认证。

在 SPINS 安全框架协议中,假设以下四个前提:

➤ 基站是可信的;

➤ 单个节点对自身是可信的;

➤ 节点之间最初是互不信任的;

➤ 节点到基站之间的通信链路是不可信的。

在此基础上,SPINS 采用轻量级的对称密钥及简单的安全算法(如 Hash 散列函数、RC5)来实现数据的加解密和广播认证。SPINS 分为两个模块:安全网络加密协议(SNEP,secure network encryption protocol)和微型基于时间高效的容忍丢包的流认证(μTESLA,micro timed efficient streaming loss-tolerant authentication)协议。其中 μTESLA 用于实现点到多点的认证广播。

SNEP 用来实现机密性、完整性、点到点的认证和新鲜性。其特点是采用预共享主密钥(master key)的安全引导方法,假设每个节点都和基站之间共享一对主密钥,其他密钥都是从主密钥衍生而来。其各种安全机制是通过可信的基站完成的。

1) 数据机密性

为保证数据的机密性,在网络开始传送正常的数据信息之前,节点和基站之间需要预先定义主密钥,然后由主密钥通过轻量级对称加密算法 RC5 构成的伪随机函数 F 产生加密密钥、消息认证码(MAC)和 PNG 密钥。具体过程如下:

加密密钥:$K_{AB} = F_x(1)$ 和 $K_{AB} = F_x(3)$

MAC 密钥:$K_{AB}' = F_x(2)$ 和 $K_{AB}' = F_x(4)$

PNG 密钥：$K_{rand} = F_x(5)$

传输数据时，会产生两个密钥 K_{encr} 和 K_{mac}。K_{encr} 是加密密钥，而 K_{mac} 是 MAC 密钥，它们都是由主密钥生成的。信息采用 DES-CBC 加密算法，用 K_{encr} 作加密密钥进行加密处理。

2）数据完整性和点到点认证

MAC 的主要作用是实现通信双方的认证和数据完整性认证。

$A \rightarrow B: \{D\} K_{AB}, C_A, MAC(K'_{AB}, C_A | \{D\} K_{AB})$

其中，D 是原始数据；K 是共享密钥；K' 是 MAC 密钥；C 是计数器的值。

基站接收到数据后，首先查找发送者的主密钥，然后计算出相应的 K_{encr} 和 K_{mac}。用 K_{encr} 解密后用 K_{mac} 加密计数器值和密文，即可得到 MAC。如果与接收到的 MAC 值相同，则可以判定消息在传输过程中没有被改变，即实现了消息的认证。

3）数据新鲜性

每个节点中都有一个计数器，用于和基站进行时间同步，同时也作为初始化向量实现数据新鲜性。每次发送数据，计数器都会选择一个不同的初始化向量（Ⅳ，initialization vector）。由于这个初始化向量的不同，即便是重复发送同样的数据，也能保证生成的密文各不相同。同时，在发送的数据包中还包含有时间信息（即时间戳），进一步保证在重复发送同样的数据时，能生成各不相同的密文，此外，还具有防止重放攻击的作用。

μTESLA 协议运行过程包括基站安全初始化、网络节点加入安全体系、基站广播数据包和节点检验数据 4 个过程。μTESLA 协议的主要思想是先广播一个通过密钥 K_{mac} 认证的数据包，然后公布密钥 K_{mac}。这样，就可以保证在密钥 K_{mac} 公布之前，没有人能够得到认证密钥的任何信息，进而也就无法在广播数据包被正确认证之前伪造出正确的数据包。这样就很好地满足了广播认证协议的安全条件。

SPINS 的主要优点是没有较强的安全假设前提，存储密钥所需存储空间较少，在只和基站通信的情况下仅需存储一个主密钥，并且也不需要额外的通信代价。但节点间的安全通信需要付出比较高的代价，从该协议提供的协商过程来看至少需要广播 4 个协商包，且每个包的通信量比较大。而且 SPINS 中的 μTESLA 并没有考虑拒绝服务攻击问题，如果网络中出现恶意节点故意广播错误的数据包，网络中的其他节点也会将这些数据包先存储下来，然后等待下一个时刻密钥公布后去验证其正确性，在这种攻击下节点就很可能很快耗尽能量。对于这种攻击，μTESLA 协议尚没有合理的解决方法。

2. 局部加密和认证协议

针对 μTESLA 协议不能实时认证（需要先广播数据包，然后在下一个时间段公布认证密钥）而导致时延和存储量过大的问题，Setia 和 Jajodiau 提出了局部加密和认证协议（LEAP，localized encryption and authentication protocol）。该方案基于单向密钥链的认证方案，其突出特点是它支持数据源认证、网内数据处理和节点的被动加入，并运用概率型激励方案来有效地检测和阻止无线传感器网络中的假冒攻击。

LEAP 协议根据不同类型的信息交换需要不同程度安全性的要求，提出了分类密钥建立机制，即每个节点预先存储 4 种不同类型的密钥：与基站的共享密钥、相邻节点间的共享会话密钥、与簇头节点的共享密钥及与所有节点的共享密钥。该协议的通信开销和能量消耗都比较低，而且在密钥建立和更新过程中减少了基站的参与。

LEAP 中的激励概率方案如下：

节点以一定的概率质疑一个收到的包的可靠性。当节点 v 收到从 u 发出的带有认证密钥

K 的包 P（每个包中都含有一个计数器 C 用于信息更新）时，v 以概率 P_C 质疑 u 发来数据包 P 的真实性，使用它们的共享密钥 K_{uv} 作为消息认证码。

$$v \xrightarrow{p_c} u : C, N_v, \mathrm{MAC}(K_{uv}, C \mid N_v)$$

$$v \longrightarrow u : C, N_u, \mathrm{MAC}(K_{uv}, C \mid N_v \mid N_u)$$

这里，N_v 和 N_u 是节点在发送数据包时产生的随机数。概率 Pc 的选择需要折中考虑需要达到的安全强度和系统的实际性能，值越大，安全性越高，但同时会产生巨大的开销而导致系统的性能降低。

该方案最大的优点是支持数据源认证、网内数据处理和节点的被动加入，并能够有效阻止网络中的假冒攻击。针对无线传感器网络中节点间不同的应用提出了 4 种不同的密钥共享方法，所使用的单向密钥链也不用时间同步。但它只适合于对安全要求不是太高的普通节点或下层节点，对于安全要求很高的重要节点（比如网关节点等），这种方案的安全性还不够，也不能完全阻止拒绝服务等攻击。

目前，专门基于层次式 WSN 的安全认证方案大多是采用预置共享密钥的模式，这类方案具有实现简单、能耗小、计算开销少的优点，但是随着网络规模的扩大，全网密钥总量将快速上升，随之而来的是密钥更新困难，节点认证延迟，安全性降低。虽然可以像 SPINS 协议那样通过延迟对称密钥的公开来取得与非对称加密近似的效果，但网络运行过程中，过分依赖基站，节点间无法自主进行认证。

21.3.2　基于公钥密码算法的认证协议

公钥加密机制由于认证性好、网络抗毁性强、扩展性好等优点，被广泛应用于传统网络的密钥管理方案中。但是传感器网络具有无线自组织，资源有限等特点，传统的公钥认证方式，如基于 PKI 的相关技术无法直接应用于传感器网络中，其主要原因是这些设施容易导致：1)单点失败和拒绝服务；2)无线多跳误码率高，会降低服务成功率，延长服务时间；3)节点认证时，网络通信开销大，容易导致网络拥塞。

为了利用公钥加密机制的优点，解决其在传感器网络应用中的性能问题，一些学者已经展开研究并开发出了相应的硬件设施。目前已经提出的基于公钥体制的适于 WSN 应用的安全系统有 TinyPK 系统等。同时，研究人员给出了 Rabin 法、NTRU 和椭圆曲线等多种公钥加密技术在 WSN 中的实现方法。结果表明在现有的传感器节点上实现公钥加密方案是可行的。

2003 年 Huang Q 和 Cukier 等提出基于椭圆曲线密码体制与对称密码体制的混合密钥管理协议。该协议被应用于异构的 WSN 里，网络节点分为具有较强计算和通信能力的 FFD (full-functional devices)节点和能力比较受限的 RFD(reduced-functional devices)节点。部署前，首先通过有限域上的一条椭圆曲线及相关信息生成隐式证书和 FFD 节点、RFD 节点各自的公/私密钥。部署后，FFD 节点和 RFD 节点通过对方的隐式证书获取相应的公钥，然后各自随机生成链路密钥的基值，并使用对方公钥加密后发送给对方。若双方的链路密钥基值都得到验证，则与标识符 ID 一起共同协商生成链路密钥。该协议提供了隐式和显式的密钥验证，把 ECC 所产生的计算开销大都集中在具有较强的计算和通信能力的管理节点上，实现了异构的传感器节点之间的公钥认证。

2004 年，R. Watro 等人提出了基于低指数级 RSA 算法的 TinyPK 实体认证方案。与传统的公钥算法的实现相似,TinyPK 也需要一定的公钥基础设施(PKI,public key infrastructure)来完成认证工作。首先需要一个拥有公私密钥对的可信的认证中心(CA),显然,在无线传感器网络中这一角色可由基站来扮演(通常认为基站是绝对安全的,它不会被攻击者俘获利用)。任何想要与传感器节点建立联系的外部组织也必须拥有自己的公私密钥对,同时,它的公钥需要经过认证中心的私钥签名,并以此作为它的数字证书来确定其合法身份。最后,每个节点都需要预存有认证中心的公钥。

认证协议使用的是挑战-应答机制。即该协议首先是由外部组织给无线传感器网络中的某个节点发送一条请求信息。请求信息中包含两个部分:一个是自己的数字证书(即经过认证中心私钥签名的外部组织的公钥),另一个是经过自己的私钥签名的时间标签和外部组织公钥信息的校验值(或者称散列值)。请求信息中的第一部分可以让接收到此消息的传感器节点对信息源进行身份认证,而第二部分则可以抵抗重放攻击(时间标签的作用)和保证发送的公钥信息的完整性(散列值的作用)。传感器节点接收到消息后,先用预置的认证中心的公钥来验证外部组织身份的合法性,进而获取外部组织的公钥;然后用外部组织的公钥对第二部分进行认证,进而获取时间标签和外部组织公钥的散列值。如果时间标签有效并且实际计算得到的外部组织的公钥的散列值与第二部分之中包含的散列值完全相同,则该外部组织可以获得合法的身份。随后,传感器节点将会话密钥用外部组织的公钥进行加密,然后传送给外部组织,从而建立其二者之间安全的数据通信。

2005 年,Z. Benenson 等人提出了基于 ECC 公钥密码算法的强用户认证协议,在一定程度上对 TinyPK 进行了改进。该协议中请求认证的节点向周围的 n 个节点广播认证请求数据包,数据包中含有节点身份标识和节点证书,如果 n 个节点中有 t 个节点响应并通过了认证,则认证成功。该协议采用了一种 n 认证形式,将单点认证转化为 n 个节点认证,提高了网络的容侵性;并且由于认证协议中采用了 ECC 公钥算法,因此安全强度较高。但是该协议对拒绝服务攻击没有较好的防御措施,如果敌方不停地发送经过伪造的证书,节点还是要完成所有的认证步骤才能识别出来,这样节点的能量将很快被耗尽。

此后,研究人员陆续提出了基于分布式的公钥认证方案、基于 Merkle 树和位置部署知识的公钥认证机制和基于 IBE(identity-based encryption)算法的密钥协商方案等多种基于公钥体制的 WSN 安全方案,每种方案都可以满足 WSN 的某些特性,但也都存在着若干缺陷,可见,关于 WSN 公钥认证机制的研究在各方面还不是十分成熟。目前,这方面的研究热点主要集中在设计高效的公钥算法、简易的认证步骤、安全性高的认证框架等方面。

21.4　无线传感器网络中的加密技术

无线传感器网络有较好的应用前景,将应用在许多领域。但由于数据是以无线的形式进行传输,在传输的过程中信息随时都可能被非法窃听、篡改以及破坏,因此保证数据在无线传输时的安全性就显得尤为重要。虽然目前已经存在许多成熟的加密算法,但由于无线传感器节点自身的独特性,使得大多数的加密算法都无法应用到无线传感器节点中。因此,如何选择合适的加密算法便成为关键,无线传感器网络中加密算法须遵循以下原则:

1) 加密算法速度要快。由于传感器节点的微型化,节点的电池能量有限,且物理限制难以给节点更换电池,所以传感器节点的电池能量限制是整个无线传感器网络设计最关键的约束之一,它直接决定了网络的工作寿命。传感器节点消耗能量的模块包括传感器模块、处理器模块和无线通信模块。在进行传感器节点数据加密时,要考虑到节点能量的限制,要求加密算法的速度要快,从而延长节点及整个网络的使用寿命。

2) 加密算法占用存储空间要小。廉价微型的传感器节点带来了处理器能力弱、存储容量小的特点,使得其不能进行复杂的计算,传感器节点的资源有限特性导致很多复杂、有效、成熟的安全协议和算法不能直接使用。

3) 加密算法通信开销要小。目前,无线传感器网络采用的都是低速、低功耗的通信技术,节点仅具有有限的带宽和通信能量。因为一个没有持续能量供给的系统,要想长时间工作在无人值守的环境中,必须要在各个设计环节上考虑节电问题,这种低功耗要求安全协议和安全算法所带来的通信开销不能太大,这是在常规有线网络中较少考虑的因素。

4) 加密算法要易于实现。传感器网络中的每个节点既完成监测和判断功能,同时又要担负路由转发功能。每个节点在与其他节点通信时存在信任度、信息保密和信任广播的问题。当基站向全网发布查询命令的时候,每个节点都能够有效判定消息确定来自于有广播权限的基站,这对资源有限的传感器网络来说是非常难于解决的问题因此,加密算法的选取要易于软硬件实现。

5) 加密算法要在网络资源和安全性之间做出平衡。一个网络在保证安全性的前提下,还要考虑其使用寿命,如数据在无线传感器中的融合可以有效地压缩网络中传输的数据量,节省网络资源,但同时将数据的内容暴露给了进行融合的节点。因此,需要对进行数据融合的节点进行认证,仅允许通过认证的节点进行数据融合。这需要在节省网络资源和提高网络安全性之间做出平衡,不能只考虑算法的安全性,而不考虑网络的使用时间。

综上所述,由于传感器节点的内存、计算、能量和带宽的限制,不能使用一些典型但计算过于复杂或由于加密导致密文过长的数据加密算法。下面简要介绍一些适合传感器网络的典型加密算法。

1. 对称密码算法

1) TEA 加密算法

TEA(tiny encryption algorithm)算法是由 David J. Wheeler 等人提出的一种微型加密算法。该算法是一种对称分组加密算法,其分组长度为 64bit,密钥长度为 128bit,算法中采用了迭代、加减运算而不是异或操作来进行可逆操作,它是一种 Feistel 类型的加密算法。Shuang Liu 等人将该算法应用到一个简单的传感器网(只包含一个传感器和一个基站)上进行了实验,测得 TEA 算法在传感器上的运行时间大约是 14.088ms。TEA 算法的优点是至今未能被破解、算法占用极小的内存和计算资源。但它的安全性还没经过严密的安全审查。

2) RC5、RC6 加密算法

RC5 是由 Ronald L. Rivest 等人提出的一种快速对称加密算法。使用加法、异或和循环左移三个基本操作实现加密。它的特点是适合硬件和软件实现、快速、可变块长、可变长度密钥、简单且有高安全性等。该算法中循环移位是唯一的非线性部分,采用数据相关循环移位运算使得线性和差分密码分析更加困难。

RC6 算法是在 RC5 算法基础之上针对 RC5 算法中的漏洞,通过引入乘法运算来决定循环移位次数的方法,对 RC5 算法进行了改进,提高了 RC5 算法的安全性。然而 RC6 算法相对复杂、执行效率也远比 RCS 算法低。

Adrian Perrig 等人在传感器网络安全协议 SPINS 中,采用 RC5 子集、裁剪代码等方法,使得代码量减少了 40%，并在 BerkeleySmartDust 实现了该算法。该算法的优点是安全性高。它的缺点是相对传感器网络来说资源耗费比较大；另外，Perrig 等人的改写算法还需要进一步的实践证明；并且 RC5 本身也容易受到暴力攻击；RC5 需要计算初始计算密钥，将浪费额外的节点 RAM 字节数。

2. 非对称密码算法

David J. Malan 等人第一次在传感器 MICAZ Mote 上实现了公钥加密-椭圆曲线加密。Ronald Watro 等人也在 TinyPK 系统中采用了 RSA 加密和 Diffie-Hellman 密钥交换，从而保证第三方节点加入传感器网络时，可以安全地传输会话密钥给第三方。此外，如前所述，Rabin 算法、NTRU 算法也可应用于无线传感器网络。

21.5　无线传感器网络的密钥管理

21.5.1　WSN 密钥管理要求及分类

与典型网络一样，WSN 密钥管理必须满足可用性(availability)、完整性(integrity)、机密性(confidentiality)、可认证性(authentication)和不可否认性(non-reputation)等传统的安全需求。此外，根据 WSN 自身的特点，WSN 密钥管理还应满足如下一些性能评价指标：

1) 可扩展性(scalability)。WSN 的节点规模少则十几个或几十个，多则成千上万个。随着规模的扩大，密钥协商所需的计算、存储和通信开销都会随之增大，密钥管理方案和协议必须能够适应不同规模的 WSN。

2) 有效性(efficiency)。网络节点的存储、处理和通信能力非常受限的情况必须充分考虑。具体而言，应考虑以下几个方面：存储复杂度，用于保存通信密钥的存储空间使用情况；计算复杂度，为生成通信密钥而必须进行的计算量情况；通信复杂度，在通信密钥生成过程中需要传送的信息量情况。

3) 密钥连接性(key connectivity)。节点之间直接建立通信密钥的概率。保持足够高的密钥连接概率是 WSN 发挥其应有功能的必要条件。需要强调的是，WSN 节点几乎不可能与距离较远的其他节点直接通信，因此并不需要保证某一节点与其他所有的节点保持安全连接，仅需确保相邻节点之间保持较高的密钥连接。

4) 抗毁性(resilience)。抵御节点受损的能力。也就是说，存储在节点的或在链路交换的信息未给其他链路暴露任何安全方面的信息。抗毁性可表示为当部分节点受损后，未受损节点的密钥被暴露的概率。抗毁性越好，意味着链路受损就越低。

近年来，WSN 密钥管理的研究已经取得许多进展。国内外的研究人员提出了不同的WSN 密钥管理方案和协议，其侧重点也有所不同。依据这些方案和协议的特点给出了以下的分类。

1. 根据所使用的密码体制分类

根据所使用的密码体制，分为对称密钥管理与非对称密钥管理。

在对称密钥管理方面，通信双方使用相同的密钥和加密算法对数据进行加密、解密，对称密钥管理具有密钥长度不长，计算、通信和存储开销相对较小等特点，比较适用于 WSN，是WSN 密钥管理的主流研究方向。

在非对称密钥管理方面,节点拥有不同的加密和解密密钥,一般都使用在计算意义上安全的加密算法。非对称密钥管理由于对节点的计算、存储、通信等能力要求比较高,曾一度被认为不适用于 WSN,但一些研究表明,非对称加密算法经过优化后能适用于 WSN。从安全的角度来看,非对称密码体制的安全强度在计算意义上要远远高于对称密码体制。

2. 根据网络的结构分类

根据网络的结构,分为分布式密钥管理和层次式密钥管理。

在分布式密钥管理中,节点具有相同的通信能力和计算能力。节点密钥的协商、更新通过使用节点预分配的密钥和相互协作来完成。其特点是密钥协商通过相邻节点的相互协作来实现,具有较好的分布特性。

在层次式密钥管理中,节点被划分为若干簇,每一簇有一个能力较强的簇头(cluster head)。普通节点的密钥分配、协商、更新等都是通过簇头来完成的。其特点是对普通节点的计算、存储能力要求低,但簇头的受损将导致严重的安全威胁。

3. 根据节点在部署之后密钥是否更新分类

根据节点在部署之后密钥是否更新,分为静态密钥管理与动态密钥管理。

在静态密钥管理中,节点在部署前预分配一定数量的密钥,部署后通过协商生成通信密钥,通信密钥在整个网络运行期内不考虑密钥更新和撤回。其特点是通信密钥无须频繁更新,不会导致更多的计算和通信开销,但不排除受损节点继续参与网络操作。若存在受损节点,则对网络具有安全威胁。

在动态密钥管理中,密钥的分配、协商、撤回操作周期性进行。其特点是可以使节点通信密钥处于动态更新状态,攻击者很难通过俘获节点来获取实时的密钥信息,但密钥的动态分配、协商、更新和撤回操作将导致较大的通信和计算开销。

4. 根据节点的密钥分配方法分类

根据节点的密钥分配方法,分为随机密钥管理与确定密钥管理。

在随机密钥管理中,节点的密钥环通过随机方式获取,比如从一个大密钥池里随机选取一部分密钥,或从多个密钥空间里随机选取若干个。随机性密钥管理的优点是密钥分配简便,节点的部署方式不受限制;其缺点是密钥的分配具有盲目性,节点可能存储一些无用的密钥而浪费存储空间。

在确定密钥管理中,密钥环是以确定的方式获取的,比如使用地理信息或使用对称 BIBD(balanced incomplete block design)、对称多项式等。确定密钥管理的优点是密钥的分配具有较强的针对性,节点的存储空间利用得较好,任意两个节点可以直接建立通信密钥;其缺点是特殊的部署方式会降低灵活性,或密钥协商的计算和通信开销较大。

21.5.2 典型 WSN 密钥管理方案

针对无线传感网的特点,近年来已提出多个密钥管理方案,每个方案都有各自的侧重面和优缺点,我们从中选取一些进行讨论。

1. 基于 KDC 的密钥管理方案

21.3 节中提到的 SPINS 安全框架协议给出的密钥管理方案是一个典型的基于 KDC 的方案,适用小规模的无线传感器网络,主要思想如下。

基站保存自己与每一个传感器节点共享的唯一的密钥,称为节点的主密钥,节点保存自己与基站共享的主密钥,主密钥用于节点与基站之间的加密解密。若一个节点需要和另一个节点通信,则请求基站,由基站生成一个密钥发送给这两个节点,作为用于加密这两个节点之间的通信信息的对偶密钥。

例如,节点 U、V 都信任基站 BS,且分别与基站共享一个主密钥。节点 U 想要跟节点 V 通信,U 向 V 发送请求通信的消息,V 收到后向基站发送请求基站建立对偶密钥的消息,基站收到消息后为 U、V 生成对偶密钥,分别用 V、U 的主密钥加密对偶密钥发送给 V、U。

该方案的优势在于支持网络拓扑动态变化,节点和节点之间的认证由中心节点基站提供,而中心节点基站处理能力、存储能力也直接影响了网络的通信范围。此外,如果攻击者捕获一部分传感器节点,对网络中其他节点的影响较小,而且普通节点的开销也较小。这种方案适合应用在网络规模较小,对安全要求较高的情况下。

显然,该方案的缺点是任意两个节点建立对偶密钥都需要中心节点的参与,使得基站通信开销比较大,此外,节点需要计算消息确认码,这需要额外的加密解密计算。

2. 随机密钥预分配方案

此类方案是指节点在通信时,不再需要有中心节点的支持来完成密钥分发的相关工作,但节点需要预先加载一些初始密钥和算法,根据初始密钥和预置的算法协商节点间的通信密钥。相对于 KDC 密钥管理方案,随机密钥预分配方案的密钥更新的周期长,计算开销与通信开销小,更适用于无线传感器网络。

对于密钥预分配方案,有两种简单情况。

一种情况是整个网络中所有的传感器节点共享同一个密钥,称为单一方案。该方案能够保证网络连通率为 1,占用节点很小的存储空间,没有额外的计算开销和通信开销,简单易用,效率很高,但攻击者捕获一个节点即可得到密钥,会造成整个网络失密。

另一种情况是传感器节点和网络中所有的其他各点分别共享一个密钥,称为 N-1 方案,对于一个规模为 N 的无线传感器网络,则每一个节点需要存储 N-1 个密钥,整个网络一共需要 $\frac{N*(N-1)}{2}$ 个密钥,占用节点极大的存储空间。由于受传感器节点存储空间有限的限制,这种方案不适用于大规模网络。一个节点的失密不会对网络中其他节点造成任何影响,能保证网络的连通率为 1,但是扩展性差,网络中添加新节点也会非常困难。

美国马里兰大学的 Eschenauer 和 Gligor 在 2002 年提出一种基于随机概率的密钥预分配方案(简称 E-G 方案)。该方案采用了图论和概率论理论,密钥管理过程被分为三个阶段:

> 密钥预分配阶段。在节点部署前,首先通过离线密钥管理服务器产生一个大的密钥池和密钥对应的标识号(ID),再为每个节点从密钥池里随机选取 K 个密钥及相应的 ID,构成自己的密钥环,K 的选择要保证相邻两个节点共享同一个密钥的概率大于预设的概率值。

> 共享密钥直接协商阶段。节点部署到位之后,广播自己密钥环的标志号,其他节点收到后,只需在各自的密钥环中找到一个相同的密钥(共享密钥),就可直接建立会话密钥(对偶密钥),从而建立起安全的通信链路,该密钥也称为直接密钥。

> 共享密钥间接协商阶段。如果在前面的检查中发现两相邻节点之间没有共享密钥,则通过与自己有直接密钥的其他邻居节点建立通信路径,确保网络的正常通信,构成连通率为 p 的图。

由于两个节点以一定概率存在直接密钥,E-G 方案的关键是选择大小恰当的密钥池 P、密钥环 K,保证连通率 p 足够大,保证网络中节点之间的正常通信。研究发现,若要提高网络安全连通概率,就必须增加节点预分配的密钥数(增大 K 值),或降低密钥池的大小(减小 M 值);然而,若要加强网络抗毁性,则必须减少节点预分配的密钥数(减小 K 值),或提高密钥池大小(增大 M 值)。这种网络安全连通性和抗毁性之间的矛盾给无线传感网随机密钥管理研究带来很大的技术挑战。

E-G 方案容易实现,密钥建立阶段的通信开销小,支持网络扩展,支持网络拓扑动态变化,灵活性高。但是此方案基于概率模型,没有确定性的保证,不能保证任意两个传感器节点都可以建立通信路径;每个节点要存储大量的密钥和密钥标识,这对资源有限的节点来说是不现实的,而且存储大量的密钥,将会导致整个系统变得脆弱,若有小部分节点被捕获,攻击者得到节点存储的密钥环会对网络中其他节点的安全造成影响,小部分节点被捕获就会对整个网络安全通信造成很大影响,因此安全强度低。

针对 E-G 方案中小部分节点被俘获后会出现预共享密钥的泄漏问题,Chan Perrig-Son 在 EG 方案基础上提出了 q-Composite 随机密钥预分配方案,该方案将 EG 方案中两个相邻节点建立对偶密钥需要的共享密钥数从 1 个提高到 q 个,通过提高 q 值来增强网络的抵抗性。

q-Composite 方案的密钥管理过程如下:

➢ 初始化阶段。节点部署前,离线服务器生成密钥池,每个节点从密钥池中随机选出 m 个密钥,m 的取值要保证任意两个节点共享 q 个密钥的概率大于预先设置的概率值。

➢ 密钥发现阶段。节点广播自己的密钥标志号,邻居节点收到后,寻找与自己相同的密钥。

➢ 密钥建立阶段。节点使用自己和邻居节点共享的密钥通过预置的哈希函数计算自己和邻居的对偶密钥,对偶密钥用于加密节点之间的通信,哈希函数自变量的顺序需要预先设置好。

q-Composite 方案在少量节点被捕获时,对网络的影响小于 E-G 方案,但当失密节点达到一定数目时,网络的抵抗性不如 E-G 方案,而且网络扩展性受到一定限制。

3. 基于分层思想的密钥管理方案

前面介绍的 LEAP 采用的是基于分层思想的密钥管理方案,该协议提出使用 4 种类型的密钥,即:唯一密钥、对偶密钥、群密钥、簇密钥。唯一密钥是基站和整个网络中每一个节点唯一共享的密钥;对偶密钥是节点和邻居节点共享的密钥;群密钥用来加密基站对全网的广播信息;簇密钥用于加密节点对自己周围的邻居进行本地广播的广播信息。

群密钥是在网络布置之前,预先写入传感器节点中;簇密钥由节点生成,通过对偶密钥加密发送给每一个邻居节点;唯一密钥由节点根据自己的 ID 通过散列函数计算得到;对偶密钥通过散列函数和节点自己的唯一密钥计算。

该方案的优点是提供了较好的安全性,但计算开销和通信开销都很大。

21.6　本　章　小　结

无线传感器网络的应用前景非常广泛,主要表现在军事、环境、健康、家庭和其他商业领域等方面。随着应用的深入,安全问题也逐渐浮现,并成为无线传感器应用的瓶颈。为无线传感器网络给出一个安全的解决方案已不仅仅是研究者,也是许多无线传感器网络提供商、集成商以及无线传感器网络的用户所共同关心的问题了。

本章简单地介绍了无线传感器网络的体系结构及该网络的简单特征和应用,使读者对无线传感器网络有一个简单的认识。之后从无线传感器网络的安全目标出发,介绍了基于五层体系结构的传感器网络面临的安全威胁并结合传感器网络自身的特点及局限性对其中使用的密码技术进行了一个简单的阐述。最后介绍了无线传感器网络中的密钥管理技术。

21.7 习　　题

(1) 什么是无线传感器网络,它有哪些特点?

(2) 分析无线传感器网络面临的安全威胁。

(3) 分析由于无线传感器网络特殊性而提出的新的安全目标。

(4) 分析无线传感器网络中的密钥管理层次。

(5) 无线传感器网络的密钥管理方案有哪些? 分析其特点及适用性。

(6) 分析无线传感器网络的认证机制是否存在缺陷,针对缺陷提出改进措施。

(7) 描述无线传感器网络的加密过程及算法。

参 考 文 献

[1] 3GPP: 3G Security; Security Architecture[S]. TS 33. 102 V6. 0. 0, 3rd Generation Partnership Project(3GPP), 2003.

[2] 3GPP: 3G Security; Security Threats and Requirements[S]. TS 21. 133 V4. 1. 0, 3rd Generation Partnership Project(3GPP), 2001.

[3] 3GPP: 3GPP System Architecture Evolution; Security Architecture[S] TS 33. 401 V12. 13. 0, 3rd Generation Partnership Project(3GPP), 2015.

[4] 3GPP: 3GPP System Architecture Evolution; Security Architecture[S] TS 33. 401 V14. 2. 0, 3rd Generation Partnership Project(3GPP), 2017.

[5] 3GPP: MAP Application Layer Security[S]. TS 33. 200 V6. 1. 0, 3rd Generation Partnership Project(3GPP), 2005.

[6] RUBIN A D, HONEYMAN P. Formal Methods for the Analysis of Authentication Protoeols [J]. Technical report , 1993(9): 93-97.

[7] MENEZES A, VAN OORSCHOT P, VANSTONE S. Handbook of Applied Cryptography [M]. Florida: CRC Press, 1997.

[8] AVIZIENIS A, LAPRIE J C, RANDELL B, et al. Basic Concepts and Taxonomy of Dependable and Secure Computing[J]. IEEE Transaction on Dependable and Secure Computing, 2004, 1(1):11-33.

[9] BRUCE SCHNEIER. Applied Cryptography, Second Edition: Protocols, Algorithms, and Source Code in C [J]. Government Information Quarterly, 1996, 13(3):336.

[10] CARL J WEISMAN. 射频和无线技术入门[M]. 2 版. 刘志华，徐红艳，李萍，译. 北京：清华大学出版社, 2005.

[11] CHAN H, PERRIG A, SONG D. Random key predistribution schemes for sensor networks[C]. Washington: IEEE Computer Society,2003.

[12] WHEELER D J, NEEDHAM R M. Tea, a tiny encryption algorithm[C]. Berlin: SpringerVerlag, 1995.

[13] DOLEV D, YAO A. On the security of public key protocols[J]. IEEE transactions on information theory, 1983,29(2):198-208.

[14] ESCHENAUER L,GLIGOR V. a Key Management Scheme for Distributed Sensor Networks[C]. New York: ACM Press,2002.

[15] HARN L. Digital multisignature with distinguished signing authorities[J]. Electron Lett, 1999, 35(4):294-295.

[16] HARN L. New Digital Signature Scheme Based on Discrete Logarithm[J]. Electron Lett, 1994, 30(5):396-398.

[17] LIEMAND(Editor). Standard Specification for Public Key Cryptographic Techniques Based on Hard Problems over Lattices[J]. IEEE P1363, 2001,1:D2.

[18] Mundie C. Remarks on trusted computing forum 2001[EB/OL]. (2001-11-6)[2006-04-18]. http://www.microsoft.com/presspass/exec/craig.

[19] NSF. CISE-Trusted Computing [EB/OL]. [2006-04-21]. http://www.nsf.gov.

[20] Open Mobile Alliance. DRM Specification V2.0[M]. California: Open Mobile Allicance Ltd, 2004.

[21] PAUL GARRETT. 密码学导引[M]. 吴世忠, 宋晓龙, 郭涛, 等, 译. 北京:机械工业出版社, 2003.

[22] PERRIG A, SZEWCZYK R, TYGAR J, et al. SPINS:Security protocols for sensor networks[J]. Wireless networks, 2002,8(5):521-534.

[23] RANDALL K NICHOLS, PANOS C LEKKAS. 无线安全——模型、威胁和解决方案[M]. 姚兰, 等, 译. 北京:人民邮电出版社,2004.

[24] RICHARD SPILLMAN. 经典密码学与现代密码学[M]. 叶阮健, 等, 译. 北京:清华大学出版社,2005.

[25] LIU S, GAVRYLYAKO O V, BRADFORD P G. Implementing the TEA algorithm on Sensors[C]. Alabama:DBLP, 2004.

[26] TCG MPWG:Mobile trusted module specification overview document[R]. Trusted Computing Group(TCG), Beaverton, Oregon, USA 2006.

[27] Trusted Mobile Platform NTT DoCoMo, IBM, Intel. Trusted mobile platform: Hardware architecture description[R]. Trusted Computing Group, 2004.

[28] WSN 攻击研究. [2009-05-11] http://zhm2k.blog.163.com/blog/static/59815068200 941181940365.

[29] WILLIAM STALLINGS. 密码编码学与网络安全-原理与实践[M]. 北京:电子工业出版社, 2006.

[30] WILLIAM STALLINGS. 无线通信与网络[M]. 2版. 何军, 等, 译. 北京:清华大学出版社, 2006.

[31] 曹天杰, 张永平, 汪楚娇. 安全协议[M]. 北京:北京邮电大学出版社, 2009.

[32] 陈剑. 移动 Ad Hoc 网络入侵检测技术研究[D]. 合肥:中国科学技术大学, 2007.

[33] 陈宇锋. NTRU 算法的优化及其应用[D]. 成都:西南交通大学, 2006.

[34] 陈钟, 刘鹏, 刘欣. 可信计算概论[J]. 信息安全与通信保密, 2003(11):17-19.

[35] 杜雪涛. 3G 核心网安全威胁分析及安全域的划分[J]. 世界电信, 2006(3):58-60.

[36] 范红, 冯登国. 安全协议理论与方法[M]. 北京:科学出版社, 2003.

[37] 谷利泽, 郑世慧, 杨义先. 现代密码学教程[M]. 北京:北京邮电大学出版社, 2009.

[38] 国际电信联盟(ITU)简介[EB/OL].[2002-04-17].http://www.isc.org.cn/20020417/ca286846.htm.

[39] 何光发.无线传感器网络加密算法研究[D].南京:南京理工大学,2008.

[40] 胡涛.基于PKM加密算法的WiMAX安全机制研究[D].上海:上海交通大学,2008.

[41] 胡新祥.NTRU公钥密码体制的安全性分析和应用研究[D].西安:西安电子科技大学,2005.

[42] 贾晨军.无线传感器网络安全研究[D].杭州:浙江大学,2008.

[43] 金丽丽.移动无线Ad Hoc网络安全研究[D].上海:上海交通大学,2004.

[44] 郎为民,刘波.WiMAX技术原理与应用[M].北京:机械工业出版社,2008.

[45] 李春艳.可信赖计算平台关键技术分析及应用[J].计算机工程,2006,32(24):124-125.

[46] 李晖,李丽香,邵帅.对称密码学及其应用[M].北京:北京邮电大学出版社,2009.

[47] 李晖.无线传感器网络安全技术研究[D].上海:上海交通大学,2007.

[48] 李筱熠.NTRU算法的研究及其应用[D].上海:东华大学,2009.

[49] 梁坤.移动Ad Hoc网络入侵识别研究及仿真[D].合肥:中国科学技术大学,2007.

[50] 林四川,季新生.CDMA实体认证机制分析[J].电子技术应用,2007,10:121-125.

[51] 刘波,安娜,黄旭林.WiMAX技术与应用详解[M].北京:人民邮电出版社,2007.

[52] 刘锋.安全协议模型检验技术研究与实现[D].长沙:中国人民解放军国防科技大学,2002.

[53] 刘克,单志广,王戟,等.可信软件基础研究重大研究计划综述[J].中国科学基金,2008(3):145-151.

[54] 刘巧平.移动Ad Hoc网络路由安全性研究[D].西安:西安理工大学,2008.

[55] 刘伟.关于Ad hoc网络安全性的路由层研究[D].济南:山东大学,2007.

[56] 卢磊.WiMAX宽带无线网络安全体系及接入控制的研究[D].上海:同济大学,2007.

[57] 美国联邦通信委员会(FCC)简介[EB/OL].[2018-10-06].https://en.wikipedia.org/wiki/Federal-Communications-commission.

[58] 闵应骅.容错计算二十五年[J].计算机学报,1995,18(12):931-933.

[59] 宁录游,张中兆.CDMA手机的机卡分离[J].移动通信,2001(6):17-19.

[60] 牛少彰.信息安全导论[M].北京:国防工业出版社,2010.

[61] 沈昌祥.可信计算平台与安全操作系统[J].网络安全技术与应用,2005(4):8-9.

[62] 沈鲁生,沈世镒.现代密码学[M].北京:科学出版社,2002.

[63] 宋震,等.密码学[M].北京:中国水利水电出版社,2002.

[64] 苏忠,林闯,封富君,等.无线传感器网络密钥管理的方案和协议[J].Journal of Software,2007,18(5):1218-1231.

[65] 孙利民,等.无线传感器网络[M].北京:清华大学出版社,2005.

[66] 唐全.NTRU算法在J2ME平台上的应用研究[D].长沙:中南大学,2009.

[67] 汪芹. NTRU 的研究和实现[D]. 上海:上海交通大学,2008.

[68] 王飞,刘毅. 可信计算平台安全体系及应用研究[J]. 微计算机信息,2007,23(3-3):76-78.

[69] 王海宁. WiMAX 安全研究——密钥管理协议分析与优化[D]. 北京:北京邮电大学,2007.

[70] 王江少,余综,李光. 可信计算之信任链技术研究[J]. 计算机工程与设计,2008,29(9):2195-2198.

[71] 王金龙. Ad Hoc 移动无线网络[M]. 北京:国防工业出版社,2004.

[72] 王美华,范科峰,王占武. OMA DRM 技术体系结构分析[J]. 网络安全技术与应用,2006,5:76-79.

[73] 王衍波,薛通. 应用密码学[M]. 北京:机械工业出版社,2003.

[74] 王彦田. WIMAX 无线城域网安全认证研究与实现[D]. 哈尔滨:哈尔滨理工大学,2008.

[75] 王舆轩,祝跃飞. 对移动可信模块安全体制的研究[J]. 计算机工程与设计,2007,28(19):4612-4615.

[76] 王育民,刘建伟. 通信网安全——理论与技术[M]. 西安:西安电子科技大学出版社,1999.

[77] 魏景芝,杨义先,钮心忻. OMA DRM 技术体系研究综述[J]. 电子与信息学报,2008,30(3):746-751.

[78] 魏松铎. 无线传感器网络的认证机制研究[D]. 南京:南京邮电大学,2009.

[79] 西蒙·辛格. 密码故事[M]. 朱小篷,林金钟,译. 海口:海南出版社,2001.

[80] 邢黎,祝跃飞. 可信移动平台及其验证机制的研究[J]. 计算机工程与设计,2008,29(5):1080-1085.

[81] 徐畅. 基于经典逻辑的安全协议模型检测研究[D]. 长春:吉林大学,2007.

[82] 徐雪松. 移动 Ad Hoc 网络入侵检测与安全路由关键技术研究[D]. 南京:南京理工大学,2007.

[83] 许家根. 基于蚁群算法的 Ad Hoc 网络路由算法的研究[D]. 广州:华南理工大学,2008.

[84] 杨黎斌,慕德俊,蔡晓妍. 无线传感器网络入侵检测研究[J]. 计算机应用研究,2008,25(11):3204-3208.

[85] 俞银燕,汤帜. 数字版权保护技术研究综述[J]. 计算机学报,2005,28(12):1957-1968.

[86] 曾春亮,张宁,王旭莹,等. WiMAX/802.16 原理与应用[M]. 北京:机械工业出版社,2007.

[87] 张恒山. 基于 NTRU 加密系统的 RFID 认证协议[D]. 兰州在:兰州大学,2009.

[88] 章照止. 现代密码学基础[M]. 北京:北京邮电大学出版社,2004.

[89]　赵永斌. NTRU 公钥密码体制的研究与应用[D]. 西安:西安电子科技大学，2005.

[90]　赵泽茂. 数字签名理论[M]. 北京:科学出版社，2007.

[91]　郑少仁，王海涛，赵志峰. Ad Hoc 网络技术[M]. 北京：人民邮电出版社，2005.

[92]　郑宇，何大可，何明星. 基于可信计算的移动终端用户认证方案[J]. 计算机学报，2006，29(8):1255-1264.

[93]　郑祖辉，陆锦华，郑岚. 数字集群移动通信系统[M]. 北京:电子工业出版社，2005.

[94]　中国通信标准化协会网站[EB/OL]. [2009-10-10]. http://www.ccsa.org.cn.

[95]　周剑蓉. NTUR 的应用研究[D]. 成都:西华大学，2006.

[96]　周明天，谭良. 可信计算及其进展[J]. 电子科技大学学报，2006，8(S1):116-127.